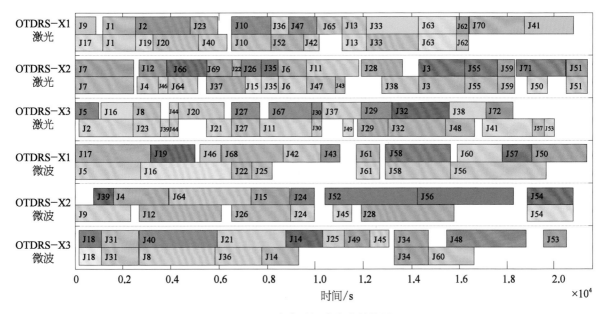

图 9-24　完全重调度方案甘特图

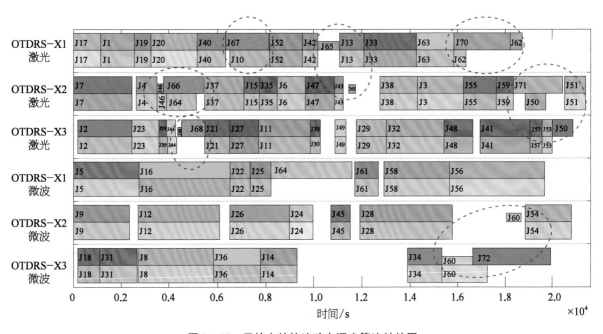

图 9-25　无抢占的快速动态调度算法甘特图

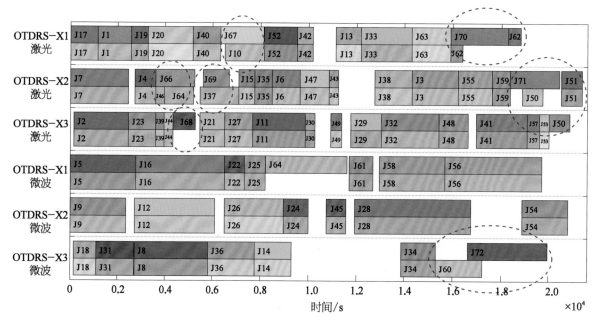

图 9－26　抢占式快速动态调度算法甘特图

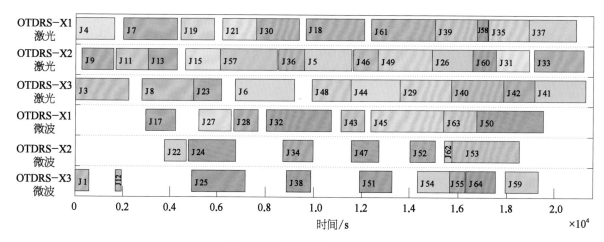

图 9－36　整传调度结果甘特图

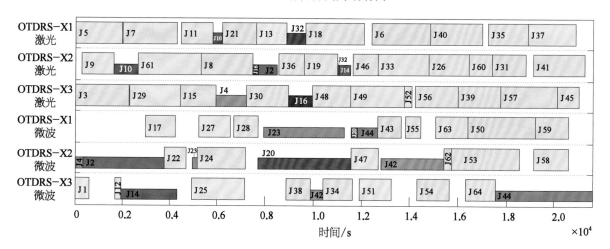

图 9－37　续传调度结果甘特图

# 空间激光微波
# 混合信息网络技术

李勇军　赵尚弘　姜　勇　编著

上海科学技术出版社

# 内 容 提 要

本书主要介绍微波激光空间信息网络的基本概念、组成和国内外发展趋势，从整体组网架构和协议、物理层星座设计和拓扑控制、多址接入、路由交换到资源调度等方面，介绍和阐述了空间信息网络体系架构、CCSDS空间信息网络协议、一般星座设计方法、空间信息网络动态拓扑控制机制、多址接入方法、星上微波激光混合交换以及混合链路资源调度方法。可供高等院校信息与通信工程专业高年级本科生和研究生、空间信息网络专业科技人员阅读。

## 图书在版编目（C I P）数据

空间激光微波混合信息网络技术 / 李勇军，赵尚弘，姜勇编著. -- 上海：上海科学技术出版社，2021.9
ISBN 978-7-5478-3413-8

Ⅰ. ①空… Ⅱ. ①李… ②赵… ③姜… Ⅲ. ①卫星通信系统－研究 Ⅳ. ①TN927

中国版本图书馆CIP数据核字(2021)第178343号

---

**空间激光微波混合信息网络技术**
李勇军　赵尚弘　姜　勇　编著

上海世纪出版(集团)有限公司
上海 科 学 技 术 出 版 社　出版、发行
(上海钦州南路71号　邮政编码200235　www.sstp.cn)
上海展强印刷有限公司印刷
开本787×1092　1/16　印张25　插页1
字数560千字
2021年9月第1版　2021年9月第1次印刷
ISBN 978-7-5478-3413-8/TN·30
定价：168.00元

---

# 序 | Foreword

我国正处于天地一体化信息网络发展进程的关键时期,鸿雁、虹云系列移动互联网星座,中星系列通信卫星,高分辨率对地观测卫星,天链系列数据中继卫星,载人航天与探月、探火工程各类航天器系统,均呈现出全域覆盖、网络扩展和协同应用的发展趋势。其对空间数据传输速率和实时性要求不断提高,单通道速率达每秒千兆比特量级,超出了当前微波传输的能力极限,激光已成为空间高速数据传输的新兴载体。因此,未来天地一体化信息网络必将是微波和激光两者优势互补建立的混合链路信息系统,以此构建可实现空间海量信息高速传输、实时处理以及各类用户随遇接入的空间信息基础设施。

作者及其所在团队长期从事空间激光通信及组网技术的研究,特别是针对空间信息网络中激光和微波链路融合问题,开展了细致深入的研究,取得了富有特色的研究成果。工作之余,研究团队将多年的研究成果编著成册,与国内外同行进行交流展示,有助于推动空间信息网络的工程化应用。我有幸先看了书稿,全书以激光微波混合链路为出发点,从网络体系架构、组网协议、拓扑控制、多址接入、路由交换到资源调度6个方面进行论述,系统介绍了相关理论、技术和方法,既有前人研究成果,亦有编者的研究心得,非常值得学习和借鉴。

总体看,全书内容丰富、结构严谨、论点新颖,非常适合空间信息网络专业学生、老师和初入该领域的科研人员。我愿向关心和志在献身空间信息网络的各位推荐此书,也衷心希望国内同行加强合作交流,推动空间网络不断向前发展,尽快进入工程化应用阶段。

哈尔滨工业大学航天学院教授

# 前言 | Preface

　　激光微波混合是我国未来空间信息网络的基本形式,它是以同步轨道卫星或分布式星群为中继节点,以激光、微波为主要传输手段,具有稳定可靠的高速信息传输能力、全球化覆盖能力、智能化运行管理能力、标准化体系规范的空间信息基础设施。要建立激光微波混合空间信息网络,激光与微波链路必然要由简单并存向深度融合演进,由此给网络组网协议、多址接入方式、光电混合交换和路由选择方法以及资源调度算法等带来了新的挑战。

　　笔者及其团队长期从事卫星光通信及组网技术方面的教学和科研工作,先后承担过国家高技术发展研究计划(863)项目和国家自然科学基金重大计划培育项目,同时承担"卫星光通信"和"空间信息网络"的课程教学,于2010年出版专著《卫星光网络技术》。笔者在多年教学讲义的基础上,结合相关论文和课题组的研究成果完成了本书。全书首先介绍了空间信息网络的概念内涵,然后分别从组网协议、拓扑控制、多址接入、路由交换和资源调度等方面系统介绍了激光微波混合信息网络的关键技术。由于激光链路组网还未真正进入大规模组网应用阶段,有些章节主要借鉴微波信息网络组网方法,有些章节从混合链路组网的角度去分析,期望给初涉该领域的研究者和相关专业的研究生、本科生提供一个较为系统的入门读物。

　　全书共9章,分为两个部分。第一部分为第1~3章,介绍基本概念和组网架构及协议。第二部分为第4~9章,主要介绍关键技术,分别从物理层的星座设计和拓扑控制、数据链路层的多址接入技术、路由层的光电混合交换方法以及混合链路资源调度方法4个方面进行论述。

　　李瑞欣老师承担了第8章的撰写;研究生郑永兴参与了第5、第6章的撰写;研究生李信、李海、彭聪、黄蓝峰等参与了全书的资料整理和图表绘制工作,在此一并表示感谢。

　　由于本人知识水平有限,书中疏漏和不当之处在所难免,恳请广大读者批评指正。

# 目录 | Contents

**第1章　概论** ..................................................... 001

1.1　基本概念和特点 ··································· 001

1.2　组成和结构 ········································· 002

　　1.2.1　空间段 ····································· 004

　　1.2.2　运控段 ····································· 004

　　1.2.3　用户段 ····································· 004

1.3　空间信息网络组网方式 ······················ 005

1.4　国外研究进展 ····································· 006

1.5　国内研究进展 ····································· 018

1.6　发展趋势 ·········································· 023

**第2章　空间信息网络体系架构** ..................... 025

2.1　数据链路层协议 ································· 026

　　2.1.1　FDMA/DAMA 数据链路层协议 ······ 026

　　2.1.2　MF‐TDMA 数据链路层协议 ········· 028

　　2.1.3　卫星 ATM 网络数据链路层协议 ······ 032

　　2.1.4　CCSDS AOS 数据链路层协议 ········· 034

2.2　网络层路由协议 ································· 036

　　2.2.1　空间信息网络路由协议分析 ········· 036

　　2.2.2　单播路由协议适应性分析 ············ 038

　　2.2.3　组播路由协议适应性分析 ············ 041

　　2.2.4　典型卫星网络路由解决方案及优化 ··· 042

2.3　传输层 TCP 协议增强技术 ··················· 050

　　2.3.1　TCP 流程及传输控制机制 ············ 050

　　2.3.2　TCP 在卫星网络中的适应性分析 ······ 053

2.3.3 卫星网络 TCP 增强技术 …………………………………… 055

2.4 应用层协议增强技术 ………………………………………… 064

2.4.1 应用层协议及星上适应性分析 ……………………… 064

2.4.2 HTTP 协议及卫星适应性分析 ……………………… 066

2.4.3 常用 HTTP 增强技术 ………………………………… 069

2.4.4 HTTP 增强技术在卫星网络中的应用及优化设计 …… 076

# 第3章　CCSDS 空间信息网络协议

3.1 CCSDS 空间通信协议历史 ………………………………… 079

3.2 CCSDS 协议分层 …………………………………………… 080

3.3 CCSDS 空间通信协议的主要特征 ………………………… 083

3.4 CCSDS 空间通信协议配置实例 …………………………… 086

3.4.1 使用 CCSDS 定义的分组实现端到端前向传送 …… 087

3.4.2 端到端路由的 IP over CCSDS ……………………… 087

3.4.3 端到端前向传输的 CFDP ………………………… 088

3.5 TC 数据链路层协议 ………………………………………… 089

3.5.1 协议特点 ……………………………………………… 090

3.5.2 寻址 …………………………………………………… 091

3.5.3 TC 服务的基本类型 ………………………………… 092

3.5.4 TC 空间数据链路的功能 …………………………… 093

3.5.5 TC 空间数据链路协议数据单元(TC 传输帧) …… 095

3.6 TM 数据链路层协议 ………………………………………… 097

3.6.1 TC 传输帧 …………………………………………… 097

3.6.2 TM 传输帧帧头 ……………………………………… 098

3.6.3 TM 传输帧数据域 …………………………………… 099

3.7 AOS 数据链路协议 ………………………………………… 100

3.7.1 基本概念 ……………………………………………… 100

3.7.2 服务 …………………………………………………… 101

3.7.3 功能 …………………………………………………… 103

3.7.4 底层服务 ……………………………………………… 105

3.7.5 无 SDLS 的协议数据单元 …………………………… 105

3.7.6 无 SDLS 的管理参数 ………………………………… 117

3.7.7 支持 SDLS 的协议规范 ……………………………… 118

3.8 Proximity‐1 数据链路层协议 ……………………………… 119

3.8.1　Proximity-1 协议概述 ……………………………………… 119

3.8.2　Proximity-1 协议定义的术语 ……………………………… 119

3.8.3　Proximity-1 协议栈 ………………………………………… 120

3.8.4　各层功能 ……………………………………………………… 121

3.8.5　服务 …………………………………………………………… 124

3.8.6　协议数据单元 ………………………………………………… 125

3.8.7　Proximity-1 编码与同步层协议 …………………………… 129

3.9　IP over CCSDS …………………………………………………… 131

# 第4章　星座设计方法

133

4.1　星座设计目标及约束条件 ……………………………………… 133

4.2　卫星节点特性 …………………………………………………… 135

4.2.1　卫星轨道参数 ………………………………………………… 135

4.2.2　卫星轨道方程 ………………………………………………… 138

4.2.3　卫星轨道分类 ………………………………………………… 141

4.2.4　星下点轨迹 …………………………………………………… 143

4.3　星座参数 ………………………………………………………… 144

4.4　区域覆盖星座设计 ……………………………………………… 145

4.4.1　GEO 卫星 ……………………………………………………… 145

4.4.2　IGSO 星座 …………………………………………………… 145

4.4.3　24 星 LEO 星座 ……………………………………………… 170

4.5　全球覆盖星座设计 ……………………………………………… 174

4.5.1　GEO 星座 ……………………………………………………… 174

4.5.2　NGSO 星座 …………………………………………………… 174

4.6　卫星节点空间连通及覆盖特性 ………………………………… 194

4.6.1　坐标转换 ……………………………………………………… 194

4.6.2　可见性分析 …………………………………………………… 197

4.6.3　覆盖性分析 …………………………………………………… 199

4.7　卫星拓扑结构 …………………………………………………… 203

4.7.1　单层卫星网络拓扑 …………………………………………… 205

4.7.2　极轨道卫星星座 ……………………………………………… 205

4.7.3　倾斜轨道卫星星座 …………………………………………… 207

4.7.4　编队卫星 ……………………………………………………… 209

4.7.5　多层卫星网络拓扑 …………………………………………… 210

4.8　国内外典型星座系统 ···················· 211
　　4.8.1　低轨道卫星星座系统 ··············· 211
　　4.8.2　中轨道卫星星座系统 ··············· 214
　　4.8.3　GEO 轨道卫星系统 ················· 216

第5章　加权代数连通度最大化空间信息网络拓扑控制方法　218

5.1　引言 ······································ 218
　　5.1.1　加权代数连通度的概念 ············· 218
　　5.1.2　研究现状 ························· 219
5.2　系统模型 ·································· 221
5.3　问题描述 ·································· 222
　　5.3.1　网络初始化问题 ··················· 222
　　5.3.2　网络重构问题 ····················· 224
　　5.3.3　松弛问题的半正定规划形式 ········· 225
5.4　基于矩阵摄动的启发式贪婪算法 ············ 225
　　5.4.1　网络初始化问题中的边移除算法 ······ 226
　　5.4.2　网络重构问题中的边增加算法 ········ 227
　　5.4.3　算法复杂度分析 ··················· 228
5.5　仿真结果及分析 ·························· 228
　　5.5.1　仿真环境设置 ····················· 228
　　5.5.2　网络初始化中边移除算法仿真 ········ 228
　　5.5.3　网络重构中边增加算法仿真 ·········· 232
5.6　小结 ······································ 233

第6章　最小生成树空间信息网络拓扑控制方法　234

6.1　引言 ······································ 234
　　6.1.1　最小生成树的概念 ················· 234
　　6.1.2　研究现状 ························· 235
6.2　系统模型 ·································· 236
6.3　问题描述 ·································· 237
6.4　分布式最小生成树算法 ···················· 237
　　6.4.1　生成树的构建 ····················· 238
　　6.4.2　链路平均权重最小化 ··············· 241

        6.4.3  算法复杂度分析 ·················································· 242
    6.5  基于最小生成树的节点连通度优化算法 ························· 242
        6.5.1  算法描述 ·························································· 242
        6.5.2  算法复杂度分析 ·················································· 244
    6.6  仿真结果及分析 ···························································· 244
    6.7  小结 ············································································ 249

# 第7章  空间信息网络多址接入技术      250

    7.1  引言 ············································································ 250
    7.2  多址方式分类 ································································ 250
    7.3  空间信息网络特点对多址接入的影响 ································ 251
    7.4  空间信息网络多址接入技术 ············································ 252
        7.4.1  基于竞争的分布式接入控制多址方式 ························ 252
        7.4.2  基于无冲突的集中式分配多址接入方式 ···················· 255
        7.4.3  混合型多址接入方式 ············································ 258
    7.5  多址技术系统容量 ························································ 262
        7.5.1  FDMA 多址系统容量 ············································ 263
        7.5.2  TDMA 多址系统容量 ············································ 263
        7.5.3  CDMA 多址系统容量 ············································ 264
        7.5.4  纯 ALOHA 协议的系统容量 ···································· 265
        7.5.5  MF-TDMA 多址系统容量 ········································ 269
        7.5.6  NOMA 多址系统容量 ············································ 269
    7.6  小结 ············································································ 270

# 第8章  星上激光/微波混合交换技术      273

    8.1  星上电交换技术 ···························································· 275
        8.1.1  透明转发方式 ···················································· 275
        8.1.2  星上 ATM 交换 ··················································· 275
        8.1.3  星上 IP 交换 ····················································· 276
        8.1.4  星上 MPLS 交换 ················································· 277
        8.1.5  星上电突发交换 ················································· 277
    8.2  星上波长交换技术 ························································ 278
    8.3  星上光突发交换技术 ······················································ 280

8.3.1 基本原理 ·················································· 280

8.3.2 基于报文突发交换技术的星上交换方式 ················ 284

8.3.3 基于 Round‐Robin 的星上光突发交换混合门限组装算法 ········ 285

8.3.4 基于突发流的卫星突发交换网络资源预留算法 ········ 293

8.3.5 基于突发流的星上光交换核心节点信道算法 ········ 299

8.4 星上混合交换技术 ········································· 302

8.4.1 混合交换概述及应用情况 ···························· 302

8.4.2 星上混合交换需求分析及研究现状 ·················· 307

8.5 星上交换所面临的难题与挑战 ···························· 309

# 第9章 混合链路中继卫星网络任务调度方法 312

9.1 混合链路中继卫星系统资源调度原理 ···················· 312

9.1.1 中继卫星网络基本组成 ···························· 312

9.1.2 混合系统资源调度特点 ···························· 314

9.2 混合系统静态初始资源调度模型 ························· 315

9.2.1 数据中继业务分类 ································· 315

9.2.2 静态调度模型参数定义 ···························· 315

9.2.3 多目标约束规划模型 ······························ 316

9.3 多目标优化方法 ········································· 317

9.3.1 多目标优化基本原理 ······························ 317

9.3.2 多目标问题求解方法 ······························ 319

9.3.3 优化搜索算法 ··································· 321

9.4 基于先验信息的静态初始调度算法 ······················· 322

9.4.1 基于偏好信息的多目标优化策略 ···················· 322

9.4.2 改进小生境遗传算法设计 ·························· 324

9.4.3 基于时间窗口更新的调度优化策略 ·················· 324

9.4.4 基于精英保留的自适应小生境遗传算法 ·············· 326

9.4.5 调度算法性能 ··································· 329

9.5 多目标优化的静态资源调度方法 ························· 332

9.5.1 基于 Pareto 优化解的多目标搜索策略 ················ 333

9.5.2 改进 NSGA‐Ⅱ 的优化算法设计 ···················· 334

9.5.3 仿真设计与性能分析 ······························ 337

9.6 混合链路中继卫星网络抢占式快速动态资源调度方法 ········ 340

9.6.1 混合链路中继卫星网络动态资源调度模型 ············ 341

9.6.2 抢占式快速动态调度算法 ·································· 343

9.6.3 基于理想解的多目标决策处理 ··························· 346

9.6.4 仿真实验与结果分析 ·································· 348

9.7 基于多目标蚁群算法的数据续传资源调度算法 ················· 352

9.7.1 混合链路数据续传约束规划模型 ························· 352

9.7.2 基于多目标蚁群算法的模型求解 ························· 354

9.7.3 多目标蚁群算法设计 ·································· 355

9.7.4 仿真实验与结果分析 ·································· 357

9.8 小结 ······················································ 362

参考文献 ········································································ 363

附录 主要英文缩写 ····················································· 380

索引 ············································································ 385

# 第1章
# 概　论

## 1.1　基本概念和特点

空间信息网络是以空间平台（如同步卫星，中、低轨道卫星，平流层气球，有人或无人驾驶飞机等）为载体，实时获取、传输和处理空间信息的网络系统，其基本构成如图1-1所示。

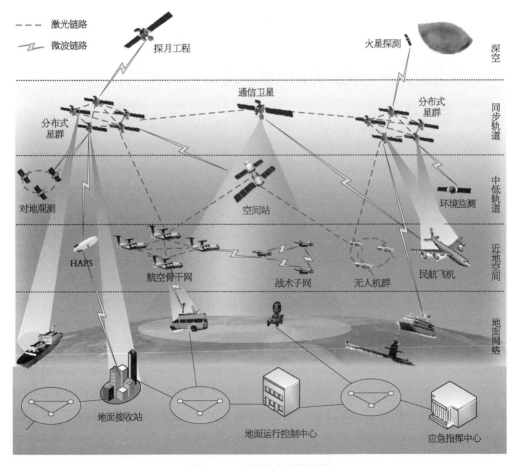

图 1-1　空间信息网络架构

其节点包含各种卫星、空间站、升空平台、有人或无人机,这些平台节点在业务性质、应用特点、工作环境、技术体制等方面均有差异,由此构建的网络具有网络异构和业务异质的典型特征。中继卫星、分布式星群、中低轨卫星星座组建的网络是空间信息网络的核心,其向上扩展至深空领域,向下扩展至航空领域,与不同类型的用户或功能各异的子网构成整个空间信息网络。

空间信息网络的特点如图1-2所示。要实现空间信息网络高效信息传输与分发,必须要考虑空间信息网络的3个最突出特征:网络结构时变、网络行为复杂、网络资源紧张。其中,网络结构时变是指拓扑结构动态变化,网络节点及业务稀疏分布,业务类型和链路性质呈现异构属性,网络业务传输与控制需要在大时空区域内完成;网络行为复杂则表现为服务对象差异巨大,业务的汇聚、疏导与协同呈现出异质属性,基于任务驱动实现功能的可伸缩和网络的可重构;网络资源紧张是由于轨道和频谱等空间资源紧张,使空间链路和平台承载等能力受限。

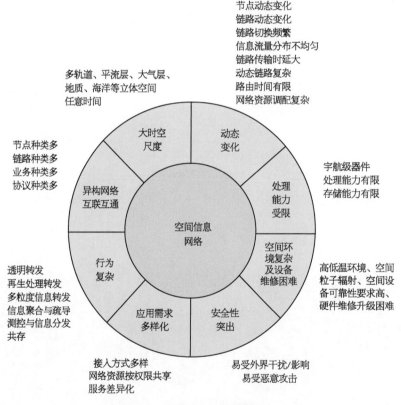

**图1-2  空间信息网络的特点**

# 1.2  组成和结构

空间信息网络是以多种轨道航天器为网络节点,以微波、激光为主要传输手段,具有全球覆盖能力,网络化信息获取、存储、处理、分发能力,智能化运行管理能力,标准化体系规范的空间基础设施。纵向按节点物理位置可分为天基骨干网、天基接入网和地面网络 3 大部分。天基网是由各类天基功能卫星节点组成,如骨干中继卫星、遥感卫星、导航卫星、气象卫星、资源卫星等。地基网是由运维管控网络、用户及相关国防基础设施组成。横向按功能可划分为管理层、业务层和支撑层。管理层包括整个网络运行、管理、维护、控制以及安全防护等;业务层为各类业务提供可靠的数据通道,如中继网络、接入网络等;支撑层为整个网络可靠运行提供支撑,包括时空基准同步以及协议体系规范等,如图 1-3 所示。

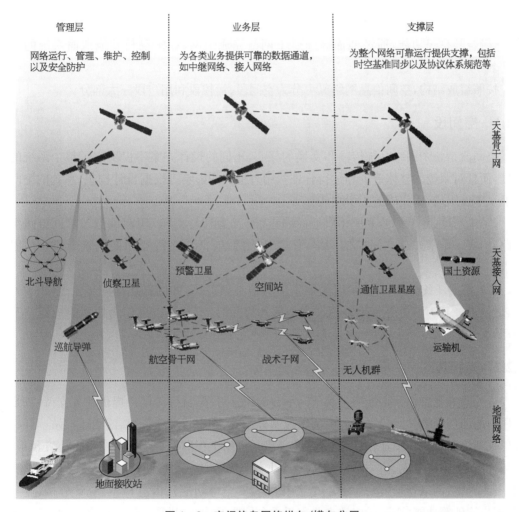

图 1-3 空间信息网络纵向/横向分层

1) 天基骨干网

天基骨干网由布设在地球同步轨道的若干骨干节点联网组成,骨干节点具备宽带接入、数据中继、路由交换、信息存储、处理融合等功能,受卫星平台能力的限制,单颗卫星无法完成上述全部功能,采用多颗卫星组成星簇的方式实现多功能综合。一个天基骨干节点由数颗搭载不同功能模块化载荷的卫星组成,包括中继、骨干、宽带、存储、计算等功能模块化卫星,不同卫星之间通过近距离无线通信技术实现组网和信息交互,协同工作完成天基骨干节点的功能。

2）天基接入网

天基接入网由布设在高轨或低轨的若干接入节点所组成,满足陆、海、空、天多层次海量用户的各种网络接入服务需求,包括语音、数据、宽带多媒体等业务。

3）地面网络

地面网络由多个地基骨干节点互联组成,地基骨干节点由信关站、网络运维管理、信息处理、信息存储及应用服务等功能部分组成,主要完成网络控制、资源管理、协议转换、信息处理、融合共享等功能,通过地面高速骨干网络完成组网,并实现与其他地面系统的互联互通。

按照组成结构,空间信息网络又可分为空间段、运控段和用户段三大部分。

## 1.2.1　空间段

空间段是整个网络系统传输和交换的核心,不同的设计方案不仅决定了整个系统的复杂度,而且对系统的整体造价和运行管理费用有极大的影响。根据设计构想,系统的空间段由卫星节点组成,所完成的主要功能如下:

（1）同步轨道（GEO）卫星相对地面静止,覆盖范围大,GEO卫星间通过星间链路组成环路,构成一个常态化空间通信网络,保障地面终端、低空飞行器和低轨航天器通信服务需求。

（2）根据任务需要,可视情况增加发射其他类型卫星［如倾斜地球同步轨道（IGSO）卫星、低轨道（LEO）卫星等］,改善高纬度地区和极区时空覆盖,也可作为快速响应通信节点使用。

## 1.2.2　运控段

运控段的主要任务是维持各类空间平台的正常可靠运行,为用户提供业务支持,满足各类用户的使用需求。运控段主要由网络控制分系统、应用管理分系统、遥测遥控站（TT&C）和信关站等组成。其中,网络控制分系统负责系统的工程测控、业务测控、平台位置预报、网络拓扑控制、路由生成、信关站资源分配及动态调度等;应用管理分系统负责通信组织和控制、资源调整、网络管理（包括配置、故障、性能、安全等功能）、信息检索、统计分析、业务受理、用户管理等功能;遥测遥控站主要用于平台位置保持、空间平台设备状态监视、接收来自空间平台的遥测信息、发送遥控指令给空间平台等。

## 1.2.3　用户段

系统的用户段包含满足各类用户使用需求的所有类型用户终端:

（1）地面及低空用户终端。包含各类手持终端、便携站、固定站、车载站、舰载站、潜艇站、无人或有人飞机等。

（2）中低轨航天器。包括各类对地观测卫星、导航卫星、导弹、火箭等。中低轨航天器覆盖范围较小，对地移动速度快，难以直接与地面信关站建立稳定的通信链路。而空间信息网络中的 GEO 卫星平台与各类航天器可见关系良好，中低轨航天器能以 GEO 卫星平台为中继，实现宽带数据的实时传输。

## 1.3　空间信息网络组网方式

参照开放式互联（OSI）层次化网络设计的原则，面向任务的空间信息网络层次化设计如表 1 - 1 所示，P，D，N，T，A 分别代表着物理层、数据链路层、网络层、传输层以及应用层，①～⑤分别代表该类型任务涉及的 OSI 层次设计要素，在组网方式上要重点考虑。

表 1 - 1　不同业务应用对应的空间网络层次化设计参数

| OSI 层次 | | | | | 系 统 参 数 | 自主运行任务 | 对地观测任务 | 深空探测任务 | 分布式处理任务 |
|---|---|---|---|---|---|---|---|---|---|
| A | T | N | D | P | 网络拓扑 | 可变 | 可变/固定 | 可变 | 可变 |
| ① | ② | ③ | ④ | ⑤ | 业务数据传输频次 | 低 | 高 | 高/低 | 高 |
| | | ③ | | ⑤ | 导航数据传输频次 | 高 | 低 | 高 | 高 |
| | | ③ | | ⑤ | 遥控数据传输频次 | 高 | 低 | 高 | 高 |
| | | ③ | | ⑤ | 状态数据传输频次 | 低 | 低 | 低 | 低 |
| ① | ② | ③ | ④ | ⑤ | 功率需求 | 高 | 高 | 高 | 高 |
| | | | ④ | ⑤ | 带宽需求 | 高 | 高 | 高 | 高 |
| | | ③ | ④ | ⑤ | 实时接入需求 | 高 | 低 | 高/低 | 高 |
| ① | | | ④ | ⑤ | 单星处理能力 | 高 | 高/低 | 高/低 | 高 |
| ① | | ③ | | ⑤ | 可重构性 | 高 | 高/低 | 高/低 | 高 |
| ① | | ③ | ④ | ⑤ | 可扩展性 | 间歇 | 连续 | 间歇 | 间歇/连续 |
| ① | ② | ③ | ④ | ⑤ | 连通性 | 低 | 高 | 高 | 高 |
| ① | ② | ③ | ④ | ⑤ | 数据长度可变能力 | | | | |

按照组网方式不同，可以将天地一体化网络的网络架构归为 3 大类：天星地网、天基网络、天网地网，不同网络架构的比较如表 1 - 2 所示。

表 1-2 美军天基信息系统现状

| 网 络 结 构 | 天 星 地 网 | 天 基 网 络 | 天 网 地 网 |
|---|---|---|---|
| 地面网络 | 全球分布地面站网络 | 可不依赖地面网络独立运行 | 天地配合,地面网络无需全球布站 |
| 星间组网 | 否 | 是 | 是 |
| 星上设备 | 简单 | 复杂 | 中等 |
| 系统可维护性 | 好 | 差 | 中 |
| 技术复杂度 | 低 | 高 | 中 |
| 建设成本 | 低 | 高 | 中 |

1) 天星地网

天星地网是目前普遍采用的一种网络结构,包括 Inmarsat、Intelsat、宽带全球卫星(WGS)等系统,其特点是天上卫星之间不组网,而是通过全球分布的地面站实现整个系统的全球服务能力。在这种网络结构中卫星只是透明转发通道,大部分的处理在地面完成,所以星上设备比较简单,系统建设的技术复杂度低,升级维护也比较方便。

2) 天基网络

天基网络是另一种网络结构,典型的系统有 Iridium、先进极高频(AEHF)等,其特点是采用星间组网的方式构成独立的天基网络,整个系统可以不依赖地面网络独立运行。这种网络结构弱化了对地面网络的要求,把处理、交换、网络控制等功能都放在星上完成,提高了系统的抗毁能力,但由此也造成了星上设备的复杂化,导致整个系统建设和维护的成本较高。实际应用表明,这种单纯的天基网络结构从商业上来说并不算成功,主要是基于军事上对网络极端抗毁性的需求。

3) 天网地网

天网地网介于上述两种网络结构之间,以转型卫星通信系统(TSAT)计划为典型,其特点是天基和地面两张网络相互配合共同构成天地一体化信息网络。在这种网络结构下,天基网络利用其高、远、广的优势实现全球覆盖,地面网络可以不用全球布站,但可以把大部分的网络管理和控制功能在地面完成,简化整个系统的技术复杂度。

# 1.4 国外研究进展

为了充分获取和利用保障作战的各种信息资源,以美国为首的世界各军事强国均在天基信息系统的开发和建设上投入了大量的人力物力。表 1-3 给出了美军的天基信息系统建设现状,从侦察与监视、通信、导航等领域典型系统来看,业已形成较完整的天基信息作战保障体系。

表 1－3 美军天基信息系统现状

| 类 型 | | 典型系统 | 作 用 | 技 术 指 标 | 轨 道 |
|---|---|---|---|---|---|
| 侦察与监视 | 成像侦察 | 锁眼 | 照相侦察 | KH－12 地面分辨率 0.1 m | 近地 265 km 远地 650 km |
| | | 长曲棍球 | 雷达成像 | 分辨率 1～2 m | 近地 667 km，远地 692 km 倾角 57° |
| | 电子侦察 | 门特 | 相控阵电子侦察 | 扫描频率 100 MHz～20 GHz | 5 颗，GEO |
| | | 号角 | | 同时监听上千个信号 | 3 颗，GEO |
| | | 联合天基广域监视系统 | 海军海洋监视和空军战略防空 | 全球监视 双星组网 | 5 组 10 颗，LEO 轨道高度 1 000 km 倾角 63.4° |
| | | SBR | 跟踪战场目标 | | |
| | 导弹预警 | SBIRS | 红外预警 | 10～20 s 信息回传，2.7 μm 和 4.3 μm 传感器 | 5 颗，GEO＋2 颗，HEO |
| | | DSP | 导弹探测 | | 3 颗，GEO |
| | | STSS | 弹道导弹探测 | 红外监视 | 2 颗，GEO |
| | 国防气象 | DMSP（第七代） | 云量、降水、冰覆盖、海面风速等 | 300 m 分辨率 扫描 3 000 km | 5 颗，太阳同步轨道，830 km |
| 通信卫星 | | TDRSS（第三代） | 中继卫星 | S\C，800 Mb/s； Ku\Ka，300 Mb/s | 4 颗，GEO，2 500 kg |
| | | MUOS | 窄带 | UHF 频段，16 个波束，容量 40 Mb/s | 2 颗，GEO |
| | | WGS | 宽带 | Ka 和 X 频段，19 个波束，单星 3.6 Gb/s | 6 颗，GEO |
| | | AEHF | 受保护 | EHF 和 SHF 频段，37 个波束，430 Mb/s | 3 颗，GEO |
| | | Iridium | 全球 | L 频段，128 Kb/s | 轨道高度 780 km，66 颗，极轨 |
| | | APS | 极地通信 | | 2 颗，GEO |
| | | DSCS | 国防卫星通信 | VHF 频段 | 13 颗，GEO |
| | | GBS | 宽带数据广播 | | 3 颗，GEO |
| | | MILSTAR | 战时保密通信 | EHF 频段 | 5 颗，GEO |
| | | TSAT | 网络中心战 | EHF 频段/激光 | 5 颗，GEO |
| 导航卫星 | | GPS | 导航、定位、授时 | 定位精度 0.5 m | 27 颗，MEO |

1）转型卫星通信系统（TSAT）

2002年美国政府设立遥测控制装置（TCA）项目，该项目能够提供前所未有的传输容量、可访问性、可靠性、抗干扰、防截获等通信服务，使得美国全球作战人员通过信息网络实现互联。TCA设想的网络由宽带全球卫星系统（WGS）、移动用户目标系统（MUOS）、先进极高频系统、先进极地系统和转型卫星系统组成，其网络架构如图1-4所示。TCA项目设想将美国的各卫星系统有效协同达到"网络化"联合作战，改变目前"烟囱式"发展格局，促进系统间信息共享、利用和融合。

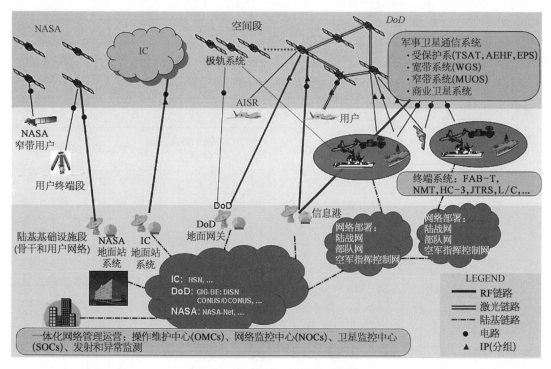

图1-4 美国TCA设想体系架构

TSAT系统是整个TCA计划的第一步，也是其核心组成部分，它是以激光技术为基础的、保密的下一代宽带天基信息系统，图1-5为TSAT系统组成示意图。系统是一个利用星载处理技术、星载IP路由和星间激光链路等技术，整合了宽带和防护系统以及情报数据的中继卫星系统，将激光和微波合二为一，组建一个基于网络中心的天基信息网络。星间激光链路将5颗卫星互联组成一个星座，通过直接或间接的方式与AEHF，MOUS，WGS，APS及ORCA互联，通过激光或者微波链路和其他数据卫星、预警机、无人机及地面信关站互联。

TSAT计划最终由于各种原因而搁浅，当前从建设和作战应用来看，美军的天基系统各子系统还未真正实现有效融合，限制了系统效能的发挥。但TSAT转型卫星概念的提出，旨在将各分散子系统全面融合，美国天基信息系统的发展历程为我国天基信息系统建设提供有益的参考和借鉴作用。

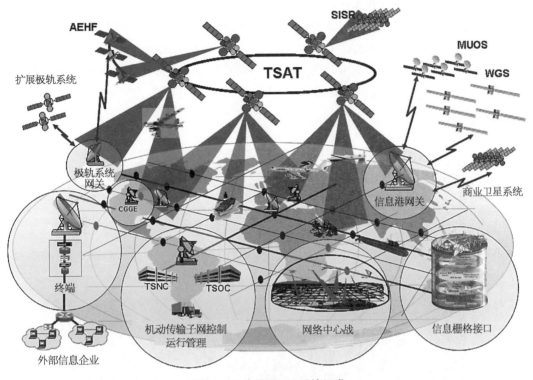

图 1 - 5  美国 TSAT 系统组成

2) Alpha 星计划

Alpha 星计划(Alpha SAT)是由欧洲航天局(European Space Agency)和国际海事卫星公司(Inmarsat Global)联合推出的,计划包括发射一颗运行轨迹在东经 25°上的中继卫星(GEO),主要面向欧、非、亚的用户,为其提供数据转发服务。在该计划中,提出了将激光链路组网应用到中继卫星中的概念。与半导体激光星间链路实验(SILEX)计划类似,由对地观测卫星(LEO)监测得到的地面数据通过激光链路传输到 GEO 卫星,而 GEO 卫星再运用 Ka 频段微波链路将监测数据传回到地面。与 SILEX 系统搭载的陆地合成孔径雷达(Terra SAR - X)计划激光通信终端(LCTSX)不同,Alpha SAT 搭载了 ALCT 作为其激光通信终端,使数据传输速率提高至 2.5 Gb/s,而传输距离可达 45 000 km,实现了 LEO 卫星与 GEO 卫星的高速传输。2014 年 4 月 2 日,与 AlphaSat 卫星实现激光通信的 LEO 卫星"哨兵-1A"发射升空,可以说,Alpha SAT 计划是卫星光网络的重大技术进步,更是中继卫星激光链路传输领域的重大突破。

3) 欧洲数据中继卫星(EDRS)系统

2002 年,欧洲正式开始执行"全球环境与安全监视"(GMES)计划。近年来,随着该计划的内容由最初的环境变化监视扩展到安全领域,欧洲空间通信设施向地面传输的数据量正逐年增加,预计将达到每天 6 TB 的数据传输量。如此大的数据传输量,将给现有的通信设施带来极大的压力。在欧洲经济萧条的大背景下,欧洲各国无法联合出资建造更多的新卫星。同时,从战略独立性的角度出发,欧洲也无法借助欧洲以外国家的地面数据收集与管理系统。因此,为了解决面临的这些挑战,欧洲航天局在 2009 年 2 月 17 日正式启动了"欧洲数据中继卫星"(EDRS)系统计划,EDRS 提供一个快速、可靠、无缝的通信网络,按需实时从卫星获取信息,这将成为首个商业运营的向对地观测界提供服务的数据中继系统。未来所有配备 EDRS 的地球观测卫星将能更快速地传送数据并且进行更长时间的传送。EDRS 概念构想如图 1－6 所示。

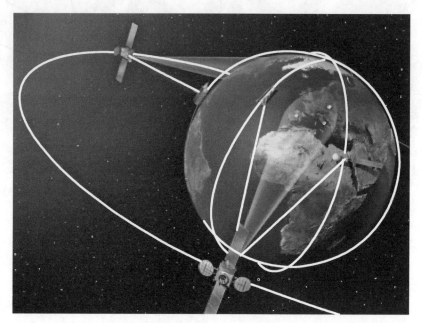

**图 1－6　EDRS 中继系统**

EDRS 一期系统的空间段包括两个地球静止轨道节点,分别是 EDRS－A 载荷和 EDRS－C 卫星。EDRS－A 载荷搭载在"欧洲通信卫星"9B 上,定点在东经 9°,已于 2016 年 1 月 3 日发射升空。EDRS－C 卫星于 2019 年 8 月成功发射至东经 31°静止轨道,经过在轨测试后,与哥白尼计划的"哨兵"地球观测卫星间建立了激光通信链路。上述两颗卫星可覆盖欧洲、非洲以及北美洲、拉丁美洲、亚洲的部分区域。欧空局计划寻求合作扩展,在 2025 年前发射 EDRS－D/－E 两颗卫星,完成二期系统建设,形成可覆盖全球的"全球网"(GlobeNet)以及系统的冗余备份能力,形成以激光数据中继卫星与载荷为骨干的天基信息网,实现卫星、空中平台观测数据的近实时传输,大幅提升欧洲危机响应与处理能力,如图 1－7 所示。

"哨兵"系列卫星主要包括 2 颗哨兵-1 卫星、2 颗哨兵-2 卫星、2 颗哨兵-3 卫星、2 个哨兵-4 载荷、2 个哨兵-5 载荷、1 颗哨兵-5 的先导星——哨兵-5P 以及 1 颗哨兵-6 卫星。已经发射的哨兵-1、哨兵-2 和哨兵-3 卫星性能参数分别如表 1－4～表 1－6 所示。

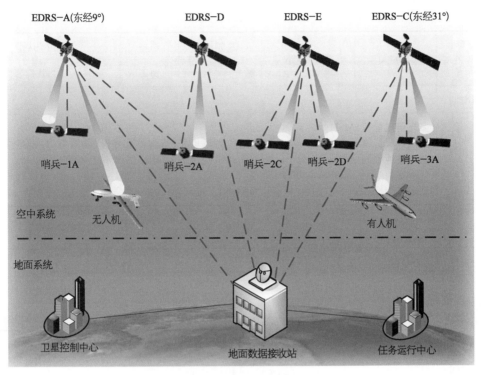

图 1-7　EDRS 组成

表 1-4　哨兵-1 主要参数

| 轨道高度 | 693 km | 星上存储容量 | 900 Gbit | | |
| --- | --- | --- | --- | --- | --- |
| 轨道倾角 | 98.18° | 测控链路 | S 频段 | 上行速率 | 4 kb/s |
| | | | | 下行速率 | 16 kb/s/128 kb/s/512 kb/s |
| 轨道周期 | 99 min | 数传链路 | X 频段 | 速率 | 600 Mb/s |
| 重访周期 | 12 天 | | 激光 1 064 nm | 速率 | 1.8 Gb/s |
| 发射时间 | 哨兵-1A | 2014 年 3 月 | | | |
| | 哨兵-1B | 2016 年 4 月 | | | |
| 主要有效载荷 | **合成孔径雷达**<br>C 频段中心频率 5.405 GHz,带宽 0～100 MHz,峰值功率为 4.368 kW,脉冲持续时间 5～100 $\mu$s,脉冲重复频率 1 000～3 000 Hz;天线质量为 880 k,尺寸为 12.3 m×0.84 m。星上合成孔径雷达有 4 种操作模式:条带模式(SM)、干涉测量宽幅模式(IW)、超宽幅模式(EWS)和波模式(WV) | | | | |

表 1-5　哨兵-2A 主要参数

| 轨道高度 | 786 km | 星上存储容量 | 2.4 Tbit | | |
| --- | --- | --- | --- | --- | --- |
| 轨道倾角 | 98.5°太阳同步轨道 | 测控链路 | S 频段 | 上行速率 | 64 kb/s |
| | | | | 下行速率 | 2 Mb/s |

(续表)

| 质　量 | 1 000 kg | 数传链路 | X 频段 | 速率 | 560 Mb/s |
| --- | --- | --- | --- | --- | --- |
| | | | 激光 1 064 nm | 速率 | 1.8 Gb/s |
| 发射时间 | | | 2015 年 6 月 | | |
| 主要有效载荷 | 多光谱成像仪（MSI）<br>推扫式成像模式，含 13 个通道，工作谱段为可见光、近红外和短波红外，每 10 天更新一次全球陆地表面成像数据，每个轨道周期的平均观测时间为 16.3 min，峰值为 31 min。光谱分辨率为 15～180 nm，空间分辨率为 10 m（可见光）、20 m（近红外）和 60 m（短波红外），成像幅宽为 290 km，每轨最大成像时间为 40 min | | | | |

表 1-6　哨兵-3A 主要参数

| 轨道高度 | 814 km | 星上存储容量 | 300 Gbit | | |
| --- | --- | --- | --- | --- | --- |
| 轨道倾角 | 98.6°太阳同步轨道 | 测控链路 | S 频段 | 上行速率 | 64 kb/s |
| | | | | 下行速率 | 123 kb/s/2 Mb/s |
| 重访周期 | 27 天 | 数传链路 | X 频段 | 速率 | 520 Mb/s |
| 发射时间 | | | 2016 年 2 月 | | |
| 主要有效载荷 | ● 光学仪器：海洋和陆地彩色成像光谱仪（OLCI）、海洋和陆地表面温度辐射计（SLSTR），提供地球表面的近实时测量数据<br>● 地形学仪器：合成孔径雷达高度计（SRAL）、微波辐射计（MWR）、全球导航卫星系统（GNSS）接收机、多普勒轨道确定和星载无线电定轨定位组合系统（DORIS）以及激光后向反射器（LRR），提供开发海域、海岸区域、冰盖、河流和湖泊的高精度测高数据 | | | | |

　　"欧洲数据中继系统"（EDRS）采用激光和射频混合通信，中继卫星与低轨卫星之间采用激光通信，中继卫星与地面站之间采用 Ka 频段射频通信。2016 年 1 月 30 日，欧洲空间局（ESA）成功发射 EDRS 的首个激光通信中继载荷 EDRS-A，迈出了构建全球首个卫星激光通信业务化运行系统的重要一步。在完成一系列在轨测试后，EDRS-A 在 6 月成功传输了欧洲哨兵-1A 雷达卫星的图像，并于 7 月进入业务运行阶段。在 EDRS-A 卫星中，LEO 与 GEO 之间的激光双向链路速率达 1.8 Gb/s，"哨兵"卫星与地面之间的 Ka 频段双向链路速率为 600 Mb/s，GEO 与地面之间的 RF 链路速率为 600 Mb/s。EDRS-A 载荷射频星间链路采用 Ka 频段，具有星间和星地两种通信模式。星间通信模式用于国际空间站欧洲舱的实时数据通信，数据传输速率约为 0.3 Gb/s。星地通信模式用于与地面站进行通信，数据传输速率可达 1.8 Gb/s，是 X 频段数据传输速率的 3.5 倍。欧空局已陆续开展 EDRS-A 载荷与空中平台之间的激光通信试验，分别试验了与空客 A310 多用途运输机、美国 MQ-9"死神"无人机的激光通信能力。在 EDRS 系统中，专用数据中继卫星与星间链路终端"哨兵"卫星均搭载了激光通信终端（LCT），LCT 主要包括望远镜、装有粗瞄准机构的矩形结构及接收器等，其结构如图 1-8 所示。

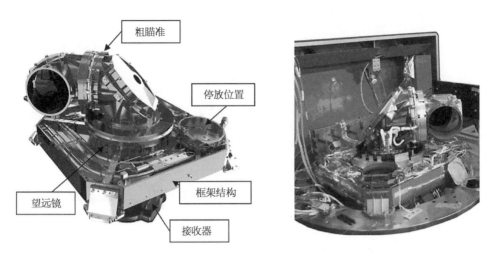

粗瞄准

停放位置

望远镜

框架结构

接收器

图 1‐8　LCT(左)及测试平台(右)

　　LCT 能够提供 LEO‐GEO 卫星之间速率达 1.8 Gb/s 的激光双向链路。LEO‐GEO 激光双向链路的主要性能参数指标如表 1‐7 所示。

表 1‐7　EDRS 中 LEO‐GEO 激光链路主要性能参数

| 名　　称 | EDRSLEO‐GEO 链路 |
| --- | --- |
| 数据速率 | 1.8 Gb/s |
| 链路距离 | >45 000 km |
| 误 码 率 | $>10^{-8}$ |
| 发射功率 | 2.2 W |
| 天线孔径 | 135 mm |
| 质　　量 | 50 kg |
| 功　　耗 | ~160 W |
| 体　　积 | ~0.6 m×0.6 m×0.7 m |

4) 下一代中继卫星系统

　　日本对中继卫星的发展十分重视。2002 年 9 月 10 日,成功发射了由日本宇宙航空研究开发机构(JAXA)研制的 DRTS‐W 中继试验卫星,并通过运行试验发现,中继卫星可以在时间延时较少情况下对接收的超过 99% 的地面监测数据进行传输。下一步,为了满足大容量卫星数据通信的需要,日本提出利用基于星间激光链路的中继卫星来发展空间网络系统的规划。如图 1‐9 所示,对地观测卫星(LEO)与中继卫星(GEO)之间通过激光链路进行通信,而受限于日本当地的气候因素,现行的规划中,中继卫星与地面控制站之间采用 Ka 频段微波进行通信。随着对光学链路的研究发展,激光链路通信未来将被运用到对地观测卫星‐中继卫星‐光学地面站通信系统中。

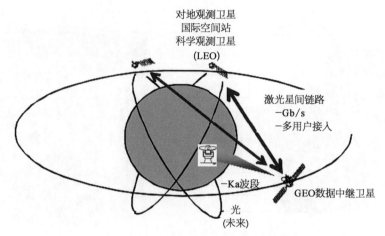

**图 1-9 基于星间链路的下一代中继卫星系统概览**

为了提高通信链路数据传输速率以及终端用户的质量,并减少通信过程功率损耗,日本宇宙航空研究开发机构研制了下一代激光通信终端 LUCE,其目标参数如表 1-8 所示。可以看出,对地观测卫星与中继卫星之间的激光链路传输速率将高达 2.5 Gb/s。

**表 1-8 JAXA 下一代激光通信终端目标参数**

| 通信波长 | 1.06 $\mu$m | |
|---|---|---|
| 调制/解调方案 | BPSK/零差 | |
| 数据速率 | 2.5 Gb/s/1.2 Gb/s(前向/反向) | |
| 发射功率 | +36.0 dBm | |
| 捕获跟踪瞄准方案 | 无信标光 | |
| | LEO 终端 | GEO 终端 |
| 光学天线直径 | 100 mm | 200 mm |
| 质量 | <35 kg | <50 kg |
| 功耗 | 150 W(max)/100 W(avg) | 130 W(max)/100 W(avg) |

同时,考虑到与未来中继卫星的兼容性,激光通信终端将采用与 Tesat-Spacecom 公司下一代激光通信终端类似的方案:采用波长 1.06 $\mu$m 信号光和 BPSK 调制/零差检测方案进行检测;激光放大器利用 Nd:YAG 晶体进行波导。同时,为了能够更好地运用到质量为 500 kg 左右的中型地球观测卫星中,激光通信终端的重量将小于 35 kg。

5) 下一代低轨卫星通信系统(NeLS)

日本的 CRL 和下一代低轨卫星通信系统研究中心提出了下一代低轨卫星通信系统(NeLS),星间通信全部采用激光链路,是世界上第一个激光链路全球性卫星通信网络,星座参数如表 1-9 所示,星间链路参数如表 1-10 所示。

表 1-9 NeLS 星座参数

| 轨 道 参 数 | 参 数 值 |
|---|---|
| 轨道数 | 10 |
| 每轨道卫星数 | 12 |
| 轨道高度 | 1 200 km |
| 轨道倾角 | 55° |
| 离心率 | 0 |
| 上升节点经度差 | 36° |
| 轨道相位 | 3 |
| 最小仰角（单星） | 20° |
| 最小仰角（双星） | 13° |

表 1-10 ISL 链路参数

| 调制 | IM/DD | IM/DD | DPSK |
|---|---|---|---|
| 天线孔径/cm | 10 | 7 | 6 |
| 数据速率/(Gb/s) | 10.0 | 2.4 | 2.4 |
| 波长/$\mu$m | 1.55 | 1.55 | 1.55 |
| TX | | | |
| TX 功率/mW | 1 000 | 1 000 | 1 000 |
| dBm | 30 | | 30 |
| 天线增益/dB | 106.1 | 103.1 | 100.1 |
| TX 损耗/dB | −2 | −2 | −2 |
| TX 天线孔径/cm | 10 | 7 | 6 |
| 束散角/$\mu$rad | 19.7 | 28.2 | 32.9 |
| EIRP/dBm | 134.1 | 131.1 | 129.7 |
| 传输 | | | |
| 距离/km | 5 000 | 5 000 | 5 000 |
| 自由空间传输损耗/dB | −272.2 | | −272.2 |
| 指瞄损耗/dB | −0.5 | −0.2 | −0.2 |
| RX | | | |
| 天线增益/dB | 106.1 | 103.1 | 101.7 |
| RX 光学损耗/dB | −4 | −4 | −4 |
| RX 天线孔径/cm | 10 | 7 | 6 |

（续表）

| | | | |
|---|---|---|---|
| 接收功率/dBm | −36.4 | −42.3 | −44.9 |
| RX 灵敏度/(photons/bit) | 90 | 90 | 56 |
| 功率需求/dBm | −39.4 | −45.6 | −47.6 |
| 余量/dB | 3.0 | 3.3 | 2.7 |

  NeLS 系统结构如图 1-10 所示，空间段由 120 颗低轨卫星组成，具有星载 ATM 交换能力，星间采用激光链路，星地之间利用多波束天线、可变速率用户链路调制技术和卫星数字波束整形天线技术，图 1-11 为终端实物。

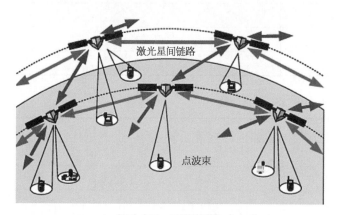

图 1-10　NeLS 系统

图 1-11　NeLS 终端实物

  NeLS 重点研究内容之一是基于 WDM 卫星光网络以及星载光纤放大器等卫星组网关键技术和器件。2003 年报道了激光星间链路 WDM 试验，数个卫星节点通过激光星间链路连接成一个环形拓扑，链路间采用四波道的 WDM 技术和掺铒光纤放大器（EDFA）。一个 WDM 仿真器主要包括光发送机和接收机，发送部分采用 4 个可调连续波（CW）光源，波长分辨率为 0.001 nm，接收部分采用光窄带滤波器和检测机以及低噪声放大器。轨道内和轨道间四波长 WDM 星间激光链路星载子系统结构如图 1-12 所示。在接收端，首先对光信号进行低噪声放大，然后实现 3 个波长通道的解复用，再进行解调，将解调后的信号连接到 ATM 交换机上实现星上电路交换，另一个波长通道经 EDFA 放大后直通到另一颗卫星，实现通道交换。在发送端，经 ATM 交换机交换后的 3 路信号首先进行光学调制，与直通的另外一路光信号一起复用，经过高功率的 EDFA 放大后，通过光学天线进行发送。

  测试结果表明掺 Yb 的 EDFA 应用到 NeLS，当输出光功率低于 2 W 时，系统的误码性能非常优良。同时理论上的输出光功率仅为 1 W，所以该 WDM 环形卫星光网络是非常具有吸引力的。从 2003—2007 年，NeLS 网络拓扑不断优化改进，目前第二阶段在轨飞行试验已经开始，其中重点包括对 LEO 星间激光通信的验证。

  6）全球互联网星座

  为了提供全球互联网无缝接入服务，在传统天基互联网计划如 Teledesic 和 Skybridge

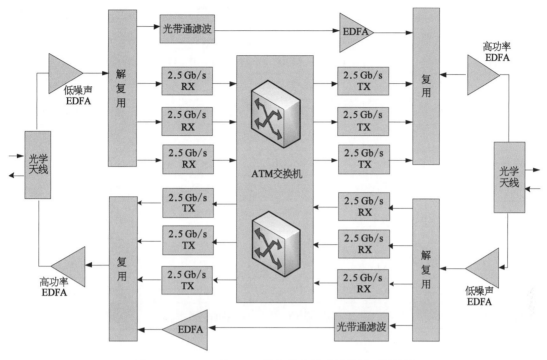

**图 1 - 12 NeLS 的 WDM 星间激光链路星载子系统结构**

的基础上, OneWeb, SpaceX, Samsung 和 LEOSAT 等多家企业拟打造新兴卫星互联网星座。其特点是由大规模低轨道卫星星座组成(通常是成百上千个), 主要提供全球宽带互联网接入服务, 即具有互联网传输功能的巨型通信卫星星座。目前计划建设的全球互联网星座如表 1 - 11 所示。

**表 1 - 11 国内空间信息网络概念**

| 星 座 名 称 | OneWeb | Steam | LEOSAT |
|---|---|---|---|
| 卫星数量 | 650 | 4 000 | 80~140 |
| 轨道高度/km | 1 200 | 1 100 | 1 400 |
| 星间链路 | 无 | 有 | 有 |
| 卫星质量 | 125 kg | 未知 | 未知 |
| 容量和成本/(Tb/s) | 5~10 | 8~10 | 0.5~1.0 |
| 用户数据传输速率 | 50 Mb/s | 未知 | 1.2 Gb/s |
| 传输延时/ms | 20~30 | 20~30 | 50 |

7) 宽带多媒体卫星通信系统

全球宽带多媒体卫星系统及其主要性能指标如表 1 - 12 所示, 包括 Amerhis, WINDS, Inmarsat5 等。

表 1 - 12　宽带多媒体卫星系统

| 系统名称 | 提出时间 | 频　段 | 容　　量 | 星上交换方式 | 多址方式 |
|---|---|---|---|---|---|
| Amerhis | 2004 | Ku | 1 224 MHz | MPEG2 电路交换 | MF - TDMA |
| Spaceway | 2007 | Ka | 10 Gb/s | 快速包交换 | FDMA - TDMA |
| WINDS | 2008 | Ka | >1.2 Gb/s | ATM/SS - TDMA | MF - TDMA/SCPC |
| IS - 14 | 2009 | Ku | 792 MHz | IP 路由 | MF - TDMA/SCPC |
| WGS | 2007 | Ka/X | 1.2~3.6 Gb/s | 子带交换 | MF - TDMA |
| Hylas - 1 | 2010 | Ka/Ku | 300 MHz | 透明转发 | MF - TDMA |
| Hylas - 2 | 2012 | Ka/Ku | 8 280 MHz | 透明转发 | MF - TDMA |
| KA - SAT | 2011 | Ka | >70 Gb/s | 透明转发 | MF - TDMA |
| Viasat - 1 | 2011 | Ka | >130 Gb/s | 透明转发 | MF - TDMA |
| Jupiter | 2012 | Ka | 100 Gb/s | 透明转发 | MF - TDMA |
| Inmarsat5 | 2014 | Ka | 100 Gb/s | 透明转发 | 未知 |

# 1.5　国内研究进展

国内空间信息网络的基本概念和内涵如表 1 - 13 所示,主要包括 6 种网络,每种网络的侧重点不一样。

表 1 - 13　国内空间信息网络概念

| 序号 | 名　称 | 概　念　内　涵 | 提　出　者 |
|---|---|---|---|
| 1 | 天地一体化航天互联网 | 通过天地链路实现一体化网络互联 | 沈荣骏院士 |
| 2 | 天基综合信息网 | 通过卫星系统整合实现天基信息传递 | 闵士权总工程师 |
| 3 | 空间信息网络 | 飞行器、航天器及卫星等天基信息载体的整合 | 国家自然科学基金委 |
| 4 | "一带一路"空间信息走廊 | 为"一带一路"提供空间信息支撑 | 国防科工局 |
| 5 | 天地一体化信息网络 | 由天基信息网、互联网和移动通信网互联而成 | 吴曼青院士 |
| 6 | 天基信息网络 | 具有信息港功能的多功能异构卫星系统 | 国防科工局 |

(1) 2006 年沈荣骏院士提出的"天地一体化航天互联网",通过天地链路连接成一个一体化的互联网络,主要强调对航天系统资源的整合。天地一体化航天互联网络规模庞大、结构复杂、网络伸缩性强,用户动态接入,网络拓扑结构不断变化并包含多个异构的子网(含卫星编队和星座等),涉及用户卫星系统、中继卫星系统、地基测控网、用户业务网等诸多层面。

整个网络可分为主干网、子网(包括星座和编队子网、近距离无线子网、多址或单址独立节点)和接入网络(包括空间接入网和地面接入网)。我国天地一体化航天互联网体系结构如图 1-13 所示。

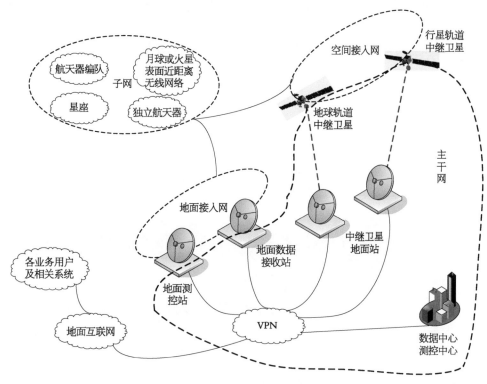

**图 1-13 天地一体化航天互联网结构**

主干网。负责用户航天器与地面之间应用数据及测控信息的传输与分发,主要由我国地面数据接收网、空间目标监视网、天文观测网、航天测控网、业务测控网和中继卫星系统(包括地球轨道中继卫星和深空中继卫星)组成。由统一的运行管理中心管理,并设置高效统一的数据服务系统为不同用户服务。

子网。包括以下几类:① 独立节点,分为单址和多址两种。单址指只有一个网络地址,这类节点通常直接与主干网连接,目前的大多数卫星属此类。多址指一个航天器有多个网络地址,分系统或独立部件允许有自己的网络地址,如空间站。这类航天器通常以子网形式与主干网连接,航天器内部分系统的增减不影响其他系统的数据传输。② 星座子网和编队子网,有星间链路的星座或卫星编队互联后构成局域网。无星间链路的星座或卫星编队卫星不构成子网,每颗卫星成为独立节点。③ 近距离无线网络,由若干近距离航天器通过无线手段通信构成的网络。主干网节点只与执行该任务的一个或少数主航天器之间建立链路。主要在飞船的交会对接、月球或火星等轨道器与着陆器之间的释放与对接等环境下使用。

接入网。联结主干网和子网的节点设备(包括天线、收发设备)所构成的网络,分为地面接入网和空间接入网。基于以上划分,目前的数据网和测控网中的不同设备单元将分属主干网和接入网。其中射频部分及基带属于接入网;计算机信息系统及其后端属于主干网。

(2) 2013年闵士权总工程师提出"天基综合信息网"的构想,天基综合信息网又叫空间综合信息网,其基本思路是通过整合不同的卫星系统,以卫星通信网为核心实现信息的传递。天基综合信息网是通过星间、星地链路连接在一起的不同轨道、种类、性能的飞行器及相应地面设施和应用系统,按照空间信息资源的最大有效利用原则所组成的空天地一体化综合信息网(见图1-14)。该网络具有智能化信息获取、存储、传输、处理、融合和分发能力,具备一定的自主运行和管理能力。

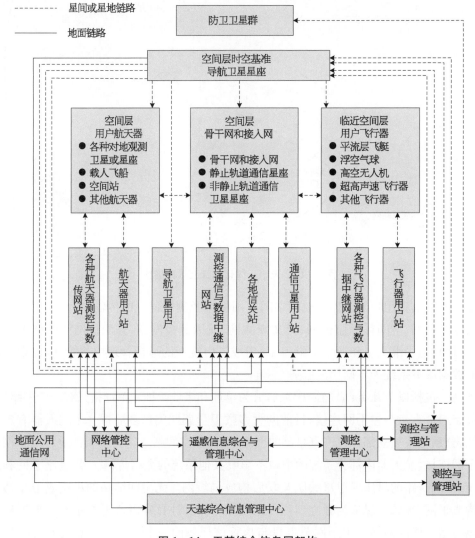

图 1-14 天基综合信息网架构

(3) 2013年国家自然科学基金委发布"空间信息网络"重大专项课题,侧重在天基层面,强调飞行器、航天器及卫星等天基信息载体的整合。空间信息网络是以空间平台(如同步卫星或中、低轨道卫星,平流层气球和有人/无人驾驶飞机等)为载体,实时获取、传输和处理空间信息的网络系统(见图 1-15)。作为国家重要基础设施,空间信息网络在服务远洋航行、应急救援、导航定位、航空运输、航天测控等重大应用的同时,向下可支持对地观测的高动态、宽带实时传输,向上可支持深空探测的超远程、大时延可靠传输,从而将人类科学、文化、生产活动拓展至空间、远洋乃至深空,是全球范围的研究热点。

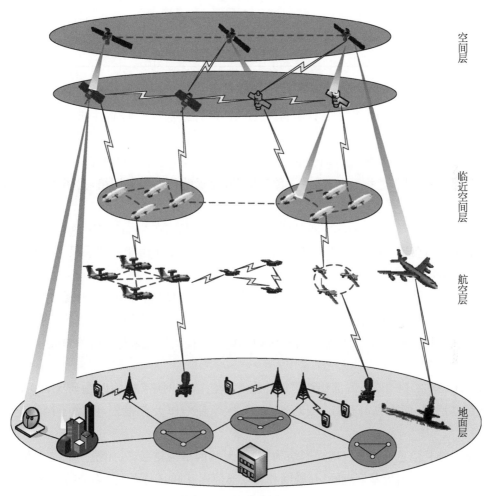

图 1-15　空间信息网架构

空间信息网络功能包括遥感与导航数据快速获取与处理服务、地面移动宽带通信服务、航天器测控以及通信与导航。空间信息网络可一星多用,兼顾其他,其结构复杂、技术难度大、网络多源异构、节点动态变化、覆盖范围大、应用前景广阔。

(4) 2015 年国防科工局牵头,联合国家发展改革委、工业和信息化部和外交部开展"'一带一路'空间信息走廊"的方案论证,其主要建设思路是为"一带一路"沿线国家和地区经济发展、社会进步、民生改善提供空间信息支撑(见表 1-14)。

表 1-14 "一带一路"空间信息走廊发展路线

| 阶　　段 | | 时间/年 | 任　务　目　标 |
|---|---|---|---|
| 第一阶段 | 顶层设计阶段 | 2015 | 拟完成天、地、应用的顶层设计与方案论证,并在预定的时间内启动工程建设 |
| 第二阶段 | 系统建设阶段 | 2016—2018 | 重点在实施天、地、应用系统的建设与推广应用,力争形成具有初步运行能力的系统性工程 |
| 第三阶段 | 能力形成阶段 | 2019—2020 | 着手"空间信息走廊工程"的完善建设与功能应用,以期形成全面的、运行良好的、充分发挥效能的天、地、应用一体的"空间走廊工程" |

为更好地服务于"一带一路"及沿线国家和地区的空间信息与资源需求,构建布局合理、区域全覆盖的综合性空间信息服务平台,空间信息走廊工程将主要实现以下三大目标:

(A) 天观地测,运筹帷幄。结合亚太空间合作组织多任务小卫星星座的建设,辅以地基观测与信息采集手段,建设面向"一带一路"的国际化遥感信息服务网络,提供覆盖"一带一路"决策的数据保障与咨询服务。

(B) 西进东拓,经略子午。拓展卫星通信节点,保障我国在"一带一路"通信干路传输和遥感信息的境外传输;建设覆盖"一带一路"沿线区域的移动通信能力和手段,形成覆盖"一带一路"不间断的信息服务能力。

(C) 借力北斗,精耕细作。基于"一带一路"遥感信息获取能力和通信传输能力,结合导航定位与信息融合应用,积极推广北斗应用国际化,建设服务国家战略安全、产业推广、企业保驾护航的应用服务系统,支持战略目标区域和重大工程项目实施与运行的重要信息采集、分析和决策服务。

(5) 2013—2014 年,工信部组织了"天地一体化信息网络"相关课题研究,2013 年和 2015 年先后召开两次高峰论坛,张乃通、姜会林等院士作大会报告,明确了网络定位和边界。

天地一体化信息网络是以地面网络为依托、天基网络为拓展,采用统一的技术架构、技术体制、标准规范,由天基信息网、互联网和移动通信网互联互通而成。如图 1-16 所示,天基信息网包括天基骨干网、天基接入网、地基节点网 3 部分。天基骨干网由布设在地球同步轨道的若干骨干节点联网而成,骨干节点具备宽带接入、数据中继、路由交换、信息存储、处理融合等功能。天基接入网由布设在高轨或低轨的若干接入节点所组成,满足陆、海、空、天多层次海量用户的各种网络接入服务需求,包括语音、数据、宽带多媒体等业务。地基节点网由多个地面互联的地基骨干节点组成,地基骨干节点由信关站、网络运维管理、信息处理、信息存储及应用服务等功能部分组成,主要完成网络控制、资源管理、协议转换、信息处理、融合共享等功能,通过地面高速骨干网络完成组网,并实现与其他地面系统的互联互通。系统需具备开展宽带接入、移动接入、骨干互联、中继传输及天基测控等功能。

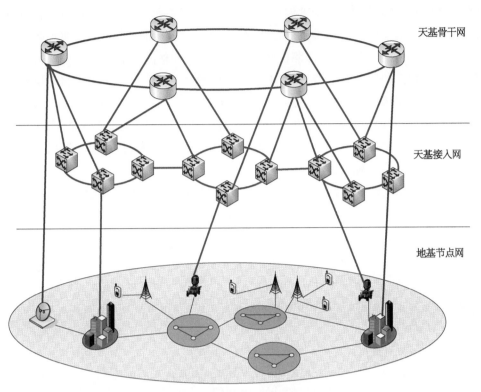

**图 1–16  天地一体化信息网络**

（6）具有信息港功能的多功能异构卫星系统"空间信息网络"，是空间信息网络体系中的用户接入节点、信息汇聚枢纽、处理分发平台和管理控制中心，能够实现天基用户管理、控制管理和业务管理 3 个核心功能。

空间信息网络是天基信息网络体系中高轨道节点的一种形态，本质上天基信息网络是一种天地一体的"信息＋网络"的复杂系统，联通管理各类子网和用户、汇集处理各种数据与信息，是天基网络信息体系能力提升的关键，是天基信息实现体系化应用的核心。

## 1.6  发展趋势

我国正处于空间信息网发展进程的关键时期，中星系列通信卫星、天链系列数据中继卫星、高分辨率对地观测系列卫星、北斗导航系列卫星、载人航天与探月工程等各类航天器系统，都呈现出全域覆盖、网络扩展和协同应用的发展趋势，需要提升空间信息的时空连续支撑能力，解决高动态条件下空间信息的全天候、全天时快速响应和大范围覆盖问题。从目前空间信息网络的发展来看，呈现以下两个显著趋势：

1）空间信息网络链路由单一微波向微波/光混合发展

从技术特点来看，以微波链路为主的空间信息网络基本满足现有通信、导航、遥感和测控任务的需求;但从长远来看,受微波频率的限制,空间平台在处理速率、通信容量、抗干扰能力等方面存在的局限性使其难以满足未来空间信息网络向下要支持对地观测的高动态、宽带实时传输,向上要支持深空探测的超远程、大时延可靠传输的需求。从军事应用来看,随着空天信息化武器装备的高速发展,未来空天战场对天基信息支援需求将急剧增加,这对空间信息网的数据传输与分发能力必将提出更高的要求。若单纯依靠提升微波通信频段来提高传输速率,随着通信频段的提升、信道和天线波束数量的增加,必将导致空间平台有效载荷复杂性剧增。由此看来,面向未来空间信息高动态、宽带实时、可靠传输的需求,微波链路的能力局限问题将会越来越凸显。

方兴未艾的空间激光链路是另外一个选择。基于激光链路的空间光通信系统具有容量大、体积小、抗干扰能力强、保密性好等优势。为此,从 20 世纪 90 年代以来,以欧洲为代表的发达国家相继开展了高速、高可靠传输的点对点空间激光通信关键技术研究和星上演示验证,尤其近年来美国国家航空航天局先后成功实现了月球到地球、空间站到地球的激光通信链路,验证了空间激光通信的巨大潜力和技术可行性。我国也先后突破了一系列关键技术,并于 2012 年实现了低轨卫星对地激光通信链路演示验证,为我国高速空间信息网络建设提供了一个新的途径。

2)空间信息组网由单一功能向动态异构协同发展

随着空间信息网络领域的不断拓展,种类繁多、功能各异的航天器以及飞行器相继投入使用,纯粹依靠单一功能的空间节点进行组网和信息交互已经难以满足未来大数据量、高可靠性数据传输的要求。各类功能节点的优势互补,有效融合是构建空间信息网的必要前提。

选择合适的信息传输链路是实现异质节点和异构网络高效融合的关键,如 GEO - GEO 之间、LEO - GEO 之间信息传输采用激光链路可以克服微波链路在功耗和体积方面的瓶颈,充分发挥空间光通信的优势。中低轨卫星、升空平台、飞机之间或者其与 GEO 间信息交互,可以根据业务需求采用激光链路或者微波链路。航空骨干网络的机间链路要求宽带宽、抗干扰和隐身能力。因此具有低截获、高速、抗干扰通信特点的激光宽带数据链路就成为构建航空骨干网的理想方案。航空战术子网通过机间射频数据链组成高吞吐量、延时敏感的协同交战网络。战术子网可以连接航空骨干网核心节点,并通过骨干网与整个空间信息网络进行互联。

# 第 2 章
# 空间信息网络体系架构

激光微波混合的空间信息网络是一个包括光、机、电和网络协议的复杂系统,建设周期长,扩容花费巨大。因此,如何设计网络体系结构使其在生命周期中可以满足不断增长的业务需求,并且可以进行适当的扩容升级以满足未来无法预测的新型业务类型或激增业务量要求,将是网络设计者必须面对的一个课题。

未来的空间信息网络除了要为陆基网难以覆盖的移动用户提供远程语音和数据通信服务外,还必须满足空间任务、空间透明接入和中继的需求,能够为卫星、飞船和陆基分布式传感数据传输提供特有的高速率、大容量服务。由于目前的卫星网络几乎是基于干线通信网设计,没有特别考虑终端用户需求的多样性,所以必须采用新的思路构建卫星网络来满足各类航空航天信息的传输要求。最初人们研究 ATM 交换协议在极轨道卫星星座中的应用,由于切换和卫星节点的移动导致虚电路或虚路径被反复重建,协议开销增大,卫星网络效率远低于 ATM 地面网。随着 Internet 的迅猛发展,研究者想把地面的 IP 协议应用到空间信息网络中,虽然取得了一些成果,但是 IP 路由协议基于实时状态计算路由,对卫星通信系统未来可能路由缺乏预见性,导致开销很大,因此不适用于空间信息网络。

国内外针对不同的应用环境,制定了许多空间信息网络协议,如表 2-1 所示。在众多的协议中,唯有空间数据系统咨询委员会(CCSDS)被广泛认同,其参与制定的单位包括美国国家航空航天局(NASA)、欧空局(ESA)、德国宇航中心(DLR)、日本太空开发总署(JAXA)以及中国国家航天局等世界权威航天机构,被认为是最接近实际应用的空间网络协议。CCSDS 采用了类似于国际标准化组织(ISO)标准协议的分级结构设计方法,包括了物理层、数据链路层、网络层以及可靠传输等内容,如图 2-1 所示。CCSDS

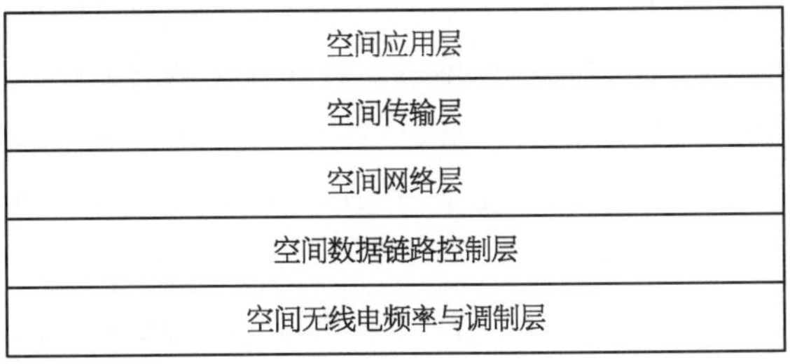

| 空间应用层 |
| --- |
| 空间传输层 |
| 空间网络层 |
| 空间数据链路控制层 |
| 空间无线电频率与调制层 |

图 2-1 CCSDS 网络协议

通过改进,参考地面 IP 技术开发了一套涵盖网络层和应用层的空间通信协议(SCPS),加强了对深空通信的适应性。

表 2 - 1　空间信息网络协议

| 协 议 名 称 | 研　究　内　容 |
|---|---|
| DTN,IPN | 体系结构和协议设计 |
| SpI | Space Internet 的体系结构和协议设计 |
| Proximity - 1 | 近距离无线光通信协议 |
| OMNI | 适应空间环境的 Internet 技术 |
| DSN | NASA 的深空网络,支持太阳系乃至宇宙空间的探测任务 |
| Mars Network | 利用微小卫星星座和火星卫星构建火星 Internet |
| Space Communication | 空间任务信息的交付与分布式通信 |
| Mobile Router | 利用基于 Internet 的协议提供连续网络连接,以支持近行星观测和航天传感器 |
| TDRSS | 对 NASA 的卫星、空间站进行跟踪、数据中继、语音和视频通信业务的空间网络 |
| CCSDS | 物理层、数据链路层、网络层、传输层、安全层、空间文件传输层 |
| SCPS | 文件传输、运输层协议、数据安全协议、网络层协议 |

按照一般网络协议的规范,可将空间信息网络分为物理层、数据链路层、网络层、传输层及应用层。下面从数据链路层开始,直至应用层,分别讲述空间信息网络的基本协议。

# 2.1　数据链路层协议

## 2.1.1　FDMA/DAMA 数据链路层协议

高级数据链路控制协议(HDLC)是一个在同步网上传输数据、面向比特的数据链路控制协议,由 ISO 提出。在通信领域中,HDLC 协议是应用最广泛的协议之一,其工作方式可以支持半双工、全双工传送,支持点到点、多点结构,支持交换型和非交换型信道。

按需分配多址接入协议(DAMA)的基本思想是在类似 TDMA 的体制下,在全网时间同步的基础上,各个移动终端在上行频率根据自己队列里排队的数据包个数,通过随机预约的方式向空间平台发送预约请求,空间平台在下行频率为各个移动终端动态分配时隙,移动终端按照时隙分配图案发送信息,从而避免了对发送时隙的占用冲突,移动终端在不发送信息的时间里则接收信息。

HDLC 数据链路层协议定义之初,并没有限制其应用场景,因此在空间信息网络中直接应用是一种选择。卫星通信体制有多种,其中 FDMA/DAMA 体制是应用 HDLC 协议的典型系统。FDMA/DAMA 网络有一套较完备的信令系统,信令由用户卫星产生,在控制信道上传输,实现用户卫星和网控中心之间管控信息的交互,可使用 HDLC 协议,仅对相关字段进行相应的信令类型定义即可。FDMA/DAMA 信道建立后,需要根据所链接的不同业务终端,分时传输不同的业务(多业务复接同传,是一种特殊的应用模式),通常也直接采用 HDLC 帧结构进行相关业务承载。

### 2.1.1.1　卫星 HDLC 链路帧结构

FDMA/DAMA 卫星网络的 HDLC 链路帧结构如图 2-2 所示,包括控制信道 HDLC 帧结构和业务信道 HDLC 帧结构两类。与标准的 HDLC 帧结构相比,控制信道 HDLC 帧结构保留原有的标识字段、校验字段,对地址字段、控制字段、信息字段进行重新定义。地址字段用来标识信道设备编号。控制字段用来标识数据帧发送序号。用户卫星将网控信令(由信令类型和信令信息组成,信令类型包括入网申请、业务申请、入网应答、信道配置等,信令信息的长度由信令类型决定)封装在信息字段内进行传输。业务信道 HDLC 帧结构保留原有的标识字段、信息字段和校验字段,省略了地址字段和控制字段,用户卫星将业务数据(以太网数据、串行比特流、同/异步数据)封装在信息字段内进行传输。

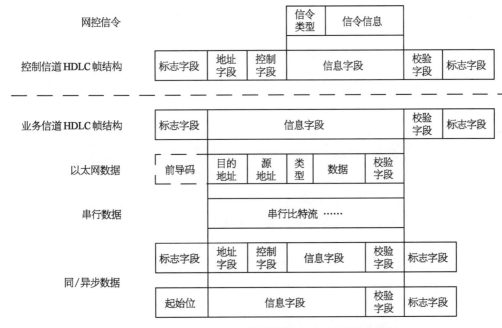

图 2-2　FDMA/DAMA 体制下的 HDLC 帧结构及封装

### 2.1.1.2　业务链路建立流程

FDMA/DAMA 空间信息网络接入卫星至少配置一路网控信道设备,可配置多路业务信道设备。接入卫星建立业务链路时,使用相关用户卫星哪一路业务信道设备、信道设备配置的发射/接收频点以及通信速率/带宽都是由网控中心指定的,即业务信道的 FDMA 方式占用卫星资源。业务链路建立流程如图 2-3 所示。

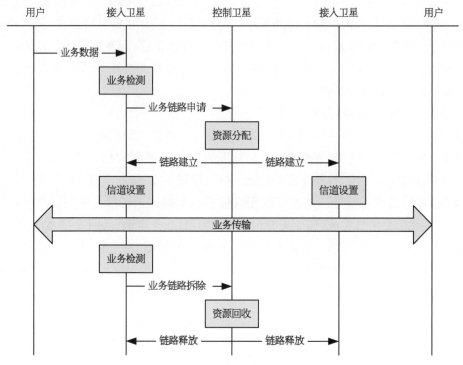

图 2 - 3    FDMA/DAMA 业务链路建立流程

接入卫星检测到有业务数据需要传输后,提取业务类型、通信对端用户卫星标识、业务速率等信息,通知网络控制代理模块进行业务链路申请。然后将业务链路申请信息封装为 HDLC 帧,通过网控信道,以 ALOHA 方式发送到控制卫星的网络控制中心。网络控制中心查找相关业务站是否有可用的业务信道设备,并匹配可用的卫星资源,若匹配成功则为该业务分配卫星资源和业务信道设备等。网络控制中心在匹配资源过程中,根据不同的业务需求分配不同带宽资源,实现带宽动态按需分配。网络控制中心将分配结果和业务信道设备参数发送给业务相关站。接入卫星收到业务链路建立信息后,设置相应的业务信道设备,至此完成业务链路的建立。当接入卫星检测到业务结束后,通知网络控制代理模块发送业务链路拆除请求。网络控制中心收到该消息后,将卫星资源和业务信道资源回收,用于以后其他业务的信道资源分配,并通知接入卫星释放业务链路。

### 2.1.2    MF‐TDMA 数据链路层协议

在 MF‐TDMA 体制的卫星网络中,为了保证其特有的链路建立过程(如初始捕获、突发同步等)以及较高的系统运行效率,卫星数据链路层协议通常采用自定义卫星链路帧结构。卫星链路帧头主要用来完成卫星链路层的帧定界、链路管理等功能,卫星链路帧净荷则直接封装各子网的链路层数据帧完成数据帧的 MAC 寻址及交换功能。

#### 2.1.2.1    帧结构

MF‐TDMA 链路帧通常采用超帧的分层结构,一个超帧由若干帧组成,每个帧又由若干突发组成。MF-TDMA 卫星突发可分为参考突发和数据突发两类：参考突发用于为各站提供实时基准和发送控制信息,数据突发是各业务站在指定的时隙内发射的业务信息。MF-TDMA 卫星突发由突发帧头和突发净荷组成,其中突发帧头包含前导码、独特字、发送站地址和校验字段,用来完成链路层的帧定界、链路管理等功能;突发净荷由若干业务信息组成,根据承载业务在数据层链路帧的类型,业务信息结构可以有所不同。MF-TDMA 链路帧结构如图 2-4 所示。

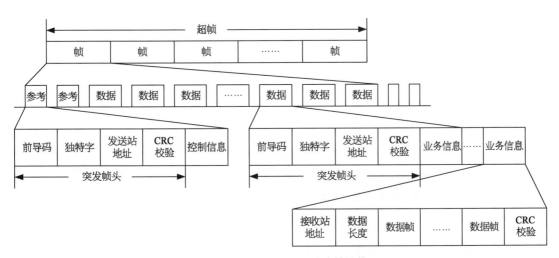

图 2-4　MF-TDMA 链路帧结构

### 2.1.2.2　承载 IP 业务数据帧

MF-TDMA 具有点到多点传输、组网灵活等特点,能够较好地适应以 IP 为平台的业务需求。国内外比较先进的 MF-TDMA 卫星网络均提供对地面 IP 网络的局域网接入功能,从而实现地面 IP 网络的远程互联。在空间信息网络中,不妨假设仍然以 IP 为协议框架基础,则 MF-TDMA 也需要提供对空间 IP 网络的接入功能。

MF-TDMA 对于 IP 网络的接入有两种方式：一是桥接方式;二是路由方式。桥接方式中,MF-TDMA 卫星(即空间信息网络中的接入卫星)内嵌网桥功能,承担网桥的角色,网内各站点的 MF-TDMA 卫星用户在同一网段,通过 MAC 寻址实现互联;路由方式中,MF-TDMA 卫星内嵌 IP 路由器功能,承担路由器的角色,运行相应的路由协议,为网络中的 IP 数据包提供寻路功能。IP 数据帧在 MF-TDMA 网络中应用及封装格式如图 2-5 所示。

在封装过程中,MF-TDMA 发送端可将发往同一接收站的若干 IP 短帧组成一个长帧,也可将长帧拆分封装在不同的业务突发中,以适应 MF-TDMA 业务突发的固定长度。MF-TDMA 接收端根据发送站和接收站标识,恢复出原始的 IP 数据帧。MF-TDMA 网络实现卫星用户所在/携带的 IP 网络的远程互联,还需要解决 IP 数据帧在空间信息网络中的寻址问题。寻址方面,MF-TDMA 将从不同端口接收到的 IP 数据帧进行分析,动态维护MF-TDMA 网络内所有 IP 端口的 MAC 地址与其所在站号的映射表。各节点根据映射表

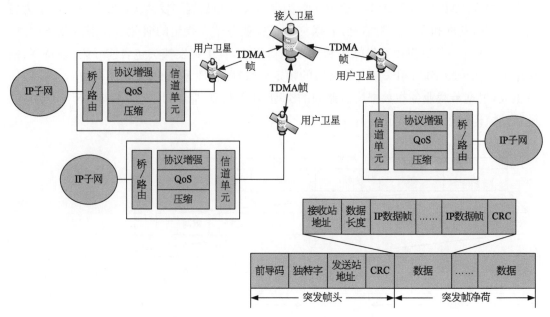

图 2‑5　IP 数据帧在 MF‑TDMA 空间信息网络中应用及封装方式

确定以太网数据帧在卫星网络中的路由，实现局域网（空间、地面）通过空间信息网络的连接。IP 数据帧在空间信息网络中寻址原理如图 2‑6 所示。

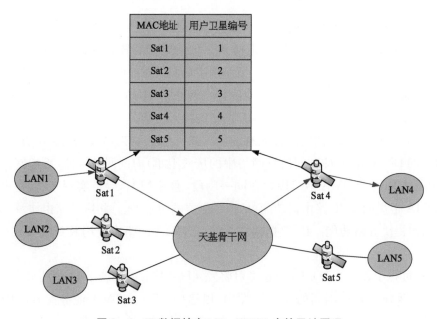

图 2‑6　IP 数据帧在 MF‑TDMA 中的寻址原理

IP 数据帧在空间信息网络中寻址的具体流程：MF‑TDMA 网络用户根据从 LAN 口接收到的 IP 数据帧的 MAC 地址查询地址映射表确定该数据帧的目的地。若目的地为本节点,则将此数据丢弃,否则根据该数据帧的目的地址申请发送时隙,并使用该节点申请得到的发送时隙将 IP 地址发送给目的地。对于组播、广播 IP 数据帧,系统采用广播的形式发送给网内的各目的地或复制多份分别发送给各目的地。

### 2.1.2.3　承载帧中继数据帧

将帧中继(FR)技术与星间通信技术相结合应用于空间信息网络,可以组成集多种数据业务于一体的帧中继星间数据传输系统,帧中继具有节省网络资源、组网灵活、易扩展等优点,在子网互联、天地一体化、多对多传输等方面具有广泛的应用前景。

构成帧中继卫星网络的方案有两种:一种是 FDMA 卫星网络;另一种是 MF‑TDMA 帧中继卫星网络。MF‑TDMA 卫星网络具有动态时隙分配全网状链接等优点,将其与帧中继技术结合可以充分发挥两者的优点。因此,在设计话音视频数据等综合业务传输的 MF‑TDMA 卫星网络时,采用帧中继接入的方式有着独特的优势。帧中继技术可通过极小的开销,使其带宽利用率接近 100%,比一般的交换技术(X.25 或 IP)性能都要优越。帧中继数据帧在 MF‑TDMA 卫星网络中应用及封装格式如图 2‑7 所示。

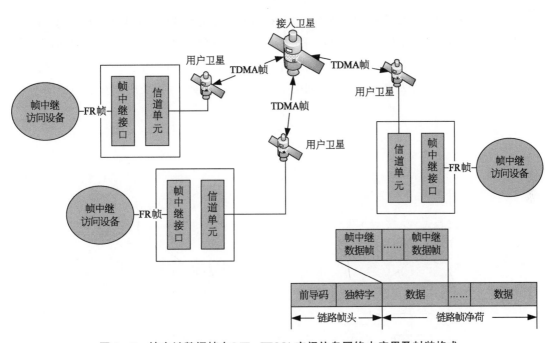

**图 2‑7　帧中继数据帧在 MF‑TDMA 空间信息网络中应用及封装格式**

与 IP 数据帧在 MF‑TDMA 卫星网络中寻址方式不同,帧中继数据帧在 MF‑TDMA 卫星网络中,通过永久虚电路完成信息包的端到端传送,用数据链路控制标识(DLCI)表示永久虚电路的路由并指定目的地址。永久虚电路在源站配置时,需要将接入卫星号、接入卫星的端口号、该永久虚电路的远端 DLCI 值映射到本地的 DLCI 值上。帧中继卫星网络寻址原理如图 2‑8 所示。帧中继访问设备(FRAD)用于复接各类数据业务。图中 DLCI1,DLCI2,DLCI3 表示了 3 条不同的路由,指向 3 个不同用户卫星。

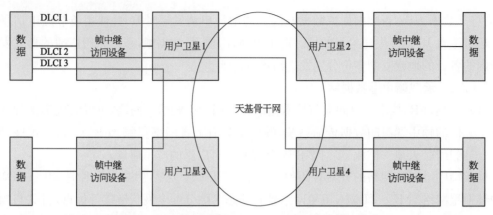

图 2‐8　帧中继数据帧在 MF‐TDMA 网络寻址原理

### 2.1.3　卫星 ATM 网络数据链路层协议

根据是否采用星上交换,可将星上 ATM 网络大致分为两类:一类采用"弯管"转发方式的卫星,这是一种透明的 ATM 卫星网络,星上对 ATM 协议不进行任何处理,所有的交换协议处理由关口站和网络控制站完成;另一类采用具有星上处理功能的卫星,在该网络中,信息交换由星上 ATM 交换机完成,控制功能则由星上 ATM 交换机和星上或地面的控制网络共同完成。基于星上交换的卫星 ATM 网络组成如图 2‐9 所示,各类用户及子网通用网间

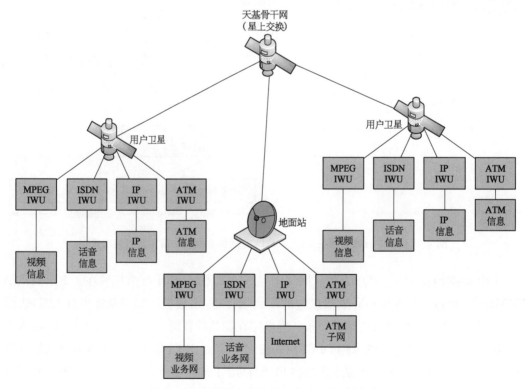

图 2‐9　基于星上交换的卫星 ATM 网络组成

互联单元(IWU)接入卫星 ATM 网络。

在基于星上交换的空间信息网络中应用 ATM 技术,需要解决一系列问题。在卫星用户构造方面,卫星 ATM 信元格式设计、信元的保护和差错控制、多址接入方式、信道编码方案、带宽资源的统计复用、系统同步问题、呼叫准入控制和流量控制等均需要关注;在星上载荷方面,星上 ATM 交换结构设计、星上缓存管理、星上调度和星上拥塞控制等均需要关注。

### 2.1.3.1　卫星 ATM 信元设计

标准 ATM 信元结构是基于误码率相当低的光纤信道设计的,在高误码率的星间无线信道环境下,会导致较高的信元丢失率。针对星间信道的特点,借鉴无线通信中的 ATM 信元结构,有几种不同结构的无线 ATM 信元可能被采用,其中欧标 Eurocom2000 信元和 ThomsonRITA2000 信元就是常用的两种无线 ATM 信元,其信元结构如图 2-10(a),(b) 所示。相对于标准信元,这两种无线 ATM 信元结构增强了对信元头或整个信元的纠错能力,但同时也降低了传输效率。卫星信道属于无线信道,但误码性能一般要好于地面无线信道,同时使用卫星信道进行传输,传输效率也是必须要考虑的问题。综合考虑卫星信道的误码率特性、传输效率及标准 ATM 信元的兼容性,结合仿真分析和工程实践,图 2-10(c)给出了一种卫星 ATM 信元及卫星链路帧结构。

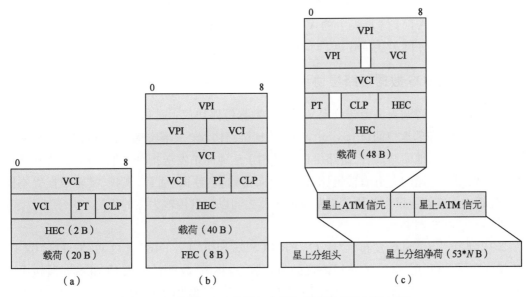

图 2‐10　典型 ATM 信元与空间信息网络 ATM 信元结构

该结构不包含一般流量控制(GFC)字段,使用可纠正两个错位的校验码来提高信元头的纠错能力。考虑到卫星 ATM 网络的规模相对有限,通常情况下所支持的虚路径标识(VPI)/虚信道标识(VCI)数目是足够的。基于星上 ATM 交换的卫星系统中 ATM 网关与星载 ATM 交换机之间点到点连接中,卫星链路帧的分组头只包含同步字段,用于帧定界,不包含源/目的地址等信息。同时,卫星分组净荷由若干卫星 ATM 信元组成,以提高卫星信道的利用率。

#### 2.1.3.2　卫星 ATM 信元交换流程

基于星上处理的卫星 ATM 网络采用星地一体化的信元交换模式,由 ATM 网关和星载 ATM 交换机共同构成一个完整的卫星 ATM 星地交换系统。其中,用户卫星 ATM 网关主要负责业务的接入,星载 ATM 交换机根据卫星 ATM 信元头中的 VPI/VCI 标识进行判别,并实现卫星 ATM 信元的转发。下面以 IP 业务的接入为例,简要介绍卫星 ATM 信元交换的流程。

（1）ATM 网关本地维护一个 IP 地址和 VPI/VCI 标识的映射数据库,数据库包含了整个卫星 ATM 网络中 ATM 网关的 IP 地址、到达这些用户卫星 ATM 网关的 VPI/VCI 标识等详细信息。

（2）用户卫星 ATM 网关收到本地的 IP 数据后,根据 IP 数据包中的目的 IP 地址寻找相应的 VPI/VCI 标识,在 AAL5 适配层,将 IP 包装为会聚子层协议数据单元,然后分割为多个 48 B 的分段,并将分段分别装入不同卫星 ATM 信元的载荷区中,根据前面寻找的 VPI/VCI 设置信元头的虚路径标识 VPI。虚拟通道标识 VCI 信元丢失优先权(CLP)和载荷类型标识(PTI)等参数,产生信元头差错控制(HEC)。最后,将若干个卫星 ATM 信元封装到卫星链路帧的净荷中。

（3）承载 ATM 信元的卫星链路帧通过卫星信道发送到星载 ATM 交换机中,星载 ATM 交换机根据 ATM 信元头中的 VCI/VPI 标识进行判别并实现卫星 ATM 信元的转发。用户卫星 ATM 网关从星载 ATM 交换机接收 IP 数据时按反过程操作。

### 2.1.4　CCSDS AOS 数据链路层协议

空间数据系统咨询委员会建议定义了 4 类数据链路协议:遥测(TM)、遥控(TC)、高级在轨系统(AOS)和邻近空间(Proximity‐1)数据链路协议。遥测链路协议通常用于从航天器发送遥测信息到地面站;遥控链路协议通常用于从地面站发送指令到航天器;高级在轨系统链路协议用于高速的上下通信链路,同时双向传输 IP 数据、话音、视频、实验数据等不同信息;邻近空间链路协议主要用于近距离航天器之间以信息传输为主的通信。

#### 2.1.4.1　AOS 封装

2012 年 9 月,CCSDS 发布了"IP OVER CCSDS SPACE LINK"蓝皮书 CCSDS 702.1‐B 建议标准,提出利用 AOS 链路层协议的封装服务,将 IP 数据包放入 CCSDS 封装包中进行传输。IP 数据包首先添加一个网络协议扩展(IPE)首部,用于标识 IP 协议子集;其次添加 CCSDS 封装包首部,用以标识封装的网络协议型和包长度等信息;最后利用 AOS 数据链路协议进行传输。当 IP 数据包长度大于 AOS 链路帧时,需要对 IP 数据包进行拆分放到 2 个以上 AOS 链路帧中,如图 2‐11(a)所示。为充分利用有限的信道资源,当 AOS 链路帧中已有 IP 数据包♯2 且还有足够空间时,可以再放入 IP 数据包♯3,如图 2‐11(b)所示。

1）IPE 封装

CCSDS 网络协议扩展(IPE)是当上层使用 IP 协议时,为网络层和数据链路层提供一个可互操作的方法,以此将被 CCSDS 封装的业务识别为 IP 数据包。IPE 使用一个或多个字

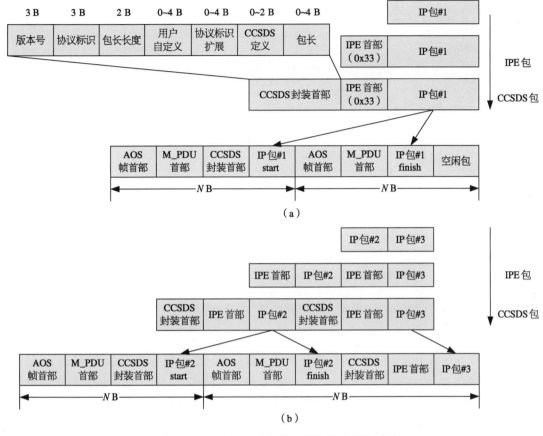

**图 2‑11　CCSDS AOS 链路层封装 IP 数据包格式**

(a) 单个 IP 数据包的拆分与封装；(b) 多个 IP 数据包的拆分与封装

节对 CCSDS 封装包首部进行逻辑扩展，有效地扩展了 IP 协议类型（IPv4、IPv6、头压缩 IPv6 等），图 2‑11 中"0x33"表示 IPv4 协议。

2）CCSDS 封装

由于在空间数据链路协议中传输的数据单元需要有 CCSDS 授权的包版本号，而封装服务就是提供一种机制使得没有授权包版本号的数据单元能够在空间链路中传输。CCSDS 封装包首部由版本号字段、协议标识字段、包长长度字段、用户自定义字段、协议标识扩展字段、CCSDS 定义字段和包长字段组成。版本号字段为"111"。协议标识字段用于表示封装网络协议的类型，"010"表示封装 IP 协议数据，"110"表示使用协议标识扩展字段识别网络协议类型。包长长度字段用于表示包长字段的字节数。协议标识扩展字段用于扩展封装的网络协议类型。包长字段用于表示 CCSDS 封装包的长度。用户自定义字段和 CCSDS 定义字段在封装 IP 数据包时暂不使用。

### 2.1.4.2　AOS 链路帧结构

AOS 数据链路帧结构如图 2‑12 所示，链路帧的长度可变（由同步和信道的编码方式确定），图 2‑12 所示的 AOS 链路帧长度为 1 115 B，由 AOS 帧首部、数据字段、差错控制字段组成。

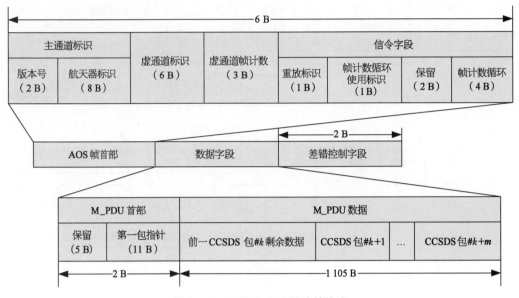

图 2 - 12　CCSDS AOS 链路帧格式

**1）AOS 帧首部**

AOS 帧首部由主通道标识(含版本号和航天器标识)、虚通道标识、虚通道帧计数、信令字段(含重放标识、帧计数循环使用标识、保留和帧计数循环)组成。AOS 链路帧版本号为"01"。航天器标识由 CCSDS 分配,用来识别使用该 AOS 链路帧的航天器。虚通道标识用来标识上层协议数据单元所使用的虚拟信道。虚通道帧计数为每条虚拟通道上的链路帧顺序编号。重放标识用于区分实时数据(置 0)或回放数据(置 1)。帧计数循环使用标识表示是否使用了帧计数循环字段。保留字段填充全零。帧计数循环字段当虚通道帧计数归零时加 1。

**2）数据字段**

AOS 帧数据字段由复用协议数据单元(M_PDU)首部和数据两部分组成。M_PDU 首部的保留字段填充全零;第一包指针指向 M_PDU 数据中第一个 CCSDS 包首部的位置。若 M_PDU 数据字段中不存在一个完整包的起始部分,第一包指针置"1"。M_PDU 数据字段的长度是固定的(1 105 B),包含 CCSDS 包。

**3）差错控制字段**

差错控制字段用以保护整个 AOS 链路帧。

# 2.2　网络层路由协议

## 2.2.1　空间信息网络路由协议分析

在传统卫星网络中使用最多的为静态路由,由系统管理员根据卫星网络的拓扑结构事先在地球站设置好,除非管理员干预,否则静态路由不会发生变化。静态路由适用于网络规模不大、网络结构比较简单、路由完全在地面实现的环境。但考虑到空间信息网络规模不断扩大以及对大量基于 IP 航天器用户的支持,再由管理员依次设置静态路由表已变得越来越困难,甚至不可实现。因此需要在网络中使用路由协议,利用收到的路由信息更新各路由表,达到实时适应网络结构变化的目的。卫星网络与地面网络拓扑结构对比如图 2‑13 所示。

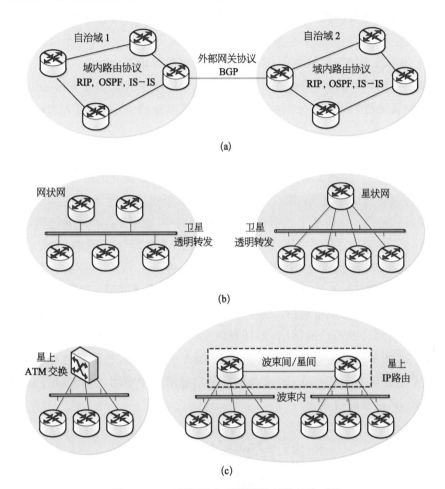

**图 2‑13　卫星网络与地面网络拓扑结构对比**

(a) 地面网络拓扑结构;(b) 基于透明转发的卫星网络拓扑结构;(c) 基于处理转发的卫星网络拓扑结构

对空间信息网络而言,路由协议的评价标准包括以下三点:

(1) 可扩展性。当运行该协议的空间信息网络规模扩大时,不会导致路由协议的收敛性能快速下降,从而影响网络选路的性能。

(2) 高效性。路由协议应具有较小的协议开销,包括占用的卫星链路带宽、路由器 CPU 计算/存储资源。

(3) 稳定性。路由协议应该在空间信息网络拓扑发生变化时尽量小地受影响,避免或减少路由抖动。

## 2.2.2 单播路由协议适应性分析

接下来重点分析在地面网络中广泛应用的单播路由协议在空间信息网络中的适应性。透明转发机制和星上交换机制都会被考虑。

### 2.2.2.1 RIP 协议

RIP 协议基于距离矢量算法计算路由,在地面网络中应用时,存在跳数限制、路由选择环路、带宽开销过大、收敛慢等问题,尽管有许多研究试图加以改进,仍难以适用于大型网络。但在基于透明转发的卫星网络中,RIP 协议却能够很好地避免这些问题。

(1)在基于透明转发的卫星网络中,节点间的跳数远小于 RIP 协议支持的 15 跳。

(2)RIP 协议通过采用水平分割技术,只向外广播本地路由信息,可大大降低路由协议的带宽开销。

(3)RIP 协议在地面网络中"收敛慢"是指当一条路由信息失效后,邻居路由器需要等待 90 s 才能发现,180 s 后才会将该路由条目从路由表中删除,并通知其他路由器这一变化。在地面网络中,由于存在多条冗余链路,因此要求路由协议能够迅速发现路由信息的变化,从而寻找到另外一条传输链路。而在基于透明转发的卫星网络中,由于不存在冗余链路,当某条路由信息失效后,尽管其他路由器需要很长时间才能把该条路由删除,但并不影响系统的正常运行。

在基于星上 ATM 交换的卫星网络中,ATM 网关将卫星 ATM 网络与多个 IP 子网互联,星载 ATM 交换机负责各个 ATM 网关之间的相互通信,通过卫星 ATM 信元承载 IP 数据包,保证多个网络之间的正常通信。多个 ATM 网关与星载 ATM 交换机组成一个链路类型为非广播多路访问(NBMA)的网络,即任意两个 ATM 网关间存在一条虚链路实现直接可达,如图 2-14 所示。仅有 OSPF 协议支持 NBMA 链路类型,且配置过程较为复杂。因此,RIP 协议不适合在基于星上 ATM 交换的空间信息网络中应用,该类卫星网络通常采用静态路由,实现 IP 数据包的寻址。

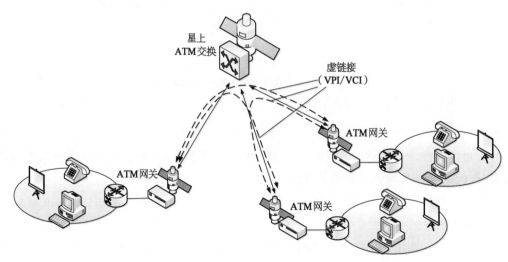

**图 2-14 卫星 ATM 网络非广播多路访问链路**

在基于星上 IP 路由的空间信息网络中,位于同一波束下的多个星载 IP 路由器组成一个链路类型为广播或点到多点的网络。点到多点的卫星 IP 网络,如图 2-15 所示。IP 路由器的 RIP 路由信息到达星上 IP 路由器后,不再转发至同波束下的其他 IP 路由器,因此 RIP 协议若开启水平分割功能,则同波束下 IP 路由器不能相互学习路由信息。即使 RIP 协议关闭水平分割功能,IP 路由器仍不能学习到正确的下一跳信息(对 IP 路由器来说,其正确的下一跳为星上 IP 路由器,而通过 RIP 协议学到的下一跳为另一 IP 路由器)。

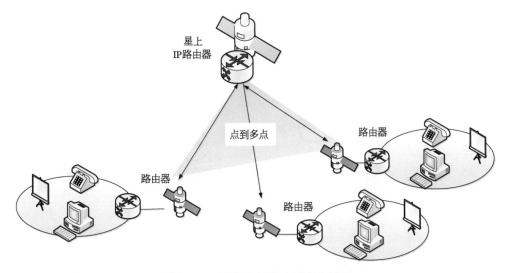

**图 2-15　卫星 IP 网络点到多点链路**

### 2.2.2.2　开放最短路径优先(OSPF)协议和 IS-IS 协议

OSPF 和 IS-IS 协议都属于链路状态路由选择协议,均采用最短路径优先(SPF)算法来构建路由表。OSPF 协议与 IP 结合密切,被广泛应用于各种企业网络。IS-IS 协议则被大多数网络服务提供商(ISP)网络用作骨干网路由协议。但 OSPF 协议和 IS-IS 协议应用于基于透明转发的卫星网络时,其 Hello 机制和链路状态泛洪机制却存在一定问题,使得路由开销过大。由于 OSPF 协议和 IS-IS 协议的实现机理类似,下面以 OSPF 协议为例说明此类问题。

1) Hello 机制

OSPF 协议通过定期发送 Hello 报文来发现和维护邻接关系,Hello 报文中会罗列出它所知道的邻居路由器 ID。在地面网络中,路由器之间往往通过点到点链路连接,所以 Hello 报文的带宽开销很小。但在基于透明转发的卫星网络中,大量用户卫星及其子网通过卫星链路形成邻接关系。随着路由节点数目的增大,Hello 报文的长度会急剧增大,这将造成 Hello 报文的带宽开销变大。

2) 链路状态泛洪机制

OSPF 协议通过链路状态泛洪机制,使得一个路由区域内所有路由器获得相同的链路状态数据库,从而采用 SPF 算法计算路由表。在点到点链路上(如计算机网络),路由器以单播的方式将更新数据包发送到邻居路由器,邻居路由器发送链路状态确认包来确认收到该链路状态通告(LSA)。在这种方式下,路由协议的带宽开销相对于地面网络的链路带宽而言是很小的。基于透明转发的卫星网络中 OSPF 协议泛洪扩散流程示例如图 2-16 所示。

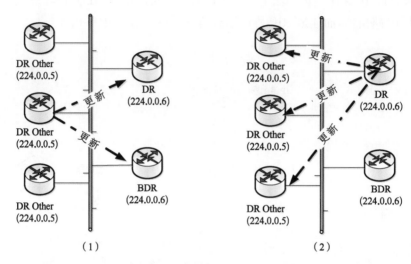

图 2-16　基于透明转发的卫星网络中 OSPF 协议泛洪扩散流程

在基于透明转发的卫星网络(广播型网络)中,OSPF 路由器分为指定路由器(DR)、备份指定路由器(BDR)和 DR Other(既不是 DR 也不是 BDR 的路由器)。DR Other 与 DR,BDR 形成邻接关系。当某一 DR Other 的局部状态发生变化时,它会将链路状态更新数据包通过组播的方式发送给 DR,DR 也将以组播的方式发送包含 LSA 的更新数据包到网络上所有与之建立邻接关系的路由器。同时,其他 DR Other 还会发送链路状态确认数据包来确认收到该 LSA。因此,随着网络规模的增大,链路状态洪泛过程占用的链路带宽也会迅速增大。相对于卫星网络的链路带宽,OSPF 协议的路由开销太大。

在基于星上 IP 路由的卫星网络中,当位于同一波束下的多个 IP 路由器与星载 IP 路由器组成一个链路类型为广播的网络时,OSPF 协议同样存在基于透明转发卫星网络中路由开销过大的问题。当位于同一波束下的多个 IP 路由器与星载 IP 路由器组成一个链路类型为点到多点的网络时,需将星载 IP 路由器的 OSPF 协议配置为点到多点接口类型,IP 路由器 OSP 协议配置为点到点接口类型,路由信息才会正常收敛。

### 2.2.2.3　扩展型内部网关路由协议(EIGRP)

EIGRP 协议具有复合度量、链路开销小等优点,尤其是采用扩散更新算法(DUAL),使得路由收敛时间是所有路由协议中最小的。但在基于透明转发的卫星网络中,当网络拓扑变化时,该算法占用的带宽太大。下面简要分析该算法在卫星网络中应用时存在的问题。

在基于透明转发的卫星网络中某一条路由失效后,所有路由器都会对其邻居发出查询请求,寻找替换路由,如图 2–17 所示。根据邻居表,建立应答状态表,跟踪邻居的应答。路由表中将该路由设置为活动状态,这个标识防止循环查询。

图 2–17　基于透明转发的卫星网络中 EIGRP 扩散计算步骤 1

邻居路由器在收到查询后,由于该路由条目在本路由器中已处于活动状态,因此,答复当前最佳路由并停止查询处理,如图 2–18 所示。启动查询的路由器在收到邻居的应答时,会把收到的数据存放在拓扑表中,并标记应答表中的相应项目。当收到所有的应答后,会把路由标记设置为被动状态,然后再次开始本地计算,选择最佳的路由,并在路由表中安装新的最佳路由,如图 2–18 所示。

图 2–18　基于透明转发的卫星网络中 EIGRP 扩散计算步骤 2

从上面分析 EIGRP 扩散更新的流程可知,当基于透明转发的卫星网络中某条路由失效后,实际上已没有通往路由目的地的通信链路,所以 EIGRP 的扩散更新算法并没有起到有效作用,白白浪费了网络带宽。同样,在基于星上 IP 路由的卫星网络中应用 EIGRP,也存在类似的路由开销过大问题。

## 2.2.3　组播路由协议适应性分析

从目前 IP 组播的发展来看,支持组播的地面网络主要集中在小型局域网,大范围的组播配置会引起网络拥塞控制和业务量管理等问题。而在卫星网络中能够很好地解决这些问题,特别是卫星网络的大地域广播和单跳性,使得其在支持组播方面具有得天独厚的优势。但卫星网络的拓扑结构、传输体制以及业务应用等方面会对组播路由协议的应用性能产生重要影响,下面重点分析在地面网中广泛应用的组播路由协议在卫星网络中的适应性。

### 2.2.3.1　PIM–DM 协议

在基于透明转发的卫星网络中,传输体制以及业务应用方式会对 PIM–DM 协议的应用带来一定的影响。如在 FDMA/DAMA 卫星网络中,有时会存在从数据源站到数据接收站的单向传输信道,组播源端路由器无法收到组播接收者的加入消息,从而不能正常向下游转发组播数据流。此外,由于 PIM－DM 协议采用扩散/剪枝的工作方式,使得用户群中即使没有组播的接收者,也会间歇性接收到组播数据流,从而占用宝贵的卫星网络资源。

在基于星上 IP 路由的卫星网络中,星载 IP 路由器的处理/存储能力受限会对 PIM－DM 协议的应用带来一定影响。由于 PIM－DM 组播路由转发表是由数据流驱动生成的,星载 IP 路由器需要先处理组播数据流,再根据路由算法生成组播路由转发表。通常组播业务的数据速率较高,这种处理方式会给星载 IP 路由器带来很大的处理负载。

### 2.2.3.2　PIM－SM 协议

在基于透明转发的卫星网络中,除了上述的单向传输信道,拓扑结构(广播网络)会对 PIM－SM 协议的应用带来一定的影响。在卫星网络中应用 PIM－SM 协议,还需要选择一个用户路由器作为该组播组的汇聚点 RP。当组播源与汇聚点路由器不在同一节点时,组播数据需要先发送到汇聚点路由器,再转发给有组播接收者的节点,这样就会占用宝贵的卫星网络资源,而不能发挥其单跳性的优势。

在基于星上 IP 路由的卫星网络中,星载 IP 路由器的处理/存储能力受限同样会对 PIM－SM 协议的应用带来一定影响。PIM－SM 组播路由转发表的生成与 PIM－DM 类似,这样会给星载 IP 路由器带来较大的处理负载。此外,星载 IP 路由器是基于星载 IP 路由的卫星网络中汇聚点最合适的选择,可充分发挥卫星网络单跳性的优势,但组播汇聚点的功能实现会进一步增加星载 IP 路由器处理和存储压力。

### 2.2.3.3　PIM－SSM 协议

PIM－SSM 协议采用基于路由信令生成组播路由转发表的方式,使其在卫星网络中应用具有一定的优势。在基于透明转发的卫星网络中,主要是单向传输信道会对 PIM－SM 协议的应用带来影响。而在基于星上 IP 路由的卫星网络中,主要是同波束点到多点的链路类型会影响 PIM－SSM 协议路由信令的传输与处理,包括组播加入消息上游邻居的选择以及同端口组播数据的转发。

## 2.2.4　典型卫星网络路由解决方案及优化

### 2.2.4.1　FDMA/DAMA 卫星网络路由方案

在 FDMA/DAMA 卫星网络中,路由方案的选择与设计应重点考虑链路按需建立/拆除以及链路的单向性对路由协议的影响。

1) 单播路由方案设计

FDMA/DAMA 卫星网络采用自动检测或通过人工动态设置的方式实现信道接入控制,达到动态申请卫星资源的目的,卫星链路不是一直存在,路由也不存在。路由协议需要通过相邻路由器间交互路由信息来动态获取全网的路由信息,卫星信道建链成功后,路由协议最长需要几十秒的时间才能达到路由收敛。这样会导致一些 IP 应用协议由于信令建立时间过长,造成用户终端呼叫失败,影响正常通信。因此,动态路由协议并不适合在 FDMA/DAMA 卫星网络中直接应用。图 2‑19 给出了 FDMA/DAMA 卫星网络拓扑结构及链路特点。

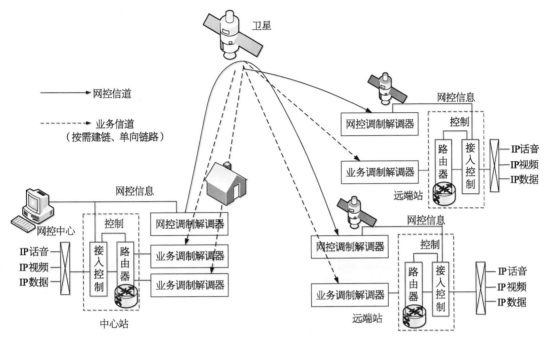

**图 2‑19　FDMA/DAMA 卫星网络拓扑结构及链路特点**

与地面网络不同,FDMA/DAMA 卫星网络中卫星链路的建立具有阶段性,因此在卫星段需要自适应路由技术。FDMA/DAMA 卫星网络根据用户通信需求动态申请卫星资源,卫星链路建立后自动建立路由。自适应路由技术提供可控的路由建立机制,避免用户对路由的复杂配置。FDMA/DAMA 卫星网络中自适应路由建立/删除流程如图 2‑20所示。

2) 组播路由方案设计

在 FDMA/DAMA 卫星网络中,组播业务的应用方式与地面网络有所不同。如在一次卫星视频会议中,通常由视频组播的发起者选择组播流的接收者,然后向网控中心申请到各个接收者所在远端站的广播信道。为了节约卫星带宽,往往只建立从组播源到各个接收者的单向广播信道,而不存在接收者到组播源的反向信道。采用 PIM‑SM,PIM‑SSM 协议的接收者想要接收组播数据,首先要通过反向信道向组播源或汇聚点发送加入组申请。因此,在 FDMA/DAMA 卫星网络中不适合采用 PIM‑SM,PIM‑SSM 协议。

PIM‑DM 协议在源端路由器配置静态组播接收组后,不需要接收者向组播源发送加入组申请,当路由器收到组播数据流后,直接向下游转发。此外,FDMA/DAMA 卫星网络中的组播接收者通常是由组播发起者指定,也不存在剪枝与嫁接过程。因此,PIM‑DM 协议不需要接收者到组播源的反向卫星信道,比较适合在 FDMA/DAMA 卫星网络中使用。图2‑21 给出了 PIM‑DM 协议在 FDMA/DAMA 卫星网络中的应用。

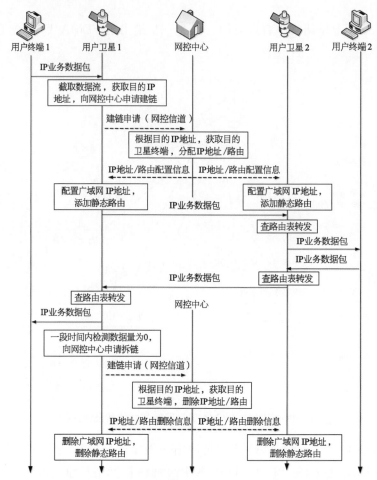

图 2‑20  FDMA/DAMA 卫星网络中自适应路由建立/删除流程

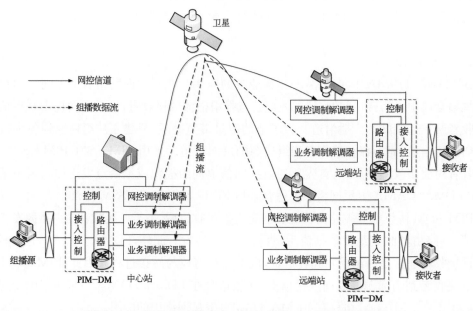

图 2‑21  PIM‑DM 协议在 FDMA/DAMA 卫星系统中应用

### 2.2.4.2　MF‑TDMA 卫星网络路由方案

在 MF‑TDMA 卫星网络中,路由方案的选择与设计应重点考虑网状网络拓扑结构和广播型链路对路由协议的影响。

1) 单播路由方案设计

MF‑TDMA 卫星网络拓扑结构较为简单,各个用户连接在卫星信道上,任意两站之间仅有一跳距离,如图 2‑22 所示。

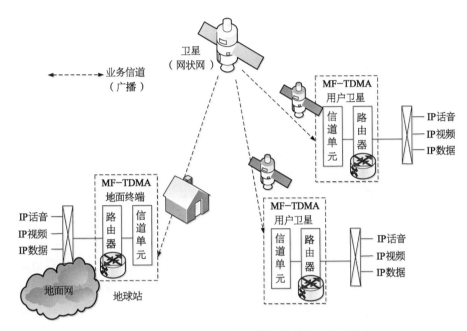

**图 2‑22　MF‑TDMA 卫星网络拓扑结构及链路特点**

通过上节对路由协议的适应性分析可知,采用水平分割的 RIP 协议更加适合在 MF‑TDMA 卫星网络中应用,但是也存在以下一些问题。

(1) MF‑TDMA 卫星网络在应用组网时,卫星侧接口与本地接口的网段配置可能属于不同的管理机构,极易造成网段配置重叠。

(2) 与地面路由交换设备相似,MF‑TDMA 用户卫星存在两次数据查表转发操作(三层路由寻址、二层地址解析),但由于卫星链路长时延的影响,增大了数据包在用户卫星内的转发时延,从而降低了系统传输效率。

根据 MF‑TDMA 卫星网络的上述特点及应用需求,一种更加适应卫星网络环境的路由协议为:卫星 RIP(RIP‑S),它基于标准的 RIP 改进而来,采用了两项技术——扩展的无编号 IP 技术与双层寻址路由技术,既可规避网段冲突又高度集成了转发功能,可灵活应用于 MF‑TDMA 卫星网络。

无编号 IP 技术本是一种计算机网络中点到点链路上节约 IP 地址的方案,同时也能节约点到点链路上路由设备的路由表开销。所谓无编号 IP,实际上就是路由器的串行接口在没有配置有效 IP 地址时,可以借用其他接口的 IP 地址,使该接口能够正常使用。将无编号

IP技术扩展,使其不仅能在点到点链路上实现,而且可以在广播型链路的以太网口上实现,如图2-23所示。这样MF-TDMA用户卫星侧接口借用本地接口的地址,卫星侧接口则不用分配地址,既可以节约IP地址与路由表的开销,又能解决MF-TDMA卫星网络内网段冲突问题。

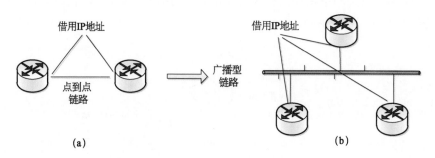

**图2-23 无编号IP技术以及扩展**
(a) 无编号IP技术;(b) 扩展的无编号IP技术

双层寻址路由技术是三层路由寻址与二层地址解析的集成实现技术。三层路由寻址指的是通过数据包的目的IP地址获取下一跳路由结点的IP地址,二层地址解析指的是通过下一跳路由结点的IP地址获取其物理地址(在卫星网络中,站号为用户卫星的物理地址)。双层寻址路由技术通过一次路由即可完成下一跳路由结点IP地址与对应物理地址的寻址。该技术利用RIP定期更新的特性,并使用RIP-S自己定义的路由报文格式,使整个卫星网络的路由收敛和链路层地址解析同时完成,一次查表即可完成数据的转发工作。RIP-S生成的路由表与标准路由表相比,每条路由项中增加下一跳路由结点IP地址对应的链路层地址(站号)字段。图2-24展示了二次数据查表转发与双层寻址路由转发的处理流程以及RIP-S的路由表结构。

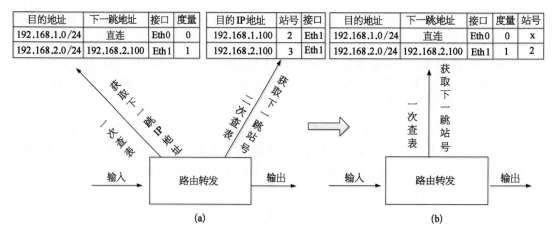

**图2-24 双层寻址路由转发与二次数据查表转发对比**
(a) 二次数据查表转发操作;(b) 双层寻址路由转发操作

MF‑TDMA 卫星网络可以使用标准的 RIP 协议实现域内的路由选择。通过采用结合扩展的无编号 IP 技术和双层寻址路由技术的 RIP‑S,可以进一步优化用户卫星的内部结构与路由流程,并提高卫星网络的传输效率。

2) 组播路由方案设计

MF‑TDMA 卫星网络也是按需建立卫星链路的,但与 FDMA/DAMA 卫星网络不同的是,在业务通信前,系统为每个用户预留一定的卫星带宽,用于管理信息、路由信息的传输,即任意两个用户之间都通过空间信息网络存在双向通信链路。因此,PIM‑DM,PIM‑SM 和 PIM‑SSM 协议都可以用于 MF‑TDMA 卫星网络,下面就这几种组播路由协议在 MF‑TDMA 卫星网络的应用性能进行简要分析。

(1) PIM‑DM 协议。该协议的路由方式采用扩散/剪枝模式来发送数据,当某用户需要传输多路组播流时,需要和接收组播数据的远端站建立双向卫星链路。用户在收到组播数据流后,即使下游没有该组播的接收者(但存在 PIM 邻居路由器),也会向所有的卫星链路发送组播数据,会造成卫星链路的拥塞,影响该卫星链路上正常的业务接收。因此,PIM‑DM 协议不适于 MF‑TDMA 卫星网络有多路组播业务流传输的情况,如图 2‑25所示。

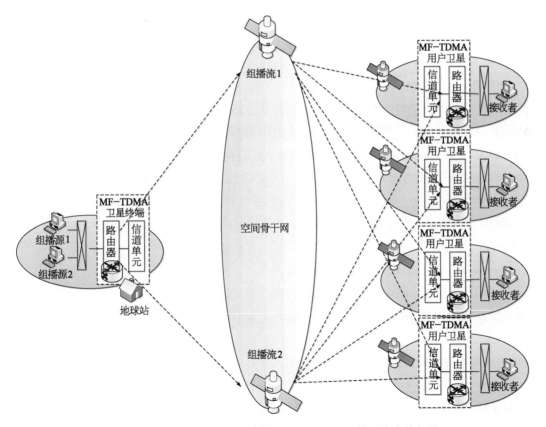

**图 2‑25　MF‑TDMA 卫星网络采用 PIM‑DM 协议存在的问题**

（2）PIM‑SM 协议。为了使 PIM‑SM 协议正常地工作，在 PIM‑SM 域内的所有路由器必须知道 RP 地址。确定 RP 有两种方法：一是静态配置，它要求为每个路由器配置一个组或一系列组的 RP 地址，但当网络规模变大或是不同的组播组在域内使用不同的 RP 时，配置问题尤其严重。二是动态方法，即引导路由器（BSR）产生"引导"消息，这些消息用来选举一个活跃的"BSR"，同时包含组到 RP 映射信息，用于散布 RP 信息。

当组播源与该组的 RP 地址不在同一节点时，组播数据需要先单播发送到 RP 路由器所在的地球站，然后再由 RP 路由器组播发送到有接收者的节点。这样组播数据流需要卫星链路两跳，未能充分发挥卫星网络的广播和单跳的特性，如图 2‑26 所示。

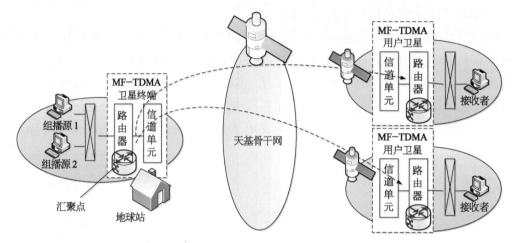

**图 2‑26　MF‑TDMA 卫星网络采用 PIM‑SM 协议存在的问题**

（3）PIM‑SSM 协议。在 MF‑TDMA 卫星网络中，采用 PIM‑SSM 协议来作为组播路由方式是比较适合的。PIM‑SSM 协议利用了稀疏模式的所有好处，但其完全不使用共享树的转发方式，而是使用最短路径树。当某节点的业务终端想要接收某条组播流时，会向组播源发送接收请求，并在沿途路由器上建立(S,G)转发状态，组播源收到该请求后发送组播数据流，该组播流会沿着建立好的路径传送到接收者。

通过上述分析可知，与 PIM‑DM 协议和 PIM‑SM 协议相比，PIM‑SSM 协议更适用于 MF‑TDMA 卫星网络。

### 2.2.4.3　DVB‑RCS 卫星网络路由方案

在 DVB‑RCS 卫星网络中，路由方案的选择与设计应重点考虑星型网络拓扑结构和点到多点链路对路由协议的影响。DVB‑RCS 卫星网络拓扑结构及链路特点如图 2‑27 所示。

1）单播路由方案设计

DVB‑RCS 卫星网络中远端站间的通信需经过中心站转发，两站不能直接互通，对于路由协议来说，属于点到多点网络。在计算机网络的路由协议中，只有 OSPF 协议支持点到多点网络。但采用 OSPF 协议对远端站路由器的性能要求较高，同时占用较多的信道带宽。

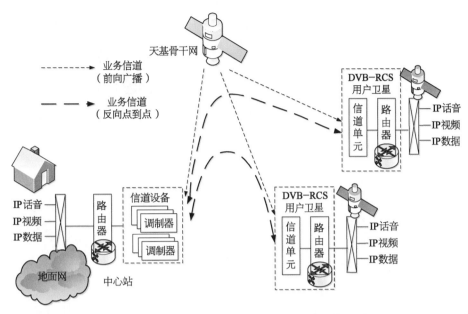

**图 2 - 27 DVB - RCS 卫星网络拓扑结构及链路特点**

DVB - RCS 卫星网络的路由解决方案需要充分考虑系统的网络拓扑结构,设计专用的卫星路由协议解决域内路由选择问题。在 DVB - RCS 卫星网络中远端站之间必须经过中心站转发才能实现互通,小站之间没有必要直接交互路由信息。DVB - RCS 卫星网络的路由解决思路如下:

(1) 远端站 DVB - RCS 用户卫星通过标准路由协议与相连的路由器交互路由信息,获取本地的可达路由信息,并配置缺省路由,指向中心站。

(2) 远端站 DVB - RCS 用户卫星定期/触发向中心站上报本地的可达路由信息。

(3) 中心站路由器负责收集全网路由信息的更新,并进行卫星网络内的路由计算。同时维护远端站 IP 地址与 MAC 地址的映射与转换。

(4) 远端站 DVB - RCS 用户卫星设置路由缓存,为到达的用户 IP 数据包选择最佳路由并得到下一跳 DVB - RCS 用户卫星 MAC 地址。当本地缓存无法查找到对应 IP 数据包的下一跳 DVB - RCS 用户卫星终端 MAC 地址时,到中心站进行查询。

2) 组播路由方案设计

在 DVB - RCS 卫星网络中,组播数据源一般放置在中心站,前向链路采用 TDM 体制,从中心站到远端站的通信链路一直存在。若采用 PIM - DM 协议,即使远端站没有组播接收者,组播数据流也会周期性地向远端站进行广播,造成 DVB - RCS 卫星网络前向链路带宽资源的浪费。因此,在 DVB - RCS 卫星网络中适合采用 PIM - SM 协议和 PIM - SSM 协议,当远端站的接收者需要接收某条组播数据流时,首先通过反向信道向组播源或汇聚点发送入组申请。当 DVB - RCS 卫星网络采用 PIM - SM 协议时,将汇聚 RP 放置在中心站,就可避免组播数据在卫星网中传输的两跳问题。图 2 - 28 给出了 PIM - SM 协议在 DVB - RCS 卫星网络中的应用。

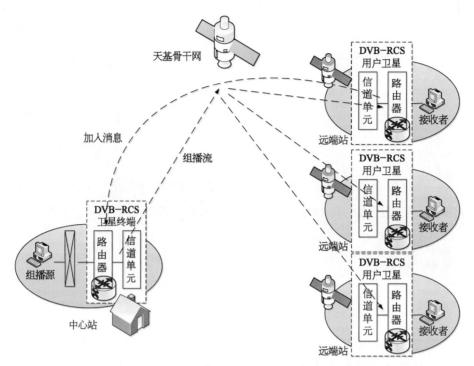

图 2‑28　PIM‑SM 协议在 DVB‑RCS 卫星网络中的应用

## 2.3　传输层 TCP 协议增强技术

TCP 是一种针对地面有线网络而设计的面向连接的传输层协议，为用户（应用层的进程）主供可靠的传输服务。卫星 TCP 增强技术，是指解决基于卫星信道 TCP 协议适应性问题的技术，TCP 的协议流程和传输控制机制是影响其在卫星网络中传输性能的主要因素。

### 2.3.1　TCP 流程及传输控制机制

#### 2.3.1.1　TCP 流程

TCP 主要通过"三次握手"的连接建立、"序号与确认"的数据传输和"四次挥手"的连接拆除来保障面向连接的可靠通信，如图 2‑29 所示。

1) 连接建立

TCP 的连接建立主要通过"三次握手"实现，分为请求连接（SYN）、请求确认（SYN＋ACK）和确认连接（ACK）3 个步骤。主机 A 向主机 B 发出连接请求，主要用于通知主机 B 可以开始建立 TCP 连接，并进行数据包的序号同步；主机 B 收到连接请求后，如同意，则发回确认；主机 A 收到主机 B 的确认后，主机 A 通知上层应用进程连接已经建立，并向主机 B 发回连接确认；当主机 B 收到主机 A 的确认后，也通知上层应用进程，此时可靠的连接已经建立。

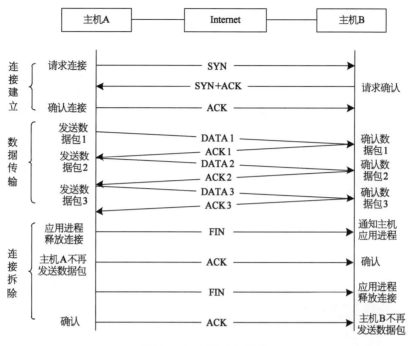

图 2 - 29　TCP 交互流程

2）数据传输

TCP 在数据传输过程中的可靠性主要靠"序号和确认"来维护。当主机 A 的 TCP 向主机 B 发送一数据报文段时,同时会在本地的重传队列中存放一个副本。只有收到主机 B 的确认应答才会删除此副本。若计时器时间到之前还没有收到确认,则重传此报文段的副本。

3）连接拆除

当数据传输结束后,通信双方都可以发出释放连接的请求。比如,主机 A 的应用进程先向其 TCP 发出连接释放报文段,并且不再发送数据。主机 A 的 TCP 通知对方要释放从 A 到 B 这个方向的连接,主机 B 收到该报文段后随即向主机 A 发出确认,并通知上层应用进程。此时连接处于"半关闭"状态。即主机 B 不再接收来自主机 A 的数据,但如果主机 B 仍有数据发送,主机 A 可以继续接收(但该情况通常较少)。主机 A 只要能正确收到数据,仍向主机 B 发送确认。若主机 B 不再向主机 A 发送数据,则用同样的方式去关闭连接。

#### 2.3.1.2　TCP 传输控制机制

TCP 传输控制机制主要有流量控制、拥塞控制和差错控制。在过去的 20 多年,TCP 历经多次调整和改动形成了几种不同的协议版本,但各种版本的 TCP 都包括这三大机制,只是具体实现时采用了不同的算法。

1）流量控制机制

该机制主要用于确保发送端发送的数据量不超过接收端的最大处理能力。如图 2 - 30(a)所示,通过一根相对较粗的管道向小容器注水,只要发送端流量控制得当,保证其输出的水量不超过小容量接收端水桶的容量,接收端的水就不会溢出。TCP 的流量控制具体通过滑动窗口算法来实现。在发送端,TCP 保持一个发送缓冲区,该缓冲区用于存放两类数据:一类是已经发送但还未得到确认的数据;另一类是等待发送的数据。在接收端,TCP 保持一个接收缓冲区,该缓冲区用于存放接收应用程序还未读取的数据。为了避免缓冲区空间的耗尽,接收端通过"接收窗口"来告知发送端其接收数据的能力。该窗口值的大小与接收方应用进程工作的快慢(从缓冲区中读取数据的速度)有关,通常设置为接收端缓冲区剩余空间的大小。

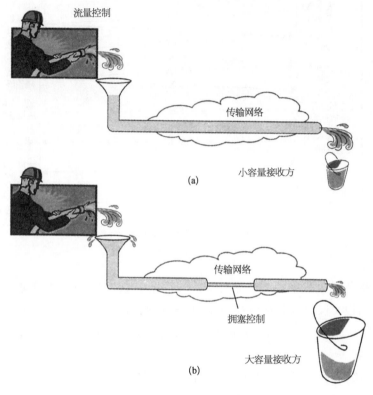

图 2 - 30　传输控制示意

(a) 流量控制机制;(b) 拥塞控制机制

2) 拥塞控制机制

该机制主要用于当网络负载超出其处理能力而导致拥塞发生时,将网络恢复正常,如图 2 - 30(b)所示,制约因素不再是接收端的容量,而是输水管(网络)内部的承载能力。如果没有拥塞控制机制,当水以很快速度到来时,输水管来不及输送就会造成发送端水的溢出,如果发送端仍不减缓注水的速度,情况就会更糟糕。因此,为解决上述问题,拥塞控制机制中引入了"拥塞窗口",发送端根据自己所估计的网络拥塞程度设置窗口值。地面网络常用TCP 的拥塞控制机制主要包括 TCP - Tahoe,TCP - Reno,TCP - SACT 等。TCP - Tahoe 是 1988 年提出的早期 TCP 拥塞控制版本,包括 3 个最基本的拥塞控制阶段,分别是慢启动、拥塞避免和快速重传,如图 2 - 31 所示。在 TCP Tahoe 机制中,无论出现数据传输超时,还是接收到多个重复 ACK 应答报文,TCP 发送端都会将拥塞窗口设为初始值 1,并回退到慢启动阶段。由此可见,TCP Tahoe 没有区分网络拥塞程度,只是一味地减少数据传输流量,所以限制了协议吞吐量,降低了对网络资源的利用。TCP‐Reno,TCP‐SACK 都是在 TCP‐Tahoe 的基础上发展而来的。

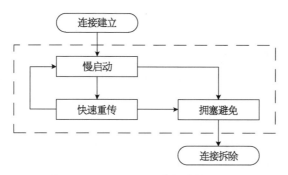

图 2‐31　TCP Tahoe 的拥塞控制机制

3) 差错控制机制

该机制是保障 TCP 可靠传输的一个重要环节,主要通过确认包、定时器和重传来实现。TCP 为每个数据包分配一个 32 位的序列号,该序列号是累积的,且接收端需要对每个数据包进行确认。发送端在发送数据的同时,启动一个重传定时器,如果在重传定时器超时之前收到数据包的确认,定时器会被关闭;如果在定时器超时之前还未收到确认,则认为该数据包已经丢失,需要重传。

## 2.3.2　TCP 在卫星网络中的适应性分析

### 2.3.2.1　卫星长时延对 TCP 的影响

长时延对 TCP 的影响主要体现在最大吞吐量受限、发送窗口增长缓慢和丢包恢复缓慢 3 个方面。

1) 最大吞吐量受限

TCP 是以滑动窗口的方式进行流量控制的。假设一个 TCP 连接的最大发送窗口大小为 $\text{Win}_{max}$,发送端和接收端之间的往返时延为 RTT,则该 TCP 连接的最大吞吐量 $\text{Throughput}_{max}$ 为

$$\text{Throughput}_{max} = \text{Win}_{max}/\text{RTT}$$

标准 TCP 中的窗口大小为 64 kB,可推导出,当 RTT 为 1 ms 时,对应的最大吞吐量为 512 Mb/s。在 RTT 为几毫秒到十几毫秒的地面网络中,最大吞吐量通常比较大,一般不会成为 TCP 传输的“瓶颈”。然而,在 RTT 为 500 ms 的卫星链路中,最大吞吐量为 1 Mb/s,可见,随着 RTT 的增加,若 TCP 窗口保持不变,TCP 业务的最大吞吐量就会降低。如果要提高 TCP 业务的吞吐量,保证带宽的充分利用,必须增加 TCP 窗口的大小。但是,在许多 TCP 所依赖的操作系统中,通常窗口是预先设置的,大小固定,且不能随意更改。

2) 发送窗口增长缓慢

在 TCP 的拥塞避免阶段,发送端的发送窗口值从慢启动门限开始,每发送 1 个窗口的

报文段并确认成功后,发送窗口值就增加 2 个最大报文段。由此可知,发送窗口的增长与往返时延密切相关,往返时延越长,发送窗口增长越缓慢,有效带宽利用率就越低。因此,在长时延的卫星网络中,TCP 的发送窗口必然增长缓慢。

3）丢包恢复缓慢

超时检测是 TCP 判断丢包的主要手段,通过对每一个发出的报文段都生成一个重传定时器,如果发送端在重传定时器超时时,仍然没有收到对本报文段的确认,TCP 认为该报文段已经丢失,会对其进行重传。重传定时器的超时值是以往返时延为基础计算出来的,往返时延越长,重传超时值也就越大。因此,在长时延的卫星网络中判断丢包本身将会花费较长时间。当 TCP 通过重传定时器超时判断出网络中出现丢包后,发送窗口将会减小一半,并重新开始指数增长。也就是说,TCP 连接要经过很长一段时间才能再次恢复到丢包前充分利用链路带宽的状态。

### 2.3.2.2　高误码对 TCP 的影响

TCP/IP 协议最早提出是基于地面网,地面网信道稳定,误码率较低,通常在 $10^{-10}$ 量级。受所选频段特性、卫星轨道特性、气候等因素的影响,卫星网络误码率通常在 $10^{-4}\sim10^{-7}$ 量级,甚至会导致非正常通信。此时不仅有随机误码,还会出现突发误码。

由于 TCP 是基于误码率较低的地面网络而开发的,TCP 会忽略信道误码而造成数据包丢失的情况,认为所有数据包丢失都是由信道拥塞造成的。这样,当 TCP 检测到数据包丢失时,就会立即按照"乘性减少"的原则降低发送速率,以缓解信道拥塞。这种处理方式在地面网中非常合理,由于地面网络中数据包的丢失大多是因为信道拥塞而造成的,要想尽快从拥塞状态恢复至正常状态,大幅度地降低发送速率确实是最有效的方法。但在卫星网络中,丢包也有可能由信道误码引起,若直接采用降低发送速率的处理方式就显得非常片面。卫星信道虽然出现了误码,但并没有发生拥塞,此时的卫星信道带宽仍然能满足目前传输速率的需求,如果将丢包的原因归结为拥塞,采取降低发送速率的处理方式,显然不能充分利用卫星信道带宽资源。因此,在高误码条件下,TCP 主要存在的问题在于其无法区分数据包的丢失是由信道误码造成的还是由信道拥塞造成的。如果是由误码造成的,最高效的处理方法是立即重传丢失的数据包,重传成功后仍以丢包发生前的速率进行传输。

### 2.3.2.3　不对称信道对 TCP 的影响

卫星网络前向链路带宽远大于反向链路带宽,前向和反向链路带宽极其不对称。使用较慢的反向链路,可以节约宝贵的卫星带宽资源,设计性价比更高的接收机。在信道不对称的场景下,使用标准 TCP 进行数据传输时,前向数据流量与反向确认流量之比约为 50∶1。因此,在前向信道带宽与反向信道带宽之比大于 50∶1 的情况下,使用 TCP 传输数据时,确认包极易在反向信道中发生拥塞,会对 TCP 传输产生不利影响,主要体现在以下两个方面。

（1）无论是慢启动阶段的指数增长,还是拥塞避免阶段的线性增长,发送端发送窗口的增长都是以收到接收端的确认包为前提的。也即发送端只有在接收到正确的确认包以后才会扩大发送窗口。反向信道的拥塞会造成部分确认包不能及时反馈给发送端,从而影响发送端发送窗口的正常增加,导致前向信道不能被充分利用。

（2）反向信道的拥塞常会导致发送端重传定时器超时，从而减少发送窗口，使传输速率大幅降低，最终严重恶化 TCP 的传输性能，造成前向卫星链路带宽资源的浪费。

#### 2.3.2.4　频繁中断对 TCP 的影响

在卫星网络中，经常会发生通信中断的情况，中断按时间长短可分为短时中断和长时中断，这两类中断均会给 TCP 传输造成不同程度的影响：

（1）短时中断。假设通信链路中断时间较短，TCP 连接没有因超时而拆除，但会出现丢包并进入慢启动阶段。在此情形下，通信链路恢复正常后，通过标准 TCP 恢复到充分利用信道带宽的高速传输状态所需时间会很长。

（2）长时中断。当通信链路中断超过一定时长后，TCP 会拆除传输连接，导致即使通信链路恢复正常，数据传输也无法继续。

由此可见，传统的 TCP 难以适应卫星链路频繁中断的环境。

### 2.3.3　卫星网络 TCP 增强技术

#### 2.3.3.1　TCP 增强技术概要

由前面分析可以看出，在卫星网络中使用 TCP 增强技术是必要的，需对 TCP 进行优化设计和适应性改进才能适应卫星网络。近年来，TCP 在卫星网络中传输性能的问题和解决方案研究一度成为国内外通信领域的研究热点，相关技术人员做了大量的研究工作。因特网工程部（IETF）的卫星工作组和网络工作组专门制定了多个请求注解等文档（RFC），世界各地的学者也针对卫星网络提出了多种改进策略。卫星网络的 TCP 增强技术归纳起来可分为两类：一类是针对卫星链路特性的适应性改进；另一类是针对典型卫星应用场景的优化设计。

针对卫星链路特性的适应性改进主要围绕协议流程、流量控制、拥塞控制和差错控制机制展开。针对协议流程的改进，主要包括 TCP 欺骗、TCP 分段、事务型传输控制协议（T/TCP）以及 TCP 连接状态共享等技术。针对流量控制机制的改进，需要设计相应的突发控制和流量整形策略。针对拥塞控制机制的改进，需要对其中的拥塞判决和拥塞避免机制进行优化，有针对性地设计相应的窗口策略和快速恢复机制。针对差错控制机制的改进，需要根据网络环境优化设计定时器，探索能快速上报更多错误信息的机制，并研究相应的重传策略。上述所有的针对卫星链路特性的解决方案可归纳为 TCP 算法改进、TCP 变种协议和性能增强代理技术。其中，TCP 算法改进主要针对 TCP 的具体算法和机制进行局部改进，使其适应卫星网络的传输。TCP 变种协议是在不改变原有 TCP 基本语义和流程的基础上，提出能完全兼容 TCP 的优化协议。性能增强代理技术则本着不修改终端 TCP 协议栈的原则，通过增加硬件设备，将 TCP 端到端语义连接断开以实现 TCP 性能的增强。

针对典型卫星应用场景的优化设计主要包括针对动中通场景设计的"零窗口"停发机制、针对不对称信道场景设计的反向 ACK 过滤机制和针对不同体制而设计的误码容忍控制策略。如图 2-32 所示，"零窗口"停发机制主要针对卫星网络动中通环境而提出，具体基于遮挡检测机制来判断是否发生遮挡，并通过"零窗口"来保持源端主机的 TCP 持久模式。反向 ACK 过滤机制主要针对卫星网络不对称应用场景而提出，具体通过接收端定时确认机制的设计来减少应答包对反向信道的占用。误码容忍控制策略主要用于应对误码引起的丢包，通过设计一种区分误码和拥塞的机制来相对准确地定位丢包原因。

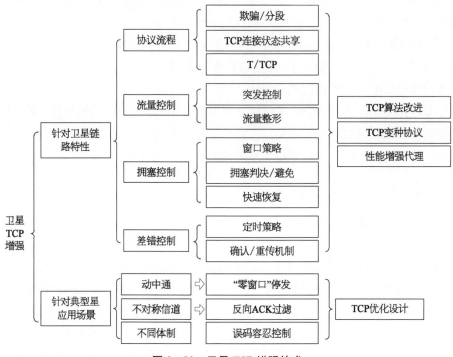

图 2-32 卫星 TCP 增强技术

### 2.3.3.2 针对卫星链路特性的 TCP 增强技术解决方案

1) TCP 算法改进

TCP 算法改进主要侧重于对 TCP 参数进行调整，该方法只能局部改善卫星网络中 TCP 的传输性能，并不能从根本上消除卫星链路对 TCP 性能恶化的影响。TCP 算法的改进主要集中在下面几个方面：

（1）事务型传输控制协议。通常，TCP 使用三次握手机制在两台主机之间建立连接，连接的建立需要 1～1.5 个往返时延（RTT）。RFC 1644 试验文档提出了一种 T/TCP 机制，即当两台主机之间的第一个 TCP 连接建立之后，T/TCP 将允许后续新建的其他连接跳过三次握手阶段，从第一个报文段就开始传输数据。该机制能大大节省连接建立的时间，对于频繁的数据量小的短连接通信十分有用。

（2）初始发送窗口扩大。增加发送端初始发送窗口的尺寸能有效缩短 TCP 连接慢启动的时间。RFC 2581 试验文档提出了一种扩大初始发送窗口的算法，确定初始发送窗口的算式如下：

$$初始窗口 = \min[4 \times MSS, \max(2 \times MSS, 4\,380\ B)]$$

式中，MSS（maximum segment size）代表收发双方允许的最大报文段长度，以 B 计量。

增加初始发送窗口的尺寸后,在数据传输的第一个 RTT 时间内更多的包将被发出,这将促使接收端在这段时间内发送更多的 ACK 应答包,发送窗口也会增长得更快。

(3)窗口缩放。RFC 1323 建议文档中提出的窗口缩放技术,建议通信双方在初始的 TCP 数据头的一个字段中通知对方自己的窗口缩放因子,双方可以在这个因子的控制下将窗口域进行扩大,也就是可以允许滑动窗口有更大的上限值,从而提高传输效率。经过窗口缩放机制,最大窗口尺寸可达 1 GB。

(4)选择性确认。RFC 2018 建议文档提出的选择性确认(SACK)允许接收端发送接收队列中已经被正常接收的数据包的相关序列号信息,从而使发送端只重发那些确实丢失的数据包。在没有 SACK 机制的情况下接收端只能利用 ACK 来通告发送端一个缺失数据包的信息,但是 SACK 选项可以对接收端缓存空间中缺失的多个数据包进行标识,通过快速向发送端提供有关丢失数据包的信息,加快数据传输恢复正常的速度。SACK 技术能大大改善 TCP 在高误码环境下的传输性能,提高链路利用率。

(5)显示拥塞通告。地面网络中,TCP 认为所有的丢包都是由网络拥塞造成的,一旦丢包就会迅速降低发送速率。但在卫星网络中,丢包绝大部分由信道误码造成,如果像标准 TCP 那样降低发送速率则会严重浪费卫星带宽资源。因此,区分由网络拥塞还是信道误码而造成的丢包,对 TCP 性能提升非常有意义。RFC 2481 试验文档提出的显示拥塞通告(ECN)技术主要是依靠中间路由器向 TCP 发送端发送通告信息,用于帮助发送端判断丢包的原因。ECN 分为反向 ECN 和前向 ECN 两种类型。在反向 ECN 方案中,中间路由器直接向数据源发送通告信息,这种信息一般通过网间控制报文协议(ICMP)承载。TCP 数据源可以根据收到的通告信息判断丢包是由拥塞还是误码造成的,从而采取相应的应对措施。在前向 ECN 方案中,路由器对 TCP 数据包标记后再进行转发,数据接收端在收到这种带标记的数据包后,会通过 ACK 将拥塞信息反馈给数据发送端。

(6)慢启动门限估计。TCP 慢启动阶段的目的是寻找合适的发送窗口尺寸。在大部分的 TCP 实现中,慢启动门限值都被设为接收端通告窗口的大小,这会带来一个问题:慢启动阶段中,在正常收到 ACK 确认包的情况下,TCP 发送窗口每经过一个往返时延就会增加一倍,这样,发送窗口的值就有可能在慢启动的最后阶段一下跃变成慢启动门限的两倍,大大增加了网络发生拥塞的可能。可以通过将慢启动门限设置为一个较小的值来解决这个问题。目前相关文献提出了一种将"packet-pair"算法与 RTT 估计相结合的方案,以此来确定更为合理的慢启动门限值。该方案通过观测 ACK 之间的间隔估计可用带宽,并通过测量得到 RTT 值,以此来计算时延带宽积,并将慢启动的门限值设为估计出的时延带宽积。这种方法可以减轻慢启动阶段后期的丢包情况,进而提高传输性能。

(7)TCP 连接状态共享。TCP 使用了很多参数,它们的初始值往往不适用于卫星信道,但在连接建立后经过一段时间的调整,它们的值会变得比较合理。然而,对于任何一个参数都很难找到一个适用于各种信道环境的标准初始值,TCP 连接状态共享正是解决这一问题的有效手段。其基本思想是:已经传输过一段时间的连接,其各个参数都比较适应当前的传输环境,新建的其他连接可以直接使用这些参数,而不用从初始值开始对这些参数进行自适应探测。

2) TCP 变种协议

为了提高卫星网络中 TCP 的传输性能,除了进行上述改进算法的研究之外,国外已经提出并实现了一些 TCP 变种协议。这些变种协议或者对标准 TCP 流程和参数进行了修改,或者对标准 TCP 的算法进行替换和增加。

(1) TCP Peach。主要为优化传统 TCP 在卫星网络中的传输性能,提出了新的拥塞控制机制。它在继承传统 TCP 拥塞控制机制的 4 个核心算法(拥塞避免、快速重传、慢启动和快速恢复)的基础上,对其进行修改并形成了自己的控制算法(拥塞避免、快速重传、突然启动和迅速恢复)。其中,突然启动和迅速恢复算法分别代替了传统 TCP 的慢启动和快速恢复算法。这两种新算法主要基于伪报文段这个新概念,伪报文段是发送端生成的不携带任何新信息的低优先级报文段,是已经发送的上一个报文段的复制,发送端利用伪报文段来探测网络资源的可用性。如果在连接路径上的某台路由器发生了拥塞,那么,该路由器就会首先丢弃携带伪报文段的 IP 包,因此,伪报文段的发送不会造成有用数据吞吐量的下降。如果路由器没有拥塞,伪报文段就会顺利到达接收端,发送端通过分析接收到的与伪报文段对应的 ACK 信息,就能知道网络还有可用带宽,以此为依据,发送端就会加大发送速率。突然启动算法就是利用伪报文段在连接的初始阶段快速增加拥塞窗口,而不必每经过一个 RTT 才增加一次。迅速恢复算法则利用这种机制来抵抗噪声信道中的随机误码。需要注意的是,如果想使用 TCP Peach,需要在网络中各个路由器上都启用基于类的加权公平队列(CBQ)策略,以区分高优先级的正常报文段和低优先级的伪报文段。

在连接的初始阶段,处于突然启动阶段的 TCP Peach 通过发送伪数据包来探测可用的网络资源,保证其在卫星信道上可以达到最大速率。当收到 3 个重复 ACK 时,TCP Peach 就进入到了快速重传阶段。一旦重传结束,TCP Peach 就进入了迅速恢复阶段,在此阶段发送端每收到一个 ACK 就发送两个伪报文段以探测网络的实际带宽,这是 TCP Peach 相对于标准 TCP 性能之所以能提高的关键所在。当 TCP Peach 进入拥塞避免阶段后,发送端会根据收到的与在迅速恢复阶段中发出的伪报文段相对应的 ACK 的信息来快速增加拥塞窗口,因而 TCP Peach 与标准 TCP 相比能更快地利用网络的剩余带宽。

(2) TCP Westwood。主要为克服卫星网络中的高误码率而设计。TCP Westwood 对快速恢复算法进行了修改,提出了更快的恢复算法。在标准 TCP 中,发送端在收到 3 个重复 ACK 后将拥塞窗口降为原来的一半,并将慢启动门限设定为该拥塞窗口值。而 TCP Westwood 则与此不同,它把慢启动门限作为信道可用带宽估计值的函数,在收到 3 个重复 ACK 后,可以通过该函数算出慢启动门限的合理值。这样,当发生丢包时,发送速率一般就不会大幅度减小。信道带宽的估计值是通过测量和平均返回 ACK 的速率而得到的。

(3) TCP Hyhla。主要针对卫星网络中的长时延特性而设计,它包括以下几方面的改进:对标准拥塞控制算法中的慢启动和拥塞避免的改进,强制采用 SACK 选项,采用信道带宽估计算法,时间戳和包间隔技术。

TCP Hyhla 改进拥塞控制算法的主要目标是使长时延信道中的 TCP 报文段瞬时传输速率达到短时延信道中的水平。因为 TCP Hyhla 的拥塞控制算法保证了在长时延信道中仍能保持较高的传输速率,所以,其拥塞窗口的平均尺寸必然会比标准 TCP 大,随之而来,同一个窗口内的多包丢失现象也会比较频繁,因此,必须采用 SACK 策略。大拥塞窗口还会影响指数回退重传超时(RTO)策略的性能,可以通过采用时间戳来解决。大拥塞窗口还可能引起中间路由器队列的大规模丢包,可以通过采用包间隔技术来解决。

3) 性能增强代理

在大多数情况下,尤其是在商用操作系统中,用户不能对终端的协议枝随意进行修改以引入 TCP 优化算法或 TCP 变种协议,因此,必须把对 TCP 的优化工作放在网络中的卫星段来做。而不是放在终端上。从 1990 年代后期开始,人们就在这方面做了大量的工作,提出了性能增强代理(PEP)的解决方案,即通过增加硬件设备(带欺骗功能的网关)将 TCP 端到端的语义连接断开以实现协议性能增强的目的。其优势在于终端系统感觉不到 PEP 的存在,无须针对终端系统作任何修改就能达到良好的用户体验。根据 PEP 实现方式的不同大致可分为 TCP 欺骗(TCP Spoofing)和 TCP 分段(TCP Splitting)两种技术路线。

(1) TCP 欺骗。是一种提高长时延信道中 TCP 性能的方法,主要通过"掩盖"卫星信道的长时延来提升 TCP 发送窗口增加的速度。具体由 PEP 向发送端发送欺骗 ACK,让发送端认为数据包在收发端之间的传播时延很短,从而实现滑动窗口的稳定增长,最终达到提高发送速率的目的。有、无 TCP 欺骗协议流程对比如图 2-33 所示。

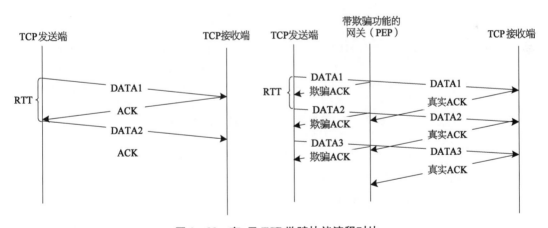

**图 2-33　有、无 TCP 欺骗协议流程对比**

在实际卫星网络应用中,该技术主要通过单端部署带欺骗功能的网关(PEP)来实现。带欺骗功能的网关对于终端主机来说是透明的,它负责为收到的 TCP 报文段产生相应的欺骗 ACK,并将该 ACK 回复给发送端。这样,终端再次发送报文段的等待时间就仅取决于接入链路的时延,而与骨干段无关,如图 2-34 所示。

(2) TCP 分段。基本原理是通过性能增强代理将发送端和接收端之间的 TCP 连接分

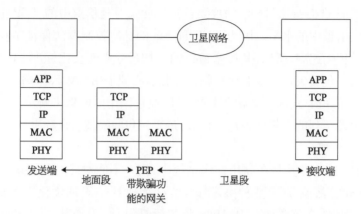

图 2‐34　卫星网络中 TCP 欺骗的应用示意

为 3 段。其中,段 1、段 3 为接入段,段 2 为骨干段,如图 2‐35 所示。接入段使用标准 TCP,骨干段使用适合卫星链路特性的卫星增强 TCP 协议。卫星增强 TCP 协议既可以是 TCP 改进协议、TCP 变种协议,也可以是新的传输层协议。目前,针对空间网络特性而设计的空间通信协议标准——传输层协议(SCPS‐TP)是广泛被认可和应用的新的传输层协议。

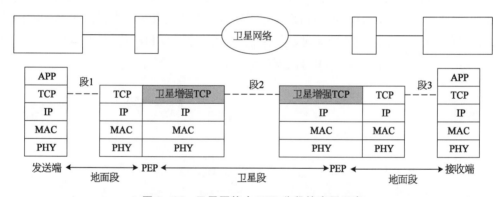

图 2‐35　卫星网络中 TCP 分段的应用示意

空间通信协议标准(SCPS)主要用于空间多颗卫星、空间实验室及地面射频终端等组成的空间互联网中星星或星地之间的通信,目前已经成为美国军用标准(MIL‐STD‐2045‐44000)和国际标准化组织的标准(ISO15893:2000)。SCPS 协议包括网络协议、安全协议、传输协议及文件协议。其中,空间通信协议标准-传输协议最为典型。SCPS‐TP 是在 TCP 的基础上,针对空间链路长时延且往返时延可变、高误码、带宽不对称和间歇性连接等特点,作出的相应修改和扩展,从而为空间网络提供端到端的可靠数据传输,以适应当前和未来的空间任务的需求。

SCPS‐TP 和 TCP 的基本数据处理流程是一致的,它重点针对 TCP 在空间通信中存在的问题进行了一系列的改进,主要包括增大初始窗口与慢启动门限、强制启用窗口扩展和时间戳、选择性否定确认、包头压缩以及对拥塞控制方法的修改,如图 2‐36 所示。

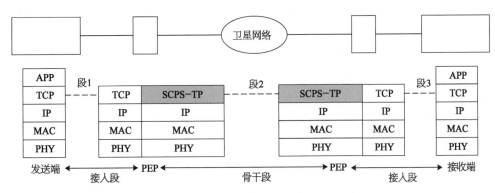

**图 2 - 36　SCPS - TP TCP 分段方案中的应用示意**

（A）增大初始窗口与慢启动门限。较大的拥塞窗口初始值可提高 TCP 连接启动初期的吞吐量，缩短提升速度所需的时间，有利于克服长时延和大带宽时延积对 TCP 带来的不利影响。普通 TCP 的初始窗口一般为 1 个最长报文段，慢启动门限一般为 64 kB；SCPS - TP 则依据 RFC 2581 按以下公式计算初始窗口：

$$初始窗口 = \min[4 \times MSS, \max(2 \times MSS, 4\ 380\ B)]$$

并将慢启动门限设为 1 GB。

（B）强制启用窗口扩展和时间戳。标准 TCP 窗口最大值为 64 kB，在高带宽时延积的网络中，这个最大值使得 TCP 不能充分利用链路带宽。SCPS - TP 依据 RFC1323 将窗口最大值扩展为 4 GB，为充分利用链路带宽创造了条件。在高带宽时延积网络中，引入窗口扩展后序号有可能环回重复，SCPS - TP 强制启用时间戳来区分数据包发送的时间，避免发生混淆。一般情况下，普通 TCP 并不启动这两项功能，因而无法保证传输性能，SCPS - TP 则将窗口扩展，和时间戳作为强制功能，避免了窗口尺寸成为制约吞吐量的瓶颈。

（C）选择性否定确认（SNACK）。该技术是 SCPS - TP 对 TCP 的重要改进之一。标准 TCP 在没有 SNACK 的情况下，接收端只能利用 ACK 来通告发送端至多一个缺失数据段的信息。SNACK 则允许接收端发送接收端队列中多个缺失报文段的信息，SNACK 选项可以对接收端缓存空间中的多个缺失数据段进行标识，通过快速提供更多的有关丢失数据段的信息，加快数据传输恢复正常的速度。SNACK 技术能在一定程度上提高卫星链路的利用率及吞吐量。

（D）包头压缩。它是 SCPS - TP 适应卫星网络不对称环境的重要手段，标准 TCP 没有提供该功能。在卫星网络中，一般情况下前向信道带宽较宽，此时包头压缩的好处并不明显，但在用于传输确认信息的窄带反向信道中，头压缩的优势就能得到充分体现。SCPS - TP 综合采用提取会话过程中不变的元素、以连接 ID 代替端口号、去掉与传输分组无关信息等手段实现包主头压缩，包头数据能压缩 50% 左右。

（E）拥塞控制。SCPS - TP 提供了 3 种拥塞控制算法，分别为基于速率的控制、VJ 拥塞控制和 Vegas 拥塞控制。

基于速率的控制将丢包的原因归结于链路误码,而不是链路拥塞。当发送丢包时,发送端的 SCPS-TP 在经历短暂的重传之后,并不降低发送速率,而是继续以原来的速率发送后续数据。该方法存在片面性,能在误码引起数据包丢失的情况下实现信道带宽的充分利用,无法应对拥塞引起丢包的场景。

VJ 拥塞控制与标准 TCP 的拥塞控制机制大致相同,可以较快地重传丢失的数据包,但是由于窗口增长策略较为保守,一旦发生拥塞并降低发送速率后,速率恢复增长较为缓慢,信道带宽利用率一般不高。

Vegas 拥塞控制可以估计网络的剩余带宽,减少盲目的"试探性"升速,该算法不是一味连续地增大拥塞窗口,而是在时延和信道利用率之间建立映射关系,通过比较测量利用率和期望利用率来检测拥塞程度,尽力保证传输速率在最佳值附近小幅变化。避免由传输速率盲目升高而造成链路拥塞是该算法的最大优点。

### 2.3.3.3 "零窗口"停发

卫星"动中通"应用场景中,车载站常受到障碍物的遮挡,导致链路出现暂时性中断,严重影响 TCP 的运行效率和系统性能。为此,提出一种基于"零窗口"停发的遮挡检测机制,可有效解决该问题。如图 2-37 所示。是否发生遮挡主要由 IP 增强设备的"零窗口"停发处理单元进行判断,其判断依据为在一定时间内某一 TCP 连接缓存的数据包是否超过一个门限值($\alpha$)。如果超过,则判定链路发生遮挡,此时"零窗口"停发处理单元向源端主机发送窗口为零的确认数据包,使源端主机进入 TCP 持久模式,数据暂停发送,待链路恢复后,"零窗口"停发单元向源端主机发送窗口不为零的确认 ACK,使源端主机重新开始传输数据。

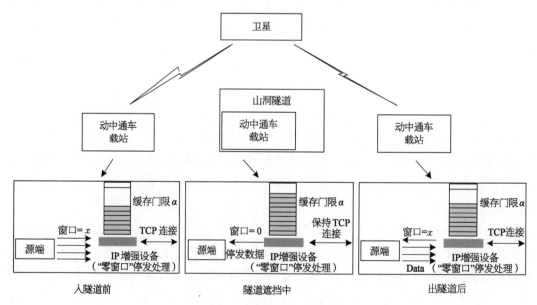

图 2-37 "零窗口"停发技术在动中通场景中的应用

工程实践证明,不使用"零窗口"停发处理机制,动中通车载站即使经过一棵小树都会造成 TCP 连接的中断和数据包的丢失。使用该技术后,即使经过几十分钟的隧道,TCP 都能正常运行。

#### 2.3.3.4　反向 ACK 过滤

在前反向信道不对称的卫星网络中,反向回传信道速率很低,频繁的确认会导致 ACK 的拥塞,进而影响发送端数据的正常发送。为此提出了一种反向 ACK 过滤解决方案,如图 2‑38 所示。中心站 TCP 增强单元真正的确认(ACK)并不会直接通过反向卫星信道传给远端站 TCP 客户端,中心站 TCP 增强单元会定时向远端站 TCP 增强单元发送自己构造的 ACK 报文,用于通知远端站 TCP 增强单元清除已确认的报文,并释放缓存。采用该机制能够大大降低对反向卫星信道的占用。

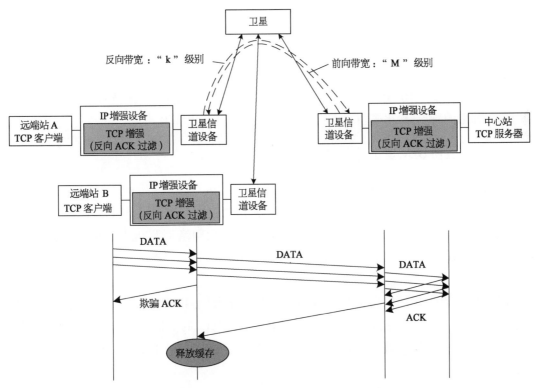

**图 2‑38　反向 ACK 过滤技术的应用场景及流程**

#### 2.3.3.5　误码容忍的拥塞控制

尽管目前一些 TCP 增强方案中针对网络丢包采取了诸多拥塞控制解决方案,但都只是针对某种特定场景,存在一定的局限性。比如,SCPS‑TP 中基于速率的控制方案主要将丢包的原因完全归结于链路误码,当网络丢包时,发送端不降低发生速率,继续维持原来的速率进行数据的传输。很显然,如果此时是因为信道拥塞引起的丢包,采用该机制肯定是不适合的。因此针对卫星网络这种链路误码与链路拥塞同时存在,且都有可能影响业务传输性能的应用场景,需要设计判断误码和拥塞的机制。目前,其设计思路大致分为两类:一是采用跨层技术将对端无线链路的接收质量告知发送端的传输层,以此判断丢包是由拥塞还是误码引起的。二是通过采用具有误码容忍的拥塞控制算法来解决该问题,基本思路是设置一定的丢包门限,只有丢包达到一定的门限值后才认为链路发生了拥塞,执行快速重传机制,否则认为丢包是由卫星链路的误码造成的,采用 SNACK 技术仅重传丢失数据包即可。

在这两类设计思路中,跨层技术通用性较差,而且由于卫星链路的长时延特性,收发两端通知不及时,在实际工程中较少采用。相对于跨层技术,误码容忍的解决方案通用性好且易实现,在链路误码率不是很高的情况下,TCP 业务能达到较好的传输性能。

# 2.4 应用层协议增强技术

应用层协议是为了解决某一类具体应用问题,定义应用进程在通信时需要遵守的规则。本节首先对常用的应用层协议进行梳理和归纳分类,对其在卫星网络中的适应性进行分析,应用层协议的串行化、交互式的特点是影响其在卫星网络中传输性能的主要因素。考虑到 HTTP 协议的广泛应用和协议设计特点,主要针对常用的 HTTP 增强技术进行介绍,最后结合卫星网络的特点,给出了卫星 HTTP 增强技术及其应用部署。

## 2.4.1 应用层协议及星上适应性分析

### 2.4.1.1 应用层协议简介

应用层协议位于各类传输层之上,与空间信息网络提供的应用服务直接相关,主要为使用网络的用户提供常用的、特定的应用,用于规范一系列网络资源和业务的使用方式和功能。常用的应用层协议包括 HTTP,FTP,SMTP/POP3,DNS,SNMP 和 IP 多媒体通信协议簇。

HTTP 是 Web 应用中浏览器与 Web 服务器必须共同遵守的协议,主要用于满足用户浏览网页的需求。它允许将使用超文本标记语言(HTML)的文档从 Web 服务器传送到客户端的浏览器。通过 IE 浏览器上网,访问 Web 网页使用的就是 HTTP。Web 网页访问过程如图 2‑39 所示。

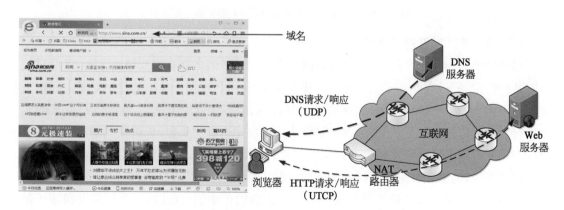

图 2‑39　基于 HTTP 的 Web 网页访问过程示意

FTP 是基于 IP 网络的文件传送协议,可满足用户传输数据文件的需求。用户可以把对方主机上的文件复制下来,也可以进行反方向的操作,但在请求文件传输时,用户必须提交登录名和口令,否则系统将拒绝访问。在文件传输过程中,FTP 需要建立"控制连接"和"数据连接"两个连接。"控制连接"在整个会话期间一直保持打开,用于传送控制请求。"数据连接"用于完成实际文件的传送。

SMTP/POP3 涉及邮件传输的两个过程。SMTP 主要负责发送电子邮件,它规定了由用户向邮件服务器发送邮件的规则,是最先出现且被普遍使用的一种最基本的电子邮件服务协议。邮局协议(POP3)主要负责接收电子邮件,规定个人计算机如何连接到 Internet 邮件服务器以及下载邮件。邮件传输如图 2-40 所示。

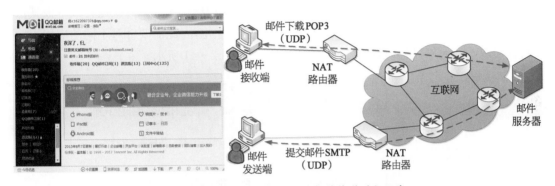

**图 2-40　基于 SMTP/POP3 的邮件传送过程示意**

DNS 主要实现域名到 IP 地址的转换。访问网站时,用户通常输入的是相对容易记住的域名(如 www.sina.com),而不是某个具体的 Web 服务器的 IP 地址,因此,需要 DNS 服务器来存储域名和对应 IP 地址的映射关系。

SNMP 主要用于对网络进行监视和控制,以提高整个网络的运行效率。具体运行在服务器、路由器和交换机上,使网络管理员能够实现对全网工作状态的监控和网络性能的管理,从而及时发现并解决网络问题。

IP 多媒体通信协议簇(SIP/RTP/RTCP)。SIP 用于创建、修改、终结一个或多个 IP 多媒体通信的会话进程,IP 多媒体会议、IP 电话以及基于 IP 的远程教育和远程医疗等均属于 IP 多媒体通信。RTP 是一种端对端的实时传输服务协议,用于在多播和单播网络中传输音频、视频等实时数据。RTP 不同的信息包格式可支撑多样化的多媒体应用,包括声音点播、影视点播、IP 电话和电视会议等。RTCP 是 RTP 的伴随协议,通过监视网络中实时数据的传送情况,提供最简单的控制,用于提升 RTP 的实时数据传输能力。

### 2.4.1.2　应用层协议卫星适应性简要分析

从方便梳理和研究问题的角度将前面所介绍的应用层协议归纳为信令控制协议、完全基于 TCP 的协议、支撑协议和数据传输控制协议 4 类,下面结合这几类协议的特性进行卫星适应性分析。

(1)信令控制协议。FTP 控制连接是此类协议的典型代表,这类协议主要用于信令控制。由于 FTP 控制连接通信流量很低,在卫星网络中传输时通常不用进行增强处理。

(2)完全基于 TCP 的协议。FTP 数据连接是此类协议的典型代表。这类协议本身没有单独的交互控制过程,完全基于 TCP,其传输效率的高低也完全取决于 TCP,因此,在卫星网络中应用时,仅通过 TCP 增强技术即可提升协议性能。

(3)支撑协议。DNS 是此类协议的典型代表,其协议行为和交互流程相对简单,仅通过一次请求和应答就能完成,在长时延卫星网络中应用时通常不会对其协议效率产生很大的影响,仅通过缓存技术即可得到较好的增强效果。

(4)数据传输控制协议。SMTP/POP3 和 HTTP 是此类协议的典型代表。这类协议大多具有串行化、交互式等特点,在应用层存在过多"停等式"的 Request/Response 交互。它们在局域网中应用时效率尚可,但在长时延和带宽受限的卫星网络中,协议运行效率极其低下。由于其交互过程发生在应用层,只能在应用层进行优化,因此需要针对不同的应用层协议特性采取不同的增强处理方案。应用层协议增强如图 2-41 所示。

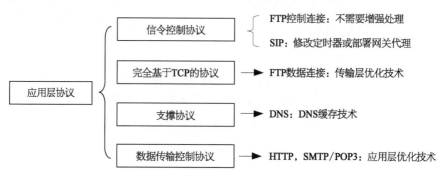

**图 2-41 应用层协议增强示意**

综上所述,在卫星网络中,数据传输控制协议是一类需要单独进行应用层协议增强处理的协议。本节重点介绍其中最典型、应用最广泛的 HTTP 及其增强技术。SmartBear 公司2012 年的研究表明,对于 Web 应用而言,57% 的用户会放弃浏览 3 s 内还未加载完成的网页。对于长时延、带宽受限的卫星网络,如果要达到良好的用户上网体验,HTTP 增强技术的研究和应用尤为重要。

### 2.4.2 HTTP 协议及卫星适应性分析

#### 2.4.2.1 HTTP 协议流程

HTTP 最初的设计目的是为了提供一种发布和接收 HTML 页面的方法。该方法不仅能保证计算机正确快速地传输超文本文档,还能确定传输文档中的哪一部分,以及哪部分内容会优先显示(如文本先于图形)等。简单地说,HTTP 就是 Web 客户端的浏览器(后简称浏览器)和 Web 服务器之间请求和应答的标准。通常,由浏览器发起 Web 请求并建立一个到 Web 服务器指定端口的 TCP 连接,Web 服务器在指定的端口监听来自浏览器的 Web 请求,一旦收到 Web 请求,Web 服务器就向浏览器返回相应的 Web 应答。HTTP 基于 TCP,

需要 TCP 为其提供可靠的传输保证。

如图 2‐42 所示,浏览器向 Web 服务器请求网页的过程分为 4 个基本步骤：① 浏览器与 Web 服务器建立 TCP 连接；② 浏览器向 Web 服务器发送 HTTP 请求报文；③ Web 服务器响应浏览器的请求,即发送 HTTP 响应报文；④ 浏览器或 Web 服务器断开连接。

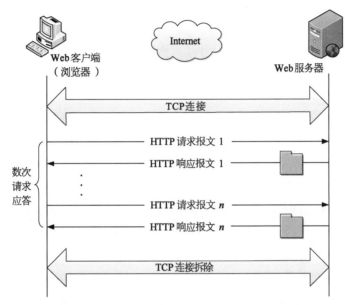

图 2‐42　基于 HTTP 的 Web 访问 4 个基本步骤

#### 2.4.2.2　HTTP 协议在卫星网络中的适应性分析

HTTP 协议在卫星网络中应用的性能主要受限于长时延、串行化交互和重复访问 3 个方面。当然,这几个方面绝不仅仅只存在于卫星网络中,地面网络也面临这些问题。但相对于地面网络数十毫秒的时延,卫星网络上百毫秒级的时延会给 HTTP 的运行效率带来更为严重的影响,造成用户浏览网页时等待时间过长,甚至出现无法正常访问网页等现象。下面从影响 HTTP 在卫星网络中应用性能的三方面进行具体分析。

1）长时延对访问响应时间的影响

在 Web 应用中,网页的访问响应时间主要取决于下面 3 大因素。

（1）链路传播时延。卫星链路的传播时延要远大于地面链路。GEO 卫星单向传播时延值高达 250 ms,往返时延达 500 ms。在 Web 应用中,浏览一个门户网页可能需要几十个甚至上百个往返时延,卫星链路上百毫秒级的时延势必会对网页的浏览造成很大的影响。

（2）Web 服务器产生的时延。当服务器端处理单个 HTTP 请求时,会有处理时延；当其需要同时处理多个 HTTP 请求时,会产生排队时延。

（3）路由器、网关和防火墙等产生的时延。在通常情况下,客户端到服务器端的链路上会有多个网络设备,如路由器、网关和防火墙等,它们对传输的每个数据包都要执行存储与转发操作,这将会产生一定的处理时延。同时,这些设备还会增加排队时延。当网络负载过重时,还可能会丢弃数据包,这就要求客户端和服务器端采用可靠的协议来恢复,这样又将会产生一定的时延。

在上述 3 大因素中,后两个因素是卫星网络与地面网络同样会面临的问题,第一个是卫星网络区别于地面网络的最为明显的特征之一,也是导致卫星网络用户上网体验更为不好的重要因素之一。

HTTP 是基于 TCP 的多交互式协议。每个 HTTP 请求打开一个新的 TCP 连接,就意味着会出现一个往返时延。TCP 连接打开之后用户会发出 HTTP 请求,服务器端收到请求后,会对其进行分析处理并发出 HTTP 应答包,用户将在第二个往返时延后收到该 HTTP 应答包。

在不同 HTTP 版本中,Web 访问有基于非持续 TCP 连接(HTTP 1.0)和持续 TCP 连接(HTTP 1.1)两种方式。如图 2 - 43(a)所示,若客户端和服务器端之间采用非持续 TCP 连接,对于每个请求的对象都需要建立专门的 TCP 连接,假设一个 Web 页面中包含了一个主页和 $N$ 个嵌入对象,则这个页面的总访问响应时间为: $2 \times RTT$(获取主页时间)$+2N \times RTT$(获取所有嵌入对象时间),即为 $2(N+1)RTT$。如图 2 - 43(b)所示,若客户端和服务器端之间采用持续 TCP 连接,页面的总访问响应时间将是 $(2+N) \times RTT$。因此,无论基于哪种 TCP 连接方式,总访问响应时间都将会是 RTT 的倍数。以访问某门户网站为例,该网站大约包含 400 个内嵌对象,如果采用持续 TCP 连接,在典型的地面网络环境中,假设 RTT 为 10 ms,完成对门户网站的访问大约需要 4 s;而在 RTT 为 500 ms 的 GEO 卫星网络中,完

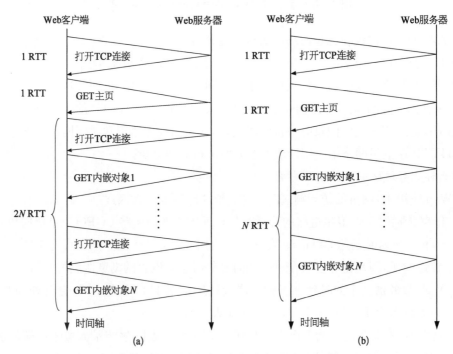

**图 2 - 43 不同 HTTP 版本 TCP 连接方式对比**

(a) 非持续 TCP 连接(HTTP 1.0);(b) 持续 TCP 连接(HTTP 1.1)

成同样的网页访问则至少需要 200 s。可以看出,卫星链路上百毫秒级的往返时延势必会对网页访问响应时间造成很大影响。

2)串行化交互协议的影响

HTTP 采用"请求-响应"的数据块模式来发送数据,每块数据发送完毕后,服务器端必须等下一个"请求"到达后才开始发送下一个数据块。这类协议在时延相对较小的地面网络中性能良好,但在长时延的卫星网络中响应速度会急剧下降。

以访问 50 个内嵌对象的网页为例,大约需要 50 次的串行化协议交互。在典型的地面网络环境中,假设 RTT 为 10 ms,完成对整个网页的访问只需要 0.5 s;而在 RTT 为 500 ms 的 GEO 卫星网络中,完成同样的过程则至少需要 25 s,这种量级的等待时间显然是用户无法忍受的。

3)重复访问对卫星网络受限带宽的影响

互联网上,用户访问 Web 对象的行为具有以下特征。

(1)对 Web 页面的访问规律是不均匀的。网络上 Web 请求中大约有 80% 是对访问频率排名在前 20% 的热点页面发起的。

(2)Web 对象的大小服从重尾分布。用户访问较多的是较小的对象,而对较大的对象访问相对较少。

(3)Web 对象访问具有时间局部性。距离用户上一次访问的时间间隔越短,Web 对象被用户再一次访问的可能性就越大。

(4)Web 对象访问具有空间局部性。与当前被访问的 Web 对象在物理位置上越接近的对象将来被访问的概率越大。

特征(1)~(3)说明互联网用户对 Web 对象的访问具有明显的重复性,访问重复性会导致相同的数据在链路上传输很多次。在卫星网络中,这样不但会浪费宝贵的带宽资源,而且会导致每次重复访问时,用户都要承受几十甚至上百个 RTT 的访问时延,会带来极差的用户体验。

综上所述,卫星长时延、协议本身以及用户的访问规律等带来的问题单靠传输层的增强技术无法得到很好的解决,需要针对 HTTP 特点,研究 HTTP 增强技术改善其在卫星网络中的传输性能,最终达到提升网页访问速度和节省卫星带宽资源的目的。

## 2.4.3　常用 HTTP 增强技术

### 2.4.3.1　HTTP 增强技术概要

Web 缓存、Web 预取和流程优化技术是地面网络 HTTP 增强技术中最常用的、最基础的 3 类技术,主要侧重于解决长时延网络中"重复访问""串行化协议交互"等问题。其中,Web 缓存和 Web 预取具体通过缓存替换或预取算法来提升 Web 应用效能,比如,主流的缓存替换算法有基于访问次数、访问时间间隔和网页大小等替换算法;预取算法有基于热点、超链接和访问概率预测的预取算法。流程优化具体通过请求流程简化和连接复用技术来应对串行化协议交互对 HTTP 传输性能的影响,如图 2-44 所示。

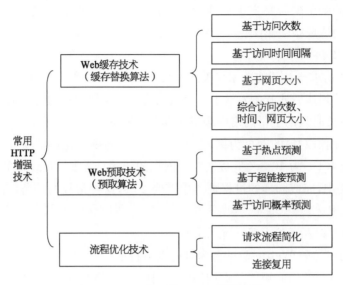

图 2‑44　卫星网络 HTTP 增强技术

### 2.4.3.2　Web 缓存技术

Web 缓存的核心思想是"取一次、用多次",利用访问数据的可复制性和共享性,将用户访问频率高的内容保存到离用户较近的缓存中,当用户再次访问时,就可以用较低的代价快速获取。它是一种解决"重复访问"问题的有效方案,能在一定程度上减少重复数据的传输,达到节省网络带宽、减轻服务器负载、减少访问时延的目的。目前,根据缓存系统部署位置的不同,可分为客户端缓存、代理缓存和服务器缓存。其中,客户端缓存通常位于用户的浏览器上,浏览器会把一段时间内用户访问过的页面保存在本地硬盘中,下次有相同的访问请求时就可以直接在本地获取到。代理缓存则通常位于防火墙、网关这一类网络中继结点上,处于客户端和 Web 服务器之间,与客户端缓存方法相比,代理缓存可实现多个用户共享缓存内容,如图 2‑45 所示。服务器缓存通常部署在 Web 服务器前端,与客户端缓存和代理缓存的使用目的不同,它不能减少网络上的数据流量,但是可以有效减轻 Web 服务器的负

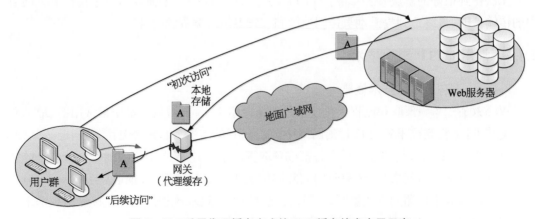

图 2‑45　采用代理缓存方式的 Web 缓存技术应用示意

载,使 Web 服务器能专注于动态页面的处理等工作。另外,无论哪种缓存方式均基于缓存替换算法实现,其好坏由专门的评价标准来判断。

1) Web 缓存替换算法

Web 缓存替换算法是提高缓存性能的最重要的核心技术,重点研究缓存空间被完全占用的情况下,当新的待缓存对象到达时,如何替换出一个或多个失去缓存价值的对象,以提供新对象所需的存储空间。Web 缓存替换算法主要决定文件进入或被替换出缓存空间的时机和方式,较理想的 Web 缓存替换策略源于对万维网(WWW)访问特性和规律的深刻分析,既要有较高的命中率,又要有较低的缓存管理成本。目前,针对 Web 缓存替换策略已有大量的研究,主要有基于访问次数、访问时间间隔、网页大小和衍生算法4 类。

(1) 基于访问次数的替换策略。以 Web 对象的流行度作为替换依据,典型的算法是最不经常使用的算法(LFU),LFU 总是替换出代理缓存中被访问次数最少的网页副本。该策略的优点是实现较简单,只要对每个 Web 缓存对象维持一个计数器,每次 Web 缓存被命中时,相对应的计数器就加 1。其缺点也比较明显,由于没有综合考虑网页的生存时间、大小和获取网页的访问时延,因此某些网页可能会被积累一个很大的计数次数,即使以后不再被访问也不会被替换,将一直占用缓存空间。

(2) 基于访问时间间隔的替换策略。其基本思想是替换掉那些最近最少访问的 Web 对象,典型的算法是最久未使用算法(LRU)。LRU 是一种非常流行的缓存替换算法,它始终首先替换那些最近未被访问的网页副本。该策略实现简单,应用广泛,但由于其没有考虑到网页的大小和获取网页的时延,可能会为了保存一个大的对象而将许多小的对象替换出去。

(3) 基于网页大小的替换策略。其基本思想是替换掉那些缓存中最大的 Web 对象以便容纳更多较小的对象,典型算法是 Size。Size 算法的优点是替换出相对较大的网页之后,保存多个小的网页,这种方法能在一定程度上提高对象命中率;但由于该算法没有考虑网页的访问次数、访问时间间隔和获取网页的访问时延,缓存空间中很可能会存储较多不会再被访问的小的网页副本,其字节命中率偏低。

(4) 衍生算法。由于上述 3 种替换策略实现相对简单,通常被广泛地用于实际的工程应用中。但由于其决策条件的单一性,不能称之为完备的解决方案,因此相关研究人员在这3 种替换算法的基础上研究出了多种衍生算法。比较典型的是 LRFSU(least recently frequently size used)缓存替换算法,该算法综合了访问次数、访问时间和网页大小 3 种因素。

2) Web 缓存算法的评价标准

在对缓存系统的性能评价模型研究中,常以对象命中率、字节命中率、访问时延作为性能评价的主要参数。

(1) 对象命中率。在缓存系统运行的同时,记录用户的访问请求序列,记录一段时间,统计其中有多少个访问请求在缓存空间中获得了有效的对象副本,以此来计算命中率。

设请求文档的总数为 $m$;$\sigma_i$ 用来表示请求是否被命中,如果命中则 $\sigma_i = 1$,否则 $\sigma_i = 0$。

对象命中率 $H$ 可定义为

$$H = \frac{\sum\limits_{i=1}^{m} \sigma_i}{m}$$

代理缓存系统的最终目标是减少网络上的 W6 访问流量,由于其缓存的对象是文档,且文档的大小不等,不同大小文档的命中率对缓存系统性能的影响是不同的。因此,对象命中率并不能正确反映 web 缓存的性能,故引入字节命中率这一评价指标。

(2) 字节命中率。字节命中率一般被定义为命中文档的总字节数占所有请求文档总字节数的比例,可用来具体量化不同代理缓存系统减少了多少网络流量。目前,很多研究都采用字节命中率来衡量和评估代理缓存系统的性能,认为字节命中率能更好地评价系统的性能。

字节命中率 $H_B$ 可定义为

$$H_B = \frac{\sum\limits_{i=1}^{m} \sigma_i s_i}{\sum\limits_{i=1}^{m} s_i}$$

式中,$s_i$ 是以字节表示文档 $i$ 的大小。

(3) 访问时延。访问时延是评价缓存服务器的重要性能指标。将可能被访问的热点对象缓存在离用户较近的地方,就能有效地减少长时延信道中"请求-响应"的交互次数,极大地缩短用户的访问时延。

对象命中率、字节命中率和访问时延是 3 个相互关联的参数。较高的对象命中率和字节命中率意味着客户端访问时延的减少,反之,较低的对象命中率和字节命中率意味着大部分对象的请求都未命中,这样会造成用户访问时延的增加。因此,为了最大限度地减少用户的访问时延需要同时获得较高的对象命中率和字节命中率,但在一定程度上,对象命中率和字节命中率之间是相互矛盾的。比如在代理缓存系统中,总的缓存大小一定,为了追求较高的字节命中率,需要替换出相对较小的 Web 对象,多缓存一些较大的对象,这样势必又会降低对象命中率。因此,设计缓存替换算法时需要综合考虑上述因素。

### 2.4.3.3  Web 预取技术

在用户发起的两次 Web 请求之间,会有几秒钟甚至几十分钟的时间间隔,通常被称为用户浏览时间。Web 预取技术就是充分利用了这个时间,把用户不久可能要访问的页面提前从 Web 服务器上获取并保存到本地。其基本思想是按照一定的预测算法,在用户请求尚未发起前,将用户即将访问的页面提前预取到本地缓存中。这样,当用户对已经预取过的页面发起请求时,由于该页面已经存储在本地,因此能在请求的第一时间内直接从本地获取,可大大减少用户请求后的等待时间,如图 2-46 所示。

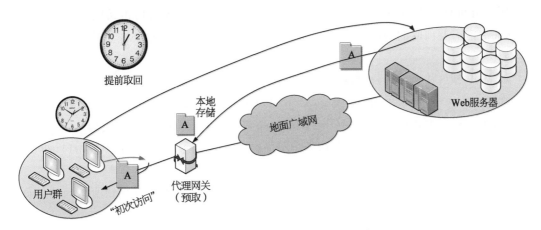

图 2－46　Web 预取技术应用(代理网关)

通常,Web 预取是对 Web 缓存技术的一种有效补充,充分利用了网络中相对空余的时间。若通过 Web 预取技术预取到的对象具备足够高的准确率,Web 缓存系统的性能就能得到更进一步的改进。另外,和 Web 缓存一样,预取的位置也可以是在客户端、代理网关或 Web 服务器端。

1) Web 预测算法

Web 预取效果的好坏取决于 Web 预测算法,通常预测算法的有效信息来源于用户的访问日志和被访问 Web 对象本身的特征,如 HTML 页面中的超链接等。目前所研究的典型预测算法主要有基于热点、超链接和访问概率预测的预取算法。

(1) 基于热点的预测。该算法认为每个服务器上都存在若干个最受用户喜爱的页面,它们被访问的次数远高于其他页面。该算法实现比较简单,当用户对网页的访问有明显的热点时,所预取的页面会有较高的利用率,网络上的通信量会明显减少。但该算法只会预取访问次数较多的页面,不会顾及到访问次数较少的页面。另外,该算法不适用于单个用户的预取,因为,对于单个用户而言,基本不存在热点页面。而且该算法与具体的访问过程无关,不能根据用户当前的请求预测下一次请求,故连续访问将得不到较好的响应。

(2) 基于超链接的预测。该算法认为用户的下一个请求往往来自当前页面的超链接,由此可以通过预取当前页面的部分链接以缩短用户请求的响应时间。网页上的链接很多,预取所有链接一方面会极大地增加网络通信量,浪费网络带宽;另一方面也会带来较低的预取利用率。因此,在具体的算法设计中可以加入对历史信息的分析来选择预取哪些链接,如基于热点的超链接。但基于超链接的预测技术无法应对用户直接输入网址的情况,相关研究表明,用户在浏览网页时约有 20% 的可能直接输入地址或使用书签进行下一网页的浏览。

(3) 基于访问概率的预测。该算法认为用户的访问通常具有一定的规律性,主要通过分析用户的访问路径、挖掘其中蕴含的用户信息需求,预测用户的下一步访问请求。

$$P(B \mid A) = C_{A,B}/C_A$$

式中,$C_A$ 为网页 A 被访问的次数;$C_{A,B}$ 为访问网页 A 后,网页 B 随即被访问的次数。

当有用户访问网页 A 时,就可以通过统计数据得到以前访问 A 之后再访问后续网页的概率,从而决定需要预取的网页。该算法需要进行计数器的维护,会存在大量数值很小的跳转计数器。

2)Web 预取技术的评价标准

在预测体系中,通常采用莫巴舍尔 Mobasher 提出的评价测度来分析预测模型和预测的质量,其评测指标主要包括准确率(Precision)、覆盖率(Coverage)和 $F$ 测度($F$-measure)。假设用户访问的总页面数为 $Req$,预取的总页面数为 $Preq$,预取的总页面中被用户访问的页面数为 $Req\_Preq$,则有:

(1)准确率。主要表示在预取的总页面中被用户访问的页面数在用户所访问的总页面数中所占的比例,其计算公式为

$$Precision = |Req\_Preq| / |Req|$$

(2)覆盖率。主要表示在预取的总页面中,被用户访问的页面数所占的比例,其计算公式为

$$Coverage = |Req\_Preq| / |Preq|$$

(3)$F$ 测度。是将准确率和覆盖率这两者综合起来从整体上考虑系统的预取质量,其计算公式为

$$F\text{-measure} = 2 \times Coverage \times Precision / (Coverage + Precision)$$

### 2.4.3.4 流程优化技术

在长时延网络中,针对 HTTP 的串行化交互特性,为了达到大量削减交互冗余、明显缩短访问时间的目的,需要进行 HTTP 流程的优化设计,具体通过请求流程简化和连接复用这两种技术来实现。

1)请求流程简化

通常情况下,基于 HTTP 获取一个完整的 Web 页面需要多次"请求-响应"流程。如图 2-47 所示,当客户端向服务器请求 Web 页面时,首先需要通过对 HTML 对象的请求来获取整个页面的顶层框架,然后再通过对各个内嵌对象的请求获取页面的子框架对象(包括图片、动画等页面基本元素)。对于不同的页面,整个过程可能需要十几、几十甚至上百次的"请求-响应"串行交互。

在长时延网络中,HTTP 标准流程势必会严重浪费时间,造成极差的用户体验。针对该流程,一种如图 2-48 所示的请求流程简化技术,通过对请求流程的削减来解决标准协议流程在长时延网络中运行效率低下的问题。其基本原理是当客户端向 Web 服务器请求 Web 页面时,客户端侧 HTTP 增强设备会向 Web 服务器转发来自客户端的 HTML 对象请求。当服务器侧 HTTP 增强设备收到 Web 服务器的 HTTP 应答后,会将该应答转发给客户端,同时还会通过对该应答的解析获得内嵌对象的信息,并向 Web 服务器发送对所有内嵌对象的请求。当服务器侧 HTTP 增强设备收到内嵌对象的应答后,会将应答直接推送至客户端

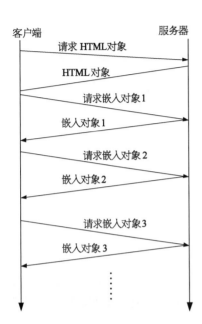

图 2‐47　HTTP 标准请求‐响应流程

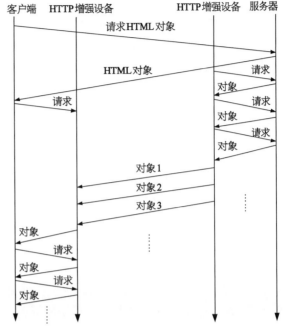

图 2‐48　简化后的 HTTP 请求‐响应流程

侧 HTTP 增强设备。此时客户端仍然按照正常的流程向其 HTTP 增强设备发送若干次请求以获得各个内嵌对象。通过该技术，客户端侧 HTTP 增强设备只需通过卫星长时延链路向服务器端侧 HTTP 增强设备发送一次请求，就可获取到所有对象。这大大简化了请求过程，可以明显缩短获取对象的时间。

2）HTTP 多连接复用

HTTP 1.0 采用短链接的方式，即客户端访问 Web 页面时，每次请求都需要建立专门的 TCP 连接，这就导致每次请求都需要在经历 TCP 的 3 次握手阶段后才能进行被请求对象的传输，对象传输结束后，又需要经历 TCP 的 3 次拆链阶段拆除连接，在卫星网络中网页访问响应时间会非常长。HTTP 1.1 采用长连接的方式，即使用一个一直保持不断的 TCP 连接去处理多个 HTTP 的请求。这个连接对所有嵌在页面里的对象都保持在打开状态，但是 Web 服务器如果直接与客户端保持连接，则它的负担是非常沉重的，因此 Web 网站的服务器通常采用短连接的方式针对上述问题，出现了 HTTP 连接复用的代理解决方案，简称 HTTP 多连接复用。

如图 2‐49 所示，HTTP 多连接复用主要通过一个 TCP 连接发送多个 HTTP 请求和接收多个 HTTP 应答，它既保留了 HTTP 1.1 保持连接的优点，又能降低 Web 服务器的负荷。具体通过远端站和中心站处带 HTTP 增强功能的 IP 增强设备来实现，两端 IP 增强设备提前建立并保持一个或者若干个 TCP 连接，可节省 TCP 3 次握手的时间。当远端站 IP 增强设备接收到客户端的请求时，它会通过提前建立好的 TCP 连接将该请求发送给中心站 IP 增强设备。

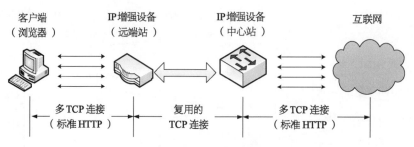

图 2-49  连接复用原理

其主要流程是：如果远端站和中心站的 IP 增强设备的连接池中有空闲的连接,那么远端站用户的请求可以直接使用空闲连接进行传输,否则该请求会进入远端站 IP 增强设备的等待队列,直到连接池中有可用的空闲连接。同样,HTTP 请求响应也会通过该连接池中的连接发送至客户端。这样,通过远端站和中心站 IP 增强设备之间的连接池就可以保证 HTTP 连接的大量交互信息直接复用已有的连接,从而避免了卫星链路资源的空等和浪费。

总之,请求流程简化和连接复用减少了跨越卫星信道的交互环节,降低了经由卫星信道传输的数据量,这样不但可以大幅缩短访问时间,还能在一定程度上起到降低协议开销的作用。

### 2.4.4  HTTP 增强技术在卫星网络中的应用及优化设计

#### 2.4.4.1  HTTP 增强技术在卫星网络中的应用部署

一种典型的卫星用户上网应用场景如图 2-50、图 2-51 所示,主要由各远端站、中心站和通信卫星组成。其中,中心站与地面 Internet 相连,各远端站用户需要通过中心站实现对地面 Internet 的访问。

在该应用场景下,HTTP 增强技术通常在各远端站和中心站的 IP 增强设备中实现,主要有缓存、预取和流程优化技术,这 3 种技术有其各自适用的应用场景。比如,缓存技术更适用于用户群(多个用户)上网的场景,对于单用户意义不大。预取和流程优化技术对单用户、用户群上网的场景均能起到一定的优化作用。另外,这 3 种技术在卫星网络中也有一定的应用部署策略,具体可分为单端部署和双端部署两种方式。如图 2-50 所示,单端部署是指仅在各远端站的 IP 增强设备中部署 HTTP 增强单元,具体实现缓存和预取功能。如图 2-51 所示,双端部署则是在中心站和各远端站处均部署 HTTP 增强单元,具体实现缓存、预取和流程优化功能。相对于单端部署,双端部署虽然对中心站 IP 增强设备能力要求较高,但却是一种相对完备的解决方案,主要表现在两方面：一是能更全面地使用 HTTP 增强技术,如流程优化技术只能双端部署应用。二是能更好地达到 HTTP 增强效果,如通过双端部署的方式可实现基于远端站和中心站两级缓存和预取机制,对远端站和中心站用户上网体验均会有大幅提升。

#### 2.4.4.2  结合卫星广播特性的 HTTP 增强技术优化设计

如图 2-51 所示,在 HTTP 增强技术双端部署的应用中,当远端站 A 中某用户访问因

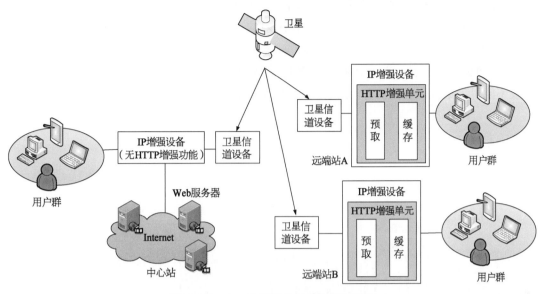

图 2 - 50 　 HTTP 增强技术单端部署示意

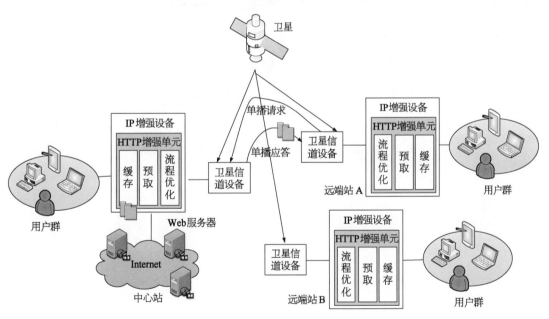

图 2 - 51 　 HTTP 增强技术双端部署示意

特网上的某网页时,若远端站 A 的 IP 增强设备处没有该网页对象的缓存,则需要进一步向中心站 IP 增强设备发送单播请求消息,若中心站 IP 增强设备有该对象的缓存信息则直接向远端站 A 发送单播应答响应;若没有则去 Internet 上 Web 服务器取回,然后在信关站存储一份并向远端站 A 发送单播应答响应。远端站 A 的 IP 增强设备会存储该响应,以便下一次本站有其他用户能用局域网的速度访问该网页对象。在这种方式下,某远端站用户访问的网页只能被该远端站本地 IP 增强设备存储,达不到全网存储的效果。

在结合卫星广播特性的卫星 HTTP 增强技术优化设计中，可充分利用卫星广播特性，通过信关站的 HTTP 增强模块向同一组播组内的远端站 HTTP 增强模块发送组播应答消息，可达到"一人访问，全网共享"的效果。如图 2‐52 所示，即全网只要有一个用户访问某网页，该网页的信息都会被自动推送到各远端站的 HTTP 增强模块中。这样 HTTP 的运行效率能得到最大限度的提升，全网用户都能用局域网的速度对推送过来的网页进行访问。

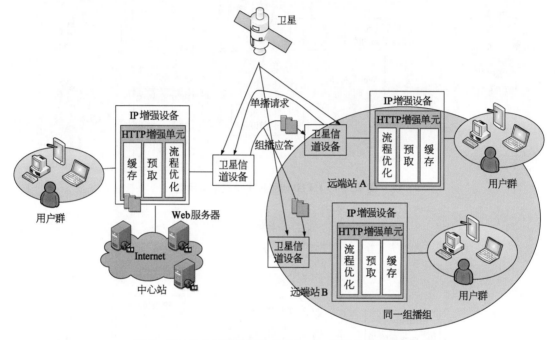

图 2‐52　结合卫星广播特性的 HTTP 增强技术应用示意

# 第 3 章
# CCSDS 空间信息网络协议

空间信息可采用的协议体系如表 3-1 所示,CCSDS 属于空间链路专用协议,在空间信息网络中得到广泛应用。目前还没有正式的针对光通信链路的协议规范。DTN 属于面向星际互联网络的专有协议,可适应大延时和中断的网络场景。TCP/IP 协议在地面网络中得到广泛应用,技术成熟,在空间信息网络中应用易于实现天地一体化网络的高效融合,也有 IP over CCSDS 的协议规范,规定了 IP 数据在 CCSDS 空间数据链路上传输的标准。

表 3-1 现有空间网络协议

| 协议体系 | 主 要 特 点 | 优 势 | 问 题 |
|---|---|---|---|
| CCSDS | 空间链路专用 | ● 协议体系完善<br>● 经多次航天任务应用 | ● 无法与地面网直接互操作,需协议转换<br>● 开发维护费用高 |
| DTN | ● "覆盖层"方式,灵活性高<br>● 存储转发机制 | ● 面向星际互联网设计<br>● 兼容性好,可基于已有成熟网络技术 | 标准制定处于起步阶段 |
| TCP/IP | ● 核心技术 IP:无连接分组交换<br>● "窄腰"结构 | ● 技术成熟,研发成本低<br>● 易实现天地一体化网络融合 | ● 不适应空间链路特征<br>● 安全性存在问题 |

## 3.1 CCSDS 空间通信协议历史

在早期空间通信系统中,从空间飞行器上得到的遥测数据,是以时分复用方式,通过固定帧长度发送,按自定义规则复用。由于缺乏相关国际标准,每个空间飞行器数据通信系统项目只能开发定制的系统为该项目独立使用,重用性差、研发周期长、严重浪费人力物力。

空间飞行器微处理技术的出现使得遥测系统更具灵活性,且增加了系统吞吐量,星上数据的传输效率极大提高。20 世纪 80 年代早期,CCSDS 提出了分组遥测协议,称为源分组,数据单元长度可变,提高了传输效率。该标准通过固定长度传送帧发送,兼容性好。基于相同的理念,CCSDS 又提出了分组遥控协议,该协议适用于将间歇性、长度可变传输帧从地面发送到不同空间飞行器上。20 世纪 80 年代晚期,CCSDS 将上述标准进行扩展,满足高级在轨系统(AOS)的使用需求,称之为 AOS 的第三个标准。AOS 可用于传送文件、音频、视频等各种类型在线数据,它可用于空地或地空链路上。AOS 使用了和分组遥测相同的数据结构,但帧格式却又稍许不同。

早期的这 3 种标准,后来由 CCSDS 进行了重新修订,形成了一个更加统一的标准,具体如下:

(1) 空间分组协议。

(2) TM,TC,AOS 空间数据链路协议。

(3) TM,TC 同步和信道编码

CCSDS 制定了在空间飞行器和地面站间 RF 信号传输的标准,称之为 RF 和调制,规定了 RF 信号传输分组和组帧的方法。

20 世纪 90 年代,CCSDS 又提出了另一组叫做空间通信协议规范(SCPS)的协议,包括 SCPS 网络协议(SCPS - NP)、SCPS 安全协议(SCPS - SP)、SCPS 传输协议(SCPS - TP)和 SCPS 文件协议(SCPS - FP)。SCPS 协议基于 Internet 协议,进行了适应性修改和扩展使之适用于空间任务的特殊使用要求。

在空间任务中,为了满足从星载主存储器下载或向其上传文件的需求,CCSDS 提出了文件分发协议(CFDP),它具有在一个非可靠协议上(比如空间分组协议)可靠、有效传输文件的能力。

在数据压缩领域,CCSDS 提出了无损数据压缩标准和图像数据压缩标准,可增加科学数据的回传能力或降低对星载存储的要求。前一个标准确保原始数据无任何失真的重构,而后一个标准则无法保证无失真。

CCSDS 又提出了叫做 Proximity - 1 空间链路协议,适用于近距离的空间链路。Proximity - 1 空间链路协议在短距、双向、固定或移动无线链路中应用,通常的适应范围是在固定探测器、登陆器、巡视器、轨道星座和轨道中继之间通信应用。该协议定义了数据链路协议、编码同步方法和 RF 调制特性。

许多空间任务中强调安全性的重要性,CCSDS 发布了几个文档,包括 The Application of CCSDS Protocol to Secure Systems, Security Architecture for Space Data Systems 和 CCSDS Cryptographic Algorithms,使得使用 CCSDS 空间通信协议实现飞行器控制和数据处理的同时,也能确保一定的安全和数据保护。

## 3.2　CCSDS 协议分层

空间通信协议分层结构如图 3-1 所示,包括 5 层内容。图 3-2 为 5 层协议的可能组合形式。

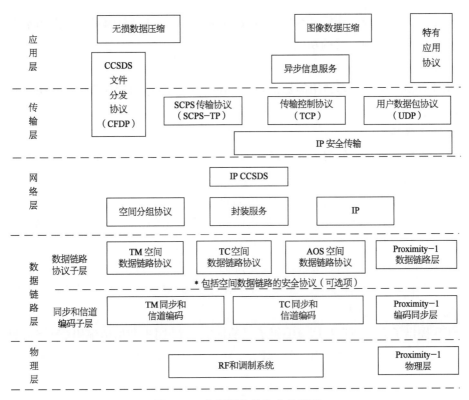

图 3‐1　空间通信协议参考模型

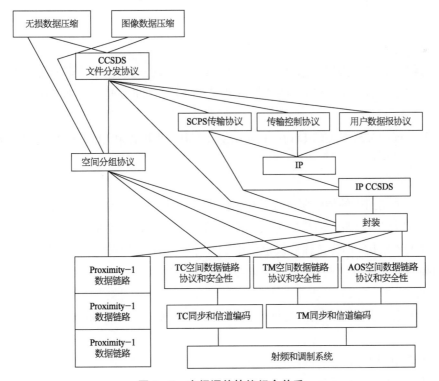

图 3‐2　空间通信协议组合关系

图 3-1 中 CFDP 跨应用层和传输层,Proximity-1 空间链路协议跨数据链路层和物理层,其他协议都可以实现一层的功能。

1) 物理层

CCSDS 对物理层有一套通用的标准,Proximity-1 空间链路协议也有 proximity 空间链路物理层的推荐标准。

2) 数据链路层

CCSDS 将数据链路层分为数据链路子层和同步信道编码子层,该层协议规定了高层点到点空间链路上数据单元的传输方法,称此数据单元为传输帧。同步和信道编码子层规定了传输帧在空间链路上传输时的同步和信道编码方法。

在数据链路层,CCSDS 提出了 4 种数据链路协议子层的协议:① TM 数据链路协议;② TC 数据链路协议;③ AOS 数据链路协议;④ Proximity-1 数据链路协议。

TM,TC 和 AOS 可利用 SDLS 协议,支持插入安全用户数据到传输帧的功能。然而,Proximity-1 并没有安全性要求。SDLS 为 TM,TC 和 AOS 提供安全服务,包括认证和加密,但只是可选项,并不强制。

CCSDS 提出了 3 个同步和信道编码子层的标准[TM 同步和信道编码(AOS)、TC 同步和信道编码、Proximity-1 同步和信道编码],AOS 同步和信道编码与 TM 一致,因此没有单独列出。

3) 网络层

CCSDS 有两个网络层标准:

(1) 空间分组协议。

(2) 封装服务。

空间分组协议产生协议数据单元(PDUs),而封装服务可将经 CCSDS 认证的 PDUs 封装为空间分组或封装分组,然后这些分组可利用 CCSDS 空间数据链路协议在一条空间链路上传输。

基于 IP over CCSDS,CCSDS 认证的 Internet 报文也可以利用 CCSDS 空间数据链路协议在空间链路上传输。

4) 传输层

传输层提供端到端的传输服务,CCSDS 提出了 SCPS-TP 传输层协议。传输层协议的 PDUs 通常利用空间链路的网络层协议来传输,但也可直接通过空间链数据链路层传输。

TCP、UDP 等 Internet 传输协议也可用于 IP 报文 over CCSDS 空间链路的顶层。IPSec 提供端到端的数据保护。

5) 应用层

应用层为用户提供端到端的文件传输和数据压缩服务。CCSDS 提出了 5 类应用层的协议。

(1) 异步通信服务。

(2) CFDP 文件分发服务。

（3）无损数据压缩服务。

（4）图像数据压缩服务。

（5）无损多光谱 & 超光谱图像压缩。

## 3.3　CCSDS 空间通信协议的主要特征

1）物理层

CCSD 在物理层规定了 RF 和调制系统，适用于飞行器之间或与地面之间的通信链路。

2）数据链路层

CCSD 在数据链路层规定了 4 个协议标准，统称为空间数据链路协议，这些协议支持在空间链路上传输不同类型数据，其基本功能是传输称为分组的可变长度数据单元，4 个协议标准为：① TM 空间数据链路协议；② TC 空间数据链路协议；③ AOS 空间数据链路协议；④ Proximity‐1 空间链路协议的数据链路子层。

由空间数据链路协议传输的数据包格式必须要有包版本号，这些版本号是由 NASA 规定的。分配了包版本号的数据包可直接在空间数据链路协议上传送，但 CCSDS 有另一套机制来传送 CCSDS 本身的 PDU 和非 CCSDS 标准的数据，这套机制叫做封装服务。

CCSDS 数据链路层提供了在空间链路上发送数据的功能，其中 TM\TC\AOS 可使用 SDLS 协议在数据帧中插入安全用户数据，保证数据传输的安全性。然而 Proximity‐1 数据链路协议并没有规定安全性。

TM 空间数据链路协议一般用作从飞行器向地面传送遥感数据，称为反向链路。TC 空间数据链路协议一般用作从地面站向飞行器发送控制数据，称为前向链路。AOS 空间数据链路协议主要应用场景包括两种：一是仅有反向链路数据回传；二是兼具前向控制数据传输和反向链路数据传输。Proximity‐1 应用场合是近距离空间链路，包括短距离、双向、固定或移动无线电链路。

由空间数据链路协议承载的协议数据单元叫做传输帧。TM 和 AOS 空间数据链路协议使用固定长度传输帧以方便实现噪声链路中的同步。TC 和 Proximity‐1 空间数据链路协议使用可变长度传输帧以方便实现短延时的短消息接收。

所有空间数据链路协议的核心是"虚拟"信道概念的引入，它可实现多个高层数据流共享一个物理信道，且每个虚拟信道可有不同服务质量要求。一个物理信道分为几个分离的逻辑数据信道，每个信道称为虚拟信道。在一个物理信道上传输的每个传输帧都属于该物理信道中的某一个虚拟信道。

TC 空间数据链路协议具有重新发送丢失或损坏数据的功能，确保数据有序、无中断或无复制地在空间链路上传输。这个功能由通信操作程序‐1（COP‐1）的重传控制机制来实现。在 Proximity‐1 空间数据链路层协议中也有一个类似的功能叫做 COP‐P。在 TM 和 AOS 的数据链路层中都没有此功能，因此如果要求数据的完整接收，必须在高层设置重发机制。

TM 和 AOS 的数据链路层共用一个同步与编码子层,TC 有 TC 的同步与编码子层,Proximity-1 空间数据链路层协议有 Proximity-1 的数据编码与同步子层。

数据链路层具有链路标识功能对数据流进行标识,标识符的名称由 NASA 来统一规定。NASA 为所有 CCSDS 协议提供注册服务。

TM,TC 和 AOS 空间数据链路协议有 3 类标识符:传输帧版本号(TFVN)、飞行器标示符(SCID)和虚拟信道标识符(VCID)。

TFVN 用来区别不同传输帧,但不同传输帧一定不能复用到一个物理信道中。TFVN 和 SCID 统称为主信道标识符(MCID),用来标识与一条空间链路相关的飞行器。

在一个物理信道中所有具有相同 MCID 的传输帧构成一个主信道(MC)。一个主信道包括一个或多个虚拟信道,每个虚拟信道都有一个 MCID。大多数情况下,一个物理信道上仅仅承载一个 MCID 的传输帧。然而,一个物理信道也可承载多个 MCID,但它们具有相同的 TFVN。在此情况下,一个物理信道就包括多个主信道。一个物理信道由一个物理信道名称来标识,具体由管理单元来设置并不含在传输帧头中。

TC 空间数据链路协议使用了一个可选的标识符,叫做复用接入点标识符(MAP ID),用来在一个虚拟信道中创建多个数据流。具有相同 MAP ID 的一个虚拟信道中的全部数据帧组成了一个 MAP 信道。一个虚拟信道包括一个或多个 MAP 信道。

Proximity-1 空间数据链路用户使用了一组 3 个参量。SCID 使用源-目的标示符(Source or Destination ID)用来标识在链路连接阶段传输帧的源或宿。物理信道标识符(PCID)提供了两个独立的复用信道。端口 ID 可将收发器输出端口的用户数据路由到规定的逻辑端口或物理端口。

空间数据链路协议标识符的值由 NASA 来分配,具体如表 3-2 所示。

表 3-2　空间数据链路协议标识符

| 标示符 | TM | TC | AOS | Proximity-1 |
|---|---|---|---|---|
| TFVN | 1<br>(二进制编码 00) | 1<br>(二进制编码 00) | 2<br>(二进制编码 01) | 3<br>(二进制编码 10) |
| SCID | 0~1 023 | 0~1 023 | 0~1 023 | 0~1 023 |
| PCID | N/A | N/A | N/A | 0~1 |
| VCID | 0~7 | 0~63 | 0~63 | N/A |
| MAP ID | N/A | 0~63 | N/A | N/A |
| Port ID | N/A | N/A | N/A | 0~7 |

数据链路层最重要的服务是传输可变长度的数据单元,称为分组。除此之外,数据链路层可为固定或可变长度私有格式数据、固定长度短数据单元实时报告和比特流等提供传输功能。具体服务如表 3-3 所示。

表 3-3　数据链路层提供的服务

| 服务数据单元类型 | TM | TC | AOS |
|---|---|---|---|
| 分组 | 分组服务<br>封装服务 | MAP 分组服务<br>VC 分组服务<br>封装服务 | 分组服务<br>封装服务 |
| 固定长度私有数据 | VC 接入服务 | 无 | VC 接入服务 |
| 可变长度私有数据 | 无 | MAP 接入服务<br>VC 接入服务 | 无 |
| 固定长度短数据 | VC FSH<br>MC FSH<br>VC OCF<br>MC OCF | 无 | 插入服务<br>VC OCF 服务 |
| 比特流 | 无 | 无 | 比特流服务 |
| 传输帧 | VC 帧服务<br>MC 帧服务 | VC 帧服务<br>MC 帧服务 | VC 帧服务<br>MC 帧服务 |

注释：FSH - frame secondary header；OCH - operational control field

同步和信道编码的功能是传输帧的界定/同步、纠错编码和解码、比特再生和移除。CCSDS 有 5 个同步和信道编码协议标准，其中 TM 有 3 个，即 TM 同步与信道编码、高码率遥感应用的灵活高级编码调制系统以及基于 ETSI DVB-2 标准 CCSDS 空间链路协议，一个 TC 的同步与信道编码标准和一个 Proximity-1 协议的编码与同步子层标准。如表 3-4所示。

表 3-4　同步和信道编码的功能

| 功　能 | TM | TC | Proximity-1 |
|---|---|---|---|
| 纠错＋帧验证 | ● 卷积＋FECF<br>● RS 编码<br>● 级联编码<br>● Turbo 码＋FECF<br>● LDPC 编码<br>● SCCC＋FECF<br>● DVB-S2＋FECF | ● BCH 码<br>● BCH 编码＋FECF | ● 卷积＋附加 CRC<br>● LDPC＋附加 CRC |
| 伪随机化 | 循环伪随机噪声序列 | 循环伪随机噪声序列 | 循环伪随机噪声序列（只有在 LDPC 编码时强制使用） |
| 帧同步 | 32 b(或更长)ASM | 16 b 开始序列 | 24 b ASM |

3）网络层

在网络层只有一种封装服务，它可提供两类不同分组服务：空间分组和封装分组。IP over CCSDS 只能使用封装分组服务。

空间分组协议的数据传输有两种模式：① 从飞行器的源到地面站的一个(多个)宿或另一个飞行器的宿；② 从地面的一个源到一个(多个)飞行器的一个(多个)宿。作为每个分组的一部分，APID 决定了数据包的路径。基于 APID，所有决定了分组如何处理和转发的 APID 都由管理协定来设定，而不是协议本身的正式内容。

其他经 CCSDS 认证的网络协议，比如 DTN 和 IP 都可用于封装服务。

网络层协议使用了两类地址，路径地址和宿系统地址。

路径地址用于空间分组协议，标识了网络中从一个源到一个或多个宿的逻辑数据路径(LDP)。宿系统地址用于 IP 和 DTN，清楚地标识了一个宿系统或一组宿系统。除非特别说明，在宿系统地址中，必须使用一对源和宿地址。这些地址由 IP 和 DTN 的 PDUs 规定，IP 和 DTN 的路由节点使用这些地址来执行端到端路径上的路由选择。

4）传输层

CCSDS 提出了 SCPS 传输协议 SCPS - TP 和 CFDP 协议，但 CFDP 具有应用层的一些功能。SCPS - TP 支持端到端通信，可满足的空间任务范围很大，它扩展了 TCP，并以 UDP 作为参考引入。它应用于空间分组、封装分组和 IP over CCSDS 的上层。CFDP 具有应用层的功能，比如文件管理等，但也具有传输层功能。Internet 的传输协议包括 TCP，UDP，也能在封装包或 IP over CCSDS 空间链路的上层应用。

5）应用层

应用层为用户提供端到端的文件传输和数据压缩服务。CCSDS 提出了 5 类应用层的协议。

## 3.4 CCSDS 空间通信协议配置实例

一个空间数据系统包括一个或多个星载子网系统、一条或多条空间链路、一个或多个地面子网。有一些空间通信协议用于星载终端和地面终端间的端到端通信，而另外一些则只是用于空间段间的端到端通信。一个简单的空间数据系统由 4 部分组成：有效载荷、飞行器数据处理中心、地面站和地面用户，其具体结构如图 3 - 3 所示。

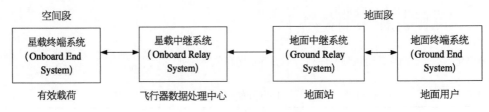

图 3 - 3　空间数据系统模型

实际上，空间数据系统中有多种协议的组合方式，本节介绍几种典型的空间通信协议配置实例，每个配置实例包括两个图形，一个为空间链路的协议栈，另一个为空间数据系统的协议配置。他们的主要区别在于端到端的路由或者端到端前向发送。在一个空间数据系统中,用户数据通常要跨越数个子网,比如数个星载子网、数条空间链路或数个地面子网。将用户数据从一个子网传送到另一个子网,从而将数据从源地址发送到目的地址,称为端到端路由。

### 3.4.1　使用 CCSDS 定义的分组实现端到端前向传送

在此配置实例中,使用空间分组协议来实现端到端的前向数据传送。空间分组协议的设计目标是在空间链路上能高效传输用户数据。这种配置适用于空间分组协议中需要简单 APID 标识和具有前向传送能力的空间任务。

空间链路协议配置如图 3-4 所示,空间数据系统中端到端协议配置如图 3-5 所示。在每个中间节点,某种机制检测 APID 并把数据转发到下一个节点。在此过程中没有终节点地址,也没有特殊机制来协同实现转发功能,只是通过用户和服务提供商间的管理和外部协定来实现。

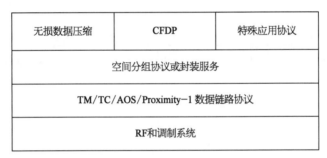

图 3-4　空间链路端到端前向传送协议配置

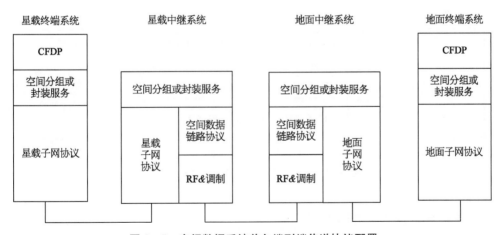

图 3-5　空间数据系统前向端到端传送协议配置

### 3.4.2　端到端路由的 IP over CCSDS

在这个实例中,是一个由 NASA 定义 CCSDS 认证的 IP 报文来实现端到端的路由。这种配置适用于需要将空间段综合到 Internet 中的空间任务。空间段协议配置如图 3-6 所示,空间数据系统的协议配置如图 3-7 所示。每个中间系统配置一个路由机制,检查目的地址并实施路由将数据发送到路径中的下一个节点。目的地址是显性的,并且所有协作实施路由的机制有着完备的规定。封装包可插入 IP 报文到 CCSDS 的空间链路中,并且在另外一个节点可提取出来。

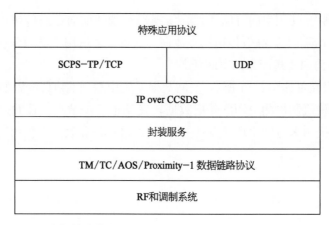

图 3-6　空间链路协议配置(使用 **IP over CCSDS** 实现端到端路由)

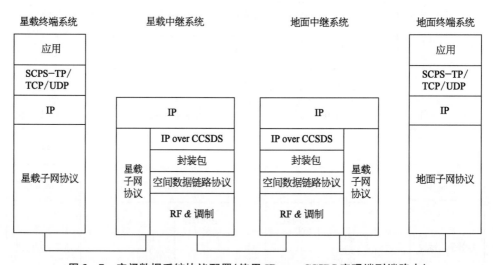

图 3-7　空间数据系统协议配置(使用 **IP over CCSDS** 实现端到端路由)

### 3.4.3　端到端前向传输的 CFDP

CFDP 直接实现端到端传送。虽然 CFDP 是一个文件分发协议,它也可实现空间数据系统的文件传送。这种配置适用于大部分数据都是以文件形式传输的空间任务。典型配置是仅仅使用 CFDP 的不可靠和可靠两种模式,而且只在终节点配置 CFDP。

图 3-8 中假设 CFDP 的数据单元只承载空间分组协议或封装服务,但也可以承载 IP over CCSDS。

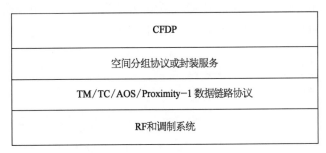

**图 3 - 8　空间链路协议配置(使用 CFDP 实现端到端路由)**

图 3 - 9 是一个端到端前向传送的实例,使用了多个 CFDP 协议和存储转发覆盖(SFO)。在每个中间系统中,CFDP 协议终止,文件进行重组,SFO 启动将数据转发到下一个节点。这是逐跳的文件分析形式,由用户和服务提供商间的管理和外部协作来实施。

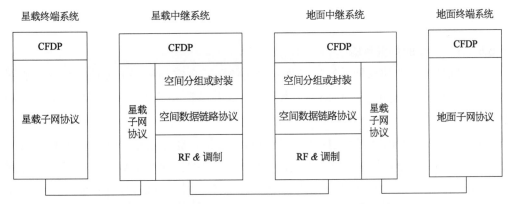

**图 3 - 9　空间数据系统协议配置(使用 CFDP 实现端到端路由)**

CCSDS 正在研究 DTN 网络协议,它适用于近地连接情形和深空,或者具有长 RTLT 的非连接环境。在此种情况下,使用 CFDP over DTN 来实现端到端的文件分发服务,DTN 组网协议管理端到端路由和 CFDP PDUsDE 分发。

# 3.5　TC 数据链路层协议

遥控(TC)协议是一个供空间任务使用的数据链路协议,适用于空间任务中地面-空间或者空间-空间的通信。通过地面-空间或者空间-空间通信链路,该协议能够满足空间任务中高效传输各类型数据的需求。

图 3 - 10 给出了 TC 协议和 OSI 参考模型的对应关系,CCSDS 空间链路协议将数据链路层分为两个子层,即空间数据链路子层、同步和信道编码子层。空间链路协议对应于逻辑链路子层,能够使用变长的协议数据单元(传输帧)传输各种数据。其中,空间数据链路层的安全协议是可选项,并不强制,通常在数据链路协议子层中提供。信道编码子层为传输帧提

供纠错编码/解码、界定/同步编码块、比特转换生成/去除。对于信道编码子层,信道编码和同步推荐标准必须和遥控空间数据链路协议同时使用。

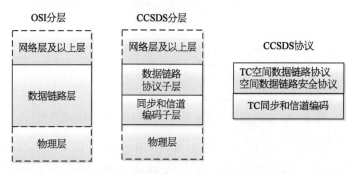

图 3‐10　TC 数据链协议与 OSI 的对应关系

### 3.5.1　协议特点

#### 3.5.1.1　高效的数据传输

TC 空间数据链路协议能够支持多个用户业务在一个空间链路上传输多个业务数据单元。该协议的主要功能包括:① 对业务数据单元进行分段和分块;② 对业务数据单元进行传输控制。

空间链路的各类噪声会造成数据传输差错,通过把长业务数据单元分解为数个短的小块,使得每一小块业务数据单元比长数据单元具有更小的错误传输概率。当接收方检测到错误时,仅仅重传小块数据,可极大提高系统吞吐效率。另一方面,也存在业务数据单元较小的情况,为了有效传输业务数据单元,通常把多个小的业务数据单元合并成大的数据块。TC 空间链路协议具有把长的业务数据单元分成小数据块和把小数据块组合为长数据块的能力,分别称为分段和组合能力。

通过数据的重传,确保数据按顺序到达且无缺漏和重复,TC 空间链路协议控制着业务数据单元的传输。这个功能可通过自动重传控制机制(通信操作程序,COP)提供。另外,用于深空链路的系统重传机制可以由同步和信道编码子层提供。

#### 3.5.1.2　共享物理信道

TC 数据链路协议使用的协议数据单元称作遥控传输帧和通信链路控制字(CLCW)。对于每一个传输帧,包含一个帧头(提供协议控制信息)和一个可变长的数据块(携带高层业务数据单元)。传输帧向着业务数据单元的方向发送数据。每个 CLCW 包含描述接收传输帧状态的确认信息,接收端通常对发送端的传输帧进行回复。

TC 空间数据链路协议的主要特点就是"虚拟信道"。虚拟信道允许一个物理信道共享多个高层数据流,每个高层数据流有不同的业务需求。一个单一的物理信道可能被划分为几个分离的逻辑数据信道,也即是"虚拟信道"。每个传输帧在物理信道的虚拟信道上进行传输。

### 3.5.1.3　可选的空间数据链路安全协议

TC 空间链路协议子层包含空间数据链路安全协议，SDLS 协议能够为传输帧提供可靠性和安全性保障。是否支持 SDLS 协议是可选项，也是 TC 空间链路协议的一个特点。

## 3.5.2　寻址

TC 空间数据链路协议的传输帧帧头中有 3 个标识符：传输帧版本号，航天器标识符和虚拟信道标识符。连接 TFVN 和 SCID 的是主信道标识符，连接 MCID 和 VCID 的是全局虚拟信道标识符(GVCID)。因此有如下关系：

$$MCID = TFVN + SCID$$
$$GVCID = MCID + VCID = TFVN + SCID + VCID$$

每个物理信道上的虚拟信道指定一个 GVCID。因此组成传输帧的一个虚拟信道有相同的 GVCID。物理信道上有相同 MCID 的所有传输帧组成了一个 MCID。一个主信道包括一个或多个虚拟信道。在大多数情况下，一个物理信道只传输单个 MCID 的传输帧，并且要求主信道与物理信道相同。然而，一个物理信道可能传输具有相同 MCID(相同 TFVN)的传输帧。在这种情况下，一个物理信道包含多个主信道。通常一个物理信道指定一个物理信道名，信道名要易于管理并且不包含传输帧。

在可选的分段头，有一个复用器接入点标识符。所有具有相同 GVCID 和 MAP ID 的传输帧组成了一个 MAP 信道。如果使用分段头，一个虚拟信道就包含一个或者多个 MAP 信道。连接 GVCID 和 MAP ID 的叫做全局 MAP ID(GMAP ID)。因此：

$$GMAP\ ID = GVCID + MAP\ ID$$
$$= MCID + VCID + MAP\ ID$$
$$= TFVN + SCID + VCID + MAP\ ID$$

这些信道之间的关系如图 3-11 所示。

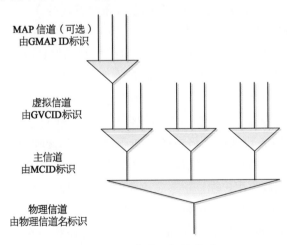

**图 3-11　信道之间的关系**

### 3.5.3  TC 服务的基本类型

TC 空间数据链路协议为用户提供数据传输服务。由协议实体向用户提供服务的位置称为服务接入点(SAP)。每个服务用户都有一个 SAP 地址标识。每个 SAP 可以提供两个端口,每个端口描述一种服务类型。提交给 SAP(或操作端口)的相同类型的服务数据单元按照提交的顺序进行处理。提交到不同 SAP(或端口)的服务数据单元是无法维持处理顺序的。

TC 数据链路协议定义的服务具有以下共同特征:

(1) 单向服务。连接的一端可以发送但不能通过空间链路接收数据;而另一端可以接收,但不能发送。

(2) 异步服务。不论是业务用户的业务数据单元还是业务提供商的传输帧,都没有预定义的定时传输规则。用户可以在任何时间请求传输数据,但服务提供商可能会对数据产生速率施加限制。数据传输的时间由供应商根据特定任务规则和当前传输流量确定。

(3) 序列保存服务。按照发送用户提供的服务数据单元序列,通过空间链路传输后,该序列可得到保持。然而,在进行快速服务时,接收用户接收到的业务数据单元序列可能与发送序列存在差异。

TC 空间数据链路协议提供序列控制和快速两种服务类型,这两种类型是由发送用户提供的服务数据单元交付给接收用户的可靠性确定的。这两种服务类型在任何服务接入点都可以提供,除了虚拟信道帧、主信道帧和 COP 管理服务。服务提供商可以在一个业务接入点提供两个单独的端口:一个用于序列控制服务;另一个用于快速服务类型。

对于虚拟信道帧和主信道帧服务,服务提供商对服务用户提供的数据单元,没有区分序列控制和快速服务类型。用户应该执行必要的程序为其服务数据单元提供序列控制和快速服务类型。

1) 序列控制服务

序列控制服务也称为 A 型服务,在发送和接收端,使用回退 $n$ 帧的自动重传请求(ARQ)序列控制机制,并且接收端返回一个标准报告给发送端。

对于 A 型服务,将在 SAP 的发送用户提供的服务数据单元插入传输帧中,并在虚拟信道上按照它们在 SAP 上出现的顺序进行传输。重传机制确保具有很高的传输成功率,即没有服务数据单元丢失;服务数据单元没有重复;没有服务数据单元不按顺序传送。

A 型服务对用户在单个复用接入点(MAP)或虚拟信道上提供的服务数据单元,以很高的概率保证完整的序列传输。由于在每个虚拟信道上独立执行重传,不能保证在独立的虚拟信道上传的 A 类服务数据单元将被按最初顺序传递到接收用户端。此外,因为 MAP 复用是在序列控制机制之前执行,不能保证在独立的虚拟信道上传输的 A 类服务数据单元将被按最初顺序传递到接收用户端。

需要说明的是,此协议可能在接收端无法区分通过 A 类服务和 B 类服务传输的服务数据单元。在这种情况下,如果 A 型服务和 B 型服务同时使用一个 MAP 信道,即便是通过 ARQ 机制,接收端可能也无法重建 A 类服务传输的服务数据单元。对于这种情况,在启动

B 类服务之前,发送端在相同的虚拟信道上终止正在进行的 A 型服务。

2) 快速服务(B 类服务)

快速服务也称为 B 类服务,通常用于特殊操作情况(通常在航天器恢复操作期间)或较高层协议提供重传功能的时候。

对于 B 类服务,由发送用户提供的服务数据单元只传输一次(即不重传)。所有 B 类服务数据单元都不保证交付给接收用户。

可将 TC 空间数据链路协议提供的服务分为 7 类,其中 2 个(MAP 数据包和 MAP 接入)由 MAP 信道提供;4 个(VC 数据包、虚拟信道接入、虚拟信道帧和 COP 管理)由虚拟信道提供;1 个(主信道帧)由主信道提供。服务名称和特性如表 3 - 5 所示。

表 3 - 5　TC 空间数据链路协议提供的服务

| 服　务 | 服务类型 | 服务数据单元 | SAP 地址 | SDLS 安全特点 |
|---|---|---|---|---|
| MAP 数据包(MAPP) | A 类和 B 类 | 数据包 | GMAP ID＋数据包版本号(PVN) | 全部 |
| 虚拟信道数据包(VCP) | A 类和 B 类 | 数据包 | GVCID＋PVN | 全部 |
| MAP 接入(MAPA) | A 类和 B 类 | MAP_SDU | GMAP ID | 全部 |
| 虚拟信道接入(VCA) | A 类和 B 类 | VCA_SDU | GVCID | 全部 |
| 虚拟信道帧(VCF) | N/A | 传输帧 | GVCID | 没有 |
| 主信道帧(MCF) | N/A | 传输帧 | MCID | 没有 |
| COP 管理 | N/A | N/A | GVCID | N/A |

### 3.5.4　TC 空间数据链路的功能

使用较低层的服务,TC 空间数据链路协议通过把发送用户提供的各种服务数据单元封装在协议数据单元序列进行传输。该协议数据单元也称为 TC 传输帧,是可变长度的,能够通过物理信道异步传输。协议实体执行以下协议功能:

(1) 生成和处理协议控制信息(即报头和尾标),执行数据识别、丢失检测和错误检测。

(2) 对服务数据单元进行分段和分组,以便各种尺寸的服务数据单元封装在协议数据单元中进行有效传输。

(3) 复用/多路分解,以便各种服务用户共享一个物理信道。

(4) 重传丢失的协议数据单元,拒绝失序重复的协议数据单元;在发送和接收端进行序列控制机制的控制,以保证完整和按顺序的数据传输(仅对于 A 型服务)。

(5) 流量控制(仅适用于 A 型服务)。

#### 3.5.4.1　协议实体内部组织

图 3 - 12 和图 3 - 13 分别显示了发送端和接收端的协议实体的内部组织。图 3 - 12 中

的数据流从上到下,图 3-13 中的数据流从下到上。图上半部分的 4 个功能被统称为分割子层,下部的其他 4 个功能被称为传输子层。

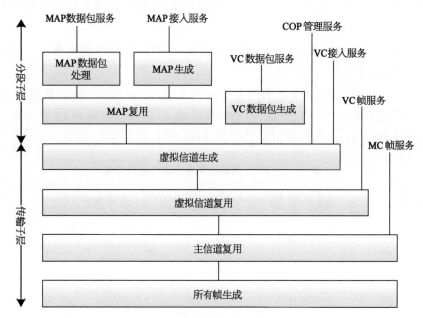

**图 3-12　协议实体内部组织结构(发送端)**

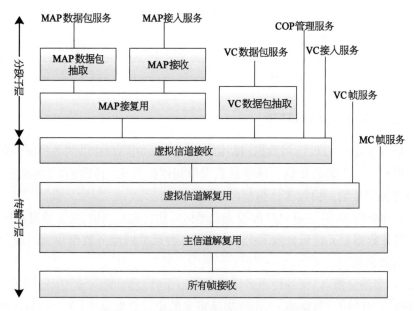

**图 3-13　协议实体内部组织结构(接收端)**

　　图 3-13 显示了协议实体执行的数据处理功能,目的是显示协议实体功能之间的逻辑关系。这些图并不意味着真实系统中的任何硬件或软件配置,可根据实际选用服务,不是全部功能都存在于协议实体中。

　　从图 3-12 和图 3-13 提取复用和解复用功能,各种数据单元之间的关系如图 3-14 所示,这被称为 TC 空间数据链路协议的信道树。在图 3-14 中,复用(用三角形表示)将不同标识符的多个数据流单元组成一个数据帧。

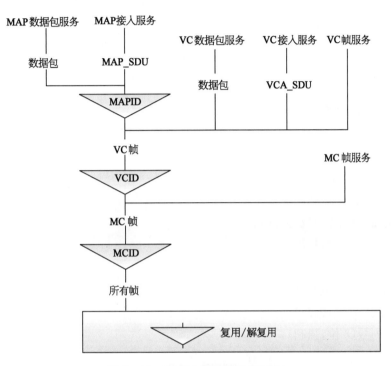

**图 3-14　TC 数据链路协议信道树**

### 3.5.4.2　通信操作程序

　　通信操作程序(COP)完全指定了由 TC 空间数据链路协议的发送端和接收端执行的闭环程序。COP 完全在该协议内,对于每个虚拟信道由一对同步程序组成:在发送实体中进行的帧操作程序(FOP)与在接收实体中进行的帧接受和报告机制(FARM)。发送 FOP 将传输帧传送到接收的 FARM。该 FARM 使用通信链路控制字向 FOP 返回传输帧接收状态报告,从而关闭环路。

## 3.5.5　TC 空间数据链路协议数据单元(TC 传输帧)

　　本节只介绍不支持 SDLS 协议的协议数据单元和 TC 空间数据链路协议的程序。

### 3.5.5.1　TC 传输帧

TC 传输帧如图 3-15 所示,包括以下按顺序排列的主要字段:

(1) 传输帧帧头(5 个 8 位字节,强制)。

(2) 传输帧数据字段(高达 1 019 或 1 017 个 8 位字节,强制)。

(3) 帧错误控制字段(2 个 8 位字节,可选)。

图 3-15　TC 传输帧结构

### 3.5.5.2　TC 传输帧帧头

传输帧帧头是强制性的,如图 3-16 所示,由 8 个字段组成,连续定位,按顺序排列如下:

(1) 传送帧版本号(2 位,强制性)。

(2) 旁路标识(1 位,强制性)。

(3) 控制命令标识(1 位,强制)。

(4) 保留备用(2 位,强制)。

(5) 航天器标识符(10 位,强制性)。

(6) 虚拟信道标识符(6 位,强制性)。

(7) 帧长度(10 位,强制)。

(8) 帧序列号(8 位,强制)。

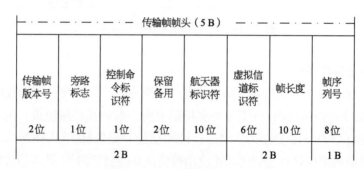

图 3-16　传输帧帧头的格

### 3.5.5.3　TC 传输帧数据字段

传输帧数据字段应无间隔地跟在传输帧帧头的后面。传输帧数据字段应包含整数个 8 位字节,其长度变化最多可达 1 019 个 8 位字节(如果存在帧错误控制,则为 1 017 个 8 位字节)。传输帧数据字段应包含整数个 8 位字节,对应于一个帧数据单元(用于 D 型传送帧)或整数个数据控制命令信息(用于 C 类传输帧)。

### 3.5.5.4　TC 传输帧错误控制字段

帧错误控制字段是可选的,目的是为数据传输和握手阶段引入传输帧的错误提供附加的检错能力,其是否存在应由管理层来决定。如果不选择帧错误控制功能,其字段在传输帧字段中占用连续的 2 个 8 位字节;否则,其字段将占据整个任务实施阶段同一个物理信道内的每一个传输帧。

## 3.6　TM 数据链路层协议

遥测(TM)协议是一个供空间任务使用的数据链路协议,适用于空间任务中地面-空间或者空间-空间的通信,图 3-17 给出了 TM 协议和 OSI 参考模型的对应关系。其协议描述和 TC 基本一致,本书不再赘述,只对其协议数据单元进行介绍。

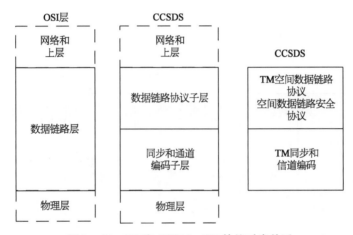

**图 3-17　OSI 和 CCSDS-TM 协议对应关系**

### 3.6.1　TC 传输帧

TM 的传输帧结构如图 3-18 所示,包含连续的主传输帧头、二级传输帧、数据字段和预传输帧几部分。

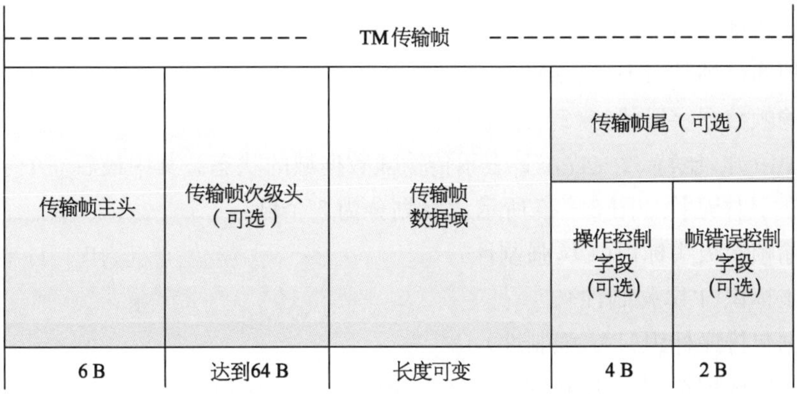

| 传输帧主头 | 传输帧次级头<br>(可选) | 传输帧<br>数据域 | 传输帧尾 (可选) | |
| | | | 操作控制<br>字段<br>(可选) | 帧错误控制<br>字段<br>(可选) |
| 6 B | 达到64 B | 长度可变 | 4 B | 2 B |

**图 3-18　TM 传输帧结构**

（1）主传输帧头（6 B，强制）。

（2）传输帧二级（最多 64 B，可选）。

（3）传输帧数据字段（整数字节，强制）。

（4）操作控制域（4 B，可选）。

（5）帧误差控制域（2 B，可选）。

在一个特定的任务阶段，TM 传输帧在一个物理信道的任何虚拟信道或主信道上长度是恒定不变的。

### 3.6.2  TM 传输帧帧头

1）传输帧主头

TM 传输帧的帧头是强制性的，由 6 个连续的字段组成，如图 3 - 19 所示。

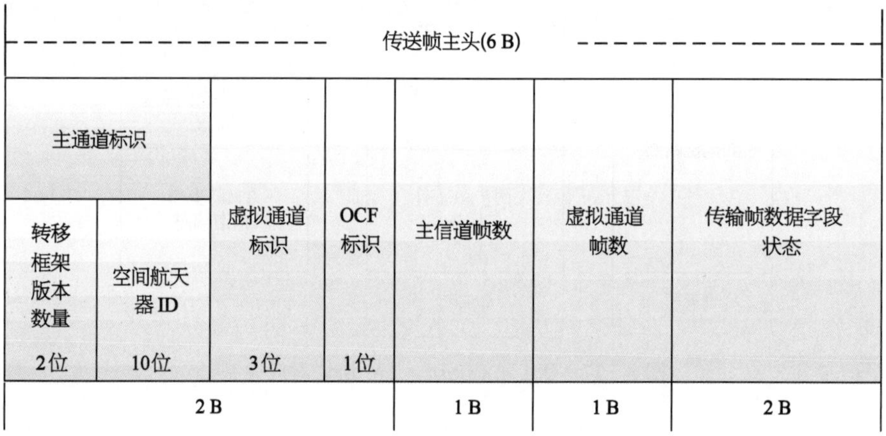

图 3 - 19  传输帧主头

（1）主通道标识符（12 b，强制）。

（2）虚拟通道标识符（3 b，强制）。

（3）操作控制字段标识（1 b，强制）。

（4）主通道帧数（1 B，强制）。

（5）虚拟通道帧数（1 B，强制）。

（6）传输帧数据字段状态（2 B，强制）。

由图 3 - 19 知，比特 32～47，2 B 表示传输帧数据域的状态。其中最后一个字段，传输帧数据域状态的具体结构如图 3 - 20 所示，2 B 划分为 5 个域：

（1）传输帧次级头标识（1 b，强制性）。

（2）同步标识（1 b，强制性）。

（3）数据包排序标识（1 b，强制性）。

（4）段长度标识符（2 b，强制性）。

（5）首头指针（11 b，强制性）。

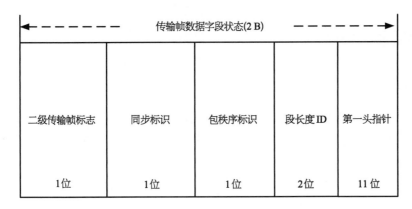

图 3‑20　传输帧数据域状态帧结构

2）传输帧次级头

传输帧次级头是固定长度的,与执行空间任务期间的主信道或虚拟信道相关,其帧结构如图 3‑21 所示。

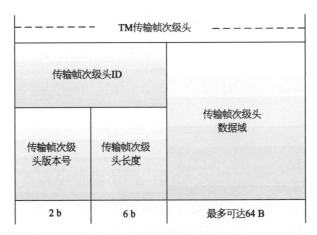

图 3‑21　传输帧次级头帧结构

## 3.6.3　TM 传输帧数据域

TM 传输帧数据域长度是整数个字节,其长度可变,且等于一个物理信道上使用的固定传输帧长度减去传输帧主头长度,再加上传输帧二级头或传输帧尾长度。传输帧数据包含数据包、一个虚拟信道接入服务数据单元(VCA_SDU)或空闲数据。

在相同的虚拟信道上,数据包和 VCA_SDU 不能混合到一起,而空闲数据在传输数据包的虚拟信道上传输。一个虚拟信道是否传输上述三者中的一个,由管理员来决定,且在整个任务期间是固定的。当传输帧数据域包括数据包时,数据包连续无间断,正序插入传输帧中。

## 3.7 AOS 数据链路协议

### 3.7.1 基本概念

高级在轨(AOS)空间数据链路协议适用于空地、地空和空空之间的通信链路。AOS 空间数据链路协议的设计用于满足空间任务中不同类型和特征空间应用数据的有效传输,包括空地、地空和空空通信链路。AOS 的数据链路协议和 OSI 协议关系如图 3‑22 所示,填充部分表示 AOS 的数据链路协议,C&C 子层的功能和 TM 的功能一致。

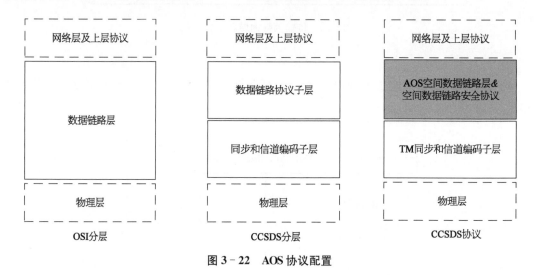

图 3‑22 AOS 协议配置

#### 3.7.1.1 协议特征

1) 传输帧和虚拟信道

为了实现简单、可靠和鲁棒性同步程序,AOS 使用固定长度数据单元在弱信号、噪声信道中传送数据。这个数据长度在一个特殊的任务管理阶段为一个特殊的物理信道而构建,称为 AOS 的传输帧。每个帧都包含可提供协议控制信息的一个头和固定长度的数据域,在数据域中承载了高层的服务数据单元。

AOS 一个关键特征是虚拟信道(VC)的概念。虚拟信道可使多个高层数据流共享一个物理信道,每个数据流均有不同的服务需求。一个物理信道被分为几个分离的逻辑数据单元信道,每个称为一个"VC"。每个在物理信道上传输的帧都属于此物理信道上的一个虚拟信道。

2) 可选的空间数据链路安全协议

数据链路协议包括了空间数据链路安全协议(SDLS)。SDLS 能提供认证和保密功能,是 AOS 的可选协议,也即每个虚拟信道上的安全类型都是可变的,一个有安全协议,而另一个就没有此安全协议。

### 3.7.1.2 编址

AOS 帧头有 3 个标识域：帧版本号、飞行器标识符和虚拟信道标识符。TFVN 和 SCID 统称为主信道标识符，MCID 和 VCID 称为全局虚拟信道标识符。

$$MCID=TFVN+SCID$$

$$GVCID=MCID+VCID=TFVN+SCID+VCID$$

物理信道上的每一个虚拟信道均由一个 GVCID 来标识，因此，每个虚拟信道由具有相同 GVCID 的传输帧组成，如图 3-23 所示。

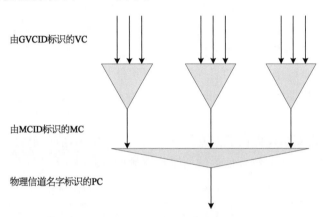

**图 3-23 信道之间的关系**

### 3.7.1.3 协议描述

AOS 空间数据链路协议以 3 种方式来描述：

（1）为用户提供的服务。

（2）协议数据单元。

（3）由协议来执行的程序。

## 3.7.2 服务

### 3.7.2.1 服务的一般特征

AOS 空间数据链路协议为用户提供数据传输服务，由一个协议实体提供给用户的服务称为服务接入点（SAP），每个服务用户均由一个 SAP 地址来标识。所有服务的通用特征如下：

（1）单向服务。一端只负责发，另一端只负责收。

（2）无确认服务。发送端不接收从接收端发来的确认信息。

（3）不完全服务。服务无法确保完整性，但某些服务会以交付给接收用户服务数据单元的顺序发送中断通知。

（4）顺序保留服务。发送机提供的顺序服务数据单元在空间链路的传输过程中保留，虽然有中断和复制等情况出现。

### 3.7.2.2 服务的类型

AOS 空间数据链路协议提供异步、同步和周期 3 种服务，具体采用哪种方式取决于用户提供的服务数据单元在空间链路中协议数据单元的传输方式。

（1）异步服务。服务数据单元的传输和传输帧的传输没有定时关系。用户可以在其需要的任何时候发起数据传输的请求。每个发送用户的服务数据单元置于一个队列中,要发送给接收用户的队列内容按照进入队列的方式先后发送。虽然传输错误会阻碍某些数据单元的交付,所有的数据单元只发送一次。异步服务的核心是所有发送用户的服务数据单元都被发送,且只发送一次。

（2）同步服务。同步模式中,服务数据单元的传输和虚拟信道传输帧、主信道传输帧或者一个物理信道的所有传输帧的释放是同步的。同步模式中,每个服务数据单元放置于仅可容纳一个服务数据单元的缓存中,每当有传输帧发送时,缓存中的内容将被发送到接收用户。同步服务的核心是时分复用,数据传输的定时是由传输机制驱动的,不单独由用户的服务请求驱动。因此,一个用户特殊的服务数据单元可能只发一次、许多次,或者一次都不发。

（3）周期服务。周期服务是同步服务的一种特殊形式,服务数据单元以恒定的速率发送。

AOS 空间数据链路协议提供了 7 类服务,如表 3-6 所示,前 5 个为虚拟信道服务,第 6 个为主信道服务,最后 1 个为物理信道的所有传输帧服务。

表 3-6　由 AOS 空间数据链路协议提供的服务

| 服　务　名　称 | 服务类型 | 服务数据单元 | SAP 地址 | SDLS 安全特征 |
| --- | --- | --- | --- | --- |
| 虚拟信道包(VCP) | 异步 | 数据包 | GVCID+包版本号 | 全部 |
| 比特流 | 异步或周期 | 比特流 | GVCID | 全部 |
| 虚拟信道接入(VCA) | 异步或周期 | 虚拟信道接入 | GVCID | 全部 |
| 虚拟信道操作控制域(VC_OCF) | 同步或周期 | 操作控制域 | GVCID | 无 |
| 虚拟信道帧(VCF) | 异步或周期 | 传输帧 | GVCID | 无 |
| 主信道帧(MCF) | 异步或周期 | 传输帧 | MCID | 无 |
| 插入服务 | 周期 | 插入 | 物理信道名称 | 无 |

1）虚拟信道包服务

VCP 服务传输一系列长度可变、经界定、以字节排列的服务数据单元。经此服务传输的数据包必须有一个由 CCSDS 授权的数据包版本号(PVN),它不确保完整性,在顺序服务数据单元中也不通知中断。

一个用户由 PVN 和 GVCID 来标识,不同用户(比如不同版本的数据包)能共享一个虚拟信道,且假如一个虚拟信道中有多个用户,该服务可把不同版本的数据包进行复用,形成一个数据包流,从而在本虚拟信道中发送。

2）比特流服务

本服务提供了比特字符串的传输,其内部边界和结构对服务提供者是未知的。它不确保完整性,但在顺序服务数据单元中会通知中断。对于一个给定的服务,仅仅由虚拟信道 GVCID 标识的一个用户能使用一个虚拟信道的虚拟信道接入服务。不同用户的服务数据单元不能复用到一个虚拟信道中。

3）虚拟信道接入服务(VCA)

本服务提供一系列固定长度私有格式化服务数据单元的传输。对于一个给定的服务,仅仅由虚拟信道 GVCID 标识的一个用户能使用一个虚拟信道的虚拟信道接入服务。不同用户的服务数据单元不能复用到一个虚拟信道中。

4）虚拟信道操作控制域服务(VC_OCF)

VC_OCF 提供固定长度数据单元的同步传输,在一个虚拟信道传输帧的操作控制域(OCF)包含 4 个字节。对于一个给定的服务,仅仅由虚拟信道 GVCID 标识的一个用户能使用一个虚拟信道的虚拟信道接入服务。不同用户的服务数据单元不能复用到一个虚拟信道中。

5）虚拟信道帧服务(VCF)

VCF 提供一个虚拟信道中一系列固定长度 AOS 传输帧的传输,它传输在空间链路中独立生成的 AOS 传输帧,也传输服务提供者本身生成的 AOS 传输帧。

6）主信道帧服务(MCF)

MCF 服务提供一个主信道中一系列固定长度 AOS 传输帧的传输。它传输在空间链路中独立生成的 AOS 传输帧,也传输服务提供者本身生成的 AOS 传输帧。

7）插入服务(Insert)

插入服务提供私有、长度固定、字节安排的服务数据单元的传输,它可以以较低的数据率提高空间链路传输的资源。对于一个给定的服务,仅仅由物理信道命名的用户能使用一个物理信道的插入服务。不同用户的服务数据单元不能复用到一个虚拟信道中。

### 3.7.3　功能

#### 3.7.3.1　一般功能

AOS 空间数据链路协议传输封装在一系列协议数据单元中的不同类型服务数据单元。AOS 协议数据单元,即 AOS 传输帧,是固定长度且必须以固定速率在一个物理信道传输。协议实体执行以下协议功能:

（1）产生和处理协议控制信息(比如头和尾)以此进行数据识别、丢失检测和错误检测。

（2）将服务数据单元分段和分块为可变长度服务数据单元,在固定长度协议数据单元中传输。

（3）按序复用/解复用,交换/反交换不同的服务用户来共享一个物理信道。

假如协议实体支持 SDLS 协议,它还要完成以下安全配置的功能:

（1）连接的建立和释放。

（2）流量控制。

（3）协议数据单元的重传。

（4）SDLS 协议的管理和配置。

### 3.7.3.2 协议实体的内部组织

协议实体内部流程如图 3-24 所示。AOS 空间数据链路协议的信道树结构如图 3-25 所示,复用的功能是将具有不同标识符的多个数据单元流汇聚为一个数据单元流。

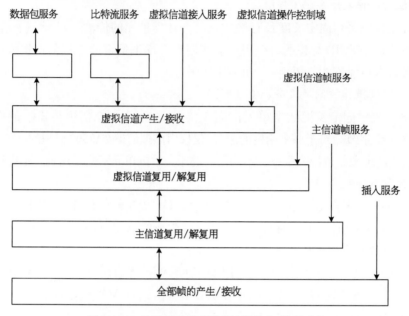

图 3-24 协议实体内部流程(发送方/接收方)

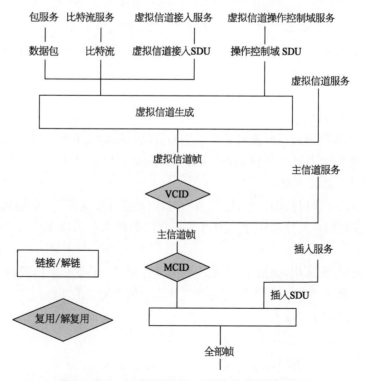

图 3-25 AOS 空间数据链路协议的信道树结构

### 3.7.4　底层服务

#### 3.7.4.1　同步和信道编码子层服务

AOS 使用 TM 的信道编码和同步子层,实现的功能如下:

(1) 错误控制编码/解码。

(2) 产生比特转换和移除的功能。

(3) 定界和同步功能。

TM 的信道编码和同步子层将连续的、固定长度、经定界的协议数据单元当作一个连续的比特流在下层物理层传输。

#### 3.7.4.2　性能需求

信道编码和同步子层有如下性能上的需求:

(1) 混淆 MCID 和 VCID 的概率比规定的值要小。

(2) 利用首个头指针和包长域,不能正确解析从传输帧来的数据包的概率必须小于规定的值。

### 3.7.5　无 SDLS 的协议数据单元

#### 3.7.5.1　协议数据单元

1) AOS 传输帧

AOS 传输帧包括连续放置的主要域:

(1) 传输帧主头(6 B 或 8 B,强制)。

(2) 传输帧插入域(整数个字节,可选)。

(3) 传输帧数据域(整数个字节,强制)。

(4) 操作控制域(4 B,可选)。

(5) 帧错误控制域(2 B,可选)。

对于在一个物理信道中任何虚拟信道或主信道的特殊任务阶段,AOS 的传输帧是固定长度的,帧的结构如图 3 - 26 所示。

| 传输帧主头<br>(6或8个字节) | 传输帧插入域<br>(长度可变) | 传输帧数据域<br>(长度可变) | 传输帧尾 | |
| --- | --- | --- | --- | --- |
| | | | 操作控制域 | 帧错误控制域 |

(说明:① AOS 空间数据链路协议的协议数据单元就是 AOS 的传输帧;② 操作控制域和帧错误控制域合起来叫做传输帧尾;③ 传输帧的开始由下面的信道编码子层通知;④ 传输帧长度的变化会导致接收机同步的丢失)

**图 3 - 26　AOS 传输帧结构**

2) 传输帧主头

传输帧主头是强制性质,包括 5 个连续的域,次序安排如图 3 - 27 所示。

| 主信道 ID(MCID) | | 虚拟信道 ID 号<br>(VCID)<br>6 b | 虚拟信道帧<br>计数<br>24 b | 通知域 | | | | 帧头错误控制<br>(可选项) |
|---|---|---|---|---|---|---|---|---|
| 传输帧<br>版本号<br>2 b | 空间飞行器<br>ID 号<br>(SCID)<br>8 b | | | 重传<br>标识<br>1 b | VC帧<br>计数<br>循环<br>使用<br>标识<br>1 b | 预留<br>备用<br>2 b | VC帧<br>计数<br>循环<br>4 b | |
| 2 B | | 3 B | | 1 B | | | | 2 B |
| 8 B | | | | | | | | |

图 3 - 27　传输帧主头安排次序

(1) TFN。从 0～1 为 2 b 传输帧版本号,AOS Version 2 传输帧版本号定义为"01"。

(2) SCID。从 2～9 为空间飞行器 ID 号,它由 CCSDS 来统一分配,提供飞行器的识别,它与包含在传输帧中的数据相关。SCID 在整个任务阶段是静态不变的。

(3) VCID。比特 10～15 用来标识每个虚拟信道(注:① 假如只有一个虚拟信道在使用,则这 6 个比特永久置零,仅传输空闲数据时的虚拟信道标识全置 1;② 除了上述规定外,虚拟信道的标识没有限制,不需要连续编号;③ 空闲数据虚拟信道传输帧的数据域中不包含任何合法用户数据,但假如有插入服务的话,传输帧中要包含插入域)。

(4) 虚拟信道帧计数。16～39 个比特,对在每个规定的虚拟信道上传输的传输帧进行顺序计数,计数方式为二进制的模 16 777 216($2^{24}$)除。除非无法避免,否则虚拟信道帧计数在达到 16 777 215 之前是不会发生重置的。该域的目的是为每个虚拟信道提供单独的计数,从而可以从传输帧数据域中提取系统数据包。假如由于无法避免的再初始化使得虚拟信道帧计数重置,在相关虚拟信道中一系列传输帧的完整性便不能保证。

(5) 通知域。40～47 共 8 个比特,用于对传输帧的接收机进行告警,提供重要的再确认机制以防止人工或自动的错误检测和隔离。

① 重传标识:在空间链路不可用时,识别是否需要对此期间内传输的帧进行存储,当链路恢复后并启动随后的再传机制。此标识对传输帧接收机进行告警是"实时"或"再传"状态。它的主要目的是当使用同样的虚拟信道时,区分实时或再传传输帧,"0"代表实时传输帧,"1"代表再传传输帧。② 虚拟信道帧计数循环使用标识:占用第 41 个比特,1 b 的域表明 VC 帧计数循环域是否在用。"0"表示 VC 帧计数循环不可用,应该被接收机端忽略掉;"1"表示 VC 帧计数循环可用,应该被接收端翻译解释。③ 42～43 的 2 个比特是 CCSDS 预留的,默认值设置为"00"。④ VC 帧计数循环:44～47 共 4 个比特。每次虚拟信道帧计数归零时,虚拟信道帧计数循环增加。

(6) 帧头错误控制。共 2 个字节,10 b 的 MCID,6 b 的 VCID 和 8 b 的通知域都由可选的错误检测和纠错编码来保护,其中的符号校验包含在这 16 个比特(2 B)域中。这个域的是否启用取决于数据质量和信道编码子层的任务需求。帧头错误控制能纠出 2 个符号错误,帧头错误控制是一个短的(10,6)Reed - Solomon 码。

3) 传输帧插入域

传输帧插入域无中断地紧随在传输帧主头的后面,是否设置该域取决于系统管理。假如物理信道支持传输周期性数据的插入服务,在同一物理信道上传送的每个传输帧都有该域的内容,包括空闲数据(OID)传输帧。

插入域的长度是一个常数,管理员设置了该域,则该域的有和无在整个任务阶段是静态不变的。一旦设置了插入域为有效,则管理员将减少传输帧数据域的长度,减小的数据域长度和增加的插入域长度是相等的。

4) 传输帧数据域

紧随传输帧主头或插入域的是传输帧数据域,它包含了整数个字节,长度可变,具体包括了一个复用协议数据单元(M_PDU)、一个比特流协议数据单元(B_PDU)、一个虚拟信道接入服务数据单元(VCA_SDU)或者空闲数据。上述的 M_PDU、B_PDU、VCA_SDU 和OID 不会在一个虚拟信道中混合出现,假如一个虚拟信道传输 M_PDU,则在该虚拟信道上的每个传输帧都应该包含一个 M_PDU。具体由管理员来确定到底传输哪类单元,而且一旦决定以后,在整个任务阶段都是不变的。

### 3.7.5.2　复用协议数据单元

M_PDU 紧随传输帧主头或传输帧插入域。因为要和固定长度传输帧数据域匹配,对于任意特殊的虚拟信道,M_PDU 的长度是固定的。M_PDU 内容包括两部分,如图 3-28所示。

| M_PDU头 | | M_PDU数据包域 | | | | |
|---|---|---|---|---|---|---|
| 预留<br>5 b | 首头指针<br>11 b | 前一个CCSDS<br>数据包<br>的结束<br>(#k) | 第$k+1$个<br>CCSDS<br>数据包 | …… | 第$m$个<br>CCSDS<br>数据包 | 第$m+1$个<br>CCSDS数据<br>包的开始 |

**图 3-28　M_PDU 格式**

(1) M_PDU 头,2 B,而 M_PDU 头又可分为两部分:① 保留(5 b);② 首头指针(First Header Pointer,11 b)。M_PDU 数据包域中第一个字节编号为 0,域中字节的位置是以升序排列的。首头指针表示在 M_PDU 数据包域起始的第一个数据包中第一个字节的位置。首头指针设置的目的是能方便对包含在 M_PDU 数据包域中可变长度数据包进行直接的界定。后续任意子数据包的位置通过计算这些数据包的长度即可定位。假如在第 $N$ 个传输帧的 M_PDU 数据包域中的最后一个数据包溢出到同一个虚拟信道的第 $M$ 个传输帧中($N<M$),则第 $M$ 个传输帧中首头指针忽视溢出的数据包,只表示在第 $M$ 个传输帧中下一个数据包的头。以上情况是针对出现一个很长的数据包,其长度超出了一个传输帧的长度而定义的。

(2) M_PDU 数据包域,整数个字节的数据包或空闲数据。数据包连续且以正序的方式插入到 M_PDU 数据包域中。由于第一个数据包可能是前一个 M_PDU 中数据包的溢出部分,且最后一个数据包可能要延续到同样虚拟信道的下一个 M_PDU 中,一个 M_PDU 中第一个和最后一个数据包不一定是完整的。

### 3.7.5.3　比特流协议数据单元(B_PDU)

B_PDU 无间隔地紧随传输帧主头或传输帧插入域。在任何规定的虚拟信道中,B_PDU 的长度是固定的。B_PDU 内容包括头和比特流数据域两部分,如图 3-29 所示。

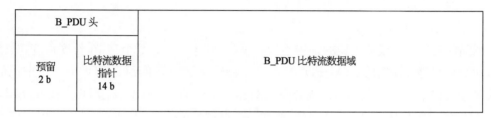

**图 3-29　B_PDU 格式**

1) 指针

假如在一个 B_PDU 被释放用来传输数据之前,接收到的比特流数据比特数量不足,则必须插入空闲数据。此时指针指向最后一个合理用户数据比特的位置。

B_PDU 数据域比特的位置以升序的方式排列,在此域中第一个比特分配的编号为 0。指针指向的是在 B_PDU 数据域中最后一个合理用户的数据比特。

如果在比特流数据域中没有空闲数据(比如 B_PDU 中仅仅包含合理用户数据),则指针值全置 1。

如果在比特流数据域中没有合理用户数据(比如 B_PDU 中仅仅包含空间数据),则指针值置为全 1。

2) 数据域

数据域包含了固定长度的用户比特流数据块或空闲数据。当承载 B_PDU 的一个虚拟信道的传输帧释放时,比特流数据不可用时,将产生一个仅仅包含了空闲数据的 B_PDU。

操作控制域无间隔地放置在传输帧数据域的后面,占用 4 个字节。

第 0 个比特包含类型标识符。如果该域支持包含了一个通信链路控制字(CLCW)的 Type-1-Report,则应设置为"0"。如果支持 Type-1-Report,则设置为"1"。

该域的设置是对少数几个实时功能提供标准化报告机制,包括重传控制或飞行器时钟校准等。目前重传控制的使用已经在 CCSDS 中定义了,指的是 Type-1 报告,但没有定义 Type-2 报告。

帧错误控制域占用 2 个字节,无间隔地跟随在操作控制域后面,它是可选的,其有无由管理员来设置。

在传输帧传输或数据处理过程中会引入错误,因此设置该域的目的是提供错误检测。使用 CRC 校验来实现错误检测,编码时接收 $n-16$ 个比特长的传输帧,并且在码字的最后添加一个长度为 16 b 的帧错误控制域,从而产生一个系统的二进制码字块,其中 $n$ 是传输帧的长度。

### 3.7.5.4　发送端协议处理

发送端协议处理如图 3－30 所示,包括包处理、比特流处理、虚拟信道产生、虚拟信道复用、主信道复用和全帧产生等功能。

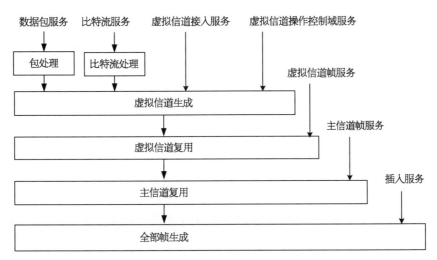

**图 3－30　发送端协议实体内部组织**

1) 数据包处理功能

本部分用来传输在传输帧固定长度 M_PDU 中的可变长度数据包。复用多个数据包直至最大的 M_PDU 长度而生成的是 M_PDUs。任意超出最大 M_PDU 长度的数据包都被分割,填充完一个完整的 M_PDU 后,即在同一个虚拟信道中开始一个新的 M_PDU。下一个 M_PDU 将继续连接数据包,直至溢出为止。

假如有多个不同版本的数据包要在一个虚拟信道上传输,这些数据包在构建为 M_PDU 前先复用成一个连续的数据包字符串。

当用户端没有足够多的数据包时,将产生一个或数个适当长度的空闲数据。最短的空闲数据包长度是 7 B(6 B 的头和 1 B 的空闲数据)。假如在一个 M_PDU 中填充的区域小于 7 B,空闲数据包将被分割,进入到下一个 M_PDU 中。

一般来讲,数据包处理功能如图 3－31 所示。

2) 比特流处理功能

本部分的功能是传送在传输帧固定长度 B_PDU 中的可变长度的比特流。比特流处理用来把用户的比特数据填充到 B_PDU 的数据区域中。每个比特都顺序不变地放置到数据域中。当比特流数据已经填满到一个特定的 B_PDU 时,后续的比特流将被放置到同样虚拟信道的新的 B_PDU 中。

由于传输帧释放算法的限制,在释放时间内,一个 B_PDU 不一定完全由比特流数据填充,比特流处理功能可以将本地的特殊空闲数据填充到剩余的 B_PDU 中。合法比特流数据结尾和空闲数据开始的边界由在 B_PDU 头中比特流数据指针来标识。

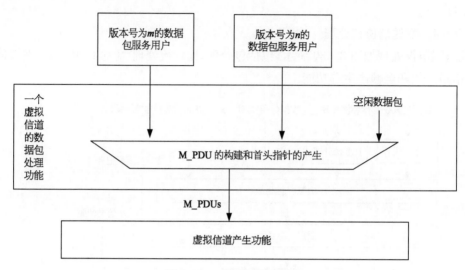

图 3-31　数据包处理功能

B_PDU 的长度必须和由 GVCID 标识的虚拟信道的传输帧长度一致,比特流处理基本流程如图 3-32 所示。

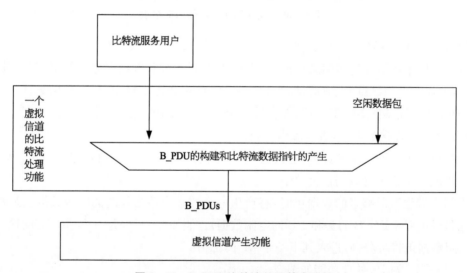

图 3-32　B_PDU 比特流处理基本流程

3）虚拟信道产生功能

虚拟信道产生的基本功能是构建基本的传输帧结构。它也用作构建传输帧主头以实现在每个虚拟信道中的数据传输。

虚拟信道复用将 M_PDU,B_PDU 或 VCA_SDU 汇聚而组装为传输帧数据域,并创建传输帧主头域。每个虚拟信道独立创建一个帧计数并置于主头中。假如一个虚拟信道的用户是 VC_OCF 服务,则用户的 OCF_SDU 置于操作控制域中。虚拟信道产生基本实现过程如图 3-33 所示。

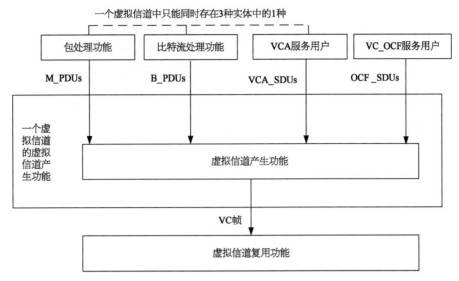

图 3-33 虚拟信道产生过程

4) 虚拟信道复用功能

虚拟信道复用将虚拟信道产生的多个传输帧复用为一个主信道,将复用后的传输帧置于一个队列中,实现过程如图 3-34 所示。CCSDS 对多个传输帧进行排序的算法并未作具体规定,但在具体应用中,应考虑优先级、释放率以及同步定时等参数进行排序。

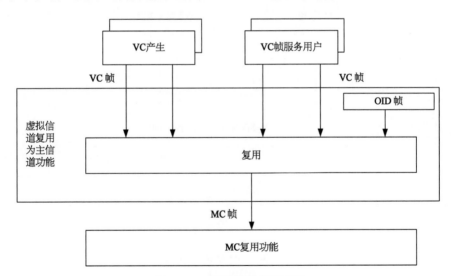

图 3-34 虚拟信道复用过程

假如在物理信道中只有一个主信道,虚拟信道复用将创建一个 OID 传输帧以保持传输数据流的关联性,以防在释放时间内没有合法传输帧可传输的情况出现。

5) 主信道复用功能

主信道复用的功能是将多个不同主信道的传输帧复用为一个物理信道,它的基本原理和虚拟信道复用功能一样,如图 3-35 所示。

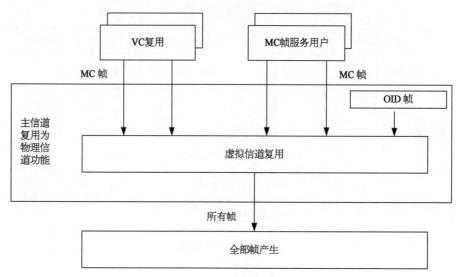

图 3‒35　主信道复用过程

6）全帧产生功能

全帧产生的功能是插入服务数据单元到一个物理信道的传输帧中，同时也用作实现错误控制编码（见图 3‒36）。

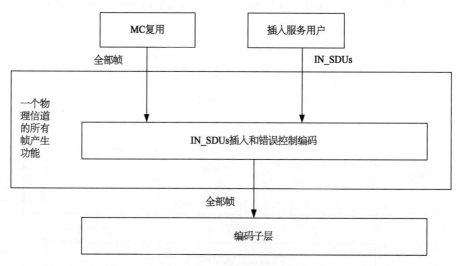

图 3‒36　全部帧生成过程

如果激活可选的插入服务，固定长度的插入域将会出现在每个传输帧中，从而在某一特定的物理信道上传输。IN_SUDs 以相同的时间间隔定时到达，这个时间间隔相应于传输帧释放到物理信道的时间。全帧产生的功能是将从插入服务用户接收到的 IN_SDUs 放置于传输帧的插入域。

假如帧头错误控制可用的话，就会产生校验比特，进而附加到传输帧主头中。而且一旦该值设置为可用，则某个物理信道上的所有传输帧都具有错误控制功能。同理，假如帧头错误控制可用的话,就会产生校验比特,进而附加到传输帧尾中。而且一旦该值设置为可用,则某个物理信道上的所有传输帧都具有错误控制功能。

### 3.7.5.5　接收端协议处理

接收端协议处理如图 3-37 所示,包括包解析、比特流解析、虚拟信道接收、虚拟信道解复用、主信道解复用和全帧接收等功能。

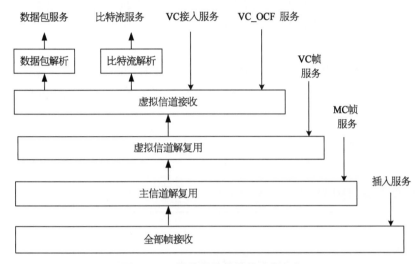

图 3-37　接收端协议实体内部组织

1) 数据包析取功能

数据包析取的功能是将可变长度数据包从固定长度 M_PDU 中析取出来。每个 M_PDU 的首头指针与包含在其中的数据包长度域协作,公共提供数据包析取时所需的界定信息,如图 3-38 所示。

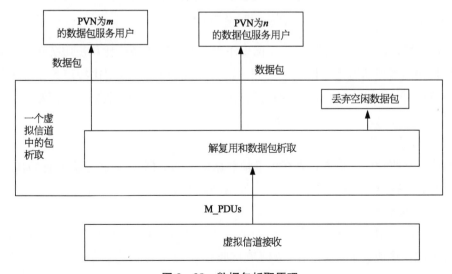

图 3-38　数据包析取原理

假如从 M_PDU 中获取的最后一个数据包是不完整的,包析取将重新从下一个 M_PDU 的开头获取剩余的数据包。下一个 M_PDU 的头指针决定了剩余数据包的长度,因此在这个 M_PDU 中下一个数据包的开始即可析取出来。

假如计算获得的第一个数据包的开始位置和首头指针指向的位置不一致,则数据包析取功能假设首头指针指向是正确的,从而给予此假设继续进行包析取。利用头中的数据包版本号,析取后的数据包交付给用户。需要说明的是不完整的数据包不交付,空闲数据包作丢弃处理,仅仅包含空闲数据的 M_PDU 也作丢弃处理。

2) 比特流析取功能

比特流析取的功能是将可变长度比特流从固定长度 B_PDU 中析取出来。析取到的比特流数据交付给有 GVCID 标识的比特流服务用户,在交付之前,利用比特流数据指针信息,任意从发送端插入进来的空闲数据都被丢弃,如图 3-39 所示。

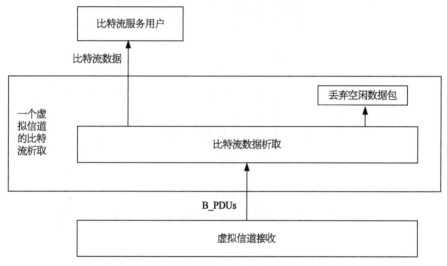

图 3-39　比特流析取

比特流析取功能将比特流数据丢失标识作为一个参数传送给比特流服务用户。这个标识是从接收到的虚拟信道接收模块中得到的。如果此功能启用,则比特流数据丢失标识向用户表明,数量无法确定的比特流数据已经丢失。需要说明的是,假如比特流数据丢失标识设置了以后,一个或数个其后的 B_PDUs 将被丢弃。

3) 虚拟信道接收功能

虚拟信道接收功能是析取包含在传输帧数据域中的数据,然后将它们交付给用户(包括数据包析取、比特流析取或 VCA 服务用户),实现过程如图 3-40 所示。

4) 虚拟信道解复用功能

虚拟信道解复用的功能是解复用一个主信道中不同虚拟信道的传输帧,它检查传输帧输入流的 VCID 并把它们路由到虚拟信道接收模块或虚拟信道帧服务用户,如图 3-41 所示。

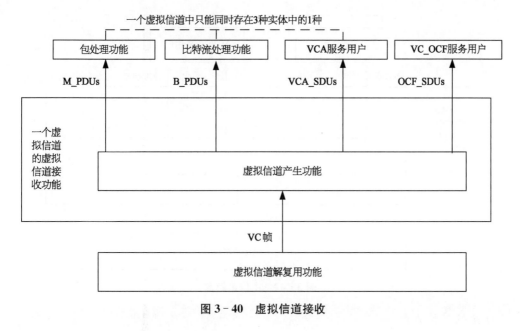

图 3‑40 虚拟信道接收

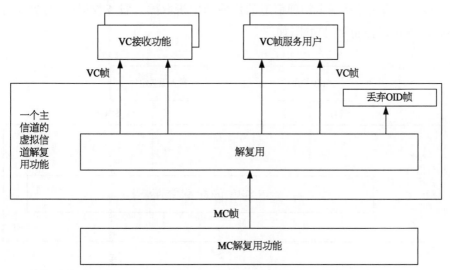

图 3‑41 虚拟信道解复用

假如检测到虚拟信道计数的中断,将交付一个丢失标识给用户。OID 传输帧将被丢弃,不合法 VCID 的传输帧也被丢弃。

5) 主信道解复用功能

主信道解复用的功能是将一个物理信道中不同主信道的传输帧解复用,它检查传输帧输入流的 MCID 并把它们路由到虚拟信道解复用模块或主信道帧服务用户,如图 3‑42 所示。

假如下层信道编码子层通知了帧丢失,一个丢失标识将发送给用户。

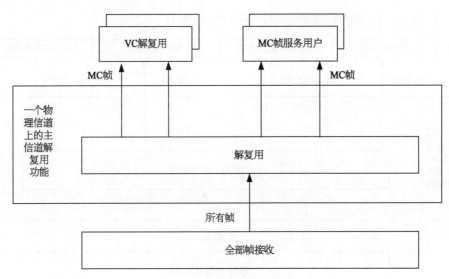

图 3‑42　主信道解复

6）全帧接收功能

全帧接收的功能是从一个物理信道的传输帧中析取插入服务数据单元,也同时实现了 CCSDS 规定的错误控制解码功能,如图 3‑43 所示。

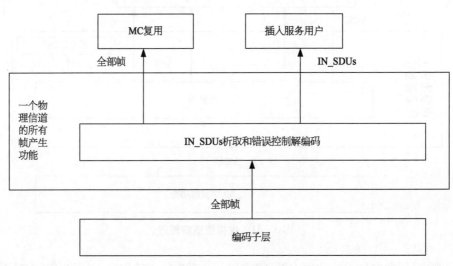

图 3‑43　全帧接收功能

如果帧错误控制域设置为有效,全帧接收使用帧头错误控制域的内容来纠正传输帧主头中的关键内容,重新计算传输帧的 CRC 值并和帧错误控制域的内容进行比较,从而决定传输帧是否包含了一个检测到的错误。

假如插入服务激活的话,全帧接收的功能是不考虑 GVCID,从传输帧输入流的插入域中析取 IN_SDUs,并且把它们交付给插入服务用户。

### 3.7.6　无 SDLS 的管理参数

为了在空间链路上保留带宽，一些与 AOS 空间数据链路协议相关的参数必须由管理者而不是在线通信协议来处理。管理参数一般是静态长期有效的，如有变化则是与某个特定任务相关的协议实体的重新配置相关。通过使用管理系统，可将必需的信息传送给协议实体。

1) 物理信道的管理参数

物理信道的管理参数如表 3-7 所示。

表 3-7　物理信道管理参数

| 管 理 参 数 | 类 型 |
| --- | --- |
| 物理信道名称 | 字符串 |
| 传输帧长度 | 整数(字节) |
| 传输帧版本号 | 2 |
| 合法飞行器 IDs | 一组整数 |
| MC 复用机制 | 任务规定 |
| 帧头错误控制 | 有/无 |
| 插入域 | 有/无 |
| 插入域长度 | 整数 |
| 帧错误控制 | 有/无 |

2) 主信道的管理参数

主信道的管理参数如表 3-8 所示。

表 3-8　主信道的管理参数

| 管 理 参 数 | 类 型 |
| --- | --- |
| 飞行器 ID | 字符串 |
| 合法 VCIDs | 从 0~62 选择一个整数,63 预留 |
| VC 复用机制 | 任务规定 |

备注:
1. 一个物理信道上所有传输帧的版本号是相同的。
2. 对于一个 VCID 为 63(全为 1 的二进制)是合法的,由于该值是为 OID 传输帧预留的,合法的 VCIDs 数通常包括 63 和 0~62 的一个可选数

3) 虚拟信道管理参数

虚拟信道管理参数如表 3-9 所示。

表 3-9　虚拟信道管理参数

| 管　理　参　数 | 类　　型 |
| --- | --- |
| 飞行器 ID | 整数 |
| VCIDs | 从 0~62,63 预留 |
| 数据域内容 | M_PDU,B_PDU,VCA_SDU,Idle Data |
| VC_OCF 存在 | 有/无 |

备注:
1. 一个物理信道上所有传输帧的版本号是相同的。
2. VCID 值为 63(二进制数全置 1)是为 OID 传输帧预留的

4) 数据包传输的管理参数

数据包传输的管理参数如表 3-10 所示。

表 3-10　数据包传输的管理参数

| 管　理　参　数 | 类　　型 |
| --- | --- |
| 合法的数据包版本号 | 一组整数 |
| 最大包长 | 整数 |
| 在接收端是否需要将不完全的数据包交付给用户 | 需要/不需要 |

### 3.7.7　支持 SDLS 的协议规范

为了支持 SDLS 安全特征,一个安全头和安全尾加入 AOS 传输帧中。SDLS 的使用可以在不同虚拟信道中变化,因此用一个管理参数来表明安全头的设置。一个头和一个尾分别置于传输帧数据域的两头,占用了传输帧数据域的空间,因此实际的数据域长度会减小,如图 3-44 所示。

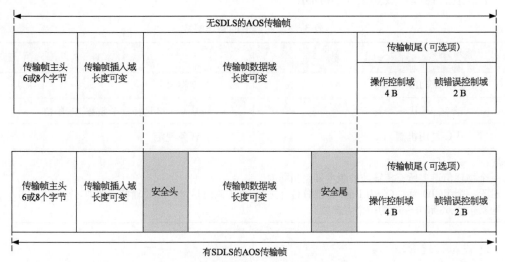

图 3-44　支持 SDLS 的 AOS 传输帧结构

## 3.8　Proximity‑1 数据链路层协议

### 3.8.1　Proximity‑1 协议概述

Proximity 空间链路用于短距离、双工、固定或移动无线电链路,通常适用于探测器、登陆器、巡游器(月球车、火星车等)、星座以及轨道中继系统中。这些链路具有短延时、中等信号强度和小规模的、独立的任务段。CCSDS 在 Proximity‑1 的协议中定义了以下术语:

(1) 异步信道。在信息周期内,符号数据被调制到一个数据信道,为了实现符号同步,捕获序列必须超前于数据信息。但握手信道是异步的。

(2) 异步数据链路。数据链路包含一系列长度可变的 PLTU,包括两类:① 异步信道上的异步数据链路,握手过程是一个异步信道上的异步数据链路。② 同步信道上的异步数据链路:数据服务是一个同步信道上的异步数据链路。一旦通过握手建立一条链路,通信就转换到同步信道并保持此配置下的链路状态,直到链路终止或中断。假如物理层没有接收到数据链路层的数据,则提供空闲帧来保持信道同步。

(3) 呼叫器和应答器。呼叫器为链路建立的发起者或会话的管理者;应答器从呼叫器接收链路建立参数。

(4) 前向链路。从呼叫器到应答器的空间链路,典型代表为遥控链路。

(5) 握手。用来建立从呼叫器到应答器的全双工或半双工链路的一个持续活动。

(6) 握手信道。前向和反向频率对,也即呼叫器和应答器间建立物理通信。

(7) 物理信道。用来传输信息比特流的 RF 信道。

(8) 近距离链路传输单元(PLTU):此数据单元包括附加同步标识、传输帧、附加 CRC 校验。

(9) Proximity link。短距离、双工、固定或移动无线电链路。

(10) 返回链路。从应答器到呼叫器的链路,典型代表为遥测链路。

(11) 会话。两个通信的 proximity 链路收发机之间的对话,包括任务建立、数据服务和任务终止 3 个阶段。

(12) 空间链路。收发单元间的通信链路。

(13) 同步信道。一个数据信道,其中符号数据以固定速率调制到一个信道。

(14) 工作信道。在数据服务和任务终止阶段,用来发送用户数据/信息帧(U‑frames)和协议/监测帧(P‑frames)的前向和反向频率对。

### 3.8.2　Proximity‑1 协议定义的术语

Proximity‑1 定义了数据链路层标准约定和如下名词:

(1) 异步数据链路。一个数据链路包含一系列可变长度非连续的 PLUT。

(2) 呼叫器和应答机。Proximity 空间链路任务的发起者和接收者。

（3）COP-P。Proximity 链路通信操作程序。COP-P 包括收发单元的 FRARM-P 和 FOP-P。

（4）FARM-P。Proximity 链路的帧接受和报告机制。

（5）FOP-P。Proximity 链路的帧操作程序，对输出帧进行排序，有序控制发送机载波输出。

（6）Forward link 前向链路。Proximity 空间链路的一部分，其过程为呼叫器发送，应答机接收。

（7）握手。用来建立从呼叫器到应答器的全双工或半双工链路的一个持续活动。

（8）握手信道。前向和反向频率对，也即呼叫器和应答器间建立物理通信。

（9）Mission phase。任务阶段：任务持续周期，在此期间内，规定通信特征参数。在两个连续任务阶段的转换之间会有一个通信服务的中断。

（10）物理信道 ID(PCID)。承载于传输帧和链路控制字中。PCID 设计的初衷是为了有两个并发收发单元的接收（比如主信道和备份信道），它可用来选择哪个接收机来处理接收到的帧。它也能界定接收端两个冗余接收机的任意一个。

（11）Physical Channel。实现符号流传输的 RF 信道。

（12）链路控制字(PLCW)。通过从应答机到呼叫器的反向链路，报告序列控制服务状态的协议数据单元。

（13）端口号(Port ID)。识别用户服务数据单元目的地的逻辑或物理端口。

（14）伪随机包 ID(Pseudo ID)。在分割过程中，协议分配给包的临时 ID 号。

（15）再连接。在正在进行的数据服务阶段，呼叫器向应答机再次发起握手的过程。

（16）Routing ID。在分割和汇聚过程中，用户包的唯一标识符。它是由 I/O 子层使用的一个内部标识符，包含 PCID，Port ID，Pseudo ID。

（17）会话。两个或多个通信链路收发机间的对话，包括 3 个不同的操作过程、会话建立、数据服务和任务接收。

（18）监控协议数据单元(SPDU)。本地收发机用来向远端收发机控制或报告状态，包括一个或多个指令、报告或 PLCW。

（19）U-Frame。Version-3 传输帧。

（20）飞行器控制器。

### 3.8.3　Proximity-1 协议栈

Proximity-1 是一个用作空间任务的双向空间链路协议，它包含物理层、编码同步子层、数据链路层、MAC 层、数据服务子层和输入/输出子层，如图 3-45 所示。

发送端，数据链路层负责向物理层提供待发的数据。接收端，数据链路层接收从物理层的接收机接收一系列编码后的符号数据流，并且对包含的数据进行进一步处理。MAC 子层控制点到点通信链路的建立、保持和终止。它通过控制变量控制数据链路层和物理层的运行状态。它从本地飞行控制器和控制它运行的链路来接收 Proximity-1 的指令。MAC 同

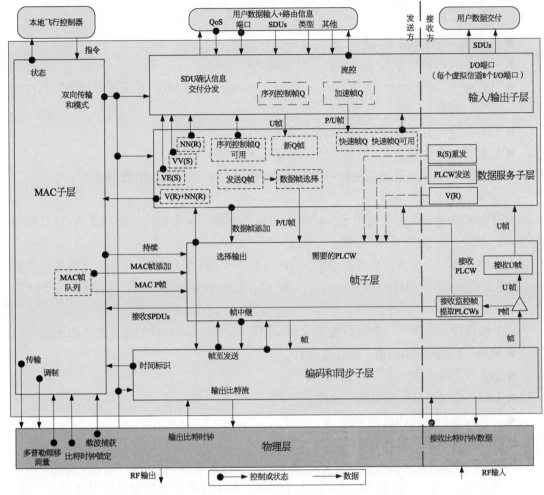

图 3 - 45　Proximity - 1 协议栈

时负责存储和分发管理信息数据(MIB)。

帧子层,负责帧头域的处理。发送端帧子层决定帧的发送顺序,向编码同步子层交付帧。接收端,帧子层接收并验证从编码同步来的帧并把这些帧向数据服务子层或者 MAC 子层交付。

### 3.8.4　各层功能

#### 3.8.4.1　帧子层

1) 帧子层的功能

(1) 发送端的功能。

■ 接受由数据服务子层和 MAC 子层提供的帧,根据需要对帧的域值进行修改。

■ 对 PLCW 和状态报告进行格式化处理,把处理后的内容打包到一个 P 帧中。

■ 决定帧发送的顺序。

■ 将帧向 C&C 子层发送。

（2）接收端的功能。

■ 接收从 C&C 子层来的帧。

■ 对接收到的帧是否为 Version‐3 传输帧进行验证。

■ 依据帧中 Spacecraft ID 和 Source‐or‐Destination ID 域值，验证接收到的帧由本地收发机接收。

■ 假如是一个合理的 U 帧，将它路由发送到数据服务子层。

■ 假如是一个合理 P 帧，将 SPDU 的内容发送给 MAC 子层。

■ 假如是一个合理 P 帧且包含一个 PLCW，将 PLCW 路由发送给数据服务子层。

2）发送端帧输出的选择

帧子层实现对帧头格式化和 SPDU 数据传输的控制。在交付给物理层之前，这些帧组装为一个 PLUT 后发给 C&C 子层。

（1）帧复用处理控制。当发送参数为真时，就产生帧，当 PLUT 内容已经准备好传输时，数据发送给 C&C 层进行处理。当 PLCW 或状态报告参数为真时，产生状态或 PLCW 数据插入到 P 帧中准备交付。

（2）帧选择。每次当一个帧要被交付到 C&C 子层时，一系列帧的选择基于以下原则：

■ MAC 子层队列中的第一个优先选择。

■ PLCW 或状态报告第二个选择。

■ I/O 子层加速帧队列是第三选择。

■ 序列控制帧是第四选择。

### 3.8.4.2　媒体接入控制子层(MAC)

MAC 子层负责每一次对话的建立和终止。它也负责数据服务阶段所有在物理层的操作。一般来讲，收发双方需要 MAC 层的握手程序。握手过程通过物理层控制信号来实现，例如 Carrier_Acquired 和 Symbol_Inlock_Status。由于空间信道的非稳定性，收发双方间的控制信号会出现丢失现象，MAC 的控制需要一个"持续"程序来保证在任何其他任务开始之前，一个任务的期望值是可信的。这个过程称为"Persistence Activity"。

1）MAC 控制机制

由于空间信道会导致潜在的帧丢失，MAC 的控制需要一个持续程序来确保能正确地接收到管理协议指令。为了完成一个任务，可以将一系列"持续活动"进行链接，但它一次只能应用到一个活动中。

2）指令解码

指令解码对从本地或远程控制器接收到的管理协议指令进行解码。指令解码处理接收到的指令，设置物理层和数据链路层参数。

### 3.8.4.3　数据服务子层

1）数据服务子层功能

数据服务子层控制一次会话中待传用户数据的发送顺序。主要是通过 COP‐P 来实现。而 COP-P 又主要包括 FOP-P 和 FARM-P 两部分。

（1）发送端。运行 FOP-P；处理接收到的 PLCW；向 I/O 子层确认所有 SDU 均已交付；向 I/O 层提供帧确认信息。

（2）接收端。运行 FARM-P；从帧子层接收 U 帧。

2）COP-P

COP-P 用于一个发送节点、一个接收节点和两者之间的一条链路。发送机向接收机发送帧，接收机接收所有验证过的加速帧和经验证的在队列里的序列控制帧。接收机以 PLCW 的形式向发送机发送反馈信息。发送机使用此反馈信息对序列控制帧进行再传。加速帧则不需要再传。

FOP-P 驱动着加速和序列控制服务，负责对用户的数据进行排序和复用，并和接收端的 FARM-P 保持同步，必要时启动再传机制。假如在某一个时间周期内没有收到一个合理的 PLCW，发送机的 FOP-P 通知本地控制器，发送机和接收机的 FARM-P 未同步。FOP-P 决定本地控制器如何实现再同步，或者强制执行再同步。

FARM-P 是由数据驱动的，它仅仅对从 FOP-P 接收到信息进行动作，通过 PLCW 提供一个相应的反馈。FARM-P 使用编码同步子层的服务来验证接收到的帧是无误的。FARM-P 依靠帧子层来验证接收到的帧是 Version-3 的传输帧，从而在该层进行后续的处理。

### 3.8.4.4　输入/输出子层

输入/输出子层为收发器、星载数据系统和任务提供接口，其功能如下：

1）发送端

（1）接收用户规定的数据，内容包括 QoS、输出端口 ID、PDU 类型、组成标准 Version-3 帧、远程飞行器 ID、PCID、源-目的标识符。

（2）利用最大包长和最大帧长两个参数对数据进行组织，形成帧数据单元和传输帧头。这个过程决定了接收到的数据包如何聚合为帧，它包括由于包超出了最长包长而分割的数据包。

（3）当加速 SDU 发射时向用户发送通知。

（4）当序列 SDU 通过通信信道成功传输时，向用户发送通知。

2）接收端

（1）接收底层来的 U 帧。

（2）将接收到的分割数据组装为数据包并证明每个数据包的完整性。

（3）仅仅将完整的数据包交付给用户。

（4）通过 U 帧头中的输出端口 ID 向用户交付数据包。

3）向下层的接口

为了接收 U 帧，I/O 子层提供了两个队列：加速队列和序列控制队列，可支持通信信道所规定的最大传输速率。通过序列控制队列传送序列控制服务所需的 SDU。通过加速队列传送加速服务所需的 SDU。

### 3.8.4.5 其他参数

（1）物理层频率为 UHF 频段，从 390～450 MHz 的 60 MHz 宽。前向频段：435～450 MHz，反向频段：390～405 MHz。

（2）握手信道。握手是一个双工过程，由任意一个发起握手的用户终端发起，它速率低带宽窄，以实现占用有效带宽的最小化；握手是一个使用半双工或者全双工的异步信道或异步数据链路。使得收发信件建立初始通信的一个频段，前向握手信道为 435.6 MHz，反向握手信道为 403.4 MHz。如果系统只支持一个通信信道，则握手信道和通信信道是一致的；如果系统不止一个工作信道，则握手信道和通信信道要加以区分。

## 3.8.5 服务

Proximity‑1 协议提供数据传输和定时服务。数据传输服务有两种：一是接受和分发数据包；二是接受和分发用户自定义的数据。定时服务通过所选 PLUT 的增加和减少来实现时间计数。

### 3.8.5.1 服务类型

1）CCSDS 的包分发服务

包分发服务为包在 Proximity 空间链路传输提供服务。每个包都有 CCSDS 授权的版本号。如果数据包长度比最大的帧数据域还要大，在它被插入到多个传输帧之前要进行分割处理，也即数据包的重新组装。当数据包长度比链路规定的最大帧数据域小时，则多个数据包可封装到一个帧中。在包分发服务中，分发的操作利用端口 ID 来识别规定的物理或逻辑端口，通过这些端口，数据包可实现路由传输。

2）用户定义的数据分发服务

它为单个用户的字节集合传输提供服务。SDU 是以字节排列的数据单元，对于服务来说，其具体格式是未知的。该服务不使用任何 SDU 中的信息。

根据 SDU 的长度，SDU 置于一个或多个帧中。假如 SDU 在多个帧中传输，当接收到数帧时，该服务从每个帧中分发字节。与包分发服务不同的是，该服务不对 SDU 进行重组装。同理，在用户定义的数据分发服务，分发的操作利用端口 ID 来识别规定的物理或逻辑端口，通过这些端口，数据包可实现路由传输。

### 3.8.5.2 服务质量

Proximity‑1 的数据服务协议具有两类服务质量：队列控制和队列加速。它决定了发送用户的 SDU 以什么样的可靠度向接收机发送。控制过程称为 COP‑P，由一个 FOP‑P 和一个 FARM‑P 组成，前者用于发送端的服务，后者用于接收端的服务。

在数据传输服务中的每次数据传输都有与其相关的服务质量要求。在异步帧中，比最大帧长度还要大的封包数据单元只能通过分割来实现传输，用控制服务或者加速服务均可。

1）队列控制服务

控制服务确保数据在空间链路中可靠传输和有序分发。在单个通信会话过程中无需 COP‑P 的再同步，而不出现断开、错误或复制的情况。这种服务是基于后退 $N$ 步的 ARQ

机制,它在收发两端均使用队列控制机制和标准的报告机制(从发送端向接收端返回)。

使用队列控制服务的发送用户 SDU 根据需要嵌入传输帧中,并以它们插入的顺序通过物理信道进行顺序传输。SDU 通过规定的端口发送到接收用户,再传机制确保高可靠的传输,也即无 SDUs 丢失、复制或益处队列。

2)加速服务

加速服务与上层协议一起使用,提供重传或在异常情况下使用,比如飞行器恢复过程。

发送端的加速 SDU 不使用 ARQ 重传。加速 SDU 在规定的物理信道中传输,它与等待发送的控制服务 SDU 在相同物理信道独立传输。

### 3.8.6　协议数据单元

Proximity‑1 数据链路层协议数据单元如图 3‑46 所示,包括附加同步标识(ASM)、码字块和 CRC 校验 3 大部分。

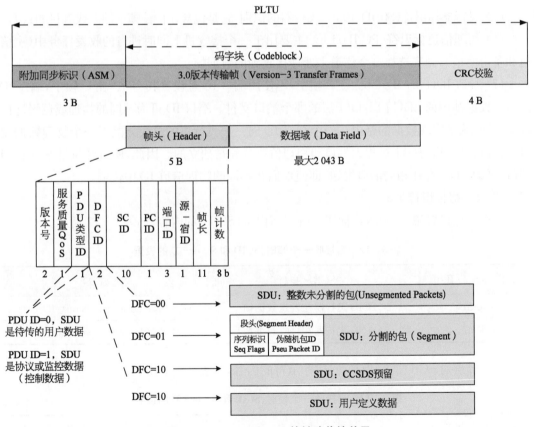

图 3‑46　Proximity‑1 的链路传输单元

#### 3.8.6.1　帧头

Proximity‑1 协议数据单元的帧头包括连续的 10 部分:

(1)传输帧的版本号 2 b。

（2）服务质量（QoS）标识符 1 b。"0"代表控制服务，"1"代表加速服务。

（3）PDU 类型 ID 号 1 b。规定了传输帧数据传送协议控制数据或用户数据信息。"0"代表用户数据，此帧称为 U 帧，"1"代表 SPDU，次帧称为 P 帧。

（4）数据域结构标识符（DFC ID）2 b。如表 3-11 所示。在 P 帧情况下，不使用 DFC ID，其值为"00"。在 U 帧情况下，DFC ID 说明了传输数据帧的内容。

表 3-11　数据域结构标识符

| DFC ID | 帧　内　容 |
|--------|-----------|
| "00" | 包（为分割的整数数量包） |
| "01" | 分割的数据（一个完整的或分割过的包） |
| "10" | 预留 |
| "11" | 用户自定义 |

（5）飞行器标识符（SC ID）10 b。飞行器的识别，它是包含在传输帧中的源或者目的数据。

（6）物理信道标识符（PC ID）1 b。主要用于一个接收机上同时进行的收发任务中（主信道和备份信道），到底选择哪个信道来处理接收到的数据帧。

（7）端口 ID（Port ID）3 b。在 P 帧中，不使用端口 ID 且设置其为 0。在 U 帧中，端口 ID 说明了数据帧中的 SDU 向 I/O 子层的那个端口交付。端口 ID 可为不同的物理或逻辑连接端口编址，从事实现数据的路由。一个端口 ID 向一个飞行器的总线分配了一个物理数据端口，或者它可以指定一个过程。端口和物理信道分配是独立的。因此，所有经编址去往相同端口 ID 的 SDU 都往相同端口发送，即使他们在不同的物理信道 ID 中传输。

（8）源-宿标识符 1 b。

发送节点设置源-宿标示符标注飞行器标识符（SCID）的内容，如表 3-12 所示。

表 3-12　当接收一个帧时，SCID 和 S-or-D 的设置

| S-or-D ID 值 | SCID 内容 | 发送 SCID |
|------------|-----------|-----------|
| 0（=source） | SCID 飞行器在发送数据帧 | MIB 参数 Local_Spacecraft_ID |
| 1（=destination） | SCID 飞行器在接收数据帧 | MIB 参数 Remote_Spacecraft_ID |

接收节点对 SCID 的行为和源-宿标示符的内容，如表 3-13 所示。

表 3-13　当接收一个帧时，SCID 和 S-or-D 的设置

| S-or-D ID 值 | Test-True 值 | 用作验证的 SCID |
|------------|-------------|---------------|
| 0（=source） | True | MIB 参数 Local_Spacecraft_ID |
| 0（=source） | 假 | 不执行测试 |
| 1（=destination） | 真或假 | MIB 参数 Remote_Spacecraft_ID |

（9）帧长 11 b。从传输帧头第一个字节开始计数直到传输帧数据域的最后一个字节。最大为 2 048 B,最小为 5 B。

（10）帧序列计数(FSN)8 b。当一组帧分配了具有队列控制服务的 PCID 时,FSN 是单调增加的。

### 3.8.6.2　数据域

数据域无间隔地置于帧头之后,最大 2 043 B,包括对应于一个或几个 SDU 的整数字节数据(U 帧),或者整数字节的协议信息(P 帧)。

1）U 帧数据包

当 U 帧的 DFC ID 是"00"时,数据域包含整数个数据包,每个数据包都分配相同的 Port ID 和 PCID。数据域的第一个比特是一个数据包头的第一个比特。

2）U 帧的分段数据单元

当 U 帧的 DFC ID 是"01"时,数据域包含分段的数据单元,这些数据单元由 8 b 的段头和紧随其后的分段数据包组成。如图 3 - 47 所示。

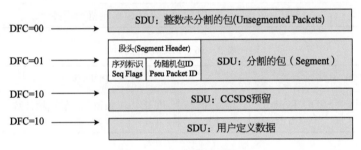

**图 3 - 47　U 帧 DFC 标识**

序列标识由段头的比特"0"和"1"组成,它表明了分段相对于数据包的位置,如表 3 - 14 所示。

**表 3 - 14　序 列 标 识**

| 序 列 标 识 | 作　用 |
| --- | --- |
| 01 | 第一个段 |
| 00 | 连续段 |
| 10 | 最后一个段 |
| 11 | 无分割 |

其余的 6 个比特是伪随机包标识符,把一个包数据单元的所有分段关联起来。

各个分段以如下的顺序来放置于数据链路中:① 相同数据包的分段填充到具有相同物理信道 ID 和端口 ID 的帧中;② 不同数据包的分段填充到不同 PCID 和 Port ID 的帧中。

总之,在把数据交付给用户之前,数据链路层对相同 Routing ID 的分段进行重新组装,例如,把具有相同 PCID、Port ID 和伪随机 ID 的分段组装到一个包中。当出现以下情况时,数据包将被丢弃:① 包的长度和接收到的比特数不一致的;② 一个 Routing ID 的第一个分段不是数据单元的第一个分段;③ 一个新包开始分段接收之前,一个 Routing ID 的最后一个分段仍然没有接收到。

### 3.8.6.3 监控 SPDU

目前 CCSDS 定义的只有固定长度的 SPDU,例如 PLCW。可变长度的 SPDU 提供链接和复用功能,包括指令和状态信息的报告。固定长度模式中,SPDU Header 为 2 b,SPDU 数据域为 14 b。可变长度中,SPDU Header 为 1 个字节,数据域从 0~15,共计 16 b(2 B)。

1) 固定长度 SPDU

固定长度 SPDU 格式如表 3-15 所示。PLCW 格式如表 3-16 所示。

表 3-15　固定长度 SPDU 格式

| 固定长度 SPDU(16 b) | SPDU 头(2 b) | | SPDU 数据(14 b) |
| --- | --- | --- | --- |
| | SPDU 格式 ID("0") | SPDU 类型 ID("1") | 包括一个协议对象,比如指令、报告或 PLCW 比特 2 到比特 15 |
| F1 类型 | "1" | "0" | 固定长度 PLCW |
| F2 类型 | "1" | "1" | CCSDS 预留 |

表 3-16　PLCW 格式

| SPDU 头 | | SPDU 数据域 | | | | |
| --- | --- | --- | --- | --- | --- | --- |
| SPDU Format ID 1 b | SPDU Type ID 1 b | 再传标识 1 b | PCID 1 b | 预留 1 b | 加速帧计数 3 b | 报告值(FSN) 8 b |

2) 可变长度 SPDU

当 SPDU Format ID 为 0 时,表明是一个可变长度的 SPDU,格式如表 3-17 所示。

表 3-17　可变长度 SPDU 格式

| 可变长度 SPDU | SPDU Header(1 个字节,固定长度) | | | SPDU Data Field(0~15 B) |
| --- | --- | --- | --- | --- |
| | SPDU 格式 ID 比特 0 | SPDU 类型 ID 比特 1,2,3 | SPDU 数据域长度 比特 4,5,6,7 | 包括一个或数个协议 (指令/报告) |
| 类型 1 | "0" | "000" | | 指令/报告 |
| 类型 2 | "0" | "001" | | 时间分布 PDU |
| 类型 3 | "0" | "010" | | 状态报告 |
| 类型 4 | "0" | "011" | | CCSDS 预留 |
| 类型 5 | "0" | "100" | | CCSDS 预留 |
| 类型 6 | "0" | "101" | | CCSDS 预留 |
| 类型 7 | "0" | "110" | | CCSDS 预留 |
| 类型 8 | "0" | "111" | | CCSDS 预留 |
| 说明:指令和报告可以在 SPDU 的数据域进行复用 | | | | |

3) PLCW

PLCW 在加速服务质量（Expedited QoS）情形下传输使用。PLCW 共计 16 个比特，2 个字节，其结构如表 3-18 所示。

表 3-18　PLCW 结构

| SPDU | SPDU 数据域 | | | | | |
| --- | --- | --- | --- | --- | --- | --- |
| SPDU 格式 ID<br>1 b | SPDU 类型 ID<br>1 b | 重传标识<br>1 b | PCID<br>1 b | 预留<br>1 b | 加速帧计数<br>3 b | 报告值（FSN）<br>8 b |

### 3.8.7　Proximity-1 编码与同步层协议

#### 3.8.7.1　编码同步子层功能

在收发双端，通过捕获时钟、帧序列号、QoS 标识符和方向（入口或出口），C&S 支持 Proximity-1 的定时服务。在 Proximity-1 中，包含 3 类速率：数据速率（$R_d$）、编码符号速率（$R_{cs}$）、信道符号速率（$C_{chs}$），如图 3-48 所示。

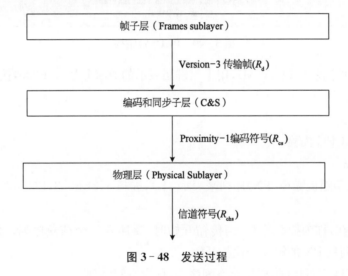

图 3-48　发送过程

1）发送端

构建 PLTU，每个 PLTU 包含一个从帧子层接收到的帧。

产生编码的比特流，根据需要插入空闲数据。

信道编码。

以恒定速率 $R_{cs}$ 提供编码符号流，供物理层调制。

2）接收端

以恒定速率 $R_{cs}$ 接收物理层的编码符号流。

信道解码。

每个 PLTU 的界定和验证。

对于每个PLTU,交付界定完的帧给帧子层。

### 3.8.7.2 Proximity 的链路传输单元

发送链路上,C&S构建一个PLTU,每个PLUT包含一个传输帧。接收端,C&S处理每个PLUT并对它进行界定。

发送端,C&S产生输出的编码符号流(包含PLTU和空闲数据),将它们交付给物理层来实现无线电载波的调制。每一个PLUT包含一个Version-3的传输帧,同时定义了FIFO的输出比特流,输出比特流经编码后变为符号数据流,然后交付给物理层。

PLTU是一个非连续的系列数据流,包含一系列可变长度的PLUT,其中一个PLUT的结尾和下一个PLUT的开始之间具有延时。为了建立Proximity-1会话,要保证每个PLUT的同步并且需要空闲数据来实现同步。当没有PLUT可用时,要发送空闲数据来保持同步。

1) PLTU 结构

一个PLTU包含3个连续排列的域,如图3-49所示。

| 附加同步标识(ASM)<br>3 B | 3.0版本传输帧（Version-3 Transfer Frames）<br>最大2 048 B | CRC校验<br>4 B |
|---|---|---|

图 3-49　PLTU 帧结构

(1) 24 b附件同步标识(ASM),用十六进制表示的ASM为FAF320,接收端ASM检测PLTU的开始。

(2) 传输帧。

(3) 32 b的CRC校验。

2) 空闲数据

空闲数据用伪随机噪声(PN)序列来表示,十六进制352EF853,PN序列循环重复使用,有3个功能:

(1) 数据捕获,称为捕获序列,当传输开始时,要插入一个捕获序列。仅当使用LDPC编码时,捕获序列从PN的第一个比特开始。

(2) 当PLTU不可用时,要填充空闲序列,称为空间序列。

(3) 当传输结束时,要插入一个尾标识,称为尾序列。

当使用LDPC编码时,捕获序列从PN序列的第一个比特开始。任何时候,当到达PN序列的结尾时,此序列将从第一个比特开始重复再传。

3) 捕获序列

物理层为一次会话中的双方提供必需的调制发射功能,从而捕获和处理收发双方的数据传输。当传输开始时,发送机调制信号要进行排序(也即第一个载波紧随着一个捕获序列),这样接收机才能捕获信号并且获得可靠的信道符号流,以此做好接收传输信号的准备。捕获序列同时也实现了解码器中的节点同步。如果采用LDPC编码,则捕获序列要持续足够长的时间,确保在符号同步建立之前正确检测到码字同步标识符(CSM),此后才开始传输第一个 PLUT。

4）空闲序列

数据传输阶段,一个连续的信道符号流从发送机到接收机传送的过程中,PLTU 开始发送。当没有 PLTU 可用时,空闲序列插入比特流中编码,保持信道符号流连续传送,使得接收机能保持同步。

5）尾序列

在传输结束之前,发送机以固定的周期发送一系列空闲比特。这个过程有助于接收机保持比特锁定和卷积解码。这个过程中,系统要完成最后接收数据的处理。

### 3.8.7.3 信道编码

CCSDS 推荐两种信道编码:卷积码和 LDPC,并不包括 RS 码,其编码过程如图 3 - 50 所示。

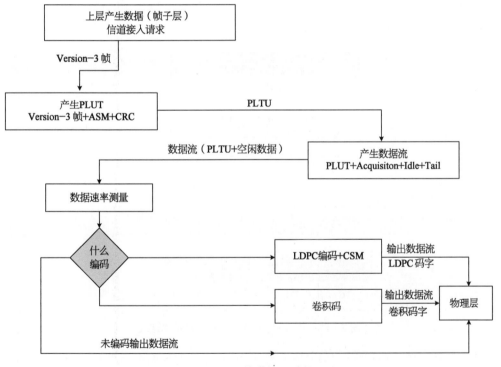

图 3 - 50 信道编码过程

## 3.9 IP over CCSDS

为了降低国际空间站的高速数据传输设备成本,美国国家航空航天局开展了支持长期空间观测任务的宽带通信架构研究,主要采用商用路由协议和网络设备进行建构,通过类 IP 技术完成数据的端到端传输。2006 年 1 月由 SIS 片下属的 IP over CCSDS 空间链路工作组

(SIS_IPO)首先发布了 CCSDS 702.1－W－1 白皮书,IP over CCSDS 的概念应运而生,8～10 月又发布了 CCSDS 702.1－R－0、CCSDS 702.1－R－1 红皮书;2007 年 1 月发布 CCSDS 702.1－R－2;2008 年 9 月发布 CCSDS 702.1－R－3。2010 年 4 月,CCSDS 发布了第四版 "IP over CCSDS SPACE L INKS"(702.1－R－4);2012 年 CCSDS 发布了 702.1－B－1 版本,作为 IP 数据报在 CCSDS 链路协议上传输的推荐标准。IP over CCSDS 将原有的单个航天器-地面控制-用户的模式,转变为航天器之间以及航天器与地面任一用户之间任意通信的方式。这种新的通信模式不但能够更有效地利用因特网基础设施,而且可以方便地利用现有的网络技术和产品,使得空间任务的成本大幅度降低。IP over CCSDS 即通过 CCSDS 空间数据链路层协议,包括 AOS,TC,TM 以及 Proximity－1 传输 IP 数据报的协议,如图 3－51 所示。该协议的核心思想是使用了称为 CCSDS IPE 的规范和数据封装服务将 IP 协议数据单元复用到 TC,TM,AOS 以及 Proximity－1 空间数据链路上,具体做法是在各个 IP_PDU 中预先考虑 CCSDS IP 延伸(IPE)字节,再逐一封装到 CCSDS 封装包中,并在一个或多个 CCSDS 空间数据链路传递帧之内直接传送这些封装包。

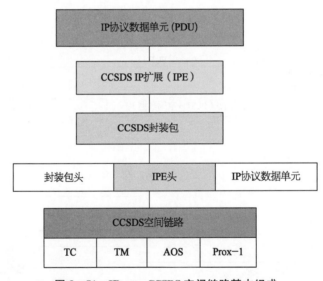

图 3－51　IP over CCSDS 空间链路基本组成

　　IP 协议数据单元包括 IPV4,IPV6 和经过 IP 头压缩的数据报等类型。IPE 由一个或多于一个的填充字节组成,放置在 IP PDU 的前端,是 CCSDS 封装包头的延伸,通过 IPE 的取值,可以标识使用不同分支协议的 IP 数据,并允许以此解复用。CCSDS 封装包由长度为 1,2,4,8 b 的封装包头和可变长度的数据域组成。封装包头由 3,4,6,7 个域组成,按照包版本号、协议标识号、包长的长度、用户自定义字段、协议标识扩展、CCSDS 定义的字段及包长顺序连续排列。

# 第 4 章
# 星座设计方法

借用天文学的概念,"卫星星座"是指遂行相同任务而协同工作的一组卫星,构成星座的卫星可以位于同一高度的轨道,也可以位于不同高度的轨道。卫星星座可以实现单颗卫星无法实现的功能。根据任务的不同,可以将星座分为通信星座(如 Inmarsat Bgan、铱系统、全球星、轨道通信系统等)、导航星座(如美国的 GPS、欧洲的"伽利略"、俄罗斯的"GLONASS"和我国的"北斗"等)、侦察星座[如美国的"星光"(Starlite)和"天基雷达"(SBR)]等。星座设计,主要是根据任务性质、任务目标区域的不同以及对通信仰角、覆盖率等要求,通过理论推导、数学计算及计算机仿真等手段,对组成星座的卫星轨道高度、倾角、偏心率、升交点赤经以及轨道面个数、轨道面夹角、每轨面卫星数等参数进行优化与选择,寻求符合设计目标的卫星星座。

星座网络是一个包含空间的星座卫星节点和地面信关站节点的网络。由于卫星的高速运动,卫星与卫星之间、卫星与信关站之间的连接关系是不断变化的(同轨星间链路除外),也就是说星座网络的拓扑结构是动态变化的。虽然整个网络拓扑变化频繁,是一个全动态网络,但是网络中卫星个数是确定的,地面信关站个数和地理位置也是确定的,网络拓扑的变化具有周期性、规律性和可预见性等特点,使得卫星网络中的路由策略与陆地网络有很大的区别,无法直接移植地面网现有的最短路径优先协议(OSPF)、路由信息协议(RIP)等,而是需要收敛迅速、开销小以及简单易实现的路由机制。但利用星座网络拓扑的周期性、可预知性和规则性等能够简化网络的路由设计。一种有效的路由策略不仅要求在源节点和目的节点之间选择出一条最优的路径而且还要保证它们之间通信流畅。因此,网络拓扑模型和路由选择策略的好坏直接影响着卫星网络性能的优劣。星座卫星通信系统中的网络拓扑生成和路由选择是星座系统中的关键技术之一,对其做深入研究是非常有意义的。

本章根据空间信息网络信息传输的任务需要,依据任务区域的不同,分别针对全球覆盖和区域覆盖进行卫星星座设计。在此基础上给出其拓扑控制方法及路由策略分析。

## 4.1 星座设计目标及约束条件

我国要建立一个军民结合、平战结合、寓军于民的空间信息网络。本书针对我国近期及未来卫星信息传输的发展需要,研究以地球同步轨道或高、中、低轨卫星组网,为手持终端、车(船、舰、机)载移动终端、武器平台嵌入式终端、寻呼终端、数据采集终端等多种类型终端提供语音、数据、图像、授时等多种业务的技术可行性。

根据任务需求,星座设计的目标覆盖范围分为基本服务区、增强服务区和拓展服务区。

1) 基本服务区

基本服务区是指境内、国土周边及二岛链以内,其中,境内、国土周边及一岛链之内又是重中之重,具体为:东经 70°～东经 150°、北纬 0°～北纬 55°。覆盖率 99% 以上。

2) 增强服务区

增强服务区是指印度洋北部及二岛链至东太平洋的广大区域,具体为:

东经 40°～东经 150°、北纬 0°～南纬 15°;东经 40°～东经 70°、北纬 0°～北纬 55°;东经 150°～西经 120°、北纬 55°～南纬 15°。覆盖率 95% 以上。

3) 拓展服务区

全球覆盖,主要服务区在北半球,重点在欧洲、北美大陆和大洋洲。覆盖率 90% 以上。

其中基本服务区与部分增强服务区为高容量服务区,其他为低容量通信服务区,具体如图 4-1 所示。因此,我国未来的卫星移动通信系统,应该是一个区域覆盖为主兼顾全球的系统。

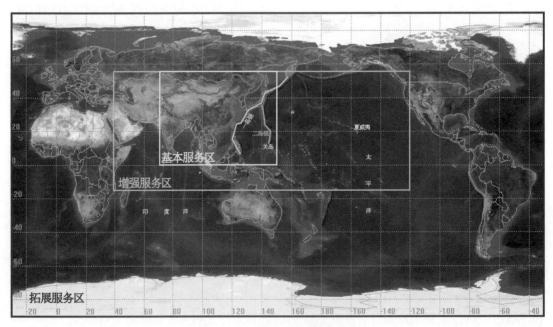

图 4-1  星座通信系统覆盖区域

根据任务需求,在以下几个方面的约束条件下进行星座设计:

(1) 按照拓展服务区要求,完成高、中、低轨的全球覆盖星座方案设计并进行对比分析。设计约束为 LEO 高度可选范围 800～1 500 km、MEO 可选范围 10 000～20 000 km、HEO 在 20 000 km 以上,覆盖率 90% 以上,用户终端最低通信仰角为 10°。

（2）按照基本服务区、增强服务区要求，进行 GEO，IGSO，HEO 等类型的多种轨道星座方案设计并进行对比分析。

（3）GEO 卫星的定点位置为 77°E 或者 175°E；IGSO 卫星倾角 30°～55°，星下点轨迹重合，交叉点经度为 118°E。

## 4.2　卫星节点特性

### 4.2.1　卫星轨道参数

卫星在地球的引力场内运动，不管卫星轨道是圆形还是椭圆形，其轨道平面都要通过地球中心，而其半长轴、形状和在空中的方位则可以多种多样。椭圆轨道的长轴和短轴决定了它的大小和形状，但椭圆轨道在空间的方位却需要 3 个角度来确定。分析卫星网络节点的位置和相互运动关系，首先需要确定单颗卫星的轨道参数。由开普勒天体运行第一定律可知，卫星绕着以地球为一焦点的椭圆运动，椭圆方程 $r = \dfrac{p}{1+e\cos\theta}$。图 4-2 为椭圆轨道示意图及其参数，$F'$ 和 $F$ 为椭圆的两个焦点，$O$ 为中心，$a$ 为半长轴，$b$ 为短半轴，$c$ 为半焦距，$P$ 为半焦弦，偏心率 $e=c/a$。卫星运行由 6 大参数决定：半长轴 $a$、偏心率 $e$、右升节点经度 $\Omega$、真近地点角 $V$、近地点幅角 $\omega$ 和轨道倾角 $i$。

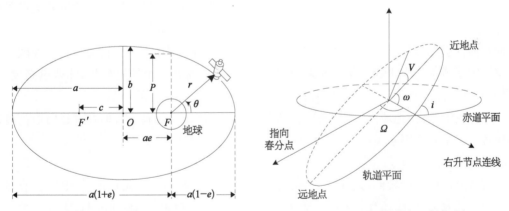

图 4-2　卫星运行轨道　　　　　图 4-3　卫星运行轨道地心赤道坐标系

采用地心赤道坐标系：坐标圆点取在地心；坐标轴 $x$ 在赤道面内，指向春分点；$z$ 轴垂直于赤道面，与地球自转角速度方向一致；$y$ 轴与 $x$ 轴、$z$ 轴垂直，构成右手系，如图 4-3 所示。升节点是卫星从地球的南半球向北半球飞行的时候经过地球赤道平面时的点。春分点则是太阳从地球的南半球向北半球运动时（实际上太阳不动，地球在运动）经过地球平面的点。

卫星轨道参数是描述卫星运行轨道的各种参数。对于地球卫星来说，知道以下 6 个独立的轨道参数就可以计算和描述出卫星在任意时刻的轨道位置和速度。

（1）轨道半长轴 $a$。定义为椭圆轨道长轴的一半。

（2）偏心率 $e$。定义为椭圆两焦点之间的距离与长轴的比值，该值决定了椭圆偏心大小。偏心率的任何变化都将影响轨道近地点的距离，进而直接影响卫星的寿命。当 $e=0$ 时，轨道为圆形；当 $0<e<1$ 时，轨道呈现椭圆形。轨道长半轴 $a$ 和偏心率 $e$ 共同决定了卫星轨道的大小和形状。

（3）轨道倾角 $i$。定义为轨道平面与地球赤道平面的夹角，该参数被用以确定卫星赤道面在太空的位置，在升交点从赤道面起逆时针为正，范围为 $0°\sim180°$。当卫星绕地球转动的方向与地球自转方向（自西向东）一致时（被称为顺行轨道），$i<90°$；当 $i=0°$ 时，卫星轨道面与赤道面重合，此时的轨道称为"赤道轨道"；当 $i=90°$，卫星轨道面与赤道面相互垂直，被称为"极低轨道"。除上述两种轨道外，均称为"倾斜轨道"。

（4）升交点赤经 $\Omega$。卫星轨道与地球赤道有两个交点：当卫星从南半球向北半球飞行时与赤道的交点称为升交点，当卫星从北半球经赤道飞到南半球时与赤道的交点称为降交点。从升交点起，逆时针方向度量为正，范围为 $0°\sim360°$。升交点赤经 $\Omega$ 定义为卫星轨道上由南向北自春分点到升交点的弧长对应的夹角。

（5）近地点幅角 $\omega$。定义为轨道面内近地点与升交点之间的夹心角。由升交点起顺卫星运动方向为正，范围为 $0°\sim360°$。近地点幅角 $\omega$ 决定了轨道面的指向。

（6）近地点时刻 $\tau$。定义为轨道面内近地点的时刻，一般用年、月、日、时、分、秒表示，它是以近地点为基准描述轨道面内卫星位置的量。该参数决定了卫星在轨道上的位置。

在轨运行阶段，卫星在任意时刻其轨道的位置和速度称为卫星星历。卫星星历可以通过上述介绍的轨道参数进行计算，同样，也可通过不同时刻卫星星历提供的位置和速度参数计算出卫星在轨运行的轨道参数。在 6 个轨道要素中，轨道倾角和升节点位置决定了轨道平面在惯性空间的位置；近地点幅角决定了轨道在轨道平面内的指向；轨道半长轴和轨道偏心率决定了轨道的大小和形状。如果采用圆轨道，则只需要 4 个轨道参数，即轨道高度、轨道倾角、升节点位置和某一特定时刻卫星在轨道平面内距升节点的角距。

从理论上来说，地球大气层外的太空都可以作为卫星飞行的轨道，但在选择轨道高度时还应考虑以下几个因素：

1）地球大气层的影响

若轨道高度选择较低，大气层上部的氧原子将对卫星星体材料形成严重的威胁，直接影响到卫星的寿命，同时还存在着大气阻力。特别当卫星高度低于 700 km 时，大气阻力严重影响轨道参数，卫星寿命缩短；当卫星高度大于 1 000 km 时，才可以忽略大气阻力对卫星寿命的影响。

2）范·艾伦带的影响

在距离地球表面高度分别为 1 500～5 000 km 和 13 000～20 000 km 时，存在着由带电粒子组成的高能粒子带，即范·艾伦带（见图 4-4）。范·艾伦带的电磁辐射对星体材料和星上设备构成严重的威胁，卫星的轨道高度一般要远离这个范围，否则要对卫星进行抗辐射加固，增加了卫星的设计复杂度和成本。因此轨道高度应尽量避免选在该辐射带中，使卫星在设计的寿命期间正常工作。

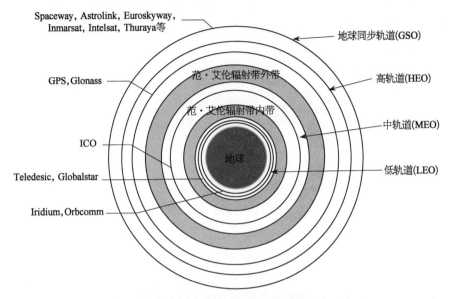

图 4-4　范·艾伦辐射带及典型卫星星座的轨道分布

基于以上两点,一般选择的卫星工作轨道高度有 3 个窗口,即 1 000 km 上下、10 000 km 上下和 20 000 km 以上。例如,Iridium 系统的高度为 780 km。

3) 周期因素

为了便于卫星运行过程中的跟踪定位以及简化星座对地面覆盖的控制,卫星周期应尽量与恒星日成正比,使卫星每隔一天或数天在同一时刻通过同一地点的上空。因为卫星运行周期是轨道高度的函数,所以在高度选择时必须考虑周期因素。根据开普勒定理可以得出轨道高度和运行周期的关系为

$$h = \frac{T_S^{2/3}(GM)^{1/3}}{(2\pi)^{2/3}} - R_E \tag{4-1}$$

式中, $G$ 为万有引力常数, $G = 6.67 \times 10^{-8}$ cm$^3$/(kg·s$^2$); $M$ 为地球质量, $M = 5.976 \times 10^{27}$ kg; $R_E$ 为地球半径, $R_E = 6 379.5$ km; $h$ 为轨道高度; $T_S$ 为卫星周期。若要满足上述定位跟踪条件,则 $T_S/T_E = k/n$ ,而 $n$ , $k$ 为整数, $T_E$ 为恒星日, $T_E = 86 164$ s。

4) 空间碎片

40 多年来,人类进行的空间发射超过 4 000 次,目前可被地面观测设备观测并测定其轨道的空间物体超过 9 000 个,其中只有 6% 是仍在工作的航天器,其余为被称为太空垃圾的空间碎片。轨道碎片按尺寸大小可分为:① 直径大于 10 cm 的大碎片,基本上可由地面光学望远镜和雷达等常规性仪器探测、追踪并予以编目;② 直径介于 1~10 cm 之间的中尺度碎片,一般很难追踪和分类,但这类碎片有可能引起灾难性的事件,一般称之为危险碎片;③ 直径小于 1 cm 的碎片,称为微碎片或小碎片,碎片越小,数量越多。随着航天事业的发展,空间碎片与日俱增,滞空时间相当漫长,碎片之间相互碰撞或爆炸又产生新的、体积更小

的空间碎片,据估计直径大于 1 cm 的空间碎片数量超过 11 万个。

空间碎片来源主要有以下几个方面:

(1) 失效的航天器。

(2) 不再工作的火箭箭体。

(3) 卫星在发射或工作时抛弃的物体。

(4) 空间物体爆炸或碰撞生成的碎片。

(5) 从飞行器表面脱落的物质,如涂层等。

(6) 泄漏的物质,如核能源的冷却剂等。

(7) 固体火箭工作时喷出的固体颗粒等。

空间碎片的分布并不均匀,高度为 1 000 km 以下的低轨道上数量最多。在太空中,航天器遭遇空间碎片的事件曾经多次发生。俄罗斯的"宇宙 I275"卫星在与太空垃圾相撞后发生爆炸。1975 年 7 月,美国被动测地气球卫星就是因碎片击中而被损坏的。1978 年 1 月,苏联核动力侦察卫星——宇宙 954 受空间碎片撞击而压力突然下降,并坠落在加拿大北部。1996 年 11 月 24 日,正在执行任务的美国航天飞机"哥伦比亚"号遇到太空垃圾的袭击。1996 年 7 月,法国"樱桃"卫星曾经被 10 年前法国"阿丽亚娜"火箭末级爆炸后的碎片击中平衡臂而一度失去控制。美国东部时间 2009 年 2 月 10 日上午 11 时 55 分,美国"铱星 33"卫星与俄罗斯已报废的"宇宙 2251"卫星在西伯利亚上空相撞。

因此,空间碎片的存在严重地威胁着在轨运行航天器的安全,在星座轨道设计中必须要考虑兼顾设计轨道上的碎片分布以及碰撞概率问题,避免碎片可能造成的危害。

### 4.2.2 卫星轨道方程

人造地球卫星在空间,除了受太阳、月亮、外层大气等因素的作用外,最主要受地球重力的吸引。卫星所以能保持在高空而不坠落,是因为它以适当的速度绕地心不停地飞行。开普勒三定律揭示了卫星受重力吸引而在轨道平面上运动的规律性,即假设卫星的质量为 $m$,它与地心的距离矢量为 $r$,则卫星受到的地球引力为

$$\overline{F} = -\frac{GMm\overline{r}}{r^3} \qquad (4-2)$$

式中,$M$ 是地球的质量,$G = 6.672 \times 10^{-11}$ N·m²/kg²。由于力=质量×加速度,因而上式可以写为

$$\overline{F} = m\frac{\mathrm{d}^2\overline{r}}{\mathrm{d}t^2} \qquad (4-3)$$

根据上两式,可得

$$-\frac{\overline{r}}{r^3}\mu = \frac{\mathrm{d}^2\overline{r}}{\mathrm{d}t^2} \qquad (4-4)$$

即

$$\frac{\bar{r}}{r^3}\mu + \frac{\mathrm{d}^2\bar{r}}{\mathrm{d}t^2} = 0 \tag{4-5}$$

式(4-5)是一个二阶线性微分方程,其解包含 6 个称为轨道参量的未定常数。由这 6 个轨道参量所确定的轨道位于一个平面之内,具有恒定的角动量。由于矢量 $r$ 的二阶微分包含单位矢量 $r$ 的二阶微分。因此,求解式(4-5)是比较困难的。为了避免求解 $r$ 的微分,可以选择另一种坐标系,使 3 个轴方向的单位矢量均为常量。该坐标系以卫星轨道平面为参考面,如图 4-5 所示。

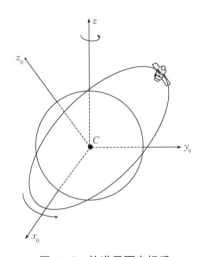

图 4-5　轨道平面坐标系

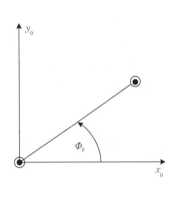

图 4-6　卫星轨道平面内的极坐标系

在新坐标系 $x_0y_0z_0$ 下,式(4-5)可表示为

$$\hat{x}_0\left(\frac{\mathrm{d}^2x_0}{\mathrm{d}t^2}\right) + \hat{y}_0\left(\frac{\mathrm{d}^2y_0}{\mathrm{d}t^2}\right) + \frac{\mu(x_0\hat{x} + y_0\hat{y})}{(x_0^2 + y_0^2)^{3/2}} = 0 \tag{4-6}$$

在极坐标中求解式(4-6)比在笛卡儿坐标中要容易得多,具体极坐标系如图 4-6 所示。

据图 4-6 的极坐标利用变换:

$$x_0 = r_0\cos\phi_0$$
$$y_0 = r_0\cos\phi_0$$
$$\hat{x}_0 = \hat{r}_0\cos\phi_0 - \hat{\phi}_0\sin\phi_0$$
$$\hat{y}_0 = \hat{\phi}_0\cos\phi_0 - \hat{r}_0\sin\phi_0 \tag{4-7}$$

并利用 $r_0$ 和 $\Phi_0$ 表示式(4-6),可得

$$\frac{\mathrm{d}^2r_0}{\mathrm{d}t^2} - r_0\left(\frac{\mathrm{d}\phi_0}{\mathrm{d}t}\right) = -\frac{\mu}{r_0^2} \tag{4-8}$$

以及

$$r_0\left(\frac{\mathrm{d}^2\phi_0}{\mathrm{d}t^2}\right)+2\left(\frac{\mathrm{d}r_0}{\mathrm{d}t}\right)\left(\frac{\mathrm{d}\phi_0}{\mathrm{d}t}\right)=0 \qquad (4-9)$$

利用标准数理推导,可以推导出卫星轨道半径 $r_0$ 的方程为

$$r_0=\frac{p}{1-e\cos(\phi_0-\theta_0)} \qquad (4-10)$$

式中,$\theta_0$ 为常数,$e$ 为椭圆的偏心率,椭圆的半焦弦 $p$ 为

$$p=(h^2)/\mu \qquad (4-11)$$

式中,$h$ 为卫星环绕角动量的大小。轨道方程是椭圆方程,即开普勒行星运动第一定律。

式(4-10)中的参量 $\theta_0$ 是以轨道平面中轴 $x_0$ 和轴 $y_0$ 为参照的椭圆参量。既然已知轨道是椭圆形,通过选择 $x_0$ 和 $y_0$ 可以使得 $\theta_0$ 等于零。在以下讨论中,可以认为已通过选择 $x_0$ 和 $y_0$ 使得 $\theta_0$ 等于零,则轨道方程可以表示为

$$r_0=\frac{p}{1-e\cos\phi_0} \qquad (4-12)$$

卫星在轨道平面内运动的轨迹如图 4-7 所示。长半轴 $a$ 和短半轴 $b$ 的值为

$$a=p/1-e^2 \qquad (4-13)$$

$$b=a(1-e^2)^{1/2} \qquad (4-14)$$

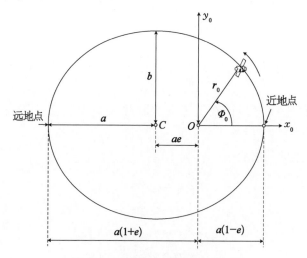

图 4-7 轨道平面内的运动轨迹

运行轨道中卫星与地球距离最近的点称为近地点,卫星与地球距离最远的点称为远地点。一般而言,近地点和远地点正好相反。为了使 $\theta_0=0$,必须适当地选择 $x_0$ 轴,以使近地点和远地点均位于 $x_0$ 轴上,即选择椭圆的长轴作为 $x$ 轴。

矢量 $\boldsymbol{r}_0$ 自卫星运动开始,在 $G$ 时间内扫过的微分面积为

$$dA = 0.5\boldsymbol{r}_0^2 \left(\frac{d\boldsymbol{\phi}_0}{dt}\right) dt = 0.5\boldsymbol{h}\, dt \tag{4-15}$$

注意,$\boldsymbol{h}$ 是卫星环绕角动量的大小。由上式可见,在相等时间内,半径矢量扫过的面积是相等的。此即开普勒第二定律。卫星扫过轨道一周的面积即该椭圆的面积($\pi ab$),因而可以推导出轨道周期 $T$ 的表达式为

$$T^2 = (4\pi^2 a^3)/\mu \tag{4-16}$$

该式是开普勒行星运动第三定律的数学表达式:环绕周期的平方与长半轴的立方成正比。式(4-16)在卫星通信系统中极为重要。该式可以决定任何卫星的轨道周期,GPS 接收机便是利用该式来计算 GPS 卫星的位置的。根据式(4-16)可以计算出 GEO 卫星的轨道半径,此时,周期 $T$ 等于地球的自转周期,这样才能保证卫星在赤道上的某点与地球保持相对静止状态。

要特别注意的是,式(4-16)中环绕周期 $T$ 是以惯性空间为参照的,即以银河系为参照。轨道周期指的是环绕物体以银河系为参照回到同一参考点所花费的时间。一般而言,被环绕的中心体也是在不停地旋转的,因而卫星的环绕周期与站立在中心体上观测到的周期是不同的。这一点在对地静止卫星(GEO)上表现得尤为明显。GEO 卫星的环绕周期与地球的自转周期是相等的,为 23 h 56 min 4.1 s,但对地面上的观测者而言,GEO 卫星的周期似乎是无穷大的:它总是位于空中的同一位置。

## 4.2.3 卫星轨道分类

按照卫星轨道的高度、倾角、运转周期的不同,可把卫星分为不同的类型。若按卫星离地面最大高度通常可把卫星分作 3 类:

(1) 低轨卫星:$h_{max} < 5\,000$ km,周期 $T$ 小于 4 h,称为 LEO 卫星。

(2) 中轨卫星:$5\,000$ km $< h_{max} < 20\,000$ km,周期 $T$ 为 4～12 h,称为 MEO 卫星。

(3) 高轨卫星:$h_{max} > 20\,000$ km 周期 $T$ 大于 12 h。

若按倾角 $i$ 的大小,卫星可分为:

(1) 赤道轨道卫星:$i = 0°$,轨道面与赤道面重合。

(2) 极轨道卫星:$i = 90°$,轨道面穿过地球的南北两极,即与赤道面垂直。

(3) 倾斜轨道卫星:$0° < i < 90°$,轨道面倾斜于赤道平面。

若按卫星的运转周期,卫星通常又可分为:

(1) 同步卫星:运转周期 $T = 24$ 恒星时,故轨道的长半轴 $a = 42\,164.6$ km。

(2) 准同步卫星:$T = 24/N$ 或 $24N$ 恒星时($N = 2,3,4,5,\cdots$),故轨道的长半轴 $a = 42\,164.6/N^{2/3}$ km 或 $42\,164.6N^{2/3}$ km;

(3) 非同步卫星:$T \neq 24$ 或 $24/N,24N$。

在卫星通信中,通常按卫星同地球之间的相对位置的关系,将卫星分成两大类:

（1）对地静止卫星：相对于地球表面任一点，卫星位置保持固定不变。其轨道称为对地静止轨道，有自然的和人工的两种。自然的对地静止轨道只有一条，即赤道平面上唯一的一条圆形同步轨道（以地心为圆心，半径 $R=42\ 164.6\ \text{km}$，运行方向与地球自转方向一致）。它是克拉克在 1945 年提出的，1965 年以来已被成功地广泛应用。在理想条件下，卫星入轨后，无需再为克服地心引力而消耗能量，故称之为"自然的"。人工的对地静止轨道可以有许多同心圆，因此，卫星进入这一轨道后，具有传输时延长的缺点，有人提出低高度的人工对地静止通信卫星的设想，在地面上不断地向卫星发射激光或微波能量供给卫星，助其克服地心引力的影响，保持正常运转。

（2）对地非静止卫星：相对地球表面任一点，卫星位置不断地变化。

不同类型的卫星，各有不同的特点和用途。在卫星通信中，到目前为止，以对地静止卫星用得最多，非静止卫星也有一定的应用。

（1）LEO 卫星网络轨道距离地面 $1\ 000\sim2\ 000\ \text{km}$。LEO 卫星分布在 $500\sim2\ 000\ \text{km}$ 的圆或椭圆轨道上，星座一般由几千颗卫星组成。单颗卫星可见时间短，需要波束之间切换和卫星之间切换。LEO 卫星的优点很多，因为轨道低，所以星地链路性能优越，传输时延小，同时小卫星技术的应用使得卫星体积小，便于发射。但是，LEO 卫星构成的星座建立周期长，审问控制系统相对复杂，系统投资巨大，如 Iridium 系统投资 34 亿美元。卫星切换平均每 10 min 一次，波束切换平均每 $1\sim2$ min 一次。数目众多的信关站需要快速跟瞄系统，需要考虑多普勒效应。卫星轨道低，通信仰角为 $10.0°$ 左右，因为仰角快速变化，信号传输路径有差异。现在应用和正在研究的 LEO 星座很多，如大家熟悉的 Celestri，Globalstar，Skybridge 和 Feledesie，还有 GEstarsys，FAISATOrbeonun 等几十个星座。几十个国家都拥有自己的 LEO 星座计划，或民用或军用，星数目不等，大多采用星上处理和星间链路等先进技术。

由于轨道高度较低，星地间的传播时延小，链路传播损耗低，但是覆盖范围十分有限，如果要实现大面积的覆盖则需要建立很大的星座，投资巨大；同时，轨道低造成节点绕地球运动的速度大，对光信号的瞄准、捕获，链路的保持提出了很高的要求。

（2）MEO 卫星网络与前者相比，星地间传播时延较大，但远距离信息传输时延要低于 LEO 卫星，且只需要较少数量的卫星即可实现全球和区域的覆盖。MEO 卫星位于两个范·艾伦带之间的轨道上，星座一般由十几颗卫星构成，单颗卫星可视时间为 $1\sim2$ h。作为 GEO 和 LEO 卫星的折中，MEO 卫星双跳传输时延大于 LEO 卫星，但是作为一个系统，考虑星间链路整个长度、星上处理和上下行链路等因素，MEO 星座时延性能优于 LEO 星座，而且满足 400 ms 传输时延要求；相对于 LEO 卫星，MEO 星座切换概率降低，多普勒效应减小，空间控制系统和天线跟瞄系统简化，一般能实现 $20°\sim30°$ 通信仰角。在研和实验中主要的 MEO 星系有 Odyssey，ICO（Inmarsat-P），MAGSS-14，Orblink，Leonet 和 Spaceway 等。

（3）GEO 卫星网络技术成熟，对地覆盖特性好，但是轨道过高，链路容易受损，且传输时延过大。从早期的单颗 GEO 卫星到后来的 GEO 星座，包括军事和商业用途。Spaceway，Astrolink，Euroskyway，Kastar，Inmarsat，Intelsat，VSAT 等民用 GEO 系统取得了成功。

军事用途的 GEO 卫星系统包括 FLTSATCOM,DSCS,UFO,Milstar,TDRSS 等。其中 Milstar‐2 系统 GEO 卫星有星上处理能力,星间有链路,是美国下一代主要的战术卫星通信平台。

GEO 星地间距离长(高度为 35 786 km),链路易受损,不支持地面手持机等小功率用户。同时传输时延大,不能满足 CCITI 建议的 400 ms 传输时延要求。由于 GEO 轨道倾角为 0°,卫星不能覆盖极地地区,高纬度地区通信仰角小。

对地静止卫星的主要优点是:① 地球站天线易于保持对准卫星,不需复杂的跟踪系统;② 通信连续,不必频繁更换卫星;③ 多普勒频移可忽略;④ 对地面的视区面积和通信覆盖区面积大,自然的对地静止轨道上的一颗卫星可覆盖全球面积的 42.4%,便于实施广播和多址联结;⑤ 信道的绝大部分在自由空间中,工作稳定,通信质量高。

主要缺点是:① 卫星的发射和在轨监控的技术复杂;② 传输损耗和传输时延都很大(人工低高度对地静止轨道都能有效克服);③ 两极附近有盲区;④ 有日凌终端和星蚀现象;⑤ 自然的对地静止轨道只有一条,能容纳的卫星数量有限;⑥ 在战时易受敌方干扰和摧毁。

对地非静止卫星的优缺点大体与此相反。各个轨道上的卫星网络具有各自的优点,但同时其固有的缺陷又限制了进一步的应用。因此,综合各层卫星的优势建立多层卫星网络以获得更佳的传输质量、传输效率显得非常必要。

### 4.2.4　星下点轨迹

星下点定义为卫星与地心连线与地球表面的交点。卫星沿着轨道绕地球运行,地球本身也在自转,星下点轨迹在一般情况下不会再重复前一圈运行轨迹。假定当 $t=0$ 时,卫星经过右升节点,则星下点的经、纬度坐标分别为

$$\varphi = \varphi_0 + \arctan[\cos(i)\tan(\omega_0)] + \omega_e t \pm \begin{cases} -180° (-180° \leqslant \omega_0 < -90°) \\ 0° (-90° \leqslant \omega_0 \leqslant 90°) \\ 180° (90° < \omega_0 \leqslant 180°) \end{cases}$$

$$\psi = \arcsin[\sin(i)\sin(\omega_0)]$$

式中,$\varphi$ 和 $\psi$ 分别为卫星星下点地理经、纬度;$\varphi_0$ 为升节点经度,$i$ 为卫星轨道倾角;$\omega_0$ 为 $t$ 时刻卫星在轨道平面内与右升节点之间的角距;$\omega_e$ 是地球自转角速度;$t$ 为时间;±分别用于顺行轨道和逆行轨道。当卫星运行周期 $T=24/N(N=2,3,\cdots,$ 为一个恒星日内卫星围绕地球旋转的次数)时,其星下点在一个恒星日内可重复,称为回归轨道卫星。

(1) $N$ 为偶数时,星下点轨迹交点一定不在赤道上,而在赤道两边交替出现,交点数为 $2N$。图 4‐8 为 MEO 卫星 $T=6$ h$(N=4)$、轨道倾角为 55°时的星下点示意图,星下点轨迹交点在赤道两边交替出现,交点数为 8 个。

(2) $N$ 为奇数时,星下点的轨迹一定有交点在赤道上,交点数为 $n$ 个,如果存在不在赤道上的交点,则一定关于赤道对称分布。图 4‐9 为 $T=8$ h$(N=3)$、轨道倾角为 55°时的星下点示意图,星下点轨迹交点在赤道上,交点数为 3 个。

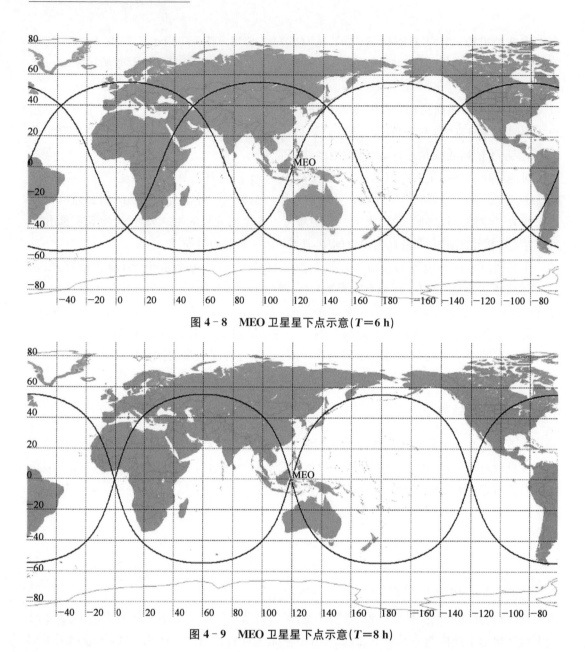

图 4-8　MEO 卫星星下点示意($T=6$ h)

图 4-9　MEO 卫星星下点示意($T=8$ h)

## 4.3　星座参数

卫星星座的设计大体上决定了整个卫星通信系统的复杂程度和费用。星座设计的第一步是确定星座的轨道几何结构,使之能够最佳地完成所要求的任务。星座的选择取决于业务所感兴趣的覆盖区域(包括其大小、形状和纬度范围)和几何链路的可用性。针对圆轨道的卫星星座,设计参数主要有 8 个:① 星座的卫星数量;② 星座的轨道平面数量;③ 星座轨道平面的倾角;④ 不同轨道平面的相对间隔;⑤ 每一轨道平面拥有的卫星数;⑥ 同一轨道平面内卫星的相对相位;⑦ 相邻轨道平面卫星的相对相位;⑧ 每颗卫星的轨道高度。

星座参数选择是否最优,主要通过覆盖分析及链路连通性分析进行比较,选择最优的星座,对上述统计性能的分析,可以采用专用的卫星通信工具 STK 仿真软件。

# 4.4　区域覆盖星座设计

目标覆盖区:我国及周边区域,包括一岛链、二岛链以内及东印度洋区域,即如图 4-1 所示的基本服务区以及印度洋北部、二岛链以外的部分增强服务区。

区域覆盖一般采用 GEO 卫星或者 IGSO 星座,或者如俄罗斯的高椭圆轨道星座方式,也可采用低倾角的 LEO 星座实现纬度带覆盖,本小节重点分析 IGSO 星座。

## 4.4.1　GEO 卫星

通常,采用对地静止轨道(GEO)卫星来提供区域性卫星移动通信业务具有很多优点:① 单星覆盖面积大,单颗卫星能够覆盖地球表面积的 42.2%;② 相对地面静止,基本不存在切换;③ 多普勒频移小;④ 技术相对成熟简单、投资相对小、运行维护方便等,因此得到广泛的应用。如 Inmarsat,MSAT,N-STAR,Optus,ACeS,Thuraya 等卫星移动通信系统均采用 GEO 卫星。

因此,采用 GEO 卫星实现我国的区域性卫星移动通信不失为一种比较可行的方案,具有网络结构比较单一,运行控制相对简单等优点。如图 4-10 所示,1 颗定点在东经 118° 的 GEO 卫星能够实现对基本服务区的完全覆盖。如图 4-11 所示,将 2 颗 GEO 卫星分别置于我国东西位置(卫星定点在东经 77° 和 175°),其覆盖区域可包含整个基本服务区和增强服务区。

## 4.4.2　IGSO 星座

单纯采用 GEO 卫星的区域性卫星移动通信系统也存在一些问题,如:

(1) 向高纬度地区用户提供手持机业务较困难、速率不能太高。

(2) 向特定地形和存在较多建筑物的城市区域提供卫星移动通信业务很困难。

(3) 支持手持终端所需的卫星较大,技术复杂,风险较大。

(4) 如果只有一颗卫星,一旦受干扰或者发生故障,整个系统就会瘫痪。

(5) 两极附近有盲区。

(6) 存在"南山效应"。

(7) 发生日凌中断和星蚀现象时系统会中断。

鉴于 GEO 卫星的这些不足,尤其是 GEO 卫星对于中高纬度区域始终是低仰角,导致为保证链路可用度所需的衰落余量很大,这样支持手持机通信所需的卫星天线就很大,造成较大的技术难度和风险。

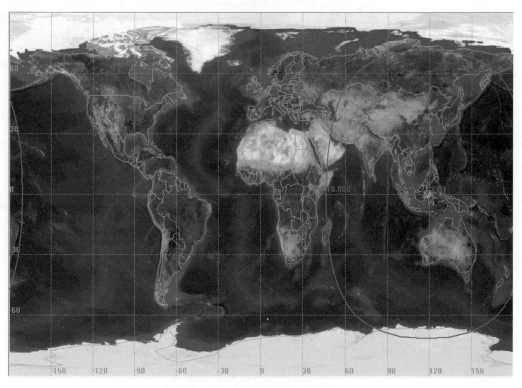

图 4－10　GEO 卫星覆盖(118°E)

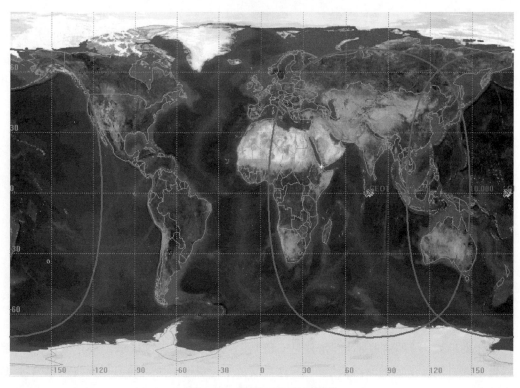

图 4－11　两颗 GEO 卫星覆盖

而采用倾斜对地同步轨道(IGSO)能充分利用 GEO 的优点,同时克服了高纬度区始终是低仰角的问题。IGSO 具有与 GEO 相同的轨道高度,因此具有与地球自转周期相同的轨道周期,但由于轨道倾角>0°,因此,其星下点轨迹在地面不是一个点,而是以赤道为对称轴的"8"字形,轨道倾角越大,"8"字形的区域也越大。正因为如此,单颗 IGSO 卫星对特定区域的覆盖性能可能不如一颗 GEO 卫星,但利用多颗 IGSO 卫星组成的星座却可以达到比单颗 GEO 卫星更好的覆盖性能。一方面平均仰角更高;另一方面可以实现多星覆盖,若能保证各颗卫星的传播路径相互独立,则可以在相同的衰落余量条件下实现更高的链路可用度和分集增益。

对于 IGSO 卫星星座来说,为达到较好的覆盖性能,其可调整的设计参数主要有 3 个:轨道倾角、右升交点赤经(RAAN)和真近点角。显然,RAAN 决定了每颗 IGSO 卫星过赤道时的经度,为保证较好的覆盖性能,通常要求星座中各 IGSO 卫星在地面是共轨迹的,并且该经度最好处在所要求覆盖区域的经度范围中心附近。

这里主要针对基本服务区和增强服务区为目标服务区进行 IGSO 星座设计,通过使用 STK 仿真软件并适当调整 IGSO 的轨道倾角来提高覆盖区的平均通信仰角和多星覆盖率。设计中采用单个星座和双星座进行分析,以下为星座参数仿真假设:

(1) 单个星座。轨道过赤道位置取 118°E,2~4 颗 IGSO 卫星时,轨道倾角分别为 30°,45°,55°,70°或者 90°。

(2) 两个 IGSO 星座。左右星座轨道过赤道位置范围:75°E~160°E。

#### 4.4.2.1　单 IGSO 星座

1) 2 星 IGSO 星座

表 4-1 为由 2 颗卫星组成的 IGSO 星座参数,2 颗卫星在地面的轨迹重合,轨道倾角相同,所不同的是真近点角分别为 0°和 180°,而 RAAN 分别为 187.5°和 7.5°。

表 4-1　2 星 IGSO 星座参数

| 卫星编号 | 真近点角/(°) | 右升交点赤经 RAAN/(°) |
|---|---|---|
| 卫星 1 | 0 | 187.5 |
| 卫星 2 | 180 | 7.5 |

图 4-12 给出了轨道倾角分别为 30°和 55°时星座在某时刻的二维覆盖图。仿真中目标区域内以纬度为 1°、经度为 2°的距离获得采样点,最小通信仰角为 10°,通过统计得到星座的覆盖特性。图 4-12 中只画出了北半球的覆盖区域,南半球的覆盖是与北半球对称的(以下同)。可以看出,基本规律是轨道倾角越小,双星覆盖率越高,极限情况是轨道倾角为 0°,此时单星覆盖区域就等于双星不间断覆盖区域。

图 4-13~图 4-15 分别给出了轨道倾角为 30°时,2IGSO 星座在基本服务区、增强服务区和拓展服务区的覆盖率以及平均通信仰角。可以看出该星座在基本服务区可以实现单星100%覆盖,并且通信仰角能够达到 43°以上,在 20°左右平均通信仰角能够达到 64°,纬度小于 40°的地区能够实现双星 100%覆盖。但是该星座无法实现增强服务区的无缝覆盖,单星覆盖率只有 80%左右,而且平均通信仰角在 39°以下。从拓展服务区的仿真图中可以看出该星座的覆盖性能和通信仰角均比较差。

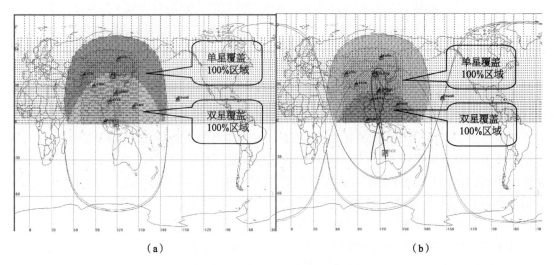

图 4-12 30°和 55°轨道倾角星座覆盖

(a) 轨道倾角 30°；(b) 轨道倾角 55°

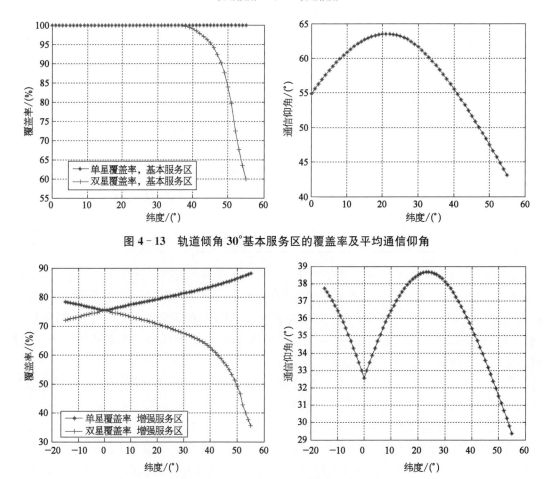

图 4-13 轨道倾角 30°基本服务区的覆盖率及平均通信仰角

图 4-14 轨道倾角 30°增强服务区的覆盖率及平均通信仰角

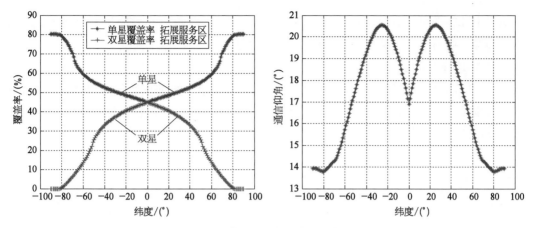

**图 4‑15　轨道倾角 30°拓展服务区的覆盖率及平均通信仰角**

从图 4‑16、图 4‑17 中可以看出随着轨道倾角的增加，2IGSO 星座的双星覆盖率逐渐变小。从不同轨道倾角的平均通信仰角的对比可以看出，随着轨道倾角的增加，基本服务区和增强服务区内低纬度区的性能变差，高纬度区的性能变好。

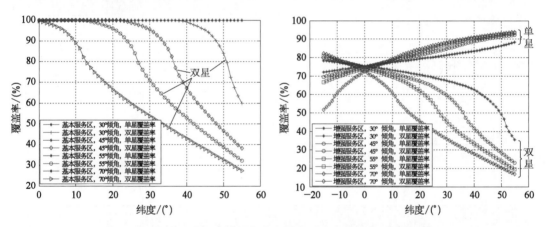

**图 4‑16　不同轨道倾角星座对基本服务区和增强服务区的覆盖性能**

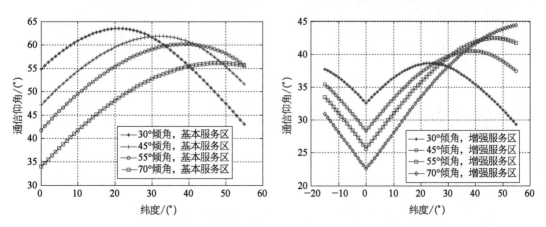

**图 4‑17　不同轨道倾角星座的平均通信仰角对比**

从以上几幅图可以看出：① 为达到较高的双星覆盖率，轨道倾角应该越小越好；② 为使得在高纬度区有较高的仰角，轨道倾角应该越大越好。因此，这里需要折中考虑。

2）3 星 IGSO 星座

表 4-2 为 3 颗卫星组成的 IGSO 星座参数。3 星在地面的轨迹重合，轨道倾角相同，真近点角分别是 0°，120°，240°，RAAN 分别是 187.5°，67.5°，307.5°，这样 3 颗 IGSO 卫星过赤道时的经度均为 118°，并且在相位上相差 120°。图 4-18 分别给出了轨道倾角为 30°，45°，

表 4-2  3 星 IGSO 星座参数

| 卫星编号 | 真近点角/(°) | 右升交点赤经 RAAN/(°) |
| --- | --- | --- |
| 卫星 1 | 0 | 187.5 |
| 卫星 2 | 120 | 67.5 |
| 卫星 3 | 240 | 307.5 |

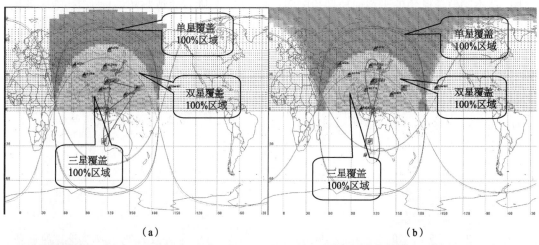

（a）                （b）

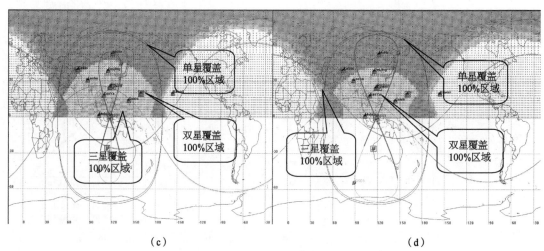

（c）                （d）

图 4-18  3IGSO 星座在不同轨道倾角下的覆盖区域

（a）轨道倾角 30°；（b）轨道倾角 45°；（c）轨道倾角 55°；（d）轨道倾角 70°

$55°,70°$ 时星座的覆盖区域。可以看出,随着轨道倾角的增加,星座的不间断覆盖区域面积逐渐增大,但是多星覆盖面积逐渐减少,轨道倾角为 $45°$ 时整个中国区域可以实现双星不间断覆盖。

图 4-19～图 4-21 分别给出了轨道倾角为 $45°$ 时 3 星 IGSO 星座对基本服务区、增强服务区和拓展服务区的覆盖率以及平均通信仰角。可以看出该星座在基本服务区可以实现单星和双星 $100\%$ 覆盖,纬度小于 $25°$ 的地区能够实现三星 $100\%$ 覆盖,并且通信仰角能够达到 $59°$ 以上,在纬度 $45°$ 左右平均通信仰角能够达到 $67°$。但是,该星座也无法实现增强服务区的无缝覆盖,单星覆盖率大于 $80\%$,平均通信仰角在 $37°$ 以上,比 2IGSO 星座性能有所提高。该星座在拓展服务区只有在靠近极区才能达到 $100\%$ 覆盖,但在赤道区域通信仰角较低,只有 $20°$ 左右。

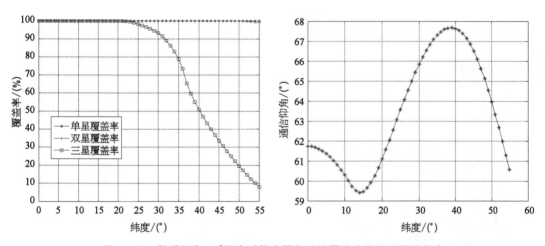

**图 4-19  轨道倾角 $45°$ 星座对基本服务区的覆盖率及平均通信仰角**

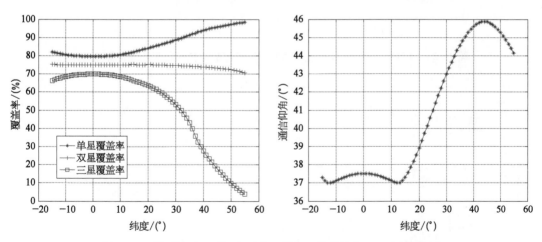

**图 4-20  轨道倾角 $45°$ 星座对增强服务区的覆盖率及平均通信仰角**

从图 4-22、图 4-23 中可以看出随着轨道倾角的增加,3IGSO 星座均能保证在基本服务区内达到单双星 $100\%$ 覆盖,三星覆盖率逐渐减少。增强服务区仍无法达到无缝覆盖,但

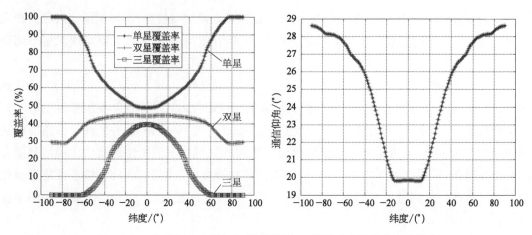

图 4-21　轨道倾角 45°星座对拓展服务区的覆盖率及平均通信仰角

较 2IGSO 星座有了明显的改观。从不同轨道倾角的平均通信仰角的对比可以看出,随着轨道倾角的增加,基本服务区和增强服务区内低纬度区的性能变差,高纬度区的性能变好。

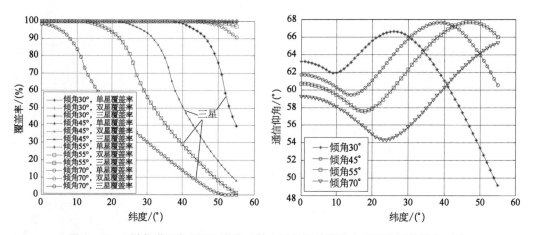

图 4-22　4 种轨道倾角 IGSO 星座对基本服务区的覆盖率及平均通信仰角对比

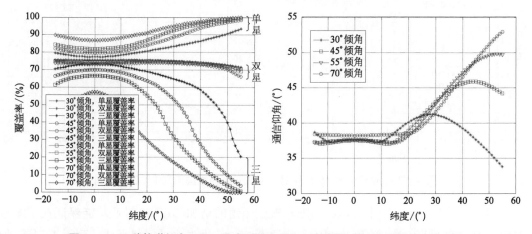

图 4-23　4 种轨道倾角 IGSO 星座对增强服务区的覆盖率及平均通信仰角对比

3) 4 星 IGSO 星座

表 4-3 为 4 颗卫星组成的 IGSO 星座参数,4 星在地面的轨迹重合,轨道倾角相同,真近点角分别是 0°,90°,180°,270°,RAAN 分别是 187.5°,97.5°,7.5°,270.5°,4 颗 IGSO 卫星过赤道时的经度均为 118°,在相位上相差 90°。图 4-24 给出了轨道倾角为 50°,70°,90°时

表 4-3　4 星 IGSO 星座参数

| 卫星编号 | 真近点角/(°) | 右升交点赤经 RAAN/(°) |
|---|---|---|
| 卫星 1 | 0 | 187.5 |
| 卫星 2 | 90 | 97.5 |
| 卫星 3 | 180 | 7.5 |
| 卫星 4 | 270 | 270.5 |

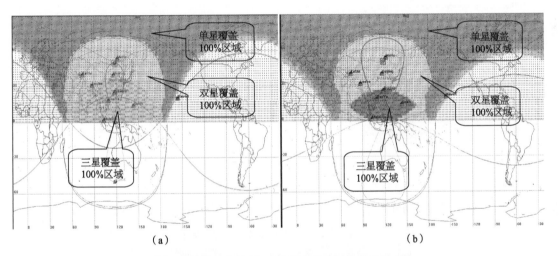

(a)　　　　　　　　　　　　(b)

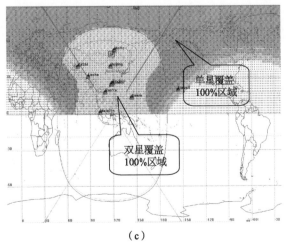

(c)

图 4-24　星座在 50°,70°,90°倾角下的二维覆盖图

(a) 轨道倾角 50°;(b) 轨道倾角 70°;(c) 轨道倾角 90°

4IGSO 星座的覆盖区域。可以看出,90°倾角星座的不间断覆盖区域面积要大于 50°和 70°倾角星座,并且 3 种倾角均可以使整个中国区域实现双星不间断覆盖。

图 4-25~图 4-27 给出了轨道倾角为 50°的 4 星 IGSO 星座在基本服务区、增强服务区和拓展服务区的覆盖率及平均通信仰角。可以看出该星座在基本服务区可以实现单星和双星 100% 覆盖,纬度小于 35°的地区能够实现三星 100% 覆盖,并且通信仰角能够达到 56°以上,在 45°左右平均通信仰角能够达到 71°。但是,该星座也无法实现增强服务区的无缝覆盖,单星覆盖率大于 80%,纬度在 50°以上能达到单星 100% 覆盖,平均通信仰角在 34°以上,在纬度 50°左右平均通信仰角最高达到 51°,比 3IGSO 星座性能有所提高。该星座在拓展服务区的性能,纬度高于 60°的区域能达到 100% 覆盖,在极区平均通信仰角达到最大 37°,赤道附近最低只有 18°左右。

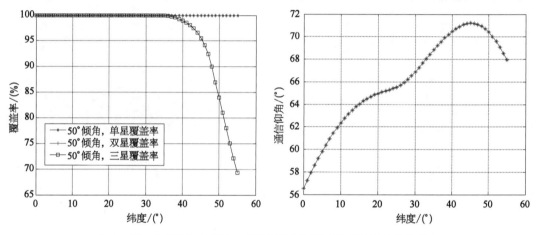

图 4-25 轨道倾角 50°星座对基本服务区的覆盖率及平均通信仰角

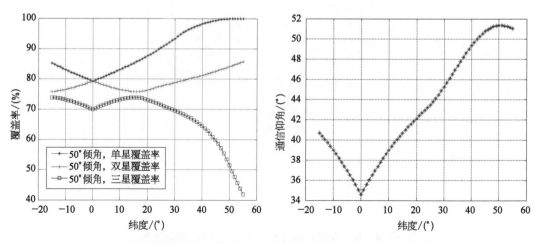

图 4-26 轨道倾角 50°星座对增强服务区的覆盖率及平均通信仰角

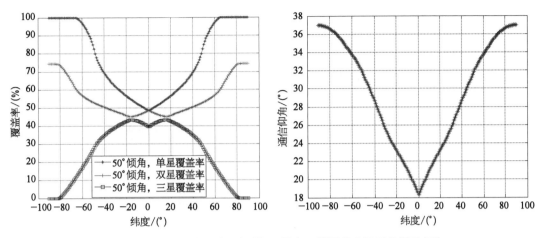

**图 4-27　轨道倾角 50°星座对拓展服务区的覆盖率及平均通信仰角**

图 4-28～图 4-31 给出了基本服务区和增强服务区内不同轨道倾角的覆盖性能及平均通信仰角分布。从基本服务区的分布图中可以看出 50°倾角单星、双星以及三星覆盖率均能达到很好的性能,而且通信仰角在这个区域均比 70°和 90°倾角性能好。从增强服务区的分布图可以看出,随着轨道倾角的增加,单双星覆盖性能变好,三星覆盖性能变差,纬度 25°以上单星覆盖率达到 100%,随着轨道的倾角的变化,平均通信仰角的变化不是很明显。

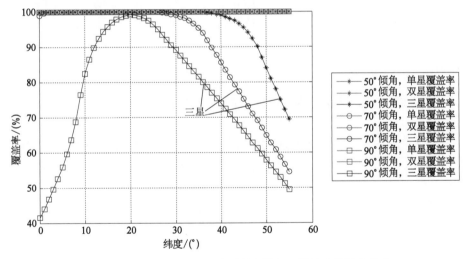

**图 4-28　3 种轨道倾角星座对基本服务区的纬度覆盖率分布**

### 4.4.2.2　双 IGSO 星座

1)1+1IGSO 星座

1+1IGSO 星座包含两个 IGSO 卫星,轨道倾角相同,所不同的是真近点角,相位上相差 180°。RAAN 分别为 75°和 160°。图 4-32 分别给出了轨道倾角为 30°,45°,55°,70°时星座的覆盖区域示意图。可以看出,随着仰角的增加,覆盖区域逐渐变小,多星覆盖性能下降。30°及 45°倾角星座可以实现对整个中国区域的单星 100%覆盖。

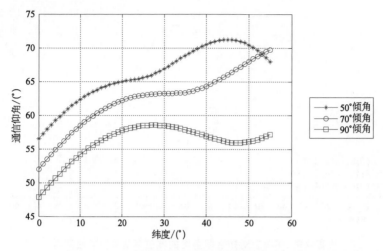

图 4‑29　3 种轨道倾角星座对基本服务区的平均通信仰角分布

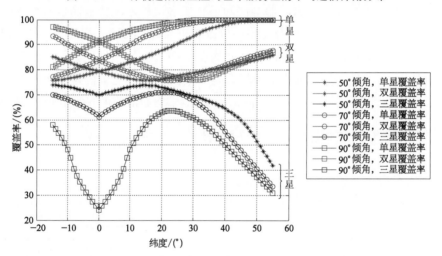

图 4‑30　3 种轨道倾角星座对增强服务区的平均纬度覆盖率分布

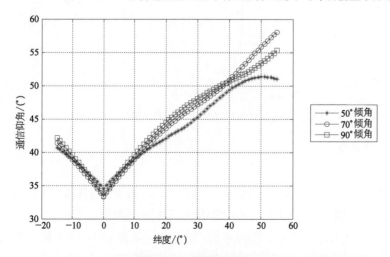

图 4‑31　3 种轨道倾角星座对增强服务区的平均通信仰角分布

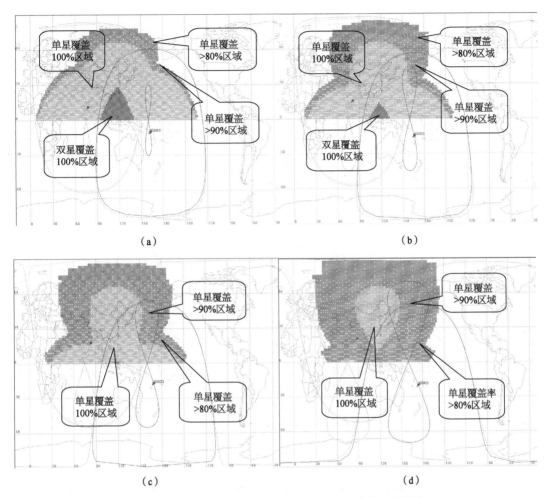

**图 4 - 32　4 种不同轨道倾角的 1+1IGSO 星座的二维覆盖**

(a) 轨道倾角 30°；(b) 轨道倾角 45°；(c) 轨道倾角 55°；(d) 轨道倾角 70°

　　图 4-33～图 4-35 给出了轨道倾角为 30°时 1+1IGSO 星座在基本服务区、增强服务区和拓展服务区的覆盖率以及平均通信仰角。可以看出该星座在基本服务区可以实现单星 100%覆盖，能够实现除低纬度地区的 80%以上双星覆盖，随着纬度的增加，通信仰角从 55°下降到34°。从增强服务区的仿真图中可以看出，该星座基本能够实现单星覆盖 90%以上，双星覆盖率平均在 50%以下，平均通信仰角在 28°～48°之间，赤道上空达到最大。从拓展服务区的仿真图中可以看出该星座的单星覆盖率在 60%以上，双星覆盖率 20%以下，通信仰角均低于 30°。

　　图 4-36～图 4-39 给出了基本服务区和增强服务区在不同轨道倾角下的覆盖率以及平均通信仰角对比。对于基本服务区，随着纬度的增加，单星覆盖率不变，但是双星覆盖率下降比较明显，随着轨道倾角的增加，平均通信仰角随纬度增高而变大。对于增强服务区，轨道倾角的增加并没有引起覆盖性能的大幅改变，但平均通信仰角性能变化规律和基本服务区的平均通信仰角变化规律基本相同。从以上仿真结果对比图中可以看出，30°倾角星座的覆盖性能和平均通信仰角性能最好。

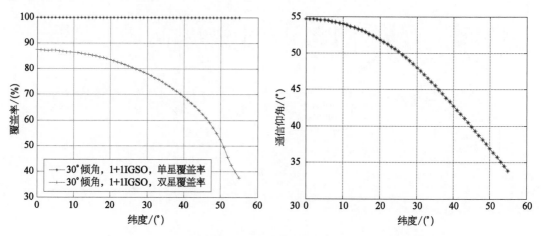

图 4-33　30°倾角星座对基本服务区的覆盖率及平均通信仰角

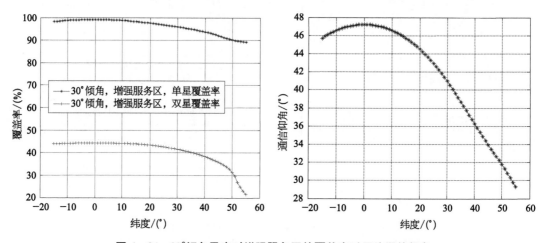

图 4-34　30°倾角星座对增强服务区的覆盖率以平均通信仰角

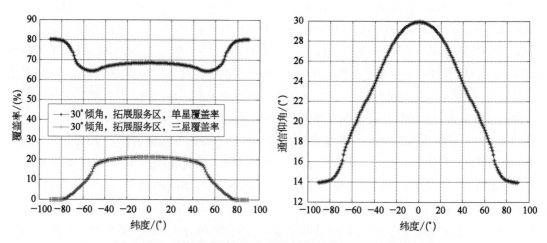

图 4-35　30°倾角星座对拓展服务区的覆盖率及平均通信仰角

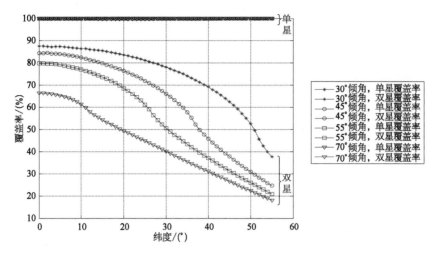

图 4‑36　基本服务区内不同轨道倾角下的覆盖率对比

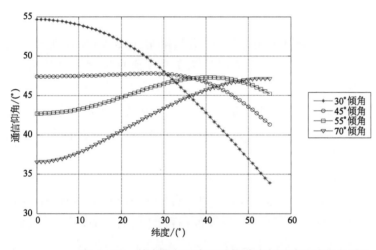

图 4‑37　基本服务区内不同轨道倾角下的通信仰角对比

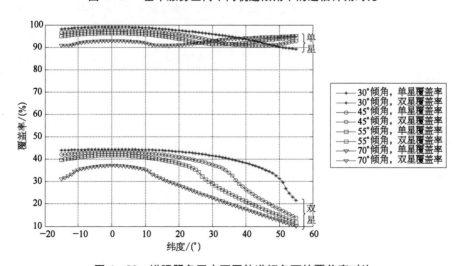

图 4‑38　增强服务区内不同轨道倾角下的覆盖率对比

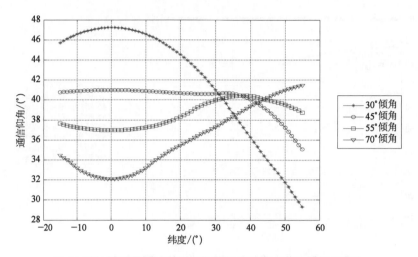

**图 4 - 39 增强服务区内不同轨道倾角下的平均通信仰角对比**

2）2＋1IGSO 星座

2＋1IGSO 星座包含两个 IGSO 卫星星座，轨道倾角相同，RAAN 分别为 75°和 160°。RAAN 为 75°的星座包含两颗 IGSO 卫星，RAAN 为 160°星座只包含一颗 IGSO 卫星。根据分集需要，3 个卫星之间的相位相差 120°。图 4 - 40 分别给出了轨道倾角为 30°，45°，55°，70°时星座的覆盖区域。可以看出，随着仰角的增加，覆盖区域逐渐变小，多星星覆盖性能下降。30°及 45°倾角星座能使整个中国区域实现单星不间断覆盖，30°倾角能够使中国大部区域实现双星不间断覆盖。

图 4 - 41～图 4 - 43 给出了轨道倾角为 30°时 2＋1IGSO 星座在基本服务区、增强服务区和拓展服务区的覆盖性能以及平均通信仰角。可以看出该星座在基本服务区可以完全实现单星 100％覆盖，基本上能够实现双星 100％覆盖，随着纬度的增加，平均通信仰角从 58°下降到 41°。从增强服务区的仿真图中可以看出，该星座基本能够实现单星覆盖 90％以上，平均通信仰角在 33°～49°之间，低纬度地区通信仰角较高，随着纬度的增加，平均通信仰角

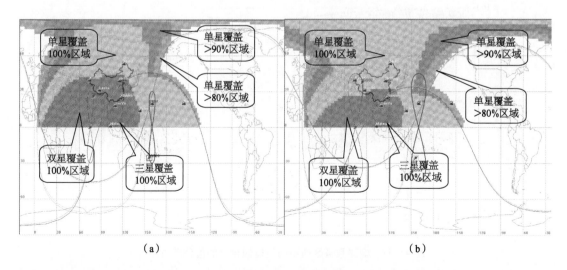

（a） （b）

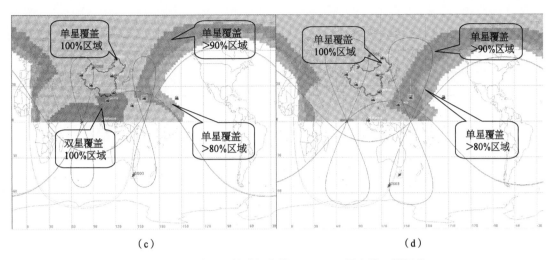

（c）　　　　　　　　　　　　　　　　　　（d）

**图 4 - 40　4 种不同轨道倾角的 2＋1IGSO 星座的二维覆盖**

(a) 轨道倾角 30°；(b) 轨道倾角 45°；(c) 轨道倾角 55°；(d) 轨道倾角 70°

变小。从拓展服务区的仿真图中可以看出该星座的单星覆盖率在 70％以上，双星覆盖率 50％以下，三星覆盖率 20％以下，平均通信仰角均低于 32°。

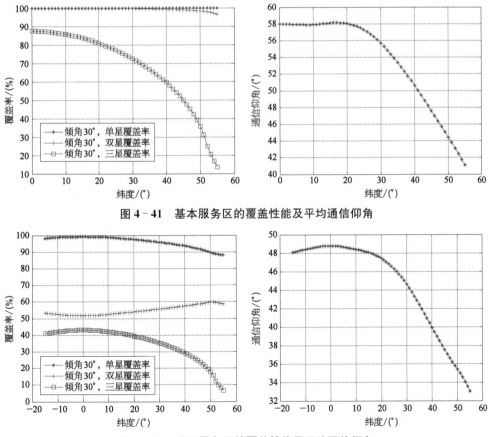

**图 4 - 41　基本服务区的覆盖性能及平均通信仰角**

**图 4 - 42　增强服务区的覆盖性能及平均通信仰角**

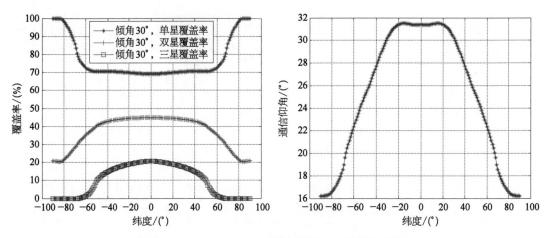

**图 4-43 拓展服务区的覆盖性能及平均通信仰角**

图 4-44~图 4-47 给出了 2+1IGSO 星座在不同轨道倾角下对基本服务区和增强服务区的覆盖性能及平均通信仰角对比情况。对于基本服务区,随着纬度的增加,单星覆盖率不变,但是双星覆盖率下降比较明显;随着轨道倾角的增加,平均通信仰角高性能区域由低纬度转到高纬度。对于增强服务区,轨道倾角的增加并没有引起覆盖性能的大幅改变,但平均通信仰角性能变化规律和基本服务区的相同。可以看出 45°倾角时,双星覆盖率下降不是很明显,但是在基本服务区以及增强服务区内平均通信仰角均分别能达到 50°和 40°以上,可以考虑作为备选方案。

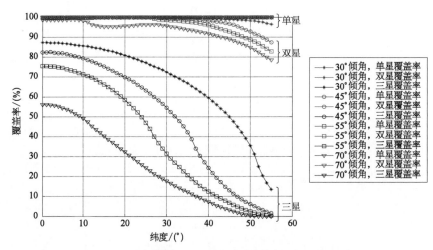

**图 4-44 基本服务区内不同轨道倾角下的覆盖率对比**

3) 2×2IGSO 星座

2×2IGSO 星座包含两个 2IGSO 星座,每个星座中的 2 颗卫星在地面的轨迹重合,轨道倾角相同,RAAN 相位上相差 180°。表 4-4 给出了星座参数。图 4-48 分别给出了轨道倾角为 30°,45°,55°,70°时星座的覆盖区域。可以看出,随着仰角的增加,覆盖区域逐渐变大,但是双星以及三星覆盖性能下降。30°倾角星座整个中国区域可以实现双星不间断覆盖。

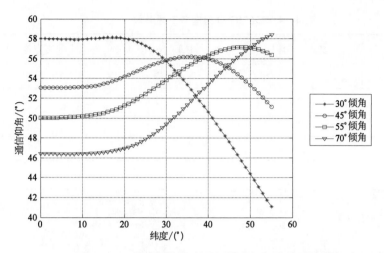

图 4-45 基本服务区内不同轨道倾角下的通信仰角对比

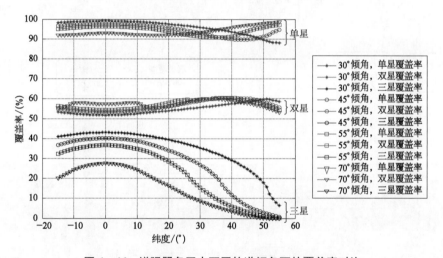

图 4-46 增强服务区内不同轨道倾角下的覆盖率对比

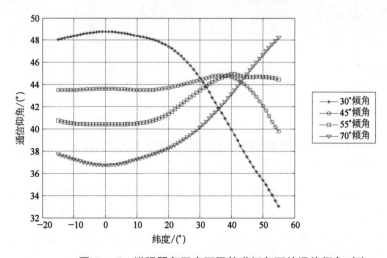

图 4-47 增强服务区内不同轨道倾角下的通信仰角对比

表 4-4  2×2IGSO 星座各卫星参数

| | 真近点角(°) | RAAN(°) | 升交点经度(°) |
|---|---|---|---|
| IGSO1_1 | 0 | 144.5 | 75 |
| IGSO1_2 | 180 | 324.5 | 75 |
| IGSO2_1 | 90 | 139.5 | 160 |
| IGSO2_2 | 270 | 319.5 | 160 |

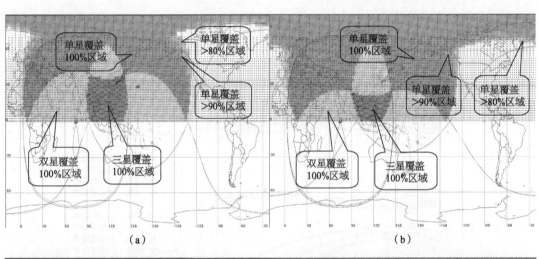

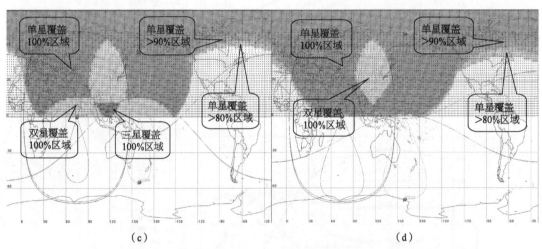

图 4-48  2×2IGSO 星座 4 种不同轨道倾角的二维覆盖

(a) 轨道倾角 30°；(b) 轨道倾角 45°；(c) 轨道倾角 55°；(d) 轨道倾角 70°

图 4-49～图 4-51 给出了轨道倾角为 30°时 2×2IGSO 星座在基本服务区、增强服务区和拓展服务区的覆盖性能以及平均通信仰角。可以看出，该星座在基本服务区可以实现单星覆盖率 100%，除去高于纬度 53°，能够实现 100%的双星覆盖率和 85%以上的三星覆盖率，并且通信仰角能够达到 44°以上，在 22°左右平均通信仰角能够达到 63°。从增强服务区

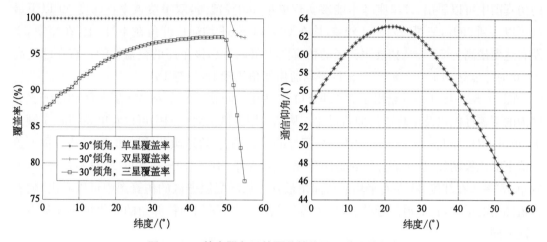

图 4‑49　基本服务区的覆盖性能及平均通信仰角

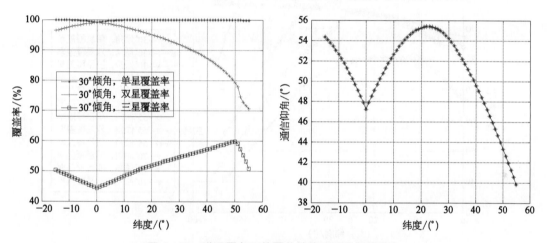

图 4‑50　增强服务区的覆盖性能及平均通信仰角

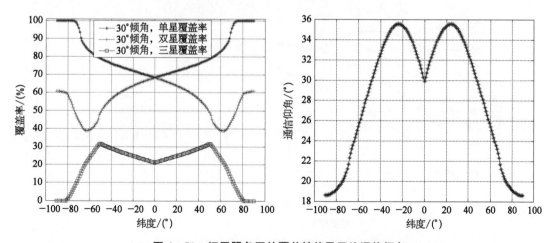

图 4‑51　拓展服务区的覆盖性能及平均通信仰角

的仿真图中可以看出,该星座基本能够实现单星 100％覆盖,双星覆盖率在纬度 50°以下最高可以达到 99％,三星覆盖率比较差,均在 60％以下,平均通信仰角在 40°以上,在纬度 22°左右达到最高为 55°。从拓展服务区的仿真图中可以看出该星座的覆盖性能只有在纬度高于 70°时才能达到 100％覆盖,在极区平均通信仰角比较低,只有 18°。

图 4 - 52～图 4 - 55 给出了 2×2IGSO 星座在不同轨道倾角对基本服务区和增强服务区内的覆盖性能以及平均通信仰角对比。从基本服务区的对比图中可以看出 30°和 45°倾角下,单星、双星以及三星覆盖率均能达到很好的性能,随着轨道倾角的增加,双星和三星覆盖性能下降比较明显,这个服务区轨道倾角 30°的星座平均通信仰角在纬度 20°性能最好,轨道倾角 45°星座在纬度 35°左右平均通信仰角最好。从增强服务区的仿真图中可以看出,随着轨道倾角的增加,在赤道附近单、双星覆盖性能均变差,平均通信仰角的变化规律和基本服务区相同。

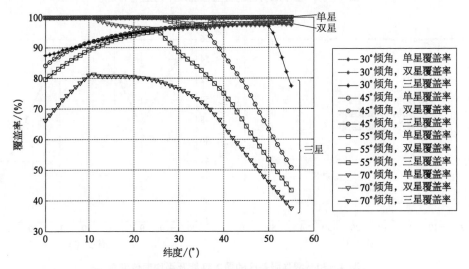

**图 4 - 52  基本服务区内不同轨道倾角下的覆盖率对比**

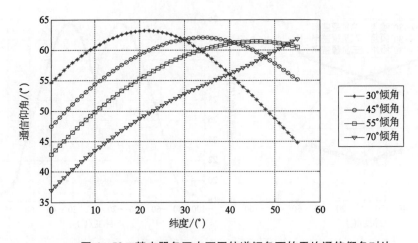

**图 4 - 53  基本服务区内不同轨道倾角下的平均通信仰角对比**

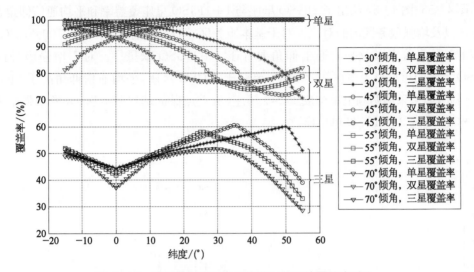

图 4‑54　增强服务区内不同轨道倾角下的覆盖率对比

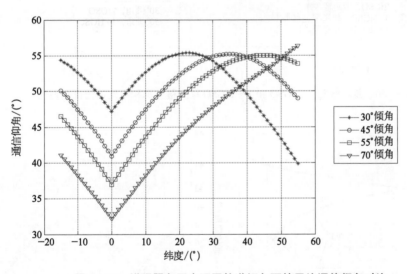

图 4‑55　增强服务区内不同轨道倾角下的平均通信仰角对比

### 4.4.2.3　单 IGSO 星座与双 IGSO 星座的覆盖性能对比

在卫星数量相同的情况下,单 IGSO 星座和双 IGSO 星座到底孰优孰劣,需要进行对比分析,下面从覆盖性能的角度对以下几种单 IGSO 星座和双 IGSO 星座进行对比分析:

(1) 同为 2 颗,轨道倾角同为 30°的 2IGSO 星座和 1+1IGSO 星座。

(2) 同为 3 颗,轨道倾角同为 30°的 3IGSO 星座和 2+1IGSO 星座。

(3) 同为 4 颗,轨道倾角同为 70°的 4IGSO 星座和 2×2IGSO 星座。

覆盖性能包括覆盖率和平均通信仰角两个方面。

1) 2IGSO 和 1+1IGSO 星座

星座参数的设定参照 4.4.2.1 节以及 4.4.2.2 节。

图4-56、图4-57给出了2IGSO星座与1+1IGSO星座覆盖率和平均通信仰角在基本服务区以及增强服务区内的对比。对于基本服务区,两者单星覆盖率均为100%,2IGSO单星座的双星覆盖率以及平均通信仰角要好于1+1IGSO双星座。对于增强服务区,1+1IGSO星座的单星覆盖率在90%以上,要好于2IGSO星座,平均通信仰角高于2IGSO星座。因此,如果采用两颗卫星构成IGSO星座,从重点保证基本服务区、兼顾增强服务区的目标出发,应选2星IGSO单星座。

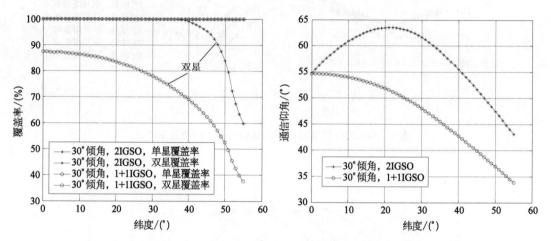

**图4-56　基本服务区2IGSO和1+1IGSO星座覆盖率和平均通信仰角对比**

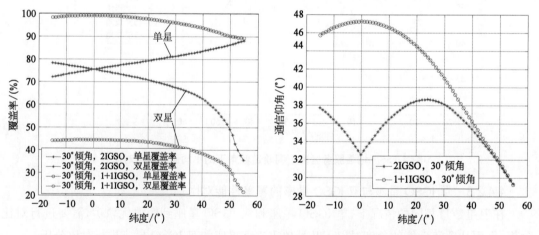

**图4-57　增强服务区2IGSO和1+1IGSO星座覆盖率和平均通信仰角对比**

2) 3IGSO和2+1IGSO星座

星座参数的设定参照4.4.2.1节以及4.4.2.2节。

图4-58、图4-59给出了三星IGSO星座与2+1IGSO星座覆盖率和平均通信仰角在基本服务区以及增强服务区内的性能对比。对于基本服务区,两者单星覆盖率均为100%,双星覆盖性能相当,三星覆盖率以及平均通信仰角3IGSO星座要好于2+1IGSO星座。对

于增强服务区,2+1IGSO 星座的单星覆盖率在 90％以上,要好于 3IGSO 星座,平均通信仰
角高于 3IGSO 星座。

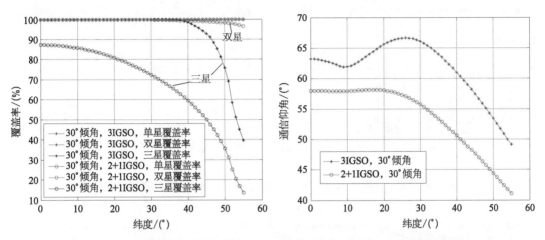

图 4-58　基本服务区 3IGSO 和 2+1IGSO 星座覆盖率和平均通信仰角对比

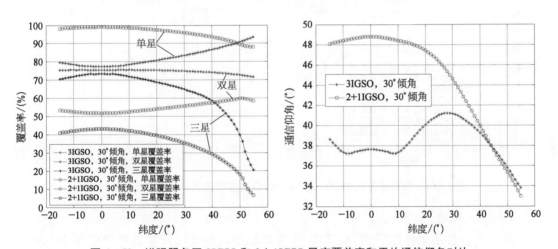

图 4-59　增强服务区 3IGSO 和 2+1IGSO 星座覆盖率和平均通信仰角对比

3）4IGSO 和 2×2IGSO 星座

星座参数的设定参照 4.4.2.1 节以及 4.4.2.2 节。

从图 4-60、图 4-61 可以看出,对于基本服务区,两个星座均能达到单星 100％覆盖,双
星覆盖率 4IGSO 星座能达到 100％,2×2IGSO 星座只有在纬度 10°以下才能双星 100％覆
盖,其余纬度带在 95％左右,2×2IGSO 星座的三星覆盖率均在 80％以下,远远不如 4IGSO
星座,在平均通信仰角性能方面 2×2IGSO 星座也比 4IGSO 星座差。对于增强服务区,2×
2IGSO 星座的单双星覆盖性能优于 4IGSO 星座,但三星覆盖性能比 4IGSO 星座差,两者的
平均通信仰角相当。

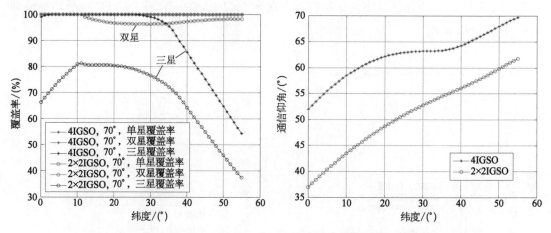

图 4‑60　基本服务区 4IGSO 和 2×2IGSO 星座覆盖率和平均通信仰角对比

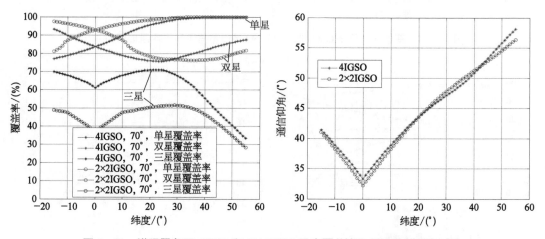

图 4‑61　增强服务区 4IGSO 和 2×2IGSO 星座覆盖率和平均通信仰角对比

#### 4.4.2.4　结论

从以上仿真结果可以看出,要满足对基本服务区的 100% 覆盖和增强服务区的较好覆盖性能,选择 3 星和 4 星 IGSO 星座比较好,综合来看,倾角 45° 的 3 星 IGSO 星座已能较好地满足覆盖需求,即对基本服务区的 100% 覆盖和增强服务区的较好覆盖,平均通信仰角性能也不错,而卫星数量比 4 星星座减少了 1 颗,因此选择 3 星 IGSO 星座。而选择 2+1IGSO 双星座还是 3IGSO 单星座,从上述对比分析来看,3IGSO 单星座能更好地满足基本服务区的覆盖需求,因此选择轨道倾角为 45° 的 3 星 IGSO 单星座较合适。

### 4.4.3　24 星 LEO 星座

基于以区域覆盖为主(基本服务区),兼顾全球(增强服务区及拓展服务区)的思想,设计一种纬度带覆盖星座,覆盖南北纬 55° 之间的带状区域,该星座既覆盖我国国土及周边的基本服务区,也覆盖增强服务区全部及部分拓展服务区,而卫星总体数量不太大,总体造价不太高,综合效能较优。经分析比较,选择轨道高度为 1 450 km,卫星在这个高度的回归周期正好是 2 天,也便于卫星的跟踪及网络的拓扑控制。

Walker 星座参数通常用($T$, $P$, $F$)表示(也可表示为 $T/P/F$),$T$ 为卫星总数,$P$ 为轨道数,$F$ 为相位因子,经过分析,采用 24/3/1Walker 星座能够满足上述要求。24 星 LEO Walker 星座参数如表 4 - 5 所示。

表 4 - 5　24/3/1Walker 星座参数

| 星　座　类　型 | Walker 星座 |
|---|---|
| 卫星总数($T$) | 24 |
| 轨道平面数($P$) | 3 |
| 相位因子($F$) | 1 |
| 轨道高度/km | 1 450 |
| 轨道倾角/(°) | 30 |

24/3/1 星座在纬度 0°～44°范围可以实现 98％以上的覆盖率,其中对于 0°～10°和 20°～40°的纬度范围可以实现 100％的覆盖,基本覆盖我国的大部分区域,星座的覆盖性能如图 4 - 62～图 4 - 65 所示。

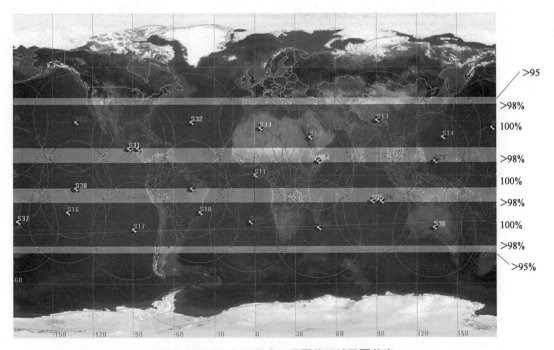

图 4 - 62　24/3/1 星座二维覆盖区域及覆盖率

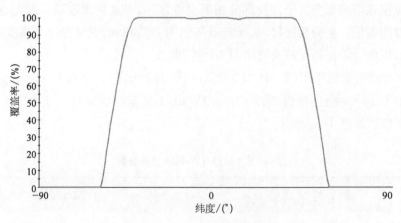

图 4‑63    24/3/1 星座覆盖性能

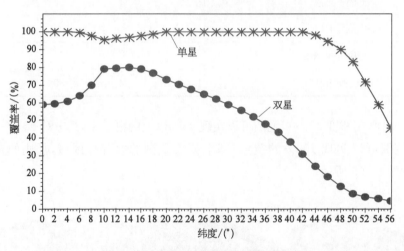

图 4‑64    24/3/1 星座的多星覆盖性能

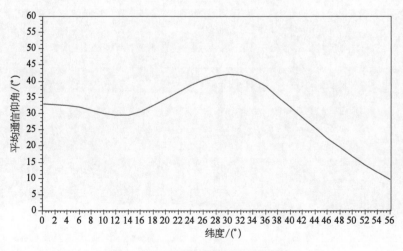

图 4‑65    不同纬度的平均通信仰角

24/3/1 星座可以为热点地区提供实时的通信服务,基本覆盖东南沿海的区域;对台湾地区的访问持续时间占星座运行时间的 100%,即全时段覆盖。不同可通率条件下热点地区的通信范围如图 4-66 所示。

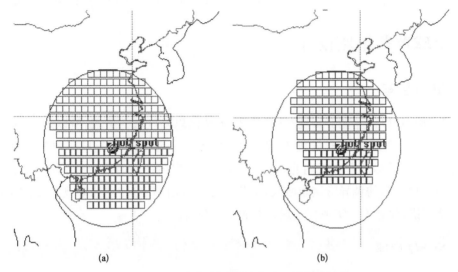

(a) (b)

**图 4 - 66　24/3/1 星座对热点地区的覆盖性能**

(a) 24/3/1 方案,可通率大于 98% 的区域,面积 372.7 万 km²;(b) 24/3/1 方案,可通率达到 100% 的区域,面积 246.7 万 km²

卫星之间采用星间链路(包括同轨面星间链路和异轨面星间链路)后,实时通信范围可以扩展到除高纬度地区外的全球各地。图 4-67 给出了建立星间链路后,通信范围的扩大情况。

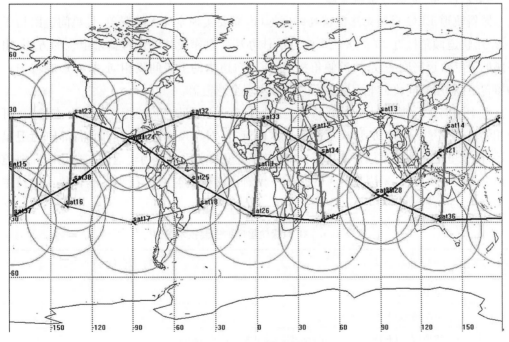

**图 4 - 67　星间链路的连通**

由于采用倾斜圆轨道,在一个轨道周期内,相邻轨道面卫星之间的几何关系变化比较大,在轨道面之间的某两颗卫星之间始终建立星间链路是很困难的,但在某一段时间内,还是可行的。

## 4.5 全球覆盖星座设计

### 4.5.1 GEO 星座

采用 3 颗 GEO 卫星能够实现对地球除两极地区以外区域的覆盖,所以采用 GEO 卫星并不能实现真正意义上的全球覆盖,但通常也把它称为全球覆盖星座,如 INMARSAT Bgan,采用 3 颗 GEO 卫星实现南北纬 70°范围内的多媒体移动通信。由于境外设置信关站困难以及 GEO 轨位协调异常困难所限,本节不考虑采用 GEO 卫星来实现我国的全球覆盖星座,严格来讲,他并不能实现真正意义上的全球覆盖。

### 4.5.2 NGSO 星座

采用 NGSO 卫星星座实现全球覆盖是本节研究的重点。基于 NGSO 星座实现全球覆盖的系统已有很多,如前所述,主要集中在 LEO 星座、MEO 星座方面。下面主要探讨基于 40 星和 48 星 LEO 极轨星座、10 星 MEO 星座和 6 星 IGSO 星座。以下所有的星座覆盖性能统计分析,用户终端最低通信仰角取值均为 10°。

#### 4.5.2.1 40 星 LEO 极轨星座

倾斜轨道 LEO 星座无法覆盖高纬度地区,而要实现全球无缝覆盖,且星间链路易于建立,采用轨道倾角接近 90°的极轨星座是最佳办法。星座设计利用覆盖带组合的方法,组成星座的卫星轨道高度一致,轨道倾角相同,同一轨道内的卫星间隔相同,从而形成均匀一致的覆盖带,利用不同轨道平面覆盖带的组合实现全球覆盖。

对于同向运行轨道,由于相邻轨道卫星同向运行,卫星之间的相互位置基本稳定,可以使相邻轨道卫星错位排列,形成卫星覆盖区的互补;对于反向运行轨道面,相邻轨道卫星反向运行,卫星之间的相对位置变化较大,覆盖带宽度要求反向运动轨道面夹角比同向轨道面夹角小。经分析比较,采用 40/5/3 的 LEO 极轨星座能基本实现全球覆盖,该星座的技术参数如表 4-6 所示。

表 4-6　40 星极轨星座的主要技术参数

| 星　座　类　型 | 极　轨　星　座 |
| --- | --- |
| 总卫星数($T$) | 40 |
| 总轨道数($P$) | 5 |
| 相位因子($F$) | 3 |

（续表）

| 星　座　类　型 | 极　轨　星　座 |
| --- | --- |
| 轨道倾角/(°) | 86 |
| 轨道高度/km | 1 450 |
| 1~5 轨道面夹角/(°) | 37.6 |
| 偏心率(e) | 0 |
| 轨道周期/min | 114.9 |

从图 4 - 68、图 4 - 69 可以看出，该星座对全球的覆盖率达到 100%，双星覆盖率大于 38%，星座保证用户终端具有 32°以上的平均通信仰角。

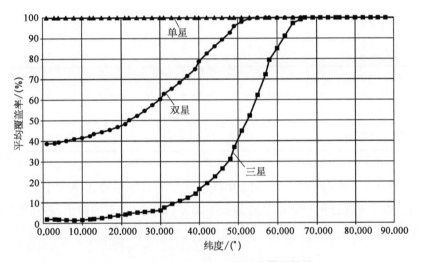

**图 4 - 68　40 星 LEO 极轨星座覆盖性能**

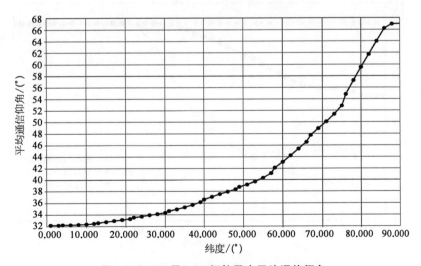

**图 4 - 69　40 星 LEO 极轨星座平均通信仰角**

### 4.5.2.2　48 星 LEO 极轨星座

从上一节可知,40 星极轨星座对纬度 30°以下的区域双星覆盖率小于 60%,最低低于 40%,且纬度 50°以下中低纬度带的平均通信仰角小于 39°,要想提高通信性能,必须增加轨道面和卫星数量。基于此,设计了一种 48 星的极轨星座,具体参数如表 4－7 所示。

表 4－7　48 星极轨星座的主要技术参数

| 星　座　类　型 | 极　轨　星　座 |
| --- | --- |
| 总卫星数($T$) | 48 |
| 总轨道数($P$) | 6 |
| 相位因子($F$) | 3 |
| 轨道倾角/(°) | 86 |
| 轨道高度/km | 1 450 |
| 1～6 轨道面夹角(°) | 32.6 |
| 偏心率($e$) | 0 |
| 轨道周期/min | 114.9 |

如图 4－70 所示,该星座对全球的覆盖率达到 100%,双星覆盖率大于 62%,三星覆盖率大于 17%。该星座保证用户终端具有最低 13.5°、平均最小 35°的仰角,各纬度带的平均通信仰角如图 4－71 所示。

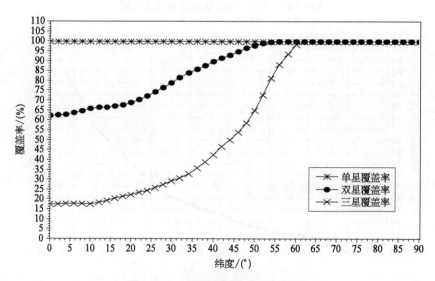

图 4－70　48 星极轨星座的覆盖性能

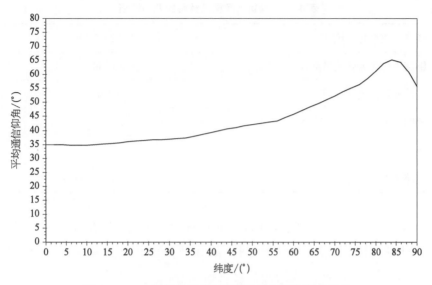

**图 4-71　48 星极轨星座对各纬度带的平均通信仰角**

48 星极轨星座能够实现全球不间断覆盖,星座卫星间同样具有星间链路。星间链路可采用 W 形连接,即每颗卫星有 4 条星间链路:两条轨道内链路,两条轨道间链路。两个反向轨道面之间没有星间链路。星间链路构型如图 4-72 所示。

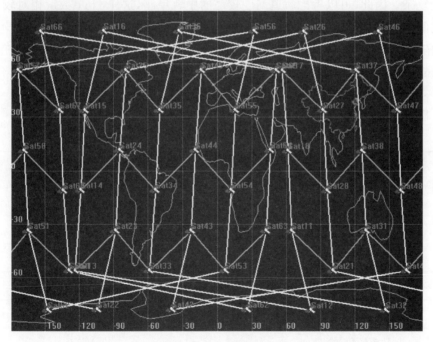

**图 4-72　星间链路**

同轨面卫星之间的星间链路几何关系固定,异轨面之间的星间链路几何关系如表 4-8 所示。

表 4-8　异轨之间星间链路的几何分析

| | |
|---|---|
| 链路距离变化范围/km | 3 232～5 446 |
| 链路方位角变化范围/(°) | −60～60 |
| 链路俯仰角变化范围/(°) | −20.357～−11.914 |
| 链路距离变化率/(km/s) | −2.2～2.2 |
| 链路方位角变化率/(°/s) | −0.06～0.07 |
| 链路俯仰角变化率/(°/s) | −0.008～0.008 |

异轨面卫星之间的方位角和俯仰角在两极地区变化剧烈,并且可能同时存在多个星间链路,造成星间链路相互之间的干扰,故在两极地区系统将关闭部分异轨面星间链路。

### 4.5.2.3　10 星 MEO 星座

上述采用 LEO 星座的优点是轨道高度低、空间传播距离小、传播损耗较小、时延较低、有利于提供实时业务。缺点是终端与卫星之间的相对运动速度较快,多普勒频移较大;波束间切换与星间切换频繁,容易造成掉话;而且卫星数量多,网络拓扑切换频繁,系统控制较复杂。因此,可以考虑轨道高度较高的中轨星座,这样,卫星数量相对较少,终端与卫星之间的相对运动速度较慢,多普勒频移较小,波束间切换与星间切换也不那么频繁,网络拓扑与系统控制相对 LEO 星座较为简单。综合分析比较,采用轨道高度为10 355 km 的 MEO 较为合适(ICO 系统也是该高度)。星座参数如表 4-9 所示,各卫星参数如表 4-10 所示。

表 4-9　10 星 MEO 星座的主要技术参数

| 星　座　类　型 | Walker 星座 |
|---|---|
| 轨道高度/km | 10 355 |
| 总卫星数($T$) | 10 |
| 总轨道数($P$) | 2 |
| 相位因子($F$) | 0/1 |
| 轨道倾角/(°) | 45 |
| 轨道倾角/(°) | 40/45/50 |
| 轨道周期 | 1/4 恒星日 |
| 回归周期 | 1 个恒星日 |

表 4‑10　10 星 MEO 星座卫星的主要轨道参数

| 卫 星 号 | 升交点赤经 | 平近点角（相位因子 0/1） |
| --- | --- | --- |
| MEO11 | 0° | 0° |
| MEO12 | 0° | 72° |
| MEO13 | 0° | 144° |
| MEO14 | 0° | 216° |
| MEO15 | 0° | 288° |
| MEO21 | 180° | 0°/36° |
| MEO22 | 180° | 72°/108° |
| MEO23 | 180° | 144°/180° |
| MEO24 | 180° | 216°/252° |
| MEO25 | 180° | 288°/324° |

1）覆盖性能

（1）相位因子 0。采用仿真软件，调整各轨道参数，使得星座的覆盖性能达到最优。图 4‑73、图 4‑74 分别给出了该星座的三维和二维覆盖图。从图中可以看出该星座能够实现对全球的无缝覆盖。图 4‑75 给出了该星座的纬度覆盖特性，统计出了单星、双星和三星覆盖率，该星座具有很好的单星覆盖率。图 4‑76 给出了该星座平均通信仰角随着纬度的变化规律，该星座在中低纬度地区平均通信仰角能够达到 50°以上。

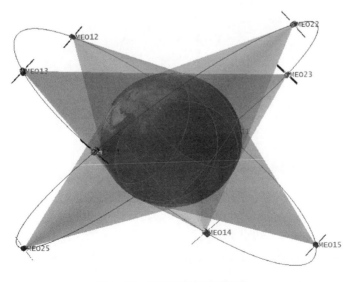

图 4‑73　MEO 星座三维覆盖

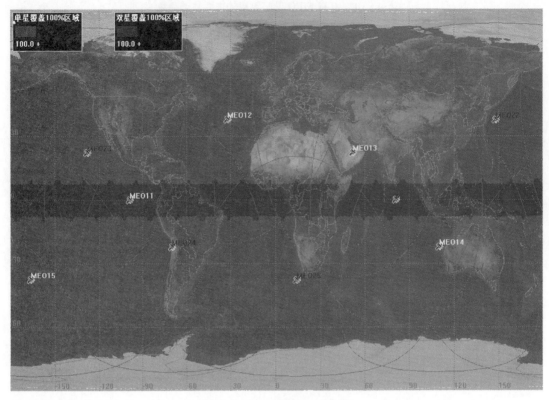

图 4-74　MEO 星座二维覆盖

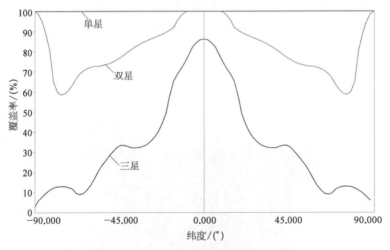

图 4-75　MEO 星座覆盖率随纬度变化

图 4-77 给出了异轨相邻卫星在一个回归周期的 AER 曲线,MEO11 和 MEO23 之间一直可见,距离在 8 000～23 000 km 变化,方位角在 85°～275°之间变化,仰角在 -13°～-45°之间变化,且按轨道周期呈周期性变化。其距离变化几乎呈周期性的线性变化,距离变化率约为

$$(23\,000-8\,000)/[3\,600\times(24/4)/4]\approx2.78 \text{ km/s}$$

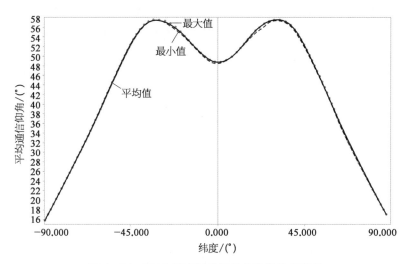

图 4-76　MEO 星座平均通信仰角随纬度变化

方位角变化同样如此,变化率约为

$$(275°-85°)/(3\ 600×24/8)≈0.017\ 59°/s$$

同样,仰角变化率大约为

$$(45°-13°)/(3\ 600×24/8/2)≈0.005\ 93°/s$$

可见,其变化率是较慢的,但异轨星间链路天线与同轨面星间链路天线位于同一侧,可能存在干扰。

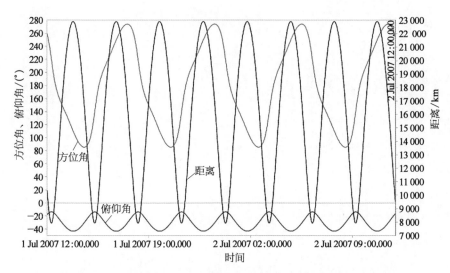

图 4-77　MEO 星座异轨邻星方位角、俯仰角、距离随时间变化关系

(2) 相位因子 1。图 4-78、图 4-79 分别给出了该星座的三维和二维覆盖图,可以看出该星座能够实现对全球的无缝覆盖。图 4-80 给出了该星座的纬度覆盖特性,统计了单星、

双星和三星的覆盖率,可以看出,该星座具有很好的单星覆盖率,中纬度地区的双星覆盖率
也在80%以上。图4-81给出了该星座平均通信仰角随纬度的变化规律,中低纬度地区平
均通信仰角能达到42°以上,但在两极地区,仰角较低,最低只有18°。图4-82给出了星间
AER变化情况。

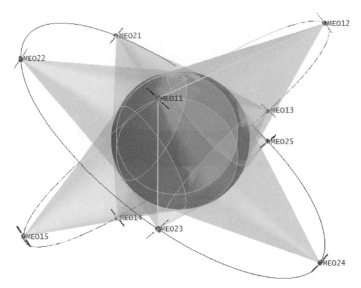

图 4 - 78　MEO 星座三维覆盖

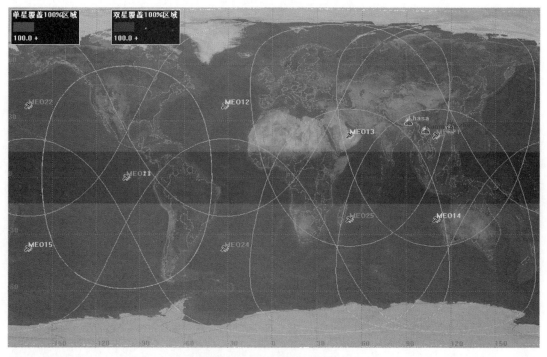

图 4 - 79　MEO 星座二维覆盖

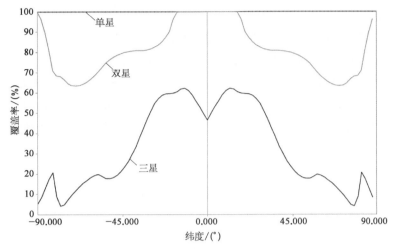

图 4‑80 MEO 星座覆盖率随纬度变化

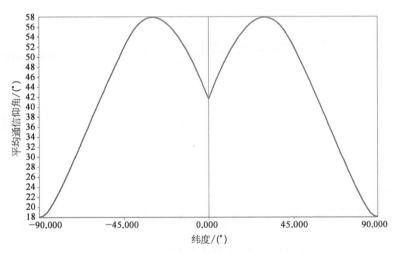

图 4‑81 MEO 星座平均通信仰角随纬度变化

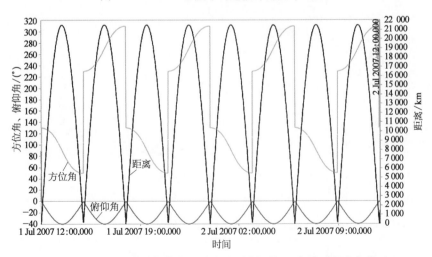

图 4‑82 MEO 星座异轨邻星方位角、俯仰角、距离随时间变化关系

2）性能对比

相位因子为 0 时，异轨两颗邻星的方位角的变化范围为 85°～275°。去除方位角变化比较大的时间段，异轨链路的天线应放置在卫星的前后两端，可能会存在与同轨天线相互干扰的情况。相位因子为 1 时，异轨相邻卫星的方位角变化范围为 50°～130° 或 230°～310°，去除方位角变化比较大的时间段，异轨链路的天线应放置在卫星的左右两侧，不会存在相互干扰。不考虑干扰问题，两者均能满足系统设计要求，下面针对两种星座类型的不同轨道倾角进行仿真。仿真的轨道倾角分别为 40°，45°，50°，通过仿真找到变化趋势，从而选取一个合适的轨道倾角。

（1）相位因子 0。图 4-83 和图 4-84 给出了相位因子为 0，轨道倾角分别为 40°，45°，50° 时星座的覆盖率和平均通信仰角对比，各个倾角的星座都可实现全球 100% 的单星覆盖率，而平均通信仰角以纬度 35° 为分界，低于该纬度的平均通信仰角按照 50°，45°，40° 星座的顺序逐次增大，高于该纬度的平均通信仰角按照 50°，45°，40° 星座的顺序逐次减小。

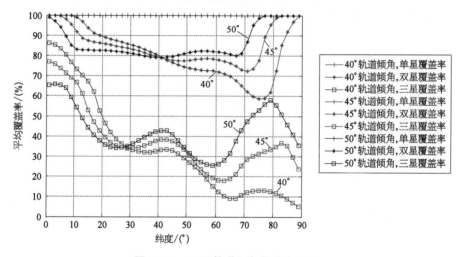

图 4-83　不同轨道倾角覆盖率对比

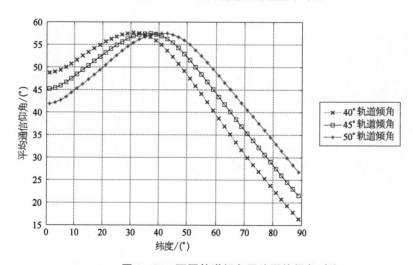

图 4-84　不同轨道倾角平均通信仰角对比

（2）相位因子 1。图 4‑85 和图 4‑86 给出了相位因子为 1，轨道倾角分别为 40°，45°，50°时星座的覆盖率和平均通信仰角对比，与相位因子为 0 的规律几乎相同，各个倾角的星座都可实现全球 100% 的单星覆盖率，而平均通信仰角以纬度 36° 为分界，低于该纬度的平均通信仰角按照 50°，45°，40°星座的顺序逐次增大，高于该纬度的平均通信仰角按照 50°，45°，40°星座的顺序逐次减小。

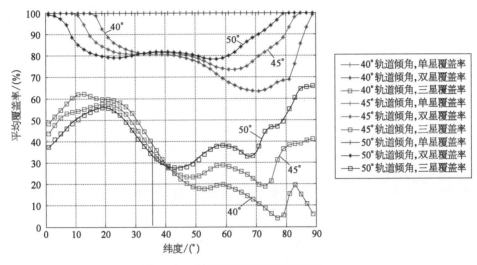

图 4‑85　不同轨道倾角覆盖率对比

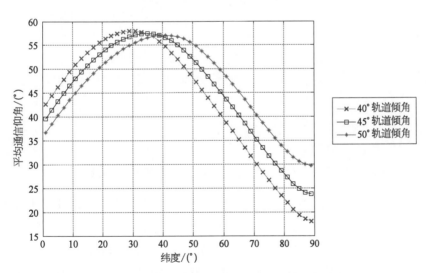

图 4‑86　不同轨道倾角平均通信仰角对比

（3）两者对比。图 4‑87 和图 4‑88 给出了轨道倾角为 45°时两种相位因子的覆盖性能对比。

通过上面的仿真分析可得：① 两种相位因子的 MEO 星座均能满足全球覆盖的要求。② 相位因子为 0 时，同轨异轨天线在同一侧，可能会存在干扰。③ 通过不同倾角的分析，3

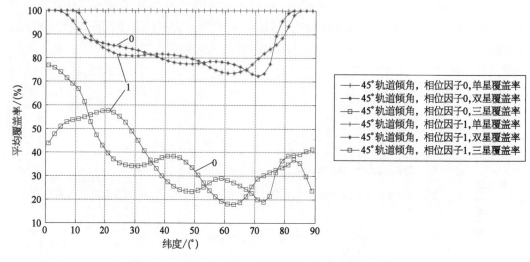

图 4-87　同一轨道倾角不同相位因子的覆盖率对比

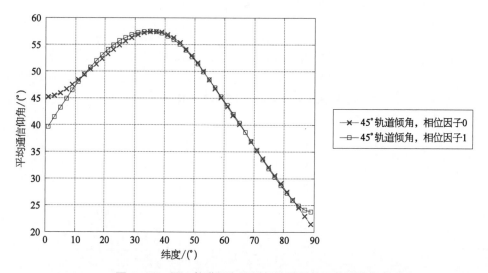

图 4-88　同一轨道倾角不同相位因子的平均通信仰角对比

个角度均能满足单星 100% 覆盖,随着轨道倾角的增加,多星覆盖率增加,平均通信仰角最高值从低纬度到中高纬度地区转移;由于基本服务区和增强服务区属于纬度小于 55°的中低纬度地区,综合来看,45°倾角星座对这两个区域的覆盖性能更好,对包含两极地区的拓展服务区来说,覆盖性能也能兼顾,因此选择 45°倾角作为 10 星 MEO 星座的轨道倾角。④ 同一轨道倾角,不同的相位因子的覆盖率交替变化,赤道和两极地区的平均通信仰角差别比较大,中间变化趋势相当。

### 4.5.2.4　6 星 HEO 星座

还可以采用 20 000 km 左右的 HEO 轨道。相对 LEO 和 MEO 来说,空间传播距离和传播损耗更大,时延较高,但是卫星数量相对更少,终端与卫星之间的相对运动速度更慢,多普勒频移更小,波束间切换与星间切换也不那么频繁,网络拓扑与系统控制更为简单。综合分析比较,可以采用轨道高度为 20 183.6 km 的 6 星 HEO。星座参数如表 4-11 所示。

表 4-11　6 星 HEO 星座的主要参数

| 星　座　类　型 | Walker 星座 |
| --- | --- |
| 轨道高度/km | 20 183.6 |
| 总卫星数($T$) | 6 |
| 总轨道数($P$) | 2 |
| 轨道倾角/(°) | 45° |
| 偏心率($e$) | 0 |
| 轨道周期 | 1/2 恒星日 |
| 回归周期 | 1 恒星日 |

调整各轨道参数,达到最优。各个卫星参数如表 4-12 所示。

表 4-12　HEO 星座的各卫星主要参数

| 卫　星　号 | 升交点赤经 | 平　近　点　角 |
| --- | --- | --- |
| HEO11 | 0° | 0° |
| HEO 12 | 0° | 120° |
| HEO 21 | 0° | 240° |
| HEO 22 | 180° | 60° |
| HEO 31 | 180° | 180° |
| HEO 32 | 180° | 300° |

1) 星座覆盖性能

图 4-89、图 4-90 分别给出了该星座的相位因子为 0 和 1 的二维覆盖图,可以看出该星座能够实现对全球的无缝覆盖。图 4-91 和图 4-92 给出了该星座两种相位因子的纬度覆盖特性,统计了单星、双星和三星的覆盖率,可以看出,该星座具有很好的单星覆盖率,低纬度和高纬度地区双星覆盖率能达到 100%,中纬度地区的双星覆盖率也在 80% 以上。图 4-93、图 4-94 给出了该星座平均通信仰角随着纬度的变化规律,可以看出,该星座平均通信仰角均在 24° 以上,中低纬度地区平均通信仰角能够达到 37° 以上,但是相位因子为 0 时,中低纬度带通信仰角较高且变化平缓,相位因子为 1 时,低纬度和高纬度地区通信仰角相对较低,因此,单从覆盖性能来看,对于我国来说,选用 0 相位因子更合适。

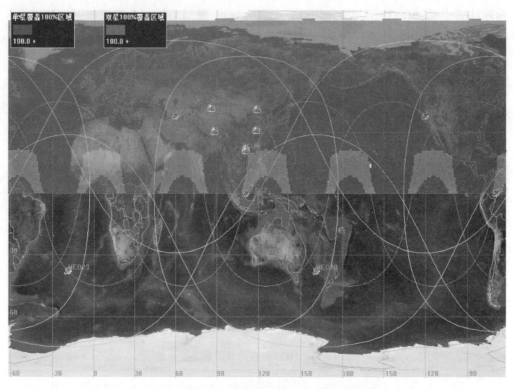

图 4‑89　HEO 星座二维覆盖(0 相位因子)

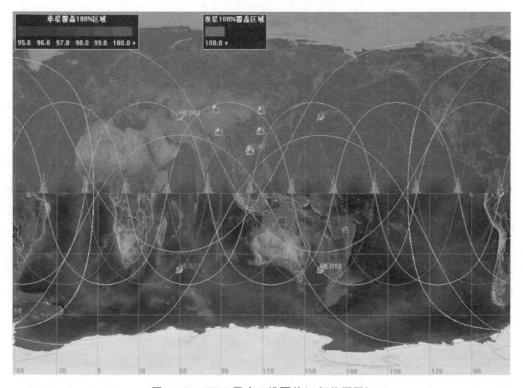

图 4‑90　HEO 星座二维覆盖(1 相位因子)

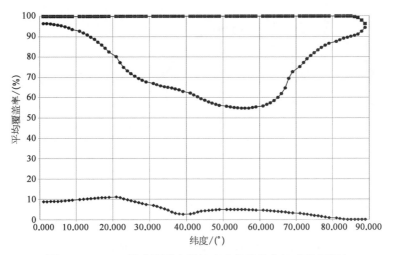

**图 4-91 HEO 星座覆盖率随纬度变化的分布(0 相位因子)**

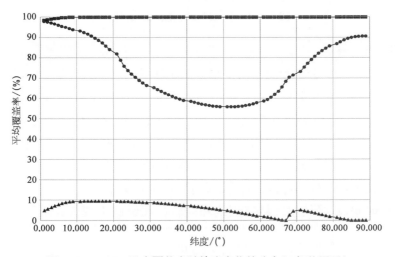

**图 4-92 HEO 星座覆盖率随纬度变化的分布(1 相位因子)**

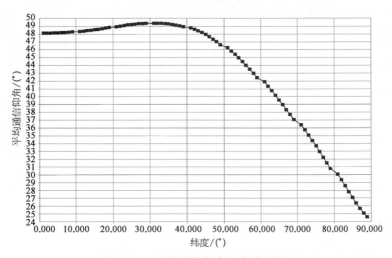

**图 4-93 平均通信仰角(0 相位因子)**

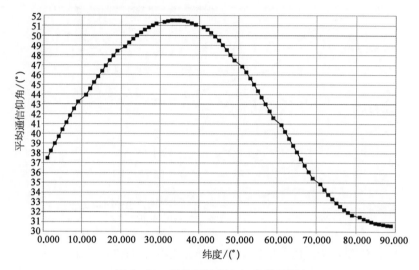

图 4‑94　平均通信仰角(1 相位因子)

2) 星间链路特性

图 4‑95、图 4‑96 分别给出了两个轨道面相邻卫星之间的链路特性,包括方位角、俯仰角和距离随时间的变化关系。可以看出,0 相位因子星座 AER 各参数曲线连续且变化较为平缓,与 10 星 MEO 星座 0 相位因子条件下的邻星链路特性类似,其方位角在 80°～270°之间、仰角在 −20°～−50°之间、距离在 19 000～42 000 km 之间变化,但是由于异轨星间链路天线和同轨星间链路天线位于同一侧,可能存在相互干扰。1 相位因子各参数曲线存在突变情况,那是因为过轨道面交叉时卫星位置关系发生了变化所致,去除方位角变化比较大的时间段,异轨星间链路天线和同轨星间链路天线应在不同侧,不存在干扰问题。

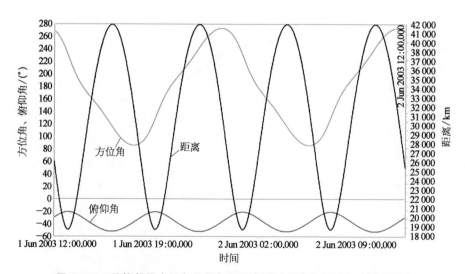

图 4‑95　异轨邻星方位角俯仰角和距离随时间变化关系(0 相位因子)

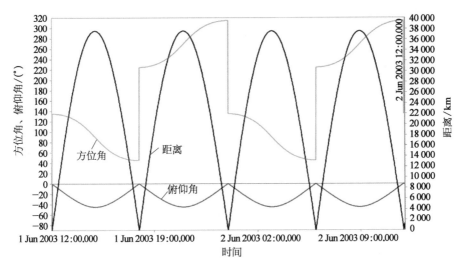

图 4‑96　异轨邻星方位角俯仰角和距离随时间变化关系(1 相位因子)

### 4.5.2.5　6 星 IGSO 星座

初步分析,采用 6 颗 IGSO 卫星,两两分别位于 3 个轨道面,组成 IGSO 星座,能够实现对全球的无缝覆盖,IGSO 卫星轨道及各星的基本参数分别如表 4‑13 和表 4‑14 所示,对轨道倾角分别取 30°,45°,55°进行对比分析,选择覆盖性能最好的轨道倾角。

表 4‑13　IGSO 卫星轨道基本参数

| 参　数　项 | 参　　数 |
| --- | --- |
| 轨道高度/km | 35 786 |
| 轨道倾角 | 30°,45°,55° |
| 轨道周期 | 1 恒星日 |
| 回归周期 | 1 天 |

表 4‑14　IGSO 星座各卫星基本参数

| 轨 道 面 | 卫 星 号 | 右升交点赤经 | 升交点经度 | 真近点角 |
| --- | --- | --- | --- | --- |
| 1♯轨道面 | IGSO11 | 249.518° | 180° | 0° |
| | IGSO12 | 249.518° | 180° | 60° |
| 2♯轨道面 | IGSO21 | 249.518° | 60° | 120° |
| | IGSO22 | 69.517 6° | 60° | 180° |
| 3♯轨道面 | IGSO31 | 69.517 6° | −60° | 240° |
| | IGSO32 | 69.517 6° | −60° | 300° |

图 4‑97 和图 4‑98 分别给出了 45°倾角的星座三维和二维覆盖图(由于南北对称,图中给出的是北半球的情况)。从图中可以看出该星座能够实现对全球的无缝覆盖。

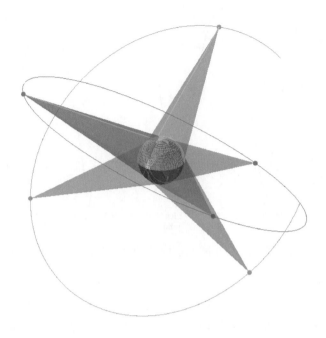

图 4‑97　IGSO 星座三维覆盖(45°倾角)

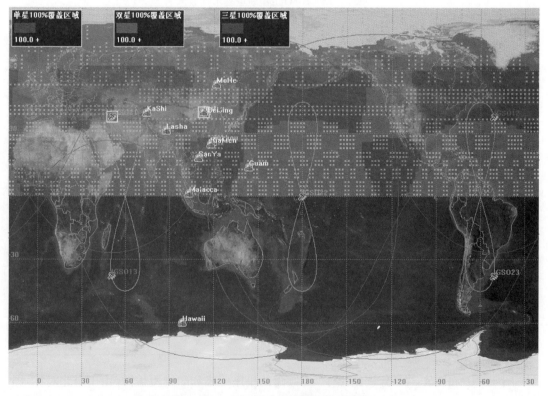

图 4‑98　IGSO 星座二维覆盖(45°倾角)

图 4-99～图 4-101 给出了星座的覆盖性能,分别对 30°,45°和 55°倾角星座的单星、双星和三星覆盖性能进行统计与对比分析。图 4-102 给出的是各星座平均通信仰角随纬度的变化对比。从上述图中可以看出,各星座都能实现对全球 100% 的单星覆盖。在双星覆盖性能方面,轨道倾角越低的星座对较低纬度区域的覆盖性能越好,轨道倾角越高的星座对较高纬度地区的覆盖性能越好,中间纬度带存在覆盖性能的"凹陷",如轨道倾角 30°星座能对纬度 45°以下及 75°以上实现 100% 的双星覆盖,而轨道倾角 55°的星座能对纬度 20°以下及 52°以上实现 100% 双星覆盖。三星覆盖率都能达到 23% 以上,但倾角 45°星座能达到 34% 以上,较其他星座高。通信仰角方面,45°倾角星座的平均通信仰角均在 35°以上,且包括我国在内的基本服务区的平均通信仰角达到 42°以上,纬度 40°以下区域的平均通信仰角较 55°倾角星座高。综合以上分析,选择星座的轨道倾角为 45°时整体性能最优。

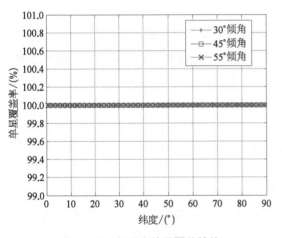

图 4-99　各星座单星覆盖性能

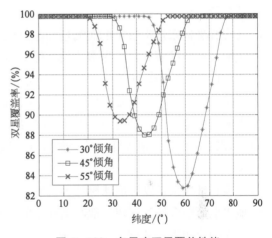

图 4-100　各星座双星覆盖性能

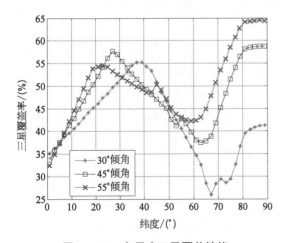

图 4-101　各星座三星覆盖性能

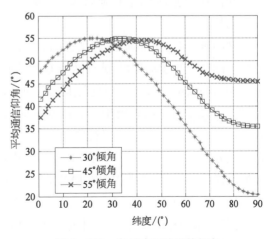

图 4-102　各星座平均通信仰角

# 4.6 卫星节点空间连通及覆盖特性

## 4.6.1 坐标转换

### 4.6.1.1 坐标系统的定义与分类

确定椭球面上某一点的位置,一定要建立相应的坐标系统,从而用其对应的坐标参数来描绘其点位。坐标系包括坐标原点、基本平面和坐标轴的指向,还应有基本的数学与物理模型。常用的坐标系统依据坐标原点位置的不同,分为站心坐标系、地心坐标系和参心坐标系等。如果从坐标的表现形式上分类,可分为大地坐标、空间直角坐标、站心直角坐标、曲面坐标和极坐标等。与地球相固连,并一起自转的坐标系叫做地固坐标系,主要用其来确定地面点的坐标。相应的另一种与地球自转无关的,空间固定的坐标系叫做天球坐标系,用其来确定地球及卫星的运行位置。

参心坐标系是指按照地面测量的数据归算到椭球时各项改正值最小的原则,以与某一区域的大地水准面贴合最为密切的椭球作为参考椭球而建立起来的坐标系。参心坐标系和参考椭球的中心密切相关,可以通过高斯投影转换为平面直角坐标,从而方便了地形和工程测量工作。建立一个参心坐标系,需要确定椭球的几何参数、椭球的中心位置、椭球坐标轴的指向和大地原点。设定原点 $O$ 是参考棉球的几何中心,$x$ 轴和首子午面与赤道面的交线重合,以东为正。$z$ 轴和椭球的短轴重合,以北为正。$y$ 轴则与 $x$,$z$ 构成的平面垂直形成右手系。

地心坐标系是以总地球椭球为基准,以地球质量中心为原点的坐标系,椭球定位与全球大地水准面贴合最为密切。地心坐标系的坐标系原点 $O$ 为地球的质心,$x$ 轴和赤道面与首子午面的交线重合,以东为正。$z$ 轴与地球旋转轴重合,以北为正。$y$ 轴则与 $x$,$z$ 构成的平面形成右手系。随着地球动态研究的深入和全球导航定位技术的发展,描述人造地球卫星的空间位置和运动等,都必须以地心坐标系为基准,因此建立地心坐标系是大地测量系统的发展趋势。

站心坐标系的坐标原点为站心(如 GPS 接受天线中心),通常用来研究以观测者为中心的物体的位置和运动规律,或作为坐标转换过程中的过渡坐标系。一般可分为站心直角坐标系和站心极坐标系。站心直角坐标系的 $x$ 轴与椭球长半轴重合,$y$ 轴与短半轴重合,$z$ 轴与椭球法线重合。站心极坐标系以水平面为基准面,以 $x$ 轴为极轴,$P$ 为卫星到站点的距离,$az$ 为星视方向角,$d$ 为星视仰角。

地方独立坐标系是指当局部地区需要构建平面控制网而建立的一种直角坐标系。为方便城市建设和规划,经常需要在局部地区建立起相对独立的平面坐标系,系统根据需要可投影到任意选定的平面上,或者以地方子午线作为中央子午线。为了检测测量的准确性及精度,可与国家坐标系联测,通过坐标转换来检核。地方独立坐标系的投影平面一般选择局部地区的椭球体面或者平均高程面,坐标纵轴为该区域的地方子午线。《中华人民共和国测绘法》规定,大、中城市和大型建设项目需建立相对独立的平面坐标系统时,需按照相关规定上报国务院相关部门或省、市、自治区、直辖市人民政府,并经国务院测绘行政主管部门备案、批准后方可建立。

#### 4.6.1.2　常用的坐标表现形式

为了表示椭球面上的点的位置,必须建立相应的坐标系。选用不同的坐标系,其坐标表现形式也不同。椭球点上的位置,在大地测量学中通常采用的坐标系有空间直角坐标系、平面直角坐标系,大地坐标系等。在同一参考椭球基准下,大地坐标系、空间直角坐标系、平面直角坐标系是等价的,是一一对应的,只是不同的坐标表现形式。图 4 - 103 列出了几种常用的坐标表现形式。

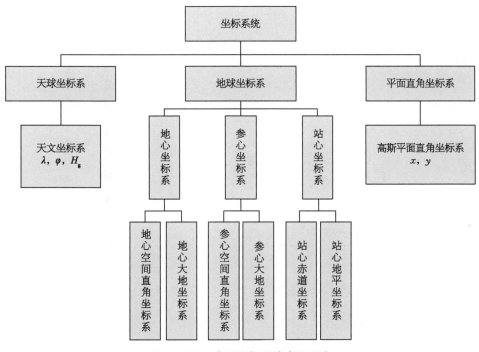

**图 4 - 103　常用坐标系统表现形式**

#### 4.6.1.3　大地坐标系统与平面直角坐标的转换

空间任意一点对于某一椭球面的大地坐标 $(B,L,H)$ 都有着与其相对应的三维空间直角坐标 $(X,Y,Z)$ 两种表现方式,两者之间有着一定的转算关系。

1) 大地坐标 $(B,L,H)$ 换算为空间直角坐标 $(X,Y,Z)$

若已知某椭球的大地坐标 $(B,L,H)$,则

$$\begin{cases} X = (N+H)\cos B\cos L \\ Y = (N+H)\cos B\sin L \\ X = [N(1-e^2)+H]\cos B\cos L \end{cases}$$

式中，$N = \dfrac{a}{\sqrt{1 - e^2 \sin^2 B}}$ 为卯酉圈曲率半径，$e^2 = \dfrac{a^2 - b^2}{a^2}$ 为椭球的第一偏心率的平方。

2）空间直角坐标 $(X，Y，Z)$ 换算为大地坐标 $(B，L，H)$

若已知三维空间直角坐标 $(X，Y，Z)$，则

$$\begin{cases} L = \arctan \dfrac{Y}{X} \\[2mm] B = \arctan\left[\dfrac{Z}{\sqrt{X^2 + Y^2}}\left(1 - \dfrac{e^2 N}{N + H}\right)^{-1}\right] \\[2mm] H = \dfrac{\sqrt{X^2 + Y^2}}{\cos B} - N \end{cases}$$

式中，求解时，大地经度 $L$ 可由 $X$，$Y$ 直接求得，求解 $B$ 和 $H$ 时要用到 $B$，因此需采用迭代法进行求解。过程如下：

选择迭代初始值：

$$\begin{cases} N_0 = a \\[2mm] B_0 = \arctan\left[\dfrac{Z}{\sqrt{X^2 + Y^2}}\left(1 - \dfrac{e^2 N_0}{N_0 + H_0}\right)^{-1}\right] \\[2mm] H_0 = \sqrt{X^2 + Y^2 + Z^2} - \sqrt{ab} \end{cases}$$

每次迭代按下式进行：

$$\begin{cases} N_i = \dfrac{a}{\sqrt{1 - e^2 \sin^2 B_{i-1}}} \\[2mm] B_i = \arctan\left[\dfrac{Z}{\sqrt{X^2 + Y^2}}\left(1 - \dfrac{e^2 N_i}{N_i + H_i}\right)^{-1}\right] \\[2mm] H_i = \dfrac{\sqrt{X^2 + Y^2}}{\cos B_{i-1}} - N_i \end{cases}$$

直至相邻两次所求 $B$，$H$ 之差小于某一要求的阈值时为止。计算表明如果要求 $H$ 的计算精度为 $0.001$ m 的计算精度为 $0.000\,01''$，一般需迭代 $4 \sim 5$ 次。

#### 4.6.1.4  协议天球坐标系与协议地球坐标系转换

由协议地球坐标系和协议天球坐标系的定义可知：

（1）两坐标系的原点均位于地球的质心。

（2）瞬时天球坐标系的 $z$ 轴与瞬时地球坐标系的 $z$ 轴指向一致。

（3）瞬时天球坐标系 $z$ 轴与瞬时地球坐标系 $x$ 轴的指向不同，且其夹角为春分点的格林尼治恒星时。

在 GPS 卫星定位测量中，通常在协议天球坐标系中研究卫星运动轨道，而在协议地球坐标系中研究地面点的坐标，这样就需要进行两个坐标系的变换。其变换过程如图 4-104 所示。

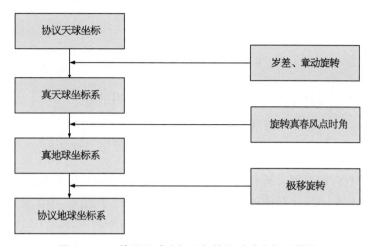

**图 4‑104　协议天球坐标系与协议地球坐标系转换**

## 4.6.2　可见性分析

可见性分析是星座网络拓扑生成的前提。地球表面的地形地势高度浮动范围为几公里,与卫星高度相差几百上千倍,可忽略不计,地球可等效为正球体,下面的分析与仿真均是建立在此假设基础上的。

对于绕着地球旋转的两颗卫星来说,它们之间互相可见的充要条件是两者连线与地球不相交,如图 4‑105 所示。

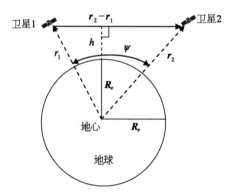

**图 4‑105　两颗卫星之间能见关系几何示意**

根据获得的卫星位置矢量信息,可以得到连接地心与两颗卫星的两个位置矢量之间的夹角为

$$\psi = \cos^{-1}\left(\frac{(\boldsymbol{r}_1 \cdot \boldsymbol{r}_2)}{|\boldsymbol{r}_1| \cdot |\boldsymbol{r}_2|}\right) \tag{4-17}$$

两颗卫星与地心组成的三角形面积有两种表示方式:

$$S = \frac{1}{2}|\boldsymbol{r}_1| \cdot |\boldsymbol{r}_2| \cdot \sin\psi = \frac{1}{2}|\boldsymbol{r}_2 - \boldsymbol{r}_1| \cdot h \tag{4-18}$$

则

$$h = \frac{|\boldsymbol{r}_1| \cdot |\boldsymbol{r}_2| \cdot \sin\psi}{|\boldsymbol{r}_2 - \boldsymbol{r}_1|} \tag{4-19}$$

这样,描述两颗卫星相互之间是否能见的能见函数可表示为

$$\Delta h = h - R_e \tag{4-20}$$

只要 $\Delta h$ 为正就表示两颗卫星是能见的。

由于星座的对称性,只需分析任意一颗卫星与其他两轨卫星的可见性即可。以下分析均以 4.4.3 节中 24 星 walker 星座的 Sat11 为例。图 4‑106 和图 4‑107 分别给出 Sat11 与轨道面 2 和轨道面 3 卫星的可见时段,可以看出,一个轨道周期内,Sat11 与轨道面 2 的 3 颗卫星可见,与其中两颗(Sat26,Sat27)始终可见,与另一颗(Sat25)存在两段不可见间隙,每段间隙约 9 min。类似的,Sat11 与轨道面 3 的 3 颗卫星可见,与其中两颗(Sat32,Sat33)始终可见,与另一颗(Sat34)存在两段不可见间隙,每段间隙约 9 min。

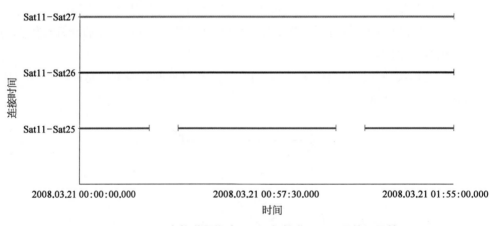

**图 4‑106 一个轨道周期内 Sat11 与轨道面 2 卫星的可见性**

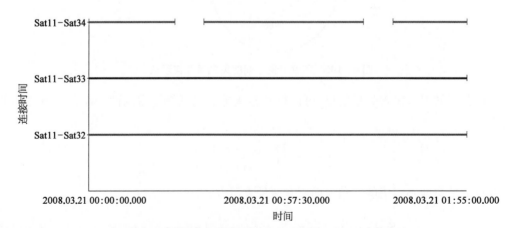

**图 4‑107 一个轨道周期内 Sat11 与轨道面 3 卫星的可见性**

图 4 - 108 和图 4 - 109 分别显示了卫星 Sat11 与轨道面 2 内 3 颗卫星同时可见的情况以及与轨道面 3 内 3 颗卫星同时可见的情况。

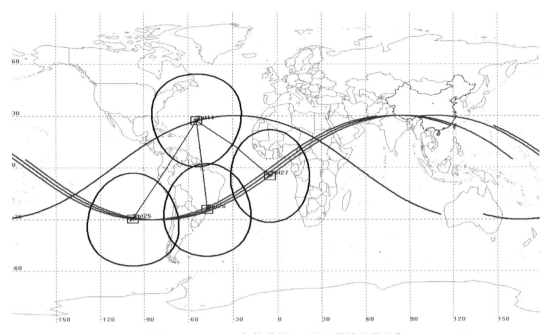

**图 4 - 108 Sat11 与轨道面 2 三颗卫星的可见示意**

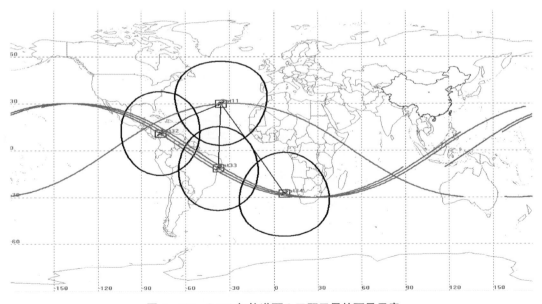

**图 4 - 109 Sat11 与轨道面 3 三颗卫星的可见示意**

### 4.6.3 覆盖性分析

要用某卫星构成一个通信系统,必须先弄清它的覆盖范围。要设计和建立一条卫星通信线路,必须先计算地球站与卫星之间的几何参数,如站对星的距离、站对准卫星时其天线指向的方位角和仰角等,以便进一步求出传输时延和传输损耗。

一般地说,星上天线全球波束的主轴是指向星下点 $s'$ 的,如图 4-110 所示,不难求得

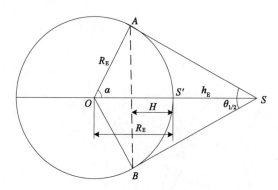

**图 4-110 全球波束覆盖区的几何关系**

(1)卫星的全球波束宽度。

$$\theta_{1/2} = 2\sin^{-1}\frac{R_E}{R_E + h_E} \tag{4-21}$$

式中,$\theta_{1/2}$ 为波束的半功率宽度,即卫星对地球的最大视角;$R_E$ 地球半径(6 378 km);$h_E$ 为卫星离地面高度。

(2)覆盖区域边缘所对的最大地心角。

$$\angle AOB = 2\alpha = 2\cos^{-1}\frac{R_E}{R_E + h_E} \tag{4-22}$$

(3)卫星到覆盖区边缘的距离。

$$d = (R_E + h_E)\sqrt{1 - \left(\frac{R_E}{R_E + h_E}\right)^2} \tag{4-23}$$

(4)覆盖区的绝对面积 $S$ 与相对面积 $S/S_0$。

$$S = 2\pi R_E H = 2\pi R_E(R_E - R_E\cos\alpha)$$
$$= 2\pi R_E^2\left(1 - \frac{R_E}{R_E + h_E}\right) \tag{4-24}$$

$$S/S_0 = \frac{1}{2}\left(1 - \frac{R_E}{R_E + h_E}\right) \tag{4-25}$$

式(4-25)中,$S = 2\pi R_E H$ 是一个球缺的面积(不包括地面),$H$ 为球缺的高,$S_0 = 4\pi R_E^2$,即地球的总表面积。

对于静止卫星来说,$R_E + h_E = 42\ 164.6$ km,利用上述各式可算出全球波束宽度 $\theta_{1/2} = 17.4°$;星下点到覆盖区边缘所对的地心角 $\alpha = 81.3°$;卫星到覆盖区边缘的距离 $d = 41\ 679.4$ km;

覆盖面积与总表面积之比 $S/S_0 = 42.4\%$。

区域波束覆盖区的几何关系较复杂,必须根据波束主轴的指向与波束截面形状的不同作具体分析。对于截面为圆形、主轴对准星下点的区域波束,覆盖区的几何关系可参照图 4-111(a) 进行分析与计算。例如：当已知波束 $h_E$ 和 $\theta_{1/2}$ 时,其覆盖面积为

$$S = 2\pi R_E^2 (1 - \cos\alpha) \tag{4-26}$$

$$\alpha = \sin^{-1}\left(\frac{R_E + h_E}{R_E} \sin\frac{\theta_{1/2}}{2}\right) - \frac{\theta_{1/2}}{2} \tag{4-27}$$

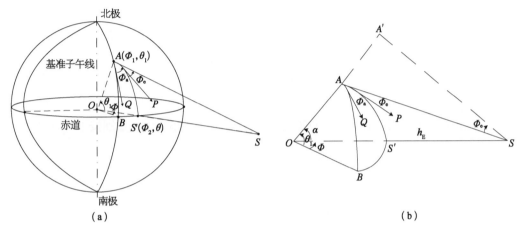

图 4-111　静止卫星 $S$ 与 $A$ 的几何关系

设地球站 $A$ 的经纬度为 $\Phi_1$ 和 $\theta_1$,静止卫星 $S$ 的星下点 $S'$ 的经纬度为 $\Phi_2$ 和 $\theta$,这样,则图 4-111(a) 中的 $\Phi = \Phi_2 - \Phi_1$,为星下点 $S'$ 对地球站 $A$ 的经度差。如图 4-111(b) 所示,弧 $AS'$ 为过地球站与星下点 $S'$ 的一段大圆弧,$\alpha$ 为该弧所对的地心角;$AP$ 为过 $A$ 站指向 $S'$ 的一条地平线;$\angle SAP = \Phi_e$,即 $A$ 站对卫星 $S$ 的仰角;弧 $AB$ 为过 $A$ 站的子午线上的一段弧,$B$ 点为子午线与赤道交点;$AQ$ 为过 $A$ 站向正南方的一条地平线;$\angle QAP = \Phi_a$,即 $A$ 站对卫星 $S$ 的方位角。在图 4-111(b) 中,利用几何学和球面三角形的一些基本公式,不难求出：当 $A$ 站天线对准卫星 $S$ 时,其仰角 $\Phi_e$、方位角 $\Phi_a$、经度差 $\Phi$、地球站纬度 $\theta_1$ 的函数关系为

$$\tan\phi_e = \frac{\cos\theta_1 \cos\phi}{\sqrt{1 - (\cos\theta_1 \cos\phi)}} \tag{4-28}$$

$$\tan\phi_a = \frac{\tan\phi}{\sin\theta_1} \tag{4-29}$$

对于静止卫星而言：

$$\frac{R_E}{R_E + h_E} = \frac{6\ 378}{6\ 378 + 35\ 786.6} \approx 0.151 \tag{4-30}$$

所以

$$\phi_{\mathrm{e}} = \tan^{-1} \left[ \frac{\cos \theta_1 \cos \phi - 0.151}{\sqrt{1 - (\cos \theta_1 \cos \phi)^2}} \right] \qquad (4-31)$$

$$\phi_{\mathrm{a}} = \tan^{-1} \left[ \frac{\tan \phi}{\sin \theta_1} \right] \qquad (4-32)$$

$A$ 站到静止卫星 $S$ 的距离为

$$d = (R_{\mathrm{E}} + h_{\mathrm{E}}) \sqrt{1 + \left( \frac{R_{\mathrm{E}}}{R_{\mathrm{E}} + h_{\mathrm{E}}} \right)^2 - 2 \frac{R_{\mathrm{E}}}{R_{\mathrm{E}} + h_{\mathrm{E}}} \cos \theta_1 \cos \phi}$$
$$= 42\ 164.6 \sqrt{1.023 - 0.302 \cos \theta_1 \cos \phi} \qquad (4-33)$$

由式(4-31)、式(4-32)看出,当 $\theta_1$ 一定时,仰角 $\varPhi_{\mathrm{e}}$ 是经度差 $\varPhi$ 的偶函数,方位角 $\varPhi_{\mathrm{a}}$ 则是 $\varPhi$ 的奇函数;当经度差 $\varPhi$ 为 0 时,$\varPhi_{\mathrm{e}}$ 出现极大值,$\varPhi_{\mathrm{a}}$ 则为 $0°$;由于地球站天线的 $\varPhi_{\mathrm{e}}$ 一般不应小于 $5°$,故经度差 $\varPhi$ 一般在 $\pm 90°$ 范围内,其具体范围与 $\theta_1$ 有关。

对于不在赤道平面上的非静止卫星,若已知其星下点的某一时刻的经、纬度 $(\varPhi_2, \theta_2)$,$\theta_2 > 0°$,如图 4-112 所示,则 $A$ 站对准卫星的瞬时仰角、方位角,可分别按下式计算:

$$\phi_{\mathrm{e}} = \tan^{-1} \left[ \frac{\cos \phi \cos \theta_2 \cos \theta_1 + \sin \theta_2 \sin \theta_1 - \dfrac{R_{\mathrm{E}}}{R_{\mathrm{E}} + h_{\mathrm{E}}}}{\sqrt{1 - (\cos \phi \cos \theta_2 \cos \theta_1 + \sin \theta_2 \sin \theta_1)^2}} \right]$$

$$(4-34)$$

$$\phi_{\mathrm{a}} = \tan^{-1} \left[ \frac{\sin \phi \cos \theta_2}{\cos \phi \cos \theta_2 \sin \theta_1 - \cos \theta_1 \sin \theta_2} \right] \qquad (4-35)$$

$$d = (R_{\mathrm{E}} + h_{\mathrm{E}}) \sqrt{1 + \left( \frac{R_{\mathrm{E}}}{R_{\mathrm{E}} + h_{\mathrm{E}}} \right)^2 - 2 \frac{R_{\mathrm{E}}}{R_{\mathrm{E}} + h_{\mathrm{E}}} (\cos \phi \cos \theta_2 \cos \theta_1 + \sin \theta_1 \sin \theta_2)}$$

$$(4-36)$$

显然,式(4-31)~式(4-33)是式(4-34)~式(4-36)的特例,当卫星趋近赤道平面时,则 $\theta_2 \to 0°$,$\alpha_2 \to \varPhi$,$\alpha_1 \to \alpha_3 \to \alpha$,这时,式(4-34)~式(4-36)便转化成式(4-31)~式(4-33)了。

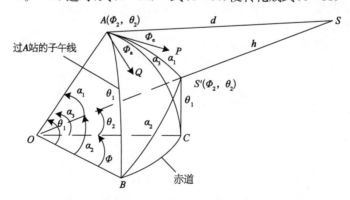

图 4-112 倾斜轨道卫星 $S$ 与地球站之间的几何关系

## 4.7　卫星拓扑结构

卫星网络物理拓扑位于空间链路层之上,在整个卫星网络系统设计中具有举足轻重的作用。物理拓扑结构直接影响节点间 ATP、物理信道传输、覆盖特性、路由开销、网络吞吐量、服务质量以及整个系统的复杂性和投资花费,关系到卫星网络能否在激烈的商业化竞争中取得一席之地。卫星网络拓扑主要包括单层和多层结构两种。卫星网络由于卫星运动的特殊性,使其与地面网络又有很多不同的特点。以卫星为节点的网络特点为:① 网络各节点的位置以及节点间的相对距离都是以时间为变量的函数;② 节点的邻居状况遵循一定的规则;③ 网络节点总数不会发生变化;④ 节点间距离比较大,且距离变化也很大,不能忽略;⑤ 网络的拓扑关系呈周期变化。

根据卫星网络中节点所在轨道的不同可以将网络分为单层网络和分层网络。

单层的全球性或者区域性卫星系统拓扑设计核心的问题就是星座设计,包括极轨道卫星星座、倾斜轨道卫星星座、玫瑰型星座和编队卫星等。随着卫星数目的增多、业务类型的丰富以及业务量的增长,迫切需要能把不同星座系统进行联网组建一个由不同轨道高度卫星组成的多层卫星网络结构,这也是卫星网络物理拓扑设计的核心问题之一。

网络的拓扑结构是抛开网络物理连接来讨论网络系统的连接形式,即网络中各节点的连接方法和形式称为网络拓扑。互联的网络常用一个图 $G = (N, E)$ 来表示,图中顶点 $N$ 表示处理机节点的集合,边 $E$ 表示通信链路的集合。双向通道可以用一条双向边或无向边来表示,单向通道可以用有方向的边来表示。这些网络拓扑往往具有比较好的数学性质,如节点度、直径、规整性、对称性等重要的属性,因此研究网络拓扑结构就归结为研究图的拓扑性质。网络拓扑结构主要有总线结构、环形结构、星形结构、树形结构、网络结构、超立方体结构。

1) 线性阵列和环形结构

线性阵列如图 4 - 113 所示,是由连续编号的 $N$ 个节点用双向链路连接构成的。这种网络路由简单,任何节点之间只存在一条路径,因此这种网络没有容错能力。将线性阵列的两端简单连接就形成了环,网络性能得到优化,由于其简单的环形结构、路由策略与低廉的网络成本,早期的局域网多采用环网。但是,在节点规模比较大时,通信时延难以接受。

图 4 - 113　线性阵列和环形拓扑

2) 网格结构

将线性阵列和环形拓扑推广到多维时,就得到了多维网格($n$ - D Mesh)与多维花环($n$ - d Torus),$n$ 表示维数,如图 4 - 114 所示。

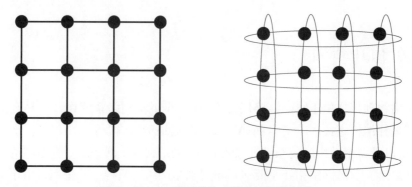

图 4 - 114　二维网格和二维花环拓扑结构

这两种结构在容错性上较线性阵列和环形结构都有很大的提高,它们都是严格正交的,可以用节点在 $n$ 维空间中的坐标作为节点的编号,因而路由简单。

3) 树形拓扑

树作为一种非常简单的拓扑结构,它的直径很小,按对数上升,如图 4 - 115 所示。常用的是二叉树。在通信上,树的优点十分明显,随着规模扩大,直径上升幅度很小。树形拓扑的缺点也很突出:因为节点的通信都要靠上层节点完成,所以越靠近根通信越繁忙。在根附近容易形成网络瓶颈。

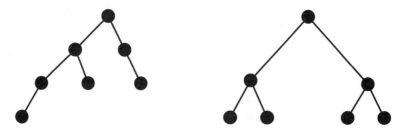

图 4 - 115　树形拓扑结构

4) 超立方体拓扑

超立方体互联网络是一个规整对称的网络拓扑。一个 $n$ 维超立方体含有 $2n$ 节点。每个节点的地址用 $n$ 位二进制数表示。任意的两个节点,当且仅当它们的二进制编码地址中有一位不同的时候,两个节点之间才有链路,如图 4 - 116 所示。超立方体是一种高度并行、容错能力极强、具有递归结构的网络拓扑,它具有对称性、高连通性、容错性等优良的拓扑特性。

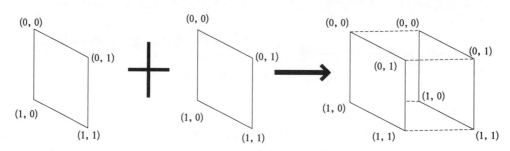

图 4 - 116　超立方体拓扑结构

### 4.7.1　单层卫星网络拓扑

单层卫星网络拓扑也即单一星座结构,设计的最初目标是针对地球观测、军事侦察和定位导航等领域,以一定量的中低轨卫星按照一定的关系组成一个整体实现卫星通信系统。在实际应用中具有单颗卫星不可比拟的优越性,可以提供有效的全球覆盖。星座设计的出发点就是以最少的卫星数目提供最优的覆盖,卫星高度、倾角、第一颗卫星右升节点经度和相位因子都是设计者必须考虑的因素。星座主要分为极轨道(近极轨道)和倾斜轨道两种,已运行的具有代表性的极轨道星座有 Iridium 和 Teledesic,倾斜轨道星座有 Globalstar、ICO,Celestri,GIPSE,Spaceway,以及覆盖两极地区的椭圆轨道星座 Ellipso。单层卫星网络拓扑如图 4 - 117 所示,具有 $N$ 个轨道平面,每个环形轨道上有 $M$ 个卫星,一般来说每个节点有上下前后 4 个与之相连的节点,其中有两条链路是轨道平面内光学链路(OIOL),另外两条是轨道间光学链路(OIOL)。

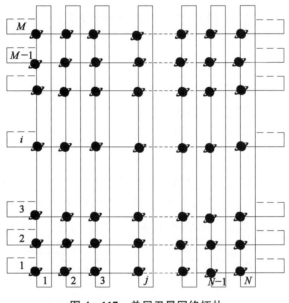

图 4 - 117　单层卫星网络拓扑

### 4.7.2　极轨道卫星星座

极轨道卫星星座的特征是每条轨道在参考面上有一对公共交点,相邻的同向轨道之间有相同的相对倾角,如图 4 - 118(a)所示北极俯视图。极轨道星座是典型的星形星座,由于升节点均匀分布于赤道平面 π 弧度半圆范围内,因此又称作 π 型星座。π 型星座由相同轨道高度和轨道倾角的卫星组成,轨道面沿赤道半圆范围均匀分布,每个轨道面卫星数目相同,相邻轨道相邻卫星之间保持一定的相位差,其同向轨道右升节点间经度差和逆向轨道间不同。由于轨道倾角为 90°,极轨道星座第一轨道面上卫星和最后一个轨道面上卫星相向而行,如图 4-118(b)所示形成一个明显的缝隙。以缝隙为界,在左半球面内,卫星自南向北运动,在右半球面内,卫星自北向南运动。

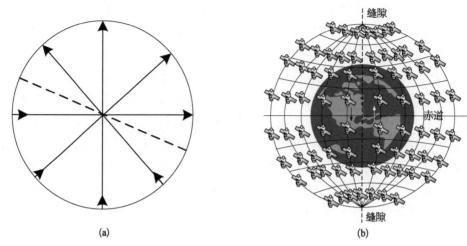

图 4-118    π 型星座结构示意
(a) 北极俯视;(b) 全景

在两个缝隙两侧的卫星沿着相同的方向运动,卫星之间的位置相对稳定,易于建立星间链路;而在缝隙两侧的卫星相向运动,星间链路建立和保持都具有相当大的难度。另一方面,π 型星座卫星所在纬度越低星间距离越大,因此在赤道地区覆盖特性很差,而在两极地区卫星密集分布,经常关闭一些转发器导致星座拓扑变化频繁。π 型星座优点是结构简单、易于操作、设计过程简化,是较早的星座设计思想。

极轨道卫星星座中,星座犹如一个球面立体栅格覆盖于天球表面,这个网由不同经度的竖直轨道面和不同纬度的水平环组成。以赤道面为界把南半球和北半球映射为两个平面网,以缝隙面为界把星座分为东西两个半柱面。如图 4-119 所示,每个平面上虚线环表示

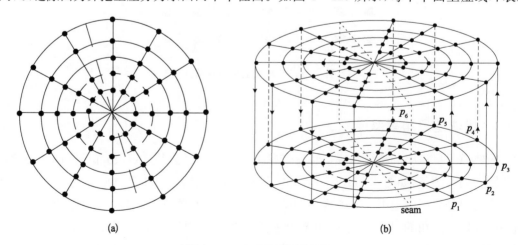

图 4-119    π 型星座逻辑拓扑
(a) 北极俯视;(b) 两极立体视

极地地区,在此区域内轨道间链路自动关闭,竖直虚线矩形表示缝隙,缝隙两侧的卫星无法建立轨道间链路。轨道分别记为 $P_1$, $P_2$, …,以北半球为基准同一纬度上的卫星组成一个环,从极地到赤道依次记为 $r_1$, $r_2$, …。以缝隙为基准轴,顺时针方向建立类似于极坐标的坐标体系来决定每个卫星节点的瞬时位置,$\rho=(r, \varphi)$,$0<r<R+H$,$0 \leqslant \varphi<2\pi$,$r_i=r_j$ 表示两个节点在同一纬度的环上,所有极径相同的卫星成为"同环节点"。由于极地轨道内所有环内链路都关闭,因此称这个地区内的环为"虚环",$\varphi_i=\varphi_j$ 表示两个节点在同一轨道面上,所有相角相等的节点称为"同轨节点"。

### 4.7.3　倾斜轨道卫星星座

为了克服 π 型星座相向运行轨道间缝隙的不足,解决其对地覆盖不均匀的问题,John G. Walker 又提出了倾斜轨道卫星星座,由于其轨道面沿赤道面 2π 弧度圆内均匀分布,又称为 2π 型星座或者 walker delta($\delta$) 倾斜轨道卫星星座,是目前所知覆盖性能最好的星座设计方案。典型代表有 Globalstar,Sirius,Skybridge,Celestri 和全球定位系统 GPS。

2π 星座由具有相同轨道高度和倾角的 $T$ 个卫星组成,$P$ 个轨道面在参考面上按升节点均匀分布,每个轨道面内卫星数为 $T/P$,不同轨道平面卫星的相对相位保持一定关系,使相邻轨道卫星分别通过其升节点的时间间隔相等,图 4 - 120(a) 为北极俯视图。用 4 个参数组合 $i:T/P/F$ 形式表示 2π 星座,其中 $i$ 为轨道倾角,$F$ 为相位因子且 $0 \leqslant F \leqslant P-1$,规定了任意相邻两个轨道面上相邻卫星间的相对位置(相位)。当一个轨道面内卫星通过升交点时,它东面相邻轨道平面内最近一颗卫星通过升交点卫星的相位角为 $2\pi F/T$,如图 4 - 120(b) 所示。

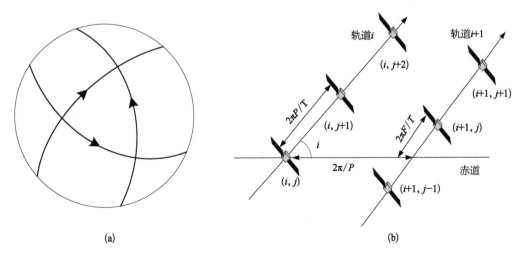

**图 4 - 120　2π 型星座结构**

(a) 北极俯视;(b) $\delta$ 星座定义

第一个轨道面初始时刻升交点赤经 $\Omega_1$,第一个轨道面第一颗卫星初始时刻纬度幅角 $\omega_{1,1}$,则该时刻第 $i$ 个轨道面上第 $j$ 个卫星的升交点赤经 $\Omega_i$ 和纬度幅角 $\omega_{i,j}$ 分别为

$$
\begin{cases}
\Omega_i = \Omega_i + \dfrac{2\pi}{P}(i-1) \\[3mm]
\omega_{i,j} = \omega_{1,1} + \dfrac{2\pi}{T}(i-1) + \dfrac{2\pi}{T/P}(j-1)
\end{cases}
\tag{4-37}
$$

如图 4-121 所示 $2\pi$ 星座逻辑拓扑结构,图 4-121(a)为相邻轨道上相同编号卫星间互联逻辑拓扑,图 4-121(b)为相邻轨道上相第 $n$ 个节点和第 $n+1$ 节点间互联逻辑拓扑。网络逻辑拓扑为网状的曼哈顿街区网络(MSN),每个节点和其上下左右 4 个节点具有永久性连接。星座轨道面和轨道面上位置两个元素为每个节点赋予一个逻辑编号,例如第 $n$ 个轨道上第 $m$ 个卫星表示为 $(n,m)$,因此 $2\pi$ 型星座在逻辑上具有稳定拓扑,这个特点正好满足了卫星链路组网拓扑结构稳定性的要求,可以极大地简化路由和减少切换。

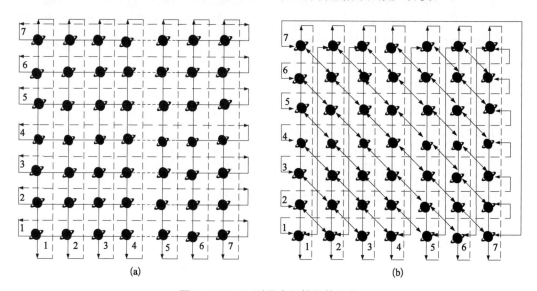

**图 4-121  $2\pi$ 型星座逻辑拓扑结构**

(a) 同相位卫星节点互联;(b) 异相位卫星节点互联

令 $\omega_0$ 表示第一个轨道面的右升节点经度,$\omega$ 表示第一个轨道面第一颗卫星的初始纬度幅角。以地心为原点建立赤道坐标系,设第 $n$ 个轨道面上第 $m$ 个卫星在坐标系中的坐标分别为 $x_{n,m}$,$y_{n,m}$ 和 $z_{n,m}$,则有

$$
\begin{cases}
\begin{aligned}
x_{n,m} = {} & r.\cos[\omega_0 + (2\pi/P).n]\cos[\omega + 2\pi/S(F.n/P + m)] - \\
& r\cos(i)\cos[\omega_0 + (2\pi/P).n]\sin[\omega + 2\pi/S(F.n/P + m)]
\end{aligned} \\[2mm]
\begin{aligned}
y_{n,m} = {} & r.\cos(i)\cos[\omega_0 + (2\pi/P).n]\cos[\omega + 2\pi/S(F.n/P + m)] + \\
& r.\sin[\omega_0 + (2\pi/P).n]\cos[\omega + 2\pi/S(F.n/P + m)]
\end{aligned} \\[2mm]
z_{n,m} = r.\sin(i)\sin[\omega + 2\pi/S(F/P.n + m)]
\end{cases}
\tag{4-38}
$$

Rosette 星座是 $\delta$ 星座中 $T=P$ 的一种特例,也即每个轨道面上只有一个卫星的星座,用 $(T,m)$ 来描述,$m$ 是 Rosette 星座的一个重要参数,可取 $0\sim(T-1)$ 的任意整数,不同的

$m$ 就能产生出性能各异的 Rosette 星座,其覆盖特性也各不相同。星座中任一颗卫星在天球上的位置可以用 3 个欧拉角来描述,这 3 个欧拉角分别是升交点赤经 $\Omega$、轨道倾角 $i$ 和相位角 $\omega$。由 $T$ 颗卫星组成的 Rosette 星座中的第 $j$ 颗卫星的位置表示为

$$\begin{cases} \Omega_j = j(2\pi/T) \\ i_j = i \qquad\qquad (j=0,\ 1,\ 2,\ \cdots,\ T-1) \\ \omega_j = m\Omega_j + nt \end{cases} \qquad (4-39)$$

式中,$m\Omega_j$ 为第 $j$ 颗卫星的初始相位角,$n$ 是卫星的平均角速度。

Rosette 星座也可以推广到更一般的情况,称为广义 Rosette 星座,每一个轨道平面内包含 $S$ 颗卫星,轨道平面数 $P=T/S$,星座可以表示为 $(T,\ P,\ m)$。此时,$m$ 可取分数:$0/S$,$1/S$,$2/S$,$\cdots$,$(T-1)/S$。

### 4.7.4　编队卫星

编队卫星群是指以某一主星为基准,由若干个小卫星组成围绕主星绕飞的星群。它们组成特定编队飞行形状以分布方式构成一颗"虚拟大卫星",编队中的卫星之间相互协同工作、相互联系,共同承担信号处理、通信和有效载荷等任务,其任务功能由整个编队飞行星群来完成。图 4-122(a)为由 4 个小卫星组成的 X 星座结构,可以进行对太阳黑洞的研究,图 4-122(b)所示的由 3 个纳卫星组成的星座可以进行对地立体观测。可靠的数据传输链路是实现编队卫星群间自主控制和系统性能的重要保证,编队卫星的组网要考虑到星间距离为 100 m～100 km,通信速率 50 MHz/s。编队卫星由于减轻了重量、简化了功能,从而有效降低了制造和发射成本,还能简化日常操作维护;通过数个小卫星的协作以及改变编队网络拓扑,极大地提高了编队卫星性能,增强了灵活性。编队卫星中,由于采用了分布式结构,整个系统比单个大卫星更能容忍故障,如果一颗卫星出现故障,可通过系统重构将此星剔除,最大限度容忍故障。

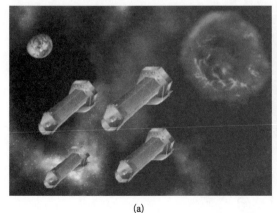

(a)　　　　　　　　　　　　　　　　　　(b)

**图 4-122　编队卫星拓扑**

(a) X-星座结构;(b) 纳卫星星座结构

在设计编队卫星网络的拓扑结构中,有 3 个方面要考虑:① 编队卫星队形设计,主要连通一个编队内的卫星;② 编队之间的拓扑,主要是指不同编队间的拓扑;③ 编队卫星和地面网关及移动用户的随机接入。从网络拓扑上研究,考虑单个编队群内的通信和多个编队群间的信息交换,这样就抽象成一个两层网络结构,每个编队内有一个主星,负责管理编队内部各颗卫星之间的信息交换,并且与其他编队的主星进行通信,任意两个编队中小卫星之间的信息交换或通信都通过各自主星来进行,以此来减少干扰,增加网络吞吐量。

### 4.7.5 多层卫星网络拓扑

上面研究的各种星座拓扑结构实际上都是单层的卫星网络结构,也即所有卫星节点高度相同。如果利用星际链路把高轨、中轨和低轨卫星以及高空平台(HAP)互联而组建成一个多层卫星网络,则可以综合利用不同轨道高度卫星的优点,避免其不足。图 4-123 是多层结构卫星网络拓扑示意图,由 LEO/MEO/GEO 3 层组成,通过轨间链路把 3 层连接起来组成一个多层卫星网络结构。3 层卫星网络综合考虑了 LEO 和 GEO 层的优缺点,其中高层卫星负责网络管理,底层卫星承担业务,一定程度上缓解了信号衰减强、时延大和切换频繁的影响,但由此带来的不足就是系统结构复杂,设计需要谨慎考虑。在多层卫星网络结构中,GEO 之间组建高轨骨干网,由于其覆盖范围广且易于和地面站跟踪、掌握网络的全局信息、负责网络的管理;LEO/MEO 星座有规则的网络拓扑和全球覆盖能力,时延小、信号损耗低、支持小功率终端,可以完成骨干/接入网的功能,专门负责网络业务的接入和承载。这样一个基于微波/激光链路的骨干/骨干/接入网的多层结构把网络管理和业务传输分级处理,具有灵活、扩展性强、鲁棒性高、支持多种业务类型(话音、数据和多媒体等)、满足不同的服务质量等级要求的优点。

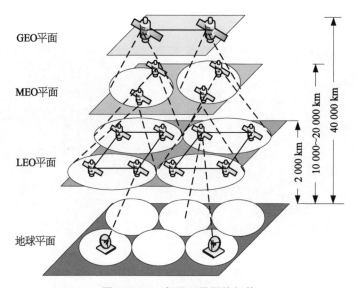

图 4-123 多层卫星网络拓扑

## 4.8　国内外典型星座系统

### 4.8.1　低轨道卫星星座系统

一方面，低轨道卫星(LEO)的轨道高度低、传输时延短、路径损耗小，多个卫星组成的星座可以实现真正的全球覆盖，频率复用更有效。另一方面，蜂窝通信、多址、点波束、频率复用等技术为低轨道卫星移动通信提供了技术保障。因此，LEO 系统被认为是最有前途的卫星移动通信系统。

目前提出的低轨道卫星方案有很多，大致可以分为以下 3 类：

(1) 大 LEO。提供全球实时个人通信业务的 LEO 卫星移动通信系统，如 Iridium，Globalstar 和 Arics 等。

(2) 宽带 LEO。利用 LEO 提供宽带业务的系统，如 Celestri，Teledesic，M - star，Coscon，Skybridge 和 Starsys 等。

(3) 小 LEO。利用 LEO 提供非实时业务的系统，如 Orbcomm，LEO - Set 和 LEO one 等。

这里主要介绍其中最有代表性的几种。

1) Iridium 系统

铱系统(Iridium)是美国摩托罗拉公司(Motorola)于 1987 年提出的低轨全球个人卫星移动通信系统，它与现有通信网结合，可实现全球数字化个人通信，系统总耗资约 50 亿美元。该系统原设计为 77 颗小型卫星，分别围绕 7 个极地圆轨道运行，因卫星数与铱原子的电子数相同而得名。后来由于设计修改，星座结构改为 66 颗卫星围绕 6 个极地圆轨道运行，但系统名称仍为铱系统。极地圆轨道高度约 780 km，每个轨道平面分布 11 颗在轨运行卫星及 1 颗备用卫星，每颗卫星约重 700 kg。

铱系统采用了星上处理、星上交换和星际链路技术。星际链路是铱系统有别于其他卫星移动通信系统的一大特点，其作用相当于把蜂窝网放置在空中，因而系统的性能极为先进，但同时也增加了系统的复杂性，提高了系统的投资费用。

铱系统主要是为商务旅行者、航空用户、海事用户、边远地区以及紧急援助等提供语音、传真、数据、定位、寻呼等业务服务。铱系统提供 4 种主要的业务：铱全球卫星服务、铱全球漫游服务、铱全球寻呼服务和铱全球付费卡服务。另外还包括许多类似于 GSM 的增值服务。其中，全球漫游服务除了解决卫星网与地面蜂窝网的漫游外，还解决地面蜂窝网间的跨协议漫游，这也是铱系统有别于其他卫星移动通信系统的一大特点。

2) Celestri 系统

Celestri 系统是摩托罗拉公司设计的一个全球宽带通信系统。Celestri 系统是由 9 颗 GEO 卫星和 63 颗 LEO 卫星组成的混合系统，系统总投资 129 亿美元。依靠系列开发的通信卫星、地面站和用户设备，Celestri 可以向世界上几乎所有人口集中的地区提供宽带网络基础设施。

利用 9 颗 GEO 卫星，Celestri 系统可覆盖地球的全部地区，并可以提供高数据率传输。Celestri 是以低轨道设计为基础的，包括相同的卫星公用舱（或平台），可以 20 Mb/s 的速率下载信息，专门用来为世界上任何角落的任何人提供地区性广播、多频道视频广播以及数据传输业务。FCC 批准了其中的 4 颗卫星，用来覆盖北美、中美和南美洲，其他 5 颗用来覆盖欧洲、非洲、澳大利亚和太平洋地区。

Celestri 系统的 63 颗 LEO 卫星分布在 1 400 km 上空的 7 个倾斜轨道平面上，每个轨道平面上有 9 颗卫星，用以提供实时交互式和多媒体应用。当为终端用户提供桌面视频会议和电子商贸业务时，允许有与光纤一样的延时。为了提供可靠的连接，每颗 LEO 卫星有 6 个星际链路（1 个向前，1 个向后，2 个向左，2 个向右）用来与邻近的卫星进行通信。这样就可以实现坚实、可靠而且高弹性的全天无缝网络。每一个星际链路可以 4.5 Gb/s 的速率传输信息，整个 Celestri 系统的总容量为 80 Gb/s。

3）Globalstar 系统

Globalstar 系统又称全球星系统，是由美国劳拉公司（Loral Corporation）和高通公司（Qualcomm）倡导发起的卫星移动通信系统，合伙公司有 Alcatel、中国电信、France Telecom、Vodafone 等。

全球星系统通过利用 48 颗绕地球运行的低轨道卫星，在全球范围（不包括南北极）向用户提供无缝隙覆盖的、低价的语音、传真、数据、短信息、定位等卫星移动通信业务。采用低轨卫星通信技术和 CDMA 技术能确保良好的语音质量，增加通话的保密性和安全性，且用户感觉不到时延。连贯的多重覆盖和路径分集接收使全球星系统在有可能产生信号遮挡的地区提供不间断服务。用户使用双模式手持机，就可实现全球个人通信。双模式手持机既可工作在地面蜂窝通信模式，也可工作在卫星通信模式（在地面蜂窝网覆盖不到的地方），因此只要一机在手，便可实现全球范围内任何地点、任何个人在任何时间与任何人以任何方式通信。

全球星系统对当前现存系统的本地、长途、公用和专用电信网络是一种延伸、补充和加强，它没有星际链路，无须星上处理，从而大大降低了系统投资费用，而且避免了许多技术风险。当然，因星体设计简单，故系统必须建很多关口站。

4）Skybridge 系统

Skybridge 系统又称天桥系统，是由阿尔卡特公司、美国劳拉公司和日本东芝公司发起的低轨道卫星计划，系统目标是针对目前还没有连接到宽带地面基础信息网络或采用传统基础信息网络很不经济的城区、郊区和乡村，把 Skybridge 用作宽带无线本地环路，预计全部项目总投资 35 亿美元。

Skybridge 系统是一个以卫星为基础的宽带接入系统，允许在全球的任何地方（除两极外）实现高速因特网接入、电视会议等业务。Skybridge 系统的卫星用于直接将用户数据传回地面站并接入用户网络，这样可通过处理用户连接管理，合理、高效地开发宽带业务。

Skybridge 系统设计了支持电信运营者的宽带接入设备，可以为一些特殊地区提供通信服务(例如岛屿之间),在提供宽带接入方面的一个重要特点是特别适应世界上那些尚未开发接入设施的地区,或因地理条件给发展地面设施带来困难的地区。尤其在亚洲,很多人居住在没有很好开发的地区,Skybridge 为全球网络运营商解决最后一段线路的接入问题提供了卫星解决方案。

Skybridge 系统设计的关键是应用了地球静止轨道卫星系统,并采用 Ku 频段工作,可以满足电信运营商宽带接入的需求,将用户的数据直接返回到地面站网关,并进入运营商的网络;而其他系统是在 Ka 频段内工作,其主要地面站设备为了满足这些 Ka 频段工作的特殊需要将不得不重新设计开发。

Skybridge 系统的空间段由 8 条轨道上的 64 颗 LEO 卫星组成,每条轨道有 8 颗卫星,轨道倾角为 55°,轨道高度为 1 457 km。每一颗卫星均可覆盖半径为 3 000 km 的区域,在每个区域内可以导入 45 个可调的点波束,每个点波束与系统地面关口站的覆盖区域相对应。卫星信号上下往返引起的延时仅为 20 ms,不仅克服了同步卫星的延时,也能够用蜂窝式频谱重复使用技术提供大量的带宽。

5) Teledesic 系统

Teledesic 系统是由美国微软公司和麦考(McCaw)蜂窝通信公司提出的耗资可能达 90 亿美元的一项庞大的计划,其主要目标瞄准了宽带业务。该计划准备发射 924 颗卫星(其中 84 颗备用),充分利用信息高速公路多媒体技术,建造一个覆盖全球的宽带卫星通信网"Internet in the sky"(空中因特网),就像把光缆架设在空中一样,让任何人都能获得双向的、交互式多媒体宽带业务。

Teledesic 系统早期称为 Calling 系统,其主要特点是可提供宽带全数字双向交换业务,包括可传输语音、数据、视像、交互式多媒体及广域网络信息等各种宽带综合业务。

Teledesic 系统的空间段由 840 个高度为 700 km 的 LEO 卫星星座构成,共有 21 个轨道,轨道间隔为 9.5°,轨道倾角为 98.2°。每一轨道平面上有 40 颗卫星和 4 颗备份卫星,共有 924 颗卫星。这些卫星每 99 min 绕地球一周,覆盖 95% 的地球表面。每个卫星是网络中的一个交换节点,它通过星际链路(速率为 155.52 Mb/s)与邻近 8 个节点卫星相连。每个节点都是一个快速分组交换开关,系统内所有通信均采用固定长度的短数据组。数据组的设计与 ATM 相似,每个节点中的自适应路由软件和快速分组交换开关控制分组路由,为路由数据组选择通往目的地最少延误的路径,并根据变化调整网络布局及拥塞。系统设计类似于因特网的内部路由设计,网络与现有(或未来)应用方式及协议兼容。

Teledesic 系统内每颗卫星配备 64 条扫描波束,每条波束含 9 个小区,形成 576 个小区,每一小区覆盖面积为 53 km$^2$,可提供 1 440 个 16 kb/s(卫星与移动用户之间的链路速率)激活语音信道,共 576×1 440=829 440 个话路,从而每一颗卫星可以构成巨大的容量能力。卫星用于固定业务或租用业务的速率为 $N$×16 kb/s,最大为 2.048 Mb/s(即卫星个数 $N$≤128)。

6) Orbcomm 系统

Orbcomm 系统由美国 Orbital Sciences 公司和加拿大 Teleglobe 公司合伙经营,是目前全球已经商用的低轨道卫星系统。这是一个只能实现短数据(非语音)全球通信的小卫星星座系统,它具有投资少、周期短、兼备通信和定位能力、卫星重量轻(43 kg)、用户终端小巧便携、星座运行时自动化程度高、自主功能强等优点,适合市场需要,应用广泛,性价比高,是全球第一个双向短数据低轨小卫星通信系统。

Orbcomm 系统是一个广域、分组交换、全球覆盖、双向短数据通信系统。它提供 4 类基本业务:数据报告、报文、全球数据报和指令。

用户终端与 Orbcomm 网关站之间的通信是通过一组 LEO 星座来实现的,然后网关站连入拨号网线或专线网络,与因特网和 X.25 等网络相连。其中,用户终端和卫星之间拥有 2.4 kb/s 的上行链路和 4.8 kb/s 的下行链路,而用户终端和网关站之间为 57.6 kb/s 的 TDMA 方式的上下行信道。

## 4.8.2 中轨道卫星星座系统

中轨道卫星(MEO)相对于高轨道卫星来说,由于轨道高度的降低,可减弱高轨道卫星通信的缺点,并能够为用户提供体积、重量、功率较小的移动终端设备,且只需用较少数目的中轨道卫星便可构成全球覆盖的移动通信系统。

中轨道卫星系统为非同步卫星系统,由于卫星相对于地面用户的运动,用户与一颗卫星能够保持通信的时间约为 100 min。卫星与用户之间的链路多采用 L 波段或 S 波段,卫星与关口站之间的链路可采用 C 波段或 Ka 波段。

本节主要介绍 3 种典型的 MEO 星座 Odyssey,ICO(Inmarsat - P)和 Spaceway。

1) Odyssey 系统

Odyssey 系统是 TRW 公司推出的中轨道卫星通信系统,它的星座系统采用 12 颗卫星,分布在倾角为 55 的 3 个轨道平面上,轨道高度为 10 354 km。卫星发射重量为 1 917 kg,太阳能电池最大可以提供的功率为 3 126 W。系统建设费用约为 27 亿美元,卫星设计寿命为 12~15 年。

系统最主要的用户终端是手持机。手持机的设计在许多方面决定整个系统的特性,其最大等效全向辐射功率(EIRP)决定了卫星的 G/T 值,进而决定了卫星的点波束数量和卫星每条信道的功率,也就间接地决定了卫星的大小和成本。Odyssey 系统的手持机采用双模式工作,可以同时在 Odyssey 系统和蜂窝系统中使用,调制方式为 CDMA/OQPSK,接收机灵敏度为 $-133 \sim -100$ dBm。系统可以提供各种业务,包括语音、传真、数据、寻呼、报文、定位等。手持机的数据速率可以达到 2.4 kb/s,还可以提供 4.8~19.2 kb/s 的数据速率。

卫星与地面站之间采用 Ka 频段,下行为 19.70~20.0 GHz,上行为 29.5~29.84 GHz,可用带宽为 340 MHz,采用线性极化。卫星与用户之间下行链路采用 L 频段 1 610~1 626.5 MHz,上行链路采用 S 频段 2 483.5~2 500 MHz,可用带宽为 7.5 MHz,采用左旋圆极化。系统的基本设计是基于 CDMA 方式,将可用的 7.5 MHz 带宽分为 3 段,扩频带宽为 2.5 MHz。该系统极化采用多波束天线方向图指向地面,姿态控制系统决定卫星的指向,以确保对陆地和海区的连续覆盖。地面控制也可以对指向进行程控,以保证对需求的业务区的最佳覆盖。每颗卫星可以提供 19 个(或扩展到 37 个)波束,总容量为 2 800 条电路,系统可以为 100 个用户提供一条电路，12 颗卫星可在全球范围内为 280 万用户提供服务。全系统共需要设定 16 个地面站，每个地面站有多个关口站与公众电话网相连，无星间链路以及星上处理，卫星只作为一个弯管——简单的转发器和矩阵放大器，以保证动态地将功率发送到高需求区。

2）ICO 系统

ICO 系统又称中圆轨道系统，由 Inmarsat 发起。Inmarsat 于 1979 年成立，是一个政府间的国际合作组织（自 1996 年 4 月 15 日起转变成私营公司）。该组织成立初期旨在为海运界提供全球遇险安全和航行管理卫星移动通信业务，1982 年 2 月 Inmarsat 系统正式投入运营。

Inmarsat 从成立到现在几十年来技术演进十分迅速，可提供模拟和数字、语音、传真、低中高速数据（600 b/s～64 kb/s）等移动卫星通信业务以及卫星导航和寻呼业务。终端类型繁多，体积也日趋小型化，实际上已经是个人移动卫星通信的雏形。

为满足 21 世纪的通信市场需求，Inmarsat 于 1989 年组建了 21 世纪工作小组，并于 1991 年 9 月公布了 21 世纪工程计划，即 Inmarsat-P，其主要目标是向全球用户提供手持卫星电话及可与陆地蜂窝网和个人通信网相结合的语音、数据、传真和寻呼业务。Inmarsat 对其技术模式做了大量的分析比较工作，着重对静止轨道、中圆轨道和低轨道系统选择决策、基本价格、系统复杂性、卫星数量、在轨管理、卫星寿命、仰角、通信持续时间等各方面因素进行了综合比较，在 1993 年 6 月的 Inmarsat 理事会上，通过了中圆轨道卫星通信系统方案。1994 年 5 月，Inmarsat 决定成立一个独立于 Inmarsat 的新公司来实施 Inmarsat-P 系统，并命名为 ICO 系统。

3）Spaceway 系统

Spaceway 系统又称太空之路系统，是由休斯通信公司提出的卫星网络系统。Spaceway 系统提供包括双向语音、高速数据、图像、电话电视会议、多媒体等多种交互宽带通信业务，以满足各种应用需求。最早的两颗 Spaceway 通信卫星是休斯公司 Spaceway 全球宽带通信系统的一部分，由美国 DIRECTV 公司所有并运营。在 DIRECTV 公司接管休斯公司 DTH 业务之后，这些卫星改为在全美范围内进行高清本地电视频道的传输。

Spaceway 系统采用 GEO 和 MEO 的混合结构，总投资 30 亿～50 亿美元，整个系统由包括 8 颗同步轨道卫星子系统 Spaceway EXP 和 20 颗非同步轨道卫星子系统 Spaceway NGSO 组成。Spaceway EXP 使用在 4 个轨道位置 117°W，69°W，26.2°W 和 9°E 上的 GEO 卫星，主要提供高数据率传送业务。Spaceway NGSO 卫星分布在离地面高度为 10 352 km 的 4 个圆形轨道平面上，每个平面上有 5 颗 MEO 卫星，主要面向先进交互式宽带多媒体通信业务，通过小终端系列提供很大范围的宽带数据速率。Spaceway 系统将覆盖全球的 4 个区域：北美洲、拉丁美洲、亚太地区和欧非中东。每个地区由 GEO 和 MEO 卫星共同服务。

Spaceway 系统的显著特点是使用多点波束来提供到达超小孔径终端的交互式语音、数据、视频服务业务。

由于商业需求的变化，特别是随着因特网应用的增长，更多的信息量实际上都是宽带和多媒体的。Spaceway 通过本地接入宽带网络来按需提供带宽，完善了现有的地面宽带方案。Spaceway 系统可以用于发展中地区的乡村电话、因特网访问、电话会议、远程教育、电子医疗、其他交互式数据、图像和视频业务等。其主要针对中小型商场、处于不具有宽带连接地区的遥远分支机构以及在家办公的工作人员。经常需要传输大量数据的用户，敷设光纤线路是比较合算的。对于偶尔需要使用宽带通路且实时性要求很高的用户，Spaceway 的使用费用可以比地面接入网更低。

### 4.8.3　GEO 轨道卫星系统

GEO 轨道卫星在位于赤道上空、高度约 35 786 km 的圆轨道上运行，并与地球上的某一点保持相对静止。理论上，单颗 GEO 轨道卫星的覆盖面积可以达到地球总表面积的三分之一，可以形成一个区域性通信系统，此系统可以为其覆盖范围内的任何一点提供服务。若同时利用 3 颗卫星便可以构成覆盖除地球南、北极区域的卫星通信系统，因此几乎所有大容量的通信卫星系统都优先选择 GEO 轨道卫星系统。

目前，典型的 GEO 轨道卫星通信系统有：提供全球覆盖的国际海事卫星（INMARSAT）系统，提供区域覆盖的瑟拉亚卫星（Thuraya）系统、亚洲蜂窝卫星（ACeS）系统、北美移动卫星（MSAT）系统（现改名为 SkyTerra 系统）、TerreStar 系统等，提供国内覆盖的澳大利亚的 Mobilesat 系统和日本 N‐STAR 系统等。

1) INMARSAT 系统

1979 年，国际海事卫星（INMARSAT）组织宣告正式成立，中国以创始成员国加入该组织。INMARSAT 总部设在英国伦敦，主要是负责操作、管理、经营 INMARSAT 系统的政府间合作机构，现已成为世界上唯一为海、陆、空用户提供全球移动卫星通信和遇险安全通信业务的国际组织。

INMARSAT 卫星通信最初只提供海事通信业务，具体包括向用户提供遇险呼叫、紧急安全通信、电话、用户电报、传真、各种数据传输、无线电导航等 20 余种通信业务。1982 年开始提供全球海事卫星通信服务。随着新技术的开发，1985 年 INMARSAT 大会通过业务协定的修正案，决定把航空通信纳入业务之内。1989 年又决定把业务从海事通信发展到航空、陆地移动通信领域，并于 1990 年开始提供全球性卫星航空移动通信业务。为了适应海事通信事业和通信网络发展的需要，国际海事卫星组织于 1993 年正式改名为国际移动卫星通信组织，1999 年改制为股份制公司，全面提供海事、航空、陆地移动卫星通信和信息服务，包括电话、传真、低速数据、高速数据及 IP 数据等多种业务类型，其应用遍布海上作业、矿物开采、救灾抢险、野外旅游、军事应用等多个领域。

2) ACeS 系统

亚洲蜂窝卫星（ACeS）系统是全球第一个将卫星与地面移动通信系统集成的系统。它以印度尼西亚的雅加达为基地，通过蜂窝状点波束覆盖了东南亚 22 个国家，包括中国、日本、新加坡、泰国、菲律宾、印度尼西亚、马来西亚、印度和巴基斯坦等，它的覆盖面积超过了 2 850 万 km²，覆盖区国家的总人口约为 30 亿。

ACeS 系统的设想起源于 1993 年,由印度尼西亚的 Pasifik Satelit Nusantara 公司发起,目标是经济地解决亚洲一些地区对移动及固定业务电话的需求。此后,其系统概念进步扩展。1994 年年底,菲律宾长途电话公司加入,成为合作伙伴;1995 年初泰国电信公司 Jasmine International of Thailand 加入,成为第三个合作伙伴,于是在 1995 年 6 月正式成立 ACeS 公司。

该系统的目标是利用 GEO 轨道卫星为亚洲范围内的国家提供区域性的卫星移动通信业务,包括语音、传真、短消息、数据传输和 Internet 等服务,并实现与地面公用电话 PSTN 和移动通信网 PLMN 的无缝连接,实现全球漫游等业务。

3) MSAT 系统

北美移动卫星通信 MSAT 系统是加拿大经营的第一颗卫星。1983 年,加拿大通信部和美国宇航局达成协议,联合开发北美地区的卫星移动业务,由美国移动卫星通信公司和加拿大移动卫星通信公司负责该系统的实施和运营。MSAT 系统使用多个高增益点波束天线,覆盖加拿大和美国本土、夏威夷、墨西哥及加勒比群岛。

MSAT 主要提供两大类业务:一类是公众通信的无线业务;另一类是面向专用通信的专用通信业务。具体可以分为 6 种:实现移动的陆上车辆、船舶或飞机同公众电话交换网互联起来的语音通信,实现用户移动终端与基站之间的双向语音调度,移动电话业务和移动无线电业务结合起来的双向数据通信,为了安全或其他目的的语音和数据通信的航空业务,在人口稀少地区在固定的位置上使用可搬移的终端为用户提供电话和双向数据业务等寻呼业务。

4) TerreStar 系统

TerreStar 系统由位于美国弗吉尼亚州的 TerreStar 网络公司负责测控和运行,是世界上第一个支持地面网级别手持机的卫星移动通信系统,覆盖范围为美国及其沿海地区,主要为美国和加拿大两国政府机构、公共安保部门、农村社区和商业客户提供语音、数据和视频等移动多媒体通信服务。

Terrestar-1 卫星采用多项先进技术:携带了直径为 18 m 的商用 S 频段可展开天线、与智能手机进行多媒体通信、双向地基波束成型技术、卫星与地面相互集成融合的解决方案,标志着北美进入了星地集成融合的新时代。这些新技术催生了一批新的卫星移动通信产品和服务。Terrestar 系统的地面段组建中采用了全 IP 和辅助地面组件(ATC)等技术,实现了卫星点波束和地面蜂窝网的融合覆盖。Terrestar 系统的点波束动态配置和较强的语音数据传输能力,使得其在美国应急通信和辅助地面蜂窝网通信中发挥了重要作用。

# 第 5 章
# 加权代数连通度最大化空间信息网络拓扑控制方法

网络拓扑动态变化是空间信息网络的重要特点之一,会带来网络稳定性难以长期保持的问题。因此,本章针对分布式星群网络中不同轨道参数的卫星之间存在相对运动导致网络拓扑结构难以稳定、网络的连通度存在较大幅度起伏变化的问题,采用代数连通度的概念来描述空间信息网络拓扑的稳定性,并在代数连通度相关概念的基础上增加了链路权重因素,基于矩阵弱摄动优化理论,研究加权代数连通度最大化的网络拓扑控制方法,能够有效缓解网络节点位置的动态变化对网络稳定性造成的不利影响。

## 5.1 引言

### 5.1.1 加权代数连通度的概念

由于航天任务的多样性和空间轨位的限制,通常情况下空间信息网络中各星群的空间分布和星群内的节点分布都是不对称的,再加上不同高度的卫星运动速度不同、不同倾角的卫星运动方向不同,导致空间信息网络中卫星节点的空间位置分布呈现大时空尺度、非周期的连续时变状态。这种持续不稳定的节点空间位置分布对空间信息网络的拓扑结构控制带来了极大的挑战。如何在节点之间存在持续高速相对运动的环境下维持网络拓扑的稳定性,成为构建空间信息网络必须解决的重要科学问题之一。

1973 年,捷克科学家 Miroslav Fiedler 在其论文《Algebraic Connectivity of Graphs》中从图论的角度出发,首次提出了代数连通度的相关理论,代数连通度是网络对应的拉普拉斯矩阵的第二小特征值,也被称为 Fiedler 值或 Fiedler 特征值。网络的代数连通度是一个标量,反映的是整个网络的连通程度,可用于分析网络的拓扑稳定性和同步能力。代数连通度越大的拓扑结构,网络连通程度越高,网络节点或链路故障对全网连通性的影响越小,网络的稳定性和同步能力越好。

最初的代数连通度概念没有考虑链路的权重因素,对于包含有 $N$ 个节点的无方向图 $G$ 中的两个节点 $i$ 和 $j$,当 $i$ 与 $j$ 之间存在直接连接的边时,定义变量 $a_{ij}=1$,否则 $a_{ij}=0$。不考虑节点自环的情况,即定义 $a_{ii}=0$,$\forall i$。则由 $a_{ij}$ 为元素的 $N$ 维对称矩阵 $A=\{a_{ij}\mid$

$i,j \in G\}$ 被称为 $G$ 的邻接矩阵。另外,定义节点 $i$ 的"度" $d_i$ 为连接到 $i$ 的所有链路的数量,即 $d_i = \sum_{k \in G} a_{ik}$,将 $d_i$ 作为对角线元素形成的 $N$ 维对角矩阵 $D$ 称为网络的度矩阵,则网络对应的拉普拉斯矩阵 $L$ 可以表示为度矩阵与邻接矩阵之差,即 $L = D - A$。然后对 $L$ 进行特征分解(也称谱分解),可以得到 $N$ 个特征值,这 $N$ 个特征值中 0 元素的数量表示网络中断开部分的数量;而对于连通的网络,其第二小特征值即为网络的代数连通度,记为 $\lambda_2$。

图 5-1 给出的例子中包括了 5 个节点组成的不同拓扑的网络结构及其对应的代数连通度。其中,图 5-1(a) 的拓扑结构是不连通的,因此其对应的代数连通度等于 0,图 5-1(b)~(d) 中的连通情况越来越好,其对应的代数连通度分别为 0.382 0,1.382 0,5。可以看出,连通情况越好的拓扑具有的代数连通度值越大。

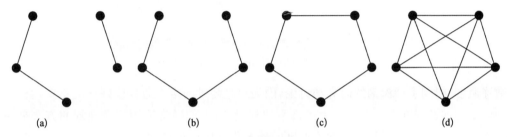

**图 5-1　代数连通度概念示例**
(a) $\lambda_2 = 0$;(b) $\lambda_2 = 0.382\,0$;(c) $\lambda_2 = 1.382\,0$;(d) $\lambda_2 = 5$

代数连通度的最大化问题是图论中一个经典的数学规划问题。通常在节点和边数量确定的一个图中,通过优化边的分布来使图的代数连通度最大化,这个问题在网络优化中即为面向代数连通度最大化的网络拓扑控制问题。在星间组网系统中,考虑到星上资源受限,本章在代数连通度的概念基础上增加了链路权重的因素,将代数连通度扩展为加权代数连通度加以分析。与非加权代数连通度不同,加权代数连通度中邻接矩阵的元素不是表示连通关系的 0-1 元素,而是各边的强度权重,通常用 $w_{ij}$ 表示,形成的矩阵称为权重矩阵。以权重矩阵来计算加权代数连通度的方法与以邻接矩阵来计算非加权代数连通度的方法相同。在空间信息网络中,还需要考虑的是星间相对运动引起的持续星间距离变化和可视性关系变化问题,前者会引起链路权重的变化,后者会导致潜在链路集的变化。图 5-2 给出了运行于 3 个不同轨道的卫星之间距离和可视性关系的变化规律。图 5-2(a) 为这 3 颗卫星的运行轨道,图 5-2(b) 为 3 颗卫星之间的距离和可视性关系变化规律,其中虚线表示卫星之间被地球遮挡导致相互之间不可视。可以看出,在空间信息网络中研究加权代数连通度的优化问题,除了在传统的非加权代数连通度基础上增加链路权重的因素之外,还要考虑链路长度和星间可视性关系动态变化的影响。

## 5.1.2　研究现状

图的拉普拉斯矩阵及特征值在数学领域有着广泛的研究,尤其是在采用图论和数学规划方法解决网络拓扑构型问题方面。在拉普拉斯矩阵所有的特征值中,第二小的特征值(即

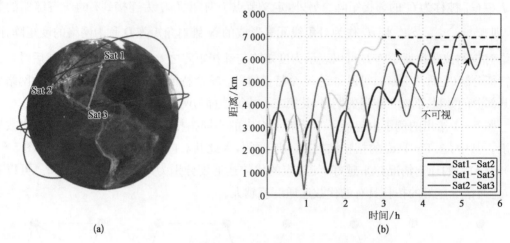

**图 5 - 2　位于不同轨道的 3 颗卫星组成的星间组网系统**
(a) 轨道分布情况;(b) 星间距离和可视性关系变化规律

代数连通度)得到了最深刻的研究和讨论,因为它是衡量网络连通程度好坏的重要指标。为了使网络的连通程度在一定的约束条件下达到最佳,人们通常采用数学规划的方法来最大化网络的代数连通度。但是,代数连通度的最大化问题已被证明是一个 NP - hard 问题,需要在一定的假设条件下才能转化为凸优化问题或采用启发式算法求解,因此产生了基于不同假设和不同理论的代数连通度最大化算法。

Kim 和 Mesbahi 考虑了加权图中的代数连通度最大化问题,提出了一种基于半正定规划的迭代算法,并通过仿真证明了算法通常可以得到最优解,然而没有考虑动态网络中链路权重变化问题。Kim 还考虑了在一个给定图中增加一条边后的代数连通度最大化问题,提出了一种计算效率很高的算法对问题进行了求解。该算法通过优化加入的边的位置,可确保加入一条边后的网络具有最大的代数连通度,为衍生的贪婪算法提供了理论基础。Rafiee 和 Bayen 考虑了多代理网络中两种类型的最优化拓扑设计问题:一是边的数量小于等于给定约束条件下的最大化代数连通度问题;二是代数连通度大于等于给定约束条件下的最小化边的数量问题。两类问题可归纳为一类混合整型半正定规划问题(MISDP),能够通过半正定规划求解软件进行求解。Dai 和 Mesbahi 考虑动态网络在 3 种情况下的最优化拓扑设计问题:一是边的总数约束条件下的代数连通度最大化问题;二是边的权重约束条件下的代数连通度最大化问题;三是动态场景中的边状态转移时间最小化问题。在离散一致性协议涉及的代数连通度优化问题方面,Xiao 和 Boyd 考虑了分布式均衡协议快速收敛条件下的边权重最优化问题,提出了基于半正定规划的求解算法。

代数连通度在各类网络的设计中都扮演着重要的角色,比如计算机网络、航空运输网络、认知网络、机器人网络、复杂网络和自由空间光通信网络等。另外,代数连通度还涉及网络中的诸如同步、随机行走和泛洪等动态处理的性能。

在代数连通度最大化问题的求解方法方面,凸优化是一个有力的工具,通过对原始问题的松弛化处理,能够得到问题的上界,并且在一定的条件下,该上界是紧的。混合马尔科夫过程对随机网络中的代数连通度演化问题提供了高效的求解方案。通过逐边调整的方法来获得网络最大化代数连通度是各类启发式算法的主要思想。

本章主要考虑空间信息网络中节点分布高动态和节点运算能力有限等星上系统的特点,针对网络初始化和网络重构两种典型场景,通过对拉普拉斯矩阵特征值在矩阵摄动条件下演化规律的分析,得出一种新的逐边调整的启发式算法。通过数学分析和仿真实验,证明算法的运算结果能够在较小的计算复杂度下实现局部最优化,且与全局最优解之间的误差较小。

## 5.2 系统模型

令一个无方向加权图 $G=(V, E)$ 表示一个网络拓扑,其中端点集合 $V=\{1, 2, \cdots, N\}$ 表示网络节点集,边集合 $E=\{e_{ij} \mid i, j \in V, i \neq j\}$ 表示星间链路集。引入变量 $a_{ij}$ 表示节点 $i$ 与 $j$ 之间是否存在直连星间链路,即当节点 $i$ 与节点 $j$ 之间存在直接相连的链路时,$a_{ij}=a_{ji}=1$,否则 $a_{ij}=a_{ji}=0$。假设任意节点内不存在自环链路,则 $a_{ii}=0$,$\forall i$。定义 $N \times N$ 对称矩阵 $\boldsymbol{A} \overset{\triangle}{=} \{a_{ij}\}$ 为图 $G$ 的邻接矩阵。另外,在网络中,每条链路 $e_{ij}$ 都存在一个非负、双向的权重值 $w_{ij}=w_{ji}$ 表示链路强度,$w_{ij}$ 的值越大,表示链路 $e_{ij}$ 的稳定性越高。当 $a_{ij}=0$ 时,$i$ 与 $j$ 之间不存在直连链路,故 $w_{ij}=0$;否则,$w_{ij}$ 将在 $[\alpha, \beta]$ 范围内选择一个值,其中 $\alpha$ 和 $\beta$ 分别表示链路权重的下限和上限。设置下限 $\alpha$ 的目的是避免链路强度过低导致的链路实质上无效,设置上限 $\beta$ 的目的是避免一味增大链路强度导致的链路开销过大。所以,$w_{ij}$ 可以表示为 $a_{ij}\alpha \leqslant w_{ij} \leqslant a_{ij}\beta$。则图 $G$ 对应的拉普拉斯矩阵 $\boldsymbol{L}=\{l_{ij}\}$ 定义为

$$l_{ij}=\begin{cases} -w_{ij} & a_{ij}=1, i \neq j \\ 0 & a_{ij}=0, i \neq j \\ \sum_{p=1}^{N} w_{ip} & i=j \end{cases} \tag{5-1}$$

显然,$\boldsymbol{L}$ 为半正定矩阵,则 $\boldsymbol{L}$ 的 $n$ 个特征值经排序后可以表示为 $0=\lambda_1 \leqslant \lambda_2 \leqslant \cdots \leqslant \lambda_n$。由于 $\boldsymbol{L}e=0$,故最小特征值 $\lambda_1=0$,对应的特征向量为 $e, e \in R^n$ 为元素均为 1 的 $n$ 阶列向量。第二小特征值 $\lambda_2$ 定义为图 $G$ 的代数连通度,对应的特征向量被称为 Fiedler 向量。当且仅当网络是连通时,$\lambda_2>0$。由于 $\lambda_2$ 越大,网络的抗毁性和鲁棒性越好,因此本章将在空间信息实际场景的一系列约束下,研究最大化 $\lambda_2$ 的方法。

下面考虑实际情况下的约束条件,假设卫星 $i$ 具有自由度限制,用 $d_i$ 表示,它等于 $i$ 上天线波束的数量,表示 $i$ 能够同时连接的节点数量上限,即 $\sum_{j=1}^{N} a_{ij} \leqslant d_i$,$\forall i$。简便起见,可以将上述 $N$ 个不等式约束表示成矩阵形式:$Ae=d$,其中 $e$ 表示 $N$ 维列向量且 $e$ 中的元素全为 1,$d$ 表示由 $d_i$ 构成的 $N$ 维自由度列向量。

为了使链路保持可用,每条星间链路都需要提供相应的链路开销,包括 PAT 开销、功率

放大与前置放大开销和机械开销等。令维持链路 $e_{ij}$ 中每个单位权重的开销为 $c_{ij}$，则链路 $e_{ij}$ 的总体开销为 $w_{ij}c_{ij}$。另一方面，对卫星 $i$ 而言，存在一个总的资源上限 $C_{\lim}$，表示 $i$ 能提供的链路资源总和。因此，星上资源约束不等式 $\sum_{j=1}^{N} w_{ij}c_{ij} \leqslant C_{\lim}^{i}$，$\forall i$ 必须满足。为了便于描述，将该不等式表示为矩阵形式，即 $\mathrm{diag}(\boldsymbol{W}^{\mathrm{T}}\boldsymbol{C}) \leqslant \boldsymbol{C}_{\lim}$，其中 $\boldsymbol{W}$ 为链路权重矩阵，$\boldsymbol{C}$ 为链路代价矩阵，$\boldsymbol{C}_{\lim}$ 为卫星资源上限列向量，$\mathrm{diag}(\boldsymbol{Y})$ 表示矩阵 $\boldsymbol{Y}$ 的对角线值组成的列向量。

与地面网络不同，星间组网时卫星之间还存在可视性问题。通常情况下，同时满足下列两个条件时，两颗卫星之间是"可视的"：一是两颗卫星之间的连线没有被地球阻挡；二是两颗卫星之间的距离不超过双方的有效通信距离。定义矩阵 $\boldsymbol{\chi}$ 表示网内所有卫星的可视性关系。$\boldsymbol{\chi}$ 中的元素为 $0$-$1$ 变量 $x_{ij}$，表示卫星 $i$ 与卫星 $j$ 之间的可视性，定义为：当且仅当 $i$ 与 $j$ 可视时，$x_{ij}=x_{ji}=1$；否则 $x_{ij}=x_{ji}=0$。显然，$\boldsymbol{\chi}$ 为对称矩阵，且满足 $\boldsymbol{A} \leqslant \boldsymbol{\chi}$。

## 5.3 问题描述

由于空间信息网络的拓扑时变特性，拓扑的初始化与重构是两个同样重要的问题。为了区分这两种情形下的拓扑优化问题，分别对这两种情况进行建模。

### 5.3.1 网络初始化问题

空间信息网络加权代数连通度最大化拓扑控制的初始化问题指的是：在网络初始状态下或网络需要完全重新构建时，构建具有最大加权代数连通度的网络拓扑问题。该问题需要在满足上述约束条件的情况下最大化网络的加权代数连通度。因此，原始问题可以构建为

$$\max \lambda_2$$
$$\text{s.t. } \mathrm{diag}(\boldsymbol{W}^{\mathrm{T}}\boldsymbol{C}) \leqslant \boldsymbol{C}_{\lim}$$
$$\alpha\boldsymbol{A} \leqslant \boldsymbol{W} \leqslant \beta\boldsymbol{A}$$
$$\boldsymbol{A}\boldsymbol{e} \leqslant \boldsymbol{d}$$
$$\boldsymbol{A} \leqslant \boldsymbol{\chi}$$
$$a_{ij} \in \{0, 1\} \tag{5-2}$$

式中，优化参数为 $\boldsymbol{A}$ 和 $\boldsymbol{W}$，输入参数包括所有节点的瞬时位置、可视性矩阵 $\boldsymbol{\chi}$、自由度约束向量 $\boldsymbol{d}$、开销矩阵 $\boldsymbol{C}$、单星资源总量向量 $\boldsymbol{C}_{\lim}$ 和权重分布区间 $[\alpha, \beta]$。而目标函数 $\max \lambda_2$ 是一个严格凹函数，因为根据 Courant - Fischer 定理，$\max \lambda_2$ 事实上是 $\boldsymbol{W}$ 对应的拉普拉斯矩阵的一个线性函数集的逐点上确界：

$$\lambda_2 = \inf\{\boldsymbol{y}^{\mathrm{T}}\boldsymbol{L}\boldsymbol{y} \mid \|\boldsymbol{y}\| = 1, \boldsymbol{e}^{\mathrm{T}}\boldsymbol{y} = 0\} \tag{5-3}$$

式中，$\|\boldsymbol{y}\|$ 表示向量 $\boldsymbol{y}$ 的模。另外，由于邻接矩阵 $\boldsymbol{A}$ 中的元素 $a_{ij}$ 为 $0$-$1$ 变量，因此该问

题为一类混合整型规划(MIP)问题,此类问题已被证明是 NP‑hard 问题,无法在多项式时间内求得最优解。

为了在多项式时间内求得问题的次优解,将原始问题中有关整型约束的条件取消,从而将问题松弛为凸优化形式:

$$\max \lambda_2$$
$$\text{s.t. } \text{diag}(\boldsymbol{W}^{\mathrm{T}}\boldsymbol{C}) \leqslant \boldsymbol{C}_{\lim}$$
$$\alpha\boldsymbol{A} \leqslant \boldsymbol{W} \leqslant \beta\boldsymbol{A}$$
$$\boldsymbol{A} \leqslant \boldsymbol{\chi} \tag{5-4}$$

值得注意的是,由于取消了整型约束,该问题中的邻接矩阵 $\boldsymbol{A}$ 中的元素 $a_{ij}$ 不再被约束为 $0$‑$1$ 变量,而是允许在 $[0,1]$ 区间内任意取值。该问题可以采用凸优化方法在多项式时间内精确求解。与原始问题相比,由于放宽了约束条件,松弛问题的可行解集更大,因此其最优解能够表示原始问题解的上界。但是,由于取消了整型约束,松弛问题解出的上界往往远大于实际最优解,因此该上界对求取问题的最优解或次优解并无实际意义。

另一方面,对于小规模的空间信息网络,可以采用穷举法来获得原始问题的最优解。在穷举法中,满足约束条件的所有可能性拓扑都将作优化计算,即根据可视性矩阵 $\boldsymbol{\chi}$ 和自由度约束向量 $\boldsymbol{d}$,穷举所有满足 $\boldsymbol{A} \leqslant \boldsymbol{\chi}$ 和 $\boldsymbol{Ae} = \boldsymbol{d}$ 的邻接矩阵 $\boldsymbol{A}$,而针对每个给定的邻接矩阵,求解其加权代数连通度最大化解则退化为求解凸优化问题:

$$\max \lambda_2$$
$$\text{s.t. } \text{diag}(\boldsymbol{W}^{\mathrm{T}}\boldsymbol{C}) \leqslant \boldsymbol{C}_{\lim}$$
$$\alpha\boldsymbol{A} \leqslant \boldsymbol{W} \leqslant \beta\boldsymbol{A} \tag{5-5}$$

在这个退化的凸优化问题中,邻接矩阵 $\boldsymbol{A}$ 作为输入参数不再需要优化。对每个邻接矩阵 $\boldsymbol{A}$ 求得对应的最优解 $\max \lambda_2(\boldsymbol{A})$ 后,选取其中的最大值对应的 $\boldsymbol{A}$ 和 $\boldsymbol{W}$ 作为当前可视性和自由度约束条件下的最优化的拓扑,就可以得到原始问题的精确最优解。

然而,该穷举算法由于对每个可视性条件下的每种拓扑组合进行优化计算,因此需要极大的计算量。事实上,每个可视性条件下,采用穷举算法需要计算约 $2^{\frac{e^{\mathrm{T}}\boldsymbol{\chi}e}{2}}$ 次最优化计算,其中 $\dfrac{e^{\mathrm{T}}\boldsymbol{\chi}e}{2}$ 为每个可视性条件内的所有潜在边的数量。再考虑到可视性情况随着时间不断变化,因此当网络规模较小时,穷举算法能够作为最优解的求取方法;而当网络规模较大时,穷举算法因其呈指数增长的计算量而变得不再适用。

因此,考虑采用贪婪算法来求取问题的次优解。其思路为:

(1) 首先假设可视性条件下所有的潜在链路全部建立,然后计算出全连通状态下的最优化权重分布 $\boldsymbol{W}_{\text{opt}}^{(0)}$。

(2) 贪婪迭代:基于 $\boldsymbol{W}_{\text{opt}}^{(i)}$,利用矩阵摄动理论和自由度约束条件删除一条"最差"的链路,再通过最优化计算得到 $\boldsymbol{W}_{\text{opt}}^{(i+1)}$。

（3）判断：若 $W_{\mathrm{opt}}^{(i+1)}$ 满足自由度约束，则为算法最优解（通常是原始问题次优解），否则返回（2）。

上述算法的最优化问题计算次数为 $e^{\mathrm{T}}(\pmb{\mathcal{X}} - \pmb{A}_{\mathrm{opt}})e$，远小于穷举算法所需的计算次数 $2^{\frac{e^{\mathrm{T}}\pmb{\mathcal{X}}e}{2}}$，而且当卫星自由度较大时，所需计算复杂度极小。

## 5.3.2 网络重构问题

由于卫星的相对运动、定期关机以及卫星/链路的随机故障，空间信息网络在初始化之后，卫星的可视性关系和相对距离会不断发生变化，网络的可视性矩阵和权重矩阵也会随之不断地改变。网络的动态性可以理解为：在某个参考时刻 $t_0$，对应的可视性矩阵为 $\pmb{\mathcal{X}}$、开销矩阵为 $\pmb{C}$，经过持续时间 $t$ 之后，在时刻 $t_1 = t_0 + t$，由于卫星空间位置的变化，可视性矩阵变为 $\hat{\pmb{\mathcal{X}}}$、开销矩阵变为 $\hat{\pmb{C}}$。则 $t_0$ 时的最优化拓扑 $W_{\mathrm{opt}}^{t_0}$ 不再最优，甚至不再可行。因此需要重新计算 $t_1$ 时刻的最优或次优拓扑。

如果在 $t_1$ 时刻按照网络初始化的方法来求解最优化问题，则得到的优化拓扑可能与 $t_0$ 时刻的优化拓扑有很大差别，这就会导致网络中大量的链路需要重新构建。而重新构建星间链路的代价较大，可能牵涉卫星姿态控制、星间波束对准、卫星轨道调整和收发功率调节等动作，既可能消耗大量的能量，也可能带来较大的重构时延。因此，希望 $t_1$ 时刻的计算结果能够尽量保持 $t_0$ 时刻的拓扑结构，通过设置相应的约束条件尽量平滑掉可能变化很剧烈的星间位移情况，从而达到减少重构链路数量、降低能量开销和重构时延的目的。综合考虑网络重构时面临的拓扑控制问题，构建网络重构时的原始最优化问题为

$$
\begin{aligned}
&\max \hat{\lambda}_2 \\
&\text{s.t. } \mathrm{diag}(\hat{\pmb{W}}^{\mathrm{T}}\hat{\pmb{C}}) \leqslant \pmb{C}_{\mathrm{lim}} \\
&\qquad \alpha\hat{\pmb{A}} \leqslant \hat{\pmb{W}} \leqslant \beta\hat{\pmb{A}} \\
&\qquad \hat{\pmb{A}}e \leqslant \pmb{d} \\
&\qquad \hat{\pmb{A}} \leqslant \hat{\pmb{\mathcal{X}}} \\
&\qquad e^{\mathrm{T}}(\hat{\pmb{A}} \oplus \pmb{A})e \leqslant 2k \\
&\qquad \hat{a}_{ij} \in \{0, 1\}
\end{aligned}
\tag{5-6}
$$

式中，$\hat{\lambda}_2$，$\hat{\pmb{W}}$，$\hat{\pmb{A}}$ 和 $\hat{a}_{ij}$ 分别表示重构之后的加权代数连通度、权重矩阵、邻接矩阵和邻接矩阵中的元素；$k$ 表示网络重构前后允许调整的星间链路的数量；运算符"$\oplus$"表示布尔计算中的异或（XOR）运算，所以 $e^{\mathrm{T}}(\hat{\pmb{A}} \oplus \pmb{A})e \leqslant 2k$ 表示重构前的最优化邻接矩阵 $\pmb{A}$ 与重构后的最优化邻接矩阵 $\hat{\pmb{A}}$ 之间不相同的元素数量不大于 $2k$ 个，也就意味着重构前后变化的星间链路数量不大于 $k$ 条。上述最优化问题考虑了重构之前的拓扑，并尽量延续原有的拓扑来降低网络重构的规模，从而降低网络拓扑更新的开销和时延。

同样的，网络重构的原始最优化问题同样是一个 MIP 问题，作为非凸问题同样无法在多项式时间内求解。采用穷举法虽然同样可以得到最优解，但是同样需要面对计算量过大的问题。通过取消问题中的整型约束，可以得到问题的松弛形式，与初始化问题的松弛形式相同。因

此,同样采取贪婪算法,基于可视性条件变化后残余的链路,通过每次迭代增加一条"最佳"(即提高加权代数连通度最大)的链路,直至满足 $k$ 条调整链路的约束,从而得到次优解。

### 5.3.3　松弛问题的半正定规划形式

经过之前的分析,可以发现网络初始化和重构问题的松弛形式是相同的。松弛问题是标准的凸优化问题,能够通过凸优化工具精确求解。但是对于大规模网络问题,将问题转化为半正定规划(SDP)形式能够更有效地求解。对于一个给定的拉普拉斯矩阵 $\boldsymbol{L}$,如下不等式恒成立:

$$\lambda_2\left(\boldsymbol{I}-\frac{\boldsymbol{e}\boldsymbol{e}^{\mathrm{T}}}{N}\right)\preccurlyeq\boldsymbol{L} \tag{5-7}$$

式中,$\boldsymbol{I}$ 表示 $N\times N$ 对角矩阵,对角线上的元素均为 1。该不等式为矩阵形式,表示 $\boldsymbol{L}-\lambda_2(\boldsymbol{I}-\boldsymbol{e}\boldsymbol{e}^{\mathrm{T}}/N)$ 为一类半正定矩阵。因此,松弛问题式(5-4)可以转化为标准半正定规划形式:

$$
\begin{aligned}
&\max \boldsymbol{s}\\
&\mathrm{s.t.}\ \mathrm{diag}(\boldsymbol{W}^{\mathrm{T}}\boldsymbol{C})\leqslant\boldsymbol{C}_{\mathrm{lim}}\\
&\quad\ \ \alpha\boldsymbol{A}\leqslant\boldsymbol{W}\leqslant\beta\boldsymbol{A}\\
&\quad\ \ \boldsymbol{A}\leqslant\boldsymbol{\chi}\\
&\quad\ \ s\left(\boldsymbol{I}-\frac{\boldsymbol{e}\boldsymbol{e}^{\mathrm{T}}}{N}\right)\leqslant\boldsymbol{L}
\end{aligned}
\tag{5-8}
$$

由于约束条件中存在半正定不等式且其他约束条件均为线性约束,因此该问题能够采用标准的 SDP 求解工具来得到全局最优解,且其运算速度远高于等价的凸优化形式。

## 5.4　基于矩阵摄动的启发式贪婪算法

本节将提出两种启发式贪婪算法来处理网络初始化和网络重构时的加权代数连通度最大化问题。算法的主要思想来自矩阵摄动理论。关于代数连通度在无权重网络随拓扑变化的规律,证明了当一个图出现一阶摄动(即仅加入或移除一条边)时其代数连通度的变化规律。变化规律的通用表达式为

$$\sum_{n=2}^{N}\frac{(v_{n_i}-v_{n_j})^2}{\lambda_2(G')-\lambda n(G)}=\rho \tag{5-9}$$

式中,$\rho\in\{1,-1\}$,当 $\rho=1$ 时表示图 $G'$ 是在图 $G$ 中增加一条边 $e_{ij}$ 得到的;而 $\rho=-1$ 表示图 $G'$ 是从图 $G$ 中移除一条边 $e_{ij}$ 得到的。$v_n$ 表示图 $G$ 对应的第 $n$ 小特征值对应的特征向量,而 $v_{n_i}$ 表示 $v_n$ 中的第 $i$ 个元素。

而对于加权网络，式(5-9)的改进型为

$$\sum_{n=2}^{N} \frac{(v_{n_i} - v_{n_j})^2}{\lambda_2(G') - \lambda n(G)} = \frac{\rho}{w_{ij}} \tag{5-10}$$

针对加权网络的改进型等式隐含了一个贪婪迭代算法：根据当前图中每条边的权重 $w_{ij}$ 及其对应的 $(v_{n_i} - v_{n_j})^2$ 值，可以找到一条最佳的边，使得增加或移除这条边而形成的新的图的加权代数连通度最大。下面针对网络初始化和重构的情形分别讨论。

### 5.4.1 网络初始化问题中的边移除算法

对于网络初始化问题，可以简单地求得其松弛问题的最优解。但是，取消整型约束条件之后，得到的松弛问题最优解对应的邻接矩阵 $\boldsymbol{A}_{\mathrm{opt}}$ 即为可视性矩阵 $\boldsymbol{\chi}$。考虑到星上自由度约束，这通常是不可能实现的。因此，需要从 $\boldsymbol{\chi}$ 中逐一移除链路，直至其满足整型约束条件。考虑到当从图 $G$ 中移除一条边形成新的图 $G'$ 时，有 $\lambda_2(G') \leqslant \lambda_2(G) \leqslant \lambda_3(G) \leqslant \cdots \leqslant \lambda_N(G)$。将式(5-10)重写为下述不等式形式：

$$\lambda_2(G') \leqslant \lambda_n(G) - w_{ij}(v_{n_i} - v_{n_j})^2, \quad e_{ij} \in G \tag{5-11}$$

将 $G$ 中所有边对应的不等式相加，则得到

$$\lambda_2(G') \leqslant \frac{1}{N-1} \sum_{n=2}^{N} \left[ \lambda_n(G) - w_{ij}(v_{n_i} - v_{n_j})^2 \right]$$
$$= \overline{\lambda_n(G)} - w_{ij} \overline{(v_{n_i} - v_{n_j})^2}, \quad e_{ij} \in G \tag{5-12}$$

式中，符号 $\overline{x}$ 表示 $x$ 的平均值。简便起见，定义 $\Delta_{ij} = w_{ij} \overline{(v_{n_i} - v_{n_j})^2}$。显然，式(5-11)指出了 $G'$ 的加权代数连通度的上界(假设 $G'$ 由 $G$ 中移除一条链路，且其他链路的权重不变)。式(5-11)取等号的充要条件为 $G$ 为一个全连通图。因此可以认为，移除具有最小 $\Delta_{ij}$ 值的边 $e_{ij}$ 会导致 $G'$ 经过最优化权重分配后具有最大的加权代数连通度。即 $\Delta_{ij}$ 能够表示图 $G$ 的加权代数连通度的近似一阶退化情况。因此，边移除算法的主要思想是每次迭代都从图中移除一条具有最小 $\Delta_{ij}$ 的边，再对移除后的拓扑进行最优化计算来重新分配链路权重。另外，考虑到移除边的主要目的是满足星上自由度的约束条件，因此每次移除动作还需要优先移除具有最大自由度的节点所连接的边。基于上述思想，边移除算法的简略伪代码如表5-1所示。

**表 5-1　边移除算法伪代码**

Algorithm 1: Edge Removal Algorithm

| | |
|---|---|
| Input: | $\boldsymbol{\chi}, \boldsymbol{C}, \boldsymbol{C}_{\mathrm{lim}}, \boldsymbol{d}, \alpha, \beta$; |
| 1: | Solve $(5-5)$ with $\boldsymbol{A} = \boldsymbol{\chi}$ to obtain a solution $\boldsymbol{W}$; |
| 2: | **while** $\sum_i x_{ij} \leqslant d_i$ are not satisfied for every $i$ **do** |
| 3: | Calculate $\lambda_n$ and $\boldsymbol{v}_n$ from $\boldsymbol{W}$; |
| 4: | Find $i = \arg\max \sum_j x_{ij}$; |

（续表）

| 5： | Find $e_{ij} = \arg \min \Delta_{ij}$, $j \neq i$; |
| 6： | Update $\boldsymbol{\chi}$: $\boldsymbol{\chi} = \boldsymbol{\chi} - e_{ij}$ |
| 7： | Solve (5-5) and update $\boldsymbol{W}$, $\lambda_n$ and $\boldsymbol{v}_n$; |
| 8： | **end while** |
| Output： | $\boldsymbol{W}$. |

## 5.4.2　网络重构问题中的边增加算法

在重构问题中,令 $\boldsymbol{A}_{old}$ 为重构前网络的旧的邻接矩阵,它由上一次优化计算得到。随着网络中的卫星随轨道持续变化,星间位置变化使得原有的一些链路被迫中断,新的可视性矩阵 $\hat{\boldsymbol{\chi}}$ 形成。为了使拓扑结构的变化尽可能小,在新的可视性矩阵 $\hat{\boldsymbol{\chi}}$ 中,继续保持 $\boldsymbol{A}_{old}$ 中仍然可用的链路,这就形成了一个由 $\boldsymbol{A}_{old}$ 退化而形成的残留拓扑 $\boldsymbol{A}_{rem}$。接下来,逐一增加 $k$ 条链路到 $\boldsymbol{A}_{rem}$ 中,每一条链路的增加服从所提的边增加算法。

当在图 $G$ 中增加边 $e_{ij}$ 形成新的图 $G'$ 时,必然有 $\lambda_2(G') \geqslant \lambda_2(G)$,其中 $G'=G+e_{ij}$。因此,令 $\rho=1$,将式(5-10)重写为

$$\lambda_2(G') \leqslant \lambda_2(G) + w_{ij}(v_{2_i} - v_{2_j})^2, \quad e_{ij} \notin G \tag{5-13}$$

不幸的是,不同于初始化问题,由于卫星节点位置已经发生了变化,重构问题中待增加的候选链路的权重 $w_{ij}$ 在新的可视性矩阵中已经不是最优化的了,因此 $w_{ij}(v_{2_i} - v_{2_j})^2$ 不能精确地表示候选链路的优先级,需要对优先级进行估计。根据约束 $\sum_{j=1}^{N} w_{ij}c_{ij} \leqslant C_{\lim}^i$,可以粗略地认为 $w_{ij}$ 与 $c_{ij}$ 成反比。虽然这种粗略的估计不是精确的,但是由于只对 $w_{ij}(v_{2_i} - v_{2_j})^2$ 的相对值感兴趣,并不需要很高的精度。所以可用采用 $\Lambda_{ij} = (v_{2_i} - v_{2_j})^2/c_{ij}$ 来概略地反映 $w_{ij}(v_{2_i} - v_{2_j})^2$。这意味着增加具有最大 $\Lambda_{ij}$ 的候选边 $e_{ij}$ 到图 $G$ 中,将使重构后的图 $G'$ 具有最大化的加权代数连通度 $\lambda_2(G')$。

基于上述思想,首先给出算法中所需的定义:令 $\boldsymbol{A}_{rem} = \boldsymbol{A}_{old} \oplus \hat{\boldsymbol{\chi}}$ 为 $\boldsymbol{A}_{old}$ 在新的可视性矩阵 $\hat{\boldsymbol{\chi}}$ 约束下的残留拓扑。考虑到残留拓扑中尚未达到自由度限制的节点才能作为候选链路的端节点,因此将候选链路集合定义为 $\boldsymbol{A}_{can} = \{e_{ij}^{can} \mid e_{ij}^{can} \in \hat{\boldsymbol{\chi}} - \boldsymbol{A}_{rem}\}$, $\sum a_i < d_i$, $\sum a_j < d_j$,其中 $e_{ij}^{can}$ 是 $\boldsymbol{A}_{can}$ 中的边。接下来,将从候选链路集合 $\boldsymbol{A}_{can}$ 中逐一增加 $k$ 个边到残留拓扑 $\boldsymbol{A}_{rem}$ 中,并使其加权代数连通度最大。提出的启发式贪婪算法的伪代码如表 5-2 所示。

表 5-2　边增加算法伪代码

| Algorithm 2：Edge Addition Algorithm |
| Input： $\hat{\boldsymbol{\chi}}$, $\boldsymbol{A}_{old}$, $k$; |
| 1： $\boldsymbol{A}_{rem} = \boldsymbol{A}_{old} \oplus \hat{\boldsymbol{\chi}}$; |
| 2： $\boldsymbol{A}_{can} = \hat{\boldsymbol{\chi}} - \boldsymbol{A}_{rem}$; |

（续表）

| | |
|---|---|
| 3： | Solve $(5-5)$ with $A = A_{\text{rem}}$ to obtain a solution $\hat{W}$; |
| 4： | **while** $k > 0$ **do** |
| 5： | Select all $e_{ij}^{\text{can}}$; |
| 6： | Find $e_{ij}^{\text{can}} = \arg\max \Lambda_{ij}$, $i \neq j$ |
| 7： | Update $A_{\text{rem}}$：$A_{\text{rem}} = A_{\text{rem}} + e_{ij}^{\text{can}}$; |
| 8： | $k = k - 1$; |
| 9： | **end while** |
| 10： | Solve $(5-5)$ and update $\hat{W}$; |
| Output： | $\hat{W}$. |

### 5.4.3　算法复杂度分析

这里提出的边移除和边增加算法具有相同的计算形式,其算法复杂度的估计方法也是相同的。本算法的计算复杂度包括两个方面:一是迭代运算复杂度,主要取决于迭代的次数,也就是移除或增加的边的数量;二是特征值运算复杂度,即每次迭代时运算矩阵的特征值和特征向量引起的运算复杂度。在迭代运算复杂度方面,对于边移除算法,算法的迭代复杂度为 $O(N^2)$;而对于边增加算法,算法的迭代复杂度为 $O(k)$。 在特征值运算复杂方面, $N \times N$ 规模的矩阵运算复杂度约为 $O(4N^3/3)$。 另外,在边移除算法中,还存在求解 SDP 问题的额外运算,其运算复杂度问题已有相关文献进行了讨论。事实上,即使在最差的情况下,SDP 问题也能够通过内点法非常高效地求解,在 $N$ 不大于 10 000 时,相比其他的运算,求解 SDP 问题的计算复杂度可以忽略不计。

## 5.5　仿真结果及分析

### 5.5.1　仿真环境设置

考虑一个由 $N$ 个卫星节点组成的空间信息网络。卫星分别在随机高度的轨道上运行,轨道参数随机决定。可视性矩阵 $X$ 根据卫星当前位置计算,链路开销矩阵 $C$ 根据星间链路瞬时距离平方的倒数归一化后计算得到,代价矩阵的取值范围为 $0 < c_{ij} \leqslant 1$。 为了简化仿真过程,假设每颗卫星的资源上限均为 1,即 $C_{\text{lim}} = 1$,并且各卫星的星载天线的数量 $d$ 是相等的。

### 5.5.2　网络初始化中边移除算法仿真

首先,通过一个例子来验证算法的正确性,再将算法代入仿真环境中验证算法的先进性。由于穷举算法在网络规模较小时能够得到问题的精确最优解,因此将提出的边移除算法与穷举算法进行对比,建立一个 $N=6$,$d=2$ 的模型来对比穷举算法的精确最优解、边移除算法的上限和边移除算法的次优解。随机构建节点之间的可视性矩阵为

$$\boldsymbol{\chi} = \begin{bmatrix} 0 & 1 & 1 & 1 & 0 & 1 \\ 1 & 0 & 1 & 1 & 1 & 1 \\ 1 & 1 & 0 & 1 & 1 & 0 \\ 1 & 1 & 1 & 0 & 1 & 1 \\ 0 & 1 & 1 & 1 & 0 & 1 \\ 1 & 1 & 0 & 1 & 1 & 0 \end{bmatrix} \tag{5-14}$$

随机构建星间链路的开销矩阵为

$$\boldsymbol{C} = \begin{bmatrix} 0 & 0.739\,8 & 0.104\,5 & 0.558\,8 & 0 & 0.721\,2 \\ 0.739\,8 & 0 & 0.741\,6 & 0.040\,4 & 0.455\,9 & 0.255\,6 \\ 0.104\,5 & 0.741\,6 & 0 & 0.615\,1 & 0.338\,3 & 0 \\ 0.558\,8 & 0.040\,4 & 0.615\,1 & 0 & 0.955\,8 & 0.606\,2 \\ 0 & 0.455\,9 & 0.338\,3 & 0.955\,8 & 0 & 0.870\,1 \\ 0.721\,2 & 0.255\,6 & 0 & 0.606\,2 & 0.870\,1 & 0 \end{bmatrix} \tag{5-15}$$

然后将参数分别代入穷举算法和边移除算法中,通过穷举算法得到的精确最优解为

$$\boldsymbol{W}_{\text{exact}} = \begin{bmatrix} 0 & 0 & 1 & 0.861\,6 & 0 & 0 \\ 0 & 0 & 0 & 0 & 1 & 1 \\ 1 & 0 & 0 & 0 & 1 & 0 \\ 0.861\,6 & 0 & 0 & 0 & 0 & 0.855\,5 \\ 0 & 1 & 1 & 0 & 0 & 0 \\ 0 & 1 & 0 & 0.855\,5 & 0 & 0 \end{bmatrix} \tag{5-16}$$

而通过边移除算法得到的次优解为

$$\boldsymbol{W}_{\text{sub-opt}} = \begin{bmatrix} 0 & 0 & 1 & 1 & 0 & 0 \\ 0 & 0 & 0 & 1 & 0 & 1 \\ 1 & 0 & 0 & 0 & 0.883\,4 & 0 \\ 1 & 1 & 0 & 0 & 0 & 0 \\ 0 & 0 & 0.883\,4 & 0 & 0 & 0.805\,9 \\ 0 & 1 & 0 & 0 & 0.805\,9 & 0 \end{bmatrix} \tag{5-17}$$

根据穷举算法和边移除算法的运算结果,将可视性矩阵、精确最优解矩阵、上界矩阵和次优解矩阵对应的拓扑绘制如图 5-3 所示。

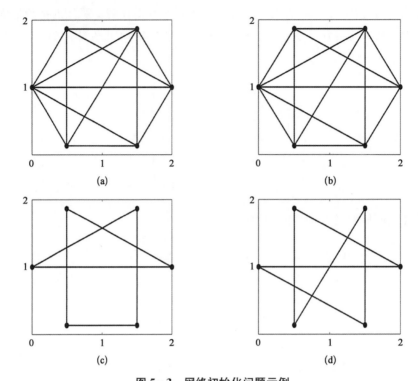

**图 5 - 3  网络初始化问题示例**

(a) 可视性状态；(b) 松弛问题对应拓扑；(c) 穷举算法对应拓扑；(d) 边移除算法对应拓扑

图 5 - 3(a)表示网络的可视性状态；图 5 - 3(b)为松弛约束条件后计算得到的最优化拓扑，对应的加权代数连通度的上界为 1.963 0；图 5 - 3(c)为通过穷举算法得到的最优化拓扑，对应的加权代数连通度为 0.926 7；图 5 - 3(d)为通过边移除算法得到的最优化拓扑，对应的加权代数连通度为 0.914 5。可以看出，虽然边移除算法得到的次优解与穷举算法得到的精确最优解在拓扑结构上可能存在较大差异，但加权代数连通度计算结果较为接近，在上述例子中，次优解与最优解之间的差异约为 1.32%。而且，穷举算法消耗的计算时间约为边移除算法计算时间的 100 倍。

接下来，为了考察边移除算法的平均性能，随机构建 100 个拓扑，每个拓扑中均具有 5 个节点，但可视性矩阵 $X$ 和链路开销矩阵 $C$ 均随机生成。为了对比不同自由度对算法的影响，分别仿真了 $d = 2$ 和 $d = 3$ 两种情况。图 5 - 4 显示了这 100 个随机拓扑下的运算结果。

图 5 - 4(a)中，有 2% 的运算结果为 0 的情况表示边移除算法没有得到可行解，这说明算法存在失效的可能。另外，在 $d = 2$ 时，存在约 16% 的情况出现了次优解与最优解相差较大的情况，说明算法在星上自由度较低时效果不甚理想；当 $d = 3$ 时，没有出现运算结果为 0 的情况，可以认为算法失效的概率大大降低。而且从图 5 - 4(b)中可以看出，几乎所有情况下的次优解都十分接近最优解，这表明当星上自由度增大时，需要被移除的边相对减少，此时算法效果较好，这也反映出算法的正确性和实践应用价值。

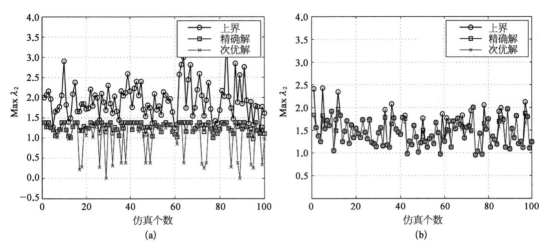

**图 5‑4　100 个随机产生的节点分布情况中,上界、精确解和次优解的仿真结果**
(a) $d=2$, $N=5$;(b) $d=3$, $N=5$

继续考察不同的节点自由度在更大规模网络中对算法的影响。图 5‑5 中,针对 $N=20$ 规模的网络,分别考察了 $d=2\sim10$ 时的算法结果,每个结果由 100 次随机网络计算的平均值得到。根据求解问题上界的理论分析,由于取消了整型约束,自由度对问题的上界不造成影响,这在图中得到了印证。另一方面,当节点自由度较低时,随机产生的节点分布情况导致网络无法连通的可能性较大,而无法连通的网络的加权代数连通度为 0,所以可以看出,当 $d=2,3$ 时,采用边移除算法得到的网络拓扑的加权代数连通度较低,与上界相差较大;而随着 $d$ 的增大,边移除算法的运算结果逐渐接近上界,当 $d=7\sim10$ 时,算法运算结果几乎与上界相等,这也说明了算法在节点自由度较大的网络中性能良好。

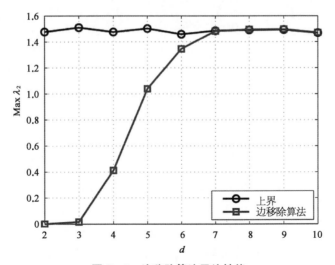

**图 5‑5　边移除算法平均性能**

### 5.5.3　网络重构中边增加算法仿真

设有一个动态的空间信息网络,其中 $N=50$, $d=4$, $k=30$,仿真结果如图 5-6 所示,为了便于观察,将节点绘制呈圆形分布,实际中的节点是随卫星轨道位置分布的。随着卫星节点的运动,选取了 $t_0$, $t_1$, $t_2$ 3 个时刻 $(t_0 < t_1 < t_2)$ 的可视性情况作为参考,如图 5-6(a),(c),(e)所示。其中, $t_0$ 时刻的优化拓扑根据网络初始化中的边移除算法得到,如图 5-6(b)所示,其最大化的加权代数连通度 $\max\lambda_2(t_0)=0.6851$。 $t_1$ 和 $t_2$ 时刻的优化拓扑根据边增加算法、当前的可视性矩阵和上一时刻的优化拓扑运算得到,分别如图 5-6(d)和(f)所示,其中 $\max\lambda_2(t_1)=0.3598$, $\max\lambda_2(t_2)=0.5986$。 从仿真结果中可以看出,提出的边增加算法能够在自由度约束下保持网络的连通性,并使网络在动态状态下保持较高的加权代数连通度。

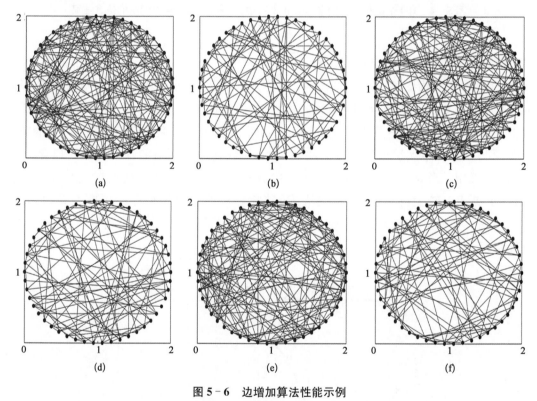

**图 5-6　边增加算法性能示例**

(a) $t_0$ 时刻的可视性状态;(b) $t_0$ 时刻的优化拓扑;(c) $t_1$ 时刻的可视性状态;
(d) $t_1$ 时刻的优化拓扑;(e) $t_2$ 时刻的可视性状态;(f) $t_2$ 时刻的优化拓扑

接下来考察参数 $k$ 对边增加算法性能的影响。选择规模为 $N=50$ 的网络,令 $k=10\sim 60$,分别考察 $d=2$, 4, 6, 8, 10 情况下的优化结果。算法结果如图 5-7 所示。可以看出,随着 $k$ 的增加, $\max\lambda_2$ 随之增大;但是随着 $k$ 的持续增加, $\max\lambda_2$ 最终趋向稳定,不再有显著提升。本例中,当 $k\leqslant 30$ 时,增加 $k$ 的数值能够快速地提升 $\max\lambda_2$ 值,但是当 $k>30$ 之后, $\max\lambda_2$ 几乎维持不变。这意味着采用本章提出的算法,每次实施网络重构时仅需调整少数链路即可,大规模地对链路进行调整是没有必要的,同时也反映了边增加算法随 $k$ 的收敛较快,算法具有实用价值。

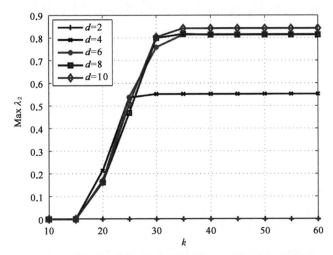

图 5 - 7　边增加算法中不同自由度情况下 $\max \lambda_2$ 与 $k$ 的关系

## 5.6　小结

本章讨论了空间信息网络中的加权代数连通度最大化问题,包括网络初始化和网络重构两个方面。这两个问题的原始状态都被建模为混合整型规划问题,属于 NP - hard 问题,无法在多项式时间内获得精确解,对于较大规模网络的适用性较差。首先采用"松弛"的思想去除问题中的整型约束,将问题转化为 SDP 形式,能够高效地得到问题的解上界;然后针对网络中各卫星节点的可视性矩阵,采用贪婪迭代的思想,在初始化时提出了基于边移除策略的启发式算法,在重构时提出了基于边增加策略的启发式算法。

仿真结果表明:算法具有较低的运算复杂度,且获得的次优解与全局最优解十分接近,在仿真场景中,计算误差低于 $1.31\%$,而计算耗时约为穷举法的 $1\%$。最后,分析了节点自由度和网络重构规模对算法结果的影响,节点自由度越大,或网络重构规模越大,算法的精确度越高;但节点自由度越大意味着星载天线的数量越多,对卫星的硬件要求也相应提高;而网络重构规模越大意味着重构时需要调整的链路数量越多,从而导致重构时延增加。本算法可以推广至任意卫星组网系统,为未来卫星网络拓扑控制技术提供了理论指导。

# 第 6 章
# 最小生成树空间信息网络拓扑控制方法

在第 5 章中,为了提高空间信息网络的拓扑稳定性,提出了一种加权代数连通度最大化的方法。而最小生成树的构造与演化问题是网络拓扑控制技术中另一个重要的方面,由于星载天线数量的限制,空间信息网络的最小生成树问题是一类 NP - hard 问题,而且考虑到空间信息网络是一个节点位置持续动态变化的网络系统,链路距离和可视性关系随时间不断变化,计算空间信息网络中的最小生成树所需的计算资源和时间复杂度随着节点数量和节点轨道的增多而快速增加,传统的静态或准动态网络中的最小生成树算法不适合在空间信息网络中直接套用。同时,还需要考虑空间信息网络的节点稀疏分布特性,中心式的最小生成树算法引起的链路泛洪开销也会对网络整体性能带来不利影响。本章针对空间信息网络拓扑动态变化与网络最小生成树需要长期保持之间的矛盾,基于分布式自底向上方法,提出了适合星上运行的最小生成树构造和演化算法。在最小生成树的基础上,提出了节点连通度保证算法,使各类异构节点在动态网络演化时始终保持需求的节点连通度,为构造和维持空间信息网络的最小生成树提供了方法借鉴。

## 6.1 引言

### 6.1.1 最小生成树的概念

从图论的角度来看,生成树指的是在具有 $N$ 个端点的图中,通过 $N-1$ 条边将所有端点连接起来的一类子图。显然,生成树是具有最少边数量的连通图,且通常端点数量确定的图中可能包括多棵生成树。若每条边具有一定的权重(如距离、功耗和开销等具有越小越优性质的属性),则具有最小平均权重的生成树被称为最小生成树。最小生成树问题在网络设计时具有重要的意义:一方面,作为最终的拓扑时,最小生成树能够为网络提供具有最小开销的链路分布方案;另一方面,作为具有冗余链路的拓扑中的一部分时,最小生成树能够为拓扑控制、路由算法和传输协议等方案提供支持。显然,任何一个连通的网络中都必然包含着对应当前拓扑的最小生成树,而任何一个潜在连通的网络中也必然潜在一个具有全局性的最小生成树。在一个给定的网络中寻找最小生成树和在一个潜在连通的网络中构建最小生成树是等价的,都可以认为是最小生成树构建问题,属于网络(或图)的拓扑控制问题范畴。图 6 - 1 表示一个具有 10 个端点的图中生成树和最小生成树的示例,图中的圆圈表示端点,细线表示图中的边,粗线表示生成树的边,而数字表示相应边的权重。图 6 - 1(a)为普通生成树,平均边权重为 5.4;而图 6 - 1(b)为最小生成树,具有最小平均权重 3.8。由于最小生成树是具有最小权重的连通图,因此在网络中通常用以表示具有最小开销的网络连通方案。而在节点位置动态变化的网络中生成和重构最小生成树是网络拓扑设计时需要考虑的重要问题之一。

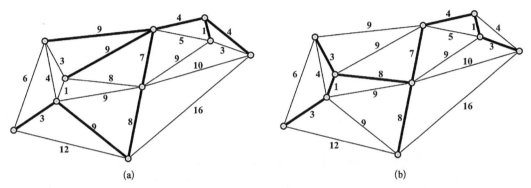

**图 6 - 1　生成树和最小生成树示例**

(a) 生成树;(b) 最小生成树

## 6.1.2　研究现状

目前有大量文献针对最小生成树的构造问题进行研究。Gallager 在 1983 年提出的分布式算法是最小生成树构建方面的经典算法,本书讨论了连通无方向图中各节点仅利用本地信息来构建最小生成树的方法,且对计算复杂度和节点间需要交互的信息量进行了推导分析。Liu 和 Vishkin 针对自由空间光网络的初始化问题,提出了一种分布式自底向上算法(BUA)用以构建具有最大节点连通度的生成树。然而该算法仅考虑了节点连通度的最大化,忽略了最小权重问题。Zhou 等人基于 BUA 算法,提出了节点自由度约束下的具有最大代数连通度的生成树算法。然而该算法同样忽略了最小权重问题。Khan 等人针对无线 Ad Hoc 网络,提出了一种最近邻居树算法来构建具有能量效率最大化的生成树,能够生成近似最优的最小生成树。然而该算法没有考虑节点的移动性,仅对节点固定的网络有效。Polzin 和 Daneshmand 通过松弛的线性规划方法对超图中的 Steiner 树(包括图中若干节点的最小生成树)和最小生成树的构建问题进行了研究,并讨论了相关等价问题的求解方法,为采用松弛约束思路来简化最优化问题探索了方向。Singh 通过人工蚁群(ABC)算法研究了至少包含 1 片"叶"的叶约束最小生成树(LCMST)问题,一方面将最小生成树的概念进行了进一步的拓展,对包括其他约束条件的最小生成树构建问题进行了分析,另一方面探索了采用人工智能算法研究最小生成树问题的方法。近年来,除了在网络中寻找具有最小开销的连通链路之外,最小生成树也在其他领域发挥了重要的作用。比如系统风险分析冗余数据存储、高分辨率遥感图像最优分割和电力系统恢复等。

## 6.2 系统模型

考虑一个包含 $N$ 个卫星节点的空间信息网络,卫星节点分布在具有不同参数的轨道上,另外作如下定义和假设,以便后续的讨论:

(1) 每颗卫星节点具有一个网内唯一的 ID 标识。

(2) 任意卫星 $i$ 具有节点自由度 $d_i$,即节点 $i$ 能够建立的星间链路数量上限为 $d_i$。

(3) 任意卫星 $i$ 具有节点连通度需求 $c_i$,即节点 $i$ 需要建立的星间链路数量为 $c_i$。

(4) 由于卫星节点的稀疏分布,假设同一条信号只可能被一个卫星接收,即忽略星间通信的信道串扰。

(5) 作为一种低速信息,星间的信标信号可以在卫星的任意方向上收发,而高速的业务信息只能在星间跟瞄系统的支持下在精确的方向上收发。

(6) 任意卫星都可以使用测控手段获取其他卫星当前的实际空间位置。

令一个无方向加权图 $G=(V,E)$ 表示一个网络拓扑,其中端点集合 $V=\{1,2,\cdots,N\}$ 表示图中的端点,即网络中的卫星节点,边集合 $E=\{e_{ij}\mid i,j\in V,i\neq j\}$ 表示图中的边,即网络中的星间链路。变量 $a_{ij}$ 表示节点 $i$ 与 $j$ 之间是否存在直连星间链路,即当节点 $i$ 与节点 $j$ 之间存在直接相连的链路时,$a_{ij}=a_{ji}=1$,否则 $a_{ij}=a_{ji}=0$。假设任意节点内不存在自环链路,则 $a_{ii}=0$,$\forall i$。定义 $N\times N$ 对称矩阵 $\boldsymbol{A}\overset{\triangle}{=}\{a_{ij}\}$ 为图 $G$ 的邻接矩阵。网络中每条链路 $e_{ij}$ 都存在一个非负、双向的权重值 $w_{ij}=w_{ji}$ 来表示链路开销,$w_{ij}$ 的值越大,表示建立和维持链路 $e_{ij}$ 的功率开销越高。而星间链路的功率开销主要源自较长的星间距离,链路消耗的功率与星间距离 $r_{ij}$ 的平方成反比。值得注意的是,由于星间的持续相对运动,$r_{ij}$ 通常是一个随时间变化的变量,其某时刻的瞬时值不具备实际参考意义。因此,采用一个时间段内的星间链路平均值作为该时间段内的链路权重。同时考虑到由于两颗卫星 $i$ 与 $j$ 之间的可视时间窗口 $t_{ij}$ 是不固定的,在一个给定的时间 $t$,假设 $i$ 与 $j$ 之间一条潜在的链路,即 $i$ 与 $j$ 之间在时刻 $t$ 是相互可视的,但是这种可视关系会在时间 $t_{ij}$ 之后失去。定义一个关于可视关系的阈值 $t_{\mathrm{thr}}$,当且仅当 $t_{\mathrm{thr}}<t_{ij}$ 时,定义卫星 $i$ 与 $j$ 为"邻居"节点,且令变量 $x_{ij}=1$,反之则令 $x_{ij}=0$。显然,$t_{\mathrm{thr}}$ 的取值越小,网络中的潜在链路越多。进一步定义以 $x_{ij}$ 为元素的"邻居"矩阵 $\boldsymbol{X}\in R^{N\times N}$ 来表示网络中所有节点的邻居关系。显然,$\boldsymbol{X}$ 可以反映网络在某一个时间周期内的可视关系。因此,为了便于计算,本章定义星间链路在一个考察周期内的权重为该周期时间段内星间链路的平均距离,即 $w_{ij}$ 可以表示为

$$w_{ij}=\begin{cases}\dfrac{\displaystyle\int_{t}^{t_{ij}}r_{ij}(t)\mathrm{d}t}{t_{ij}} & t_{\mathrm{thr}}\leqslant t_{ij}\leqslant\infty \\ r_{ij}(t) & t_{ij}=\infty \\ \infty & 0\leqslant t_{ij}\leqslant t_{\mathrm{thr}}\end{cases} \tag{6-1}$$

式中，$t_{ij} = \infty$ 表示卫星节点 $i$ 和 $j$ 位于同一个轨道上但真近点角不同，两个卫星之间不存在相对运动，即 $i$ 与 $j$ 之间的可视关系和星间距离是固定的。

## 6.3　问题描述

在空间信息网络中构建最小生成树的最优化问题时，将在一系列网络实际约束条件的限制下，构建一个具有最小链路权重的生成树，该问题的原始最优化形式可以表示为

$$\min \frac{1}{|E|} \sum_{(i,j)|e_{ij} \in E} w_{ij}$$
$$\text{s.t. } \lambda_2(\boldsymbol{A}) > 0$$
$$\boldsymbol{e}^{\mathrm{T}} \boldsymbol{A} \boldsymbol{e} = 2(N-1)$$
$$\sum_j a_{ij} \leqslant d_i, \ \forall i$$
$$\boldsymbol{A} \leqslant \boldsymbol{X}$$
$$a_{ij} \in \{0, 1\} \tag{6-2}$$

式中，第一个约束条件中 $\lambda_2(\boldsymbol{A})$ 指的是邻接矩阵为 $\boldsymbol{A}$ 的网络的代数连通度（关于代数连通度的概念在第 3 章中有详细介绍），因此它是一个凸函数，用以保证网络是连通的；第二个约束条件指的是网络中的链路数量为 $N-1$，前两个约束条件保证构建的是一棵生成树；第三个约束条件确保生成树中各节点使用的天线数量不超出节点的自由度限制；第四个约束条件指的是构建的链路形成的邻接矩阵需要满足邻接条件的限制；第五个约束条件是邻接矩阵定义中的整型部分。

由于 $\lambda_2(\boldsymbol{A})$ 的非线性和 $a_{ij}$ 的整数限制，因此原始问题可以认为是一个混合整型非线性规划问题（MINLP），这是一个 NP - hard 问题。与上一章类似，通过移除问题中的整型约束能够得到问题的松弛形式，从而可解出对应的松弛解；然后根据问题的特点提出相应的迭代算法，应能在有限次的迭代后得到精度可保证的次优解。但是，这种基于松弛解和次优迭代得到的解，不仅有可能无法得到最优解，而且有可能得到的最优解是不可行的。MINLP 问题也可以通过将凸优化和分支定界法相结合来得到最优解，但在部署时通常需要采用中心式的策略耗费大量的计算资源，在空间信息网络中是不适用的。所以，不能局限于传统的求解方法，需要提出一种低开销的、分布式的和链路权重持续变化的最小生成树算法，来适应网络的分布式环境。

## 6.4　分布式最小生成树算法

本节将提出一种分布式最小生成树算法（DMST）来构建近似最优的最小生成树。算法

中各节点仅依靠本地获取的信息来连接邻居节点,从而协同构建最小生成树。将算法分为两个阶段,在第一个阶段中,将通过一个分布式算法来构建一个生成树,但该阶段无法保证生成树具有最小的链路平均权重;在第二个阶段中,将通过提出的一种边置换算法来逐步降低链路平均权重,直至满足次优条件。

### 6.4.1 生成树的构建

在图 $G$ 中,生成树林(SF)定义为包含 $G$ 中所有节点且不存在环路的集合,一个生成树林中包括 $G$ 中所有的不重叠的子生成树(以下简称子树)形成的割集,值得注意的是一个单独的节点也可以被认为是一棵子树。在第一阶段,主要思路是将网络中的子树迭代地合并成为一棵完整的生成树。

在介绍具体的生成树构建算法之前,首先作如下定义:

(1) ID。在第一阶段的开始,给每个节点分配节点 ID 和子树 ID。节点 ID 用以标识网内各节点,是网内唯一的;子树 ID 表示节点属于哪个树,规定它等于子树中最低的节点 ID,所以,所有位于同一个子树中的节点拥有相同的子树 ID。例如,对于单个节点,它的节点 ID 是 $i$,它的树节点也是 $i$。对于拥有 3 个节点的子树,它们的节点 ID 分别是 $i,j,k$,如果满足 $i < j < k$,则这 3 个节点的子树 ID 均为 $i$。

(2) 根。对于一个子树,定义具有最高节点 ID 的节点为根。假设根能够作为子树的控制中心而具有子树内信息收集的功能,在涉及子树之间的信息交互时具有子树间信息中转的功能。

(3) 邻居队列。根据先前的假设,在任意时刻每个节点都掌握其邻居的分布情况和对应边的权重。所以,对于任意子树 $m$,其中所有成员的邻居(除去已经位于 $m$ 中的邻居),共同形成了一个 $m$ 的邻居集合。然后依据所有邻居对应的潜在边的权重由小到大进行排序,形成子树 $m$ 的邻居队列 $Q_m$。

(4) 信令。阶段 1 有 3 种信令信息:REQUEST,RESPONSE,CONNECT,分别表示请求、应答和连接。当节点 $i$ 试图与 $j$ 连接时,请求信令 REQUEST 由 $i$ 发送到 $j$;如果 $j$ 同意请求,将返回应答信令 RESPONSE 消息到 $i$。如果 $i$ 接收到应答信令,则发出连接信令 CONNECT 开始连接。

接下来描述算法的主要思想。采用分布式迭代的方法来逐步合并子树,每个子树按各自邻居队列中的顺序依次请求与其他具有更高子树 ID 的子树连接,直至有一个 ID 更高的子树与之成功连接。而一旦两个子树连接成功,具有更高节点 ID 的根就被选作合并之后新的子树的根,相应的,新的子树 ID 和邻居队列也会被更新。合并子树的过程将迭代至形成一棵完整的树。

在每个子树中,为了避免由于分布式运算的异步性造成的运算结果冲突,运算过程只在根上运行,而其他成员利用子树内的信道向根提供运算参数,并接收和执行根的运算结果。为了简便起见,省略根与成员之间的通信过程。算法包括两个线程。第一个线程叫做 listening,运行在所有成员和根节点上,用来监听来自子树 ID 较低的子树中节点的请求。第二个线程叫做 requesting,由根控制各成员节点具体实施,用来按邻居队列顺序向子树 ID 更高的节点发送请求。

在算法具体的执行层面,子树内成员在根的控制下,可能会向子树 ID 更高的邻居发送请求。作为接收端,如果存在富余的自由度,根将让节点应答请求;否则,请求被拒绝。应答完毕之后,请求端和应答端将互相连接,它们分别对应的子树也将合并成为一棵更大的子树。一旦两个子树合并,两个子树的根中,节点 ID 更高的根成为根来接管新的子树,而子树 ID 和邻居队列也将更新。

一个十分重要的情况是,当一个节点已经达到自由度限制时,节点无法再建立新的链路。但如果这样的节点仍然收到了子树 ID 较低的邻居发出的请求,令它将向根要求减小它的度以接受这个请求。这种减小度的功能可以称为"降维"。降维功能的细节可以描述为:假设子树 $m$ 的成员 $i$ 已经达到了它的自由度极限,现在 $i$ 要求根协调其他成员来降低自己的度。那么,如果增加一个包含节点 $i$ 的边 $e$ 到生成树中,由于树本身的图论特性,增加边 $e$ 后必然形成一个包含 $i$ 的环。然后,在这个环路中,删除连接到 $i$ 上的某条原有的边,从而破坏环路形成新的生成树。如果改进成功,$i$ 的度将被减小,从而能够接受新的连接请求。

将提出的建立连接的方法和降维功能结合,就能形成构造生成树的算法,这个算法是完全分布式的。线程 listening 和 requesting 的伪代码分别如表 6-1 和表 6-2 所示,注意这两个线程是异步平行运行的。

表 6-1　listening 进程伪代码

| Algorithm 1：Phase 1 of DMST：thread 1 - listening |
|---|
| 1：　　　　Collect the information of all members, and construct the sorted neighbor queue $Q$; |
| 2：　　　　**while** The whole tree is not constructed yet **do** |
| 3：　　　　　**if** A member $i$ received a request signaling from node $j$ **then** |
| 4：　　　　　　**if** $i$ has redundant degree **then** |
| 5：　　　　　　　Let $i$ connect with $j$; |
| 6：　　　　　　**else** |
| 7：　　　　　　　improvement; |
| 8：　　　　　　　**if** improvement is successful **then** |
| 9：　　　　　　　　Let $i$ connect with $j$; |
| 10：　　　　　　　**else** |
| 11：　　　　　　　　Reject the request; |
| 12：　　　　　　　　**Continue**; |
| 13：　　　　　　　**end if** |
| 14：　　　　　　**end if** |
| 15：　　　　　**end if** |
| 16：　　　　　Merge the subtree; |
| 17：　　　　　Update the root; |
| 18：　　　　　**if** still be a root **then** |
| 19：　　　　　　Update the information of the members and $Q$; |
| 20：　　　　　**else** |
| 21：　　　　　　Break; |
| 22：　　　　　**end if** |
| 23：　　　　**end while** |

表 6 - 2　requesting 进程伪代码

| Algorithm 2：Phase 1 of DMST：thread 2 - requesting |
| --- |
| 1：　　　　　　　Let a pointer $p$ to point the $p$th entry of $Q$，$Q^{(p)}$； |
| 2：　　　　　　　Set $p = 1$； |
| 3：　　　　　　　**while** TRUE **do** |
| 4：　　　　　　　　**if** $Q = \varnothing$ **then** |
| 5：　　　　　　　　　Break； |
| 6：　　　　　　　　**else** |
| 7：　　　　　　　　　Let corresponding member $k$ send request to $Q^{(p)}$； |
| 8：　　　　　　　　　**if** Received a response from $Q^{(p)}$ **then** |
| 9：　　　　　　　　　　Let $k$ connect with $Q^{(p)}$； |
| 10：　　　　　　　　　Merge the subtree |
| 11：　　　　　　　　　Update the root； |
| 12：　　　　　　　　　**if** still be a root **then** |
| 13：　　　　　　　　　　Update information of the members and $Q$； |
| 14：　　　　　　　　　**end if** |
| 15：　　　　　　　　**else** |
| 16：　　　　　　　　　$p = (p+1) \% \text{length}(Q)$ |
| 17：　　　　　　　　**end if** |
| 18：　　　　　　　**end if** |
| 19：　　　　　　**end while** |

表 6 - 2 中的运算符"$\%$"表示取余操作,而 $\text{length}(Q)$ 表示队列 $Q$ 的长度。

图 6 - 2 采用一个包括 6 个节点的网络作为例子来验证算法的正确性。图中圆点表示节点,其中黑色的节点表示"根";圆点附近括号中的第一个数字表示该节点的节点 ID,第二个数字表示该节点的子树 ID。图 6 - 2(a)表示网络的初始状态,此时所有节点都尚未连接,各节点的节点 ID 和子树 ID 是相同的。在本例子中,根据提出的算法,构建生成树共经历了 3 个迭代周期。在第一次迭代时,由于节点 2 在节点 1 的邻居队列中排在首位,因此节点 1 向节点 2 发出连接请求。同理,节点 2 和节点 3 分别向节点 3 和节点 4 发出连接请求。注意第一次迭代时,节点 4,5,6 没有发出任何连接请求,这是因为比它们的节点 ID 高的其他节点都位于它们的通信范围之外,所以在它们的邻居队列中不存在比自己节点 ID 高的目标节点。连接成功后,形成如图 6 - 2(b)所示的网络结构,此时节点 2,3,4 的子树 ID 更新为 1。在第二次迭代时,子树 1 中的节点 3 按照算法规则向节点 5 发出连接请求,成功后节点 5 加入子树 1。第三次迭代时,子树 1 中的节点 1 向节点 6 发出连接请求,成功后节点 6 加入子树,至此所有节点已全部连接,生成树建立完毕。

根据这个例子可以看出,本章提出的构建生成树的算法本质上是一个贪婪启发式算法,本次迭代时,每个子树都尝试连接与本子树具有最短权重链路的潜在邻居节点。根据算法的规则,存在如下定理:

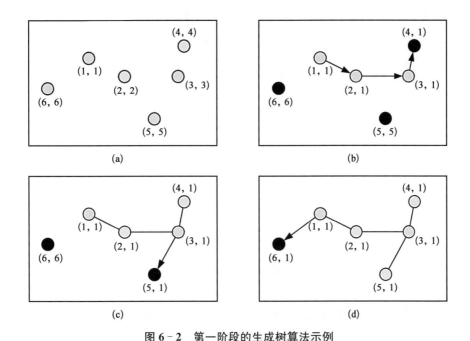

**图 6‑2　第一阶段的生成树算法示例**

（a）节点分布状态；（b）第一次迭代的结果；（c）第二次迭代的结果；（d）第三次迭代的最终结果

定理 6‑1：只要图 $G$ 存在连通的可能，则第一阶段的构建生成树算法必然能够构建一棵生成树。

证明：在提出的算法中，更新子树 ID 的机制确保了每次迭代时每个子树只可能在与其他子树连接时增加一条潜在的边，这就保证了树中不会出现多余的边导致环路的产生。在每一次迭代中，如果自由度限制被满足，至少会增加一个边（当然，这个操作不能保证最优解，即保持平均权重最小）。只有所有的点连接成功，算法才正常终止。因此，算法保证最终构成一个生成树。

### 6.4.2　链路平均权重最小化

算法第一阶段中的贪婪启发式算法确保了构建一个生成树，但是无法确保平均权重最小，即不能构建最小生成树。因此，第二阶段的目的是最小化生成树中链路的平均权重。与第一阶段中各子树中的成员节点在根的控制下工作不同，第二阶段仅在根上运行，而最终的结果将通过树内的链路分配到所有的节点上。本节将提出利用"边置换"的方法最小化平均链路权重。通常情况下，可以认为一棵生成树中，某些节点上总是存在未被使用的天线（本章中称为"度"），可以被用来构建新的边。定义任意边 $e_{ij}$ 拥有一个潜在边集合 $R_{ij}$，定义为增加 $R_{ij}$ 中的任意一条边到树中会形成一个包含 $e_{ij}$ 的环。显然，用 $R_{ij}$ 中的一条边代替 $e_{ij}$，必然会降低 $i$ 或 $j$ 的度，同时改变生成树的平均链路权重，并且不会破坏树的完整性。因此，第二阶段算法的核心思想是：在第二阶段中，算法将检查所有现存边的潜在边集合。对于任意的边，选择一个权重最小的边进行迭代替换。即对于任意边 $e_{ij}$，若 $R_{ij}$ 中存在比 $e_{ij}$

权重更小的边，则从生成树中删除 $e_{ij}$，并增加权重最小的边到生成树中。这一过程反复迭代，直到所有的边与它们的潜在边集合中的边相比都具有最小的权重，所以最后的结果是平均权重最小化之后的生成树，可以认为是最小生成树。第二阶段的算法伪代码如表 6-3 所示。

表 6-3　DMST 第二阶段算法伪代码

| Algorithm 3: Phase 2 of DMST |
| --- |

| 1: | Initial a set $E'$ to store all existing edges; |
| --- | --- |
| 2: | **while** TRUE **do** |
| 3: | **for** $e_{ij} \in E'$ **do** |
| 4: | Calculate $R_{ij}$ |
| 5: | Compare the weight of potential edges of $R_{ij}$ and $e_{ij}$ one by one; |
| 6: | Replace $e_{ij}$ by the reducing edge with smallest weight; |
| 7: | Update $E'$; |
| 8: | **end for** |
| 9: | **end while** |
| 10: | Broadcast the results to all nodes; |

### 6.4.3　算法复杂度分析

定理 6-2：本章提出的分布式最小生成树算法，其复杂度为 $O(N)$。

证明：在第一阶段中，各节点根据本地收集到的信息逐个尝试连接子树 ID 更高的节点，成功连接 1 个节点算法即终止。最好的情况下，每个节点经历一次迭代即可完成；而最差的情况下，每个节点需要经历 $N-1$ 次迭代来完成第一阶段。因此，可以认为第一阶段的算法复杂度为 $O(N)$。在第二个阶段中，每条在第一阶段建立的链路需要比较其对应的潜在边集合，然后执行边置换算法来优化生成树的平均链路权重。考虑最差的情况，每个节点都存在 $N-1$ 条潜在边需要比较，算法的迭代复杂度仍然为 $O(N)$。由于算法中每个节点都是完全独立的，所以可以认为整体上算法服从 $O(N)$ 的复杂度。

## 6.5　基于最小生成树的节点连通度优化算法

### 6.5.1　算法描述

节点的连通度指的是节点上建立的星间链路的数量。在空间信息网络中，由于星群节点的异构性，不同的节点可能需要不同的连通度来满足不同任务的需要。比如导航卫星和移动通信卫星所需要的路由数量是不同的，因此需要建立的链路数量也是不同的。然而，在一个生成树中（尤其是最小生成树），节点的连通度几乎肯定是无法保证的。因此在本节中，将基于一棵最小生成树,通过提出的连通度保证(CG)算法,在网络中增加某些额外的边来满足节点连通度的需求,同时算法还需要保持网络中的平均链路权重尽量地小。

考虑一个给定的树型图 $G=(V,E)$ 和一个节点连通度需求向量 $C \in \mathbf{R}^{N \times 1}$,$C$ 中的元素表示为 $c_i$,$i=1, 2, \cdots, N$,而 $c_i$ 表示节点 $i$ 的连通度需求。希望增加某些边到图 $G$ 中形成一个新的图 $\psi=(V, \varepsilon)$,而 $\psi$ 能够在满足节点连通度需求的前提下最小化链路平均权重。将优化问题构建如下:

$$\min \frac{1}{|\varepsilon|} \sum_{(i, j)|e_{ij} \in \varepsilon} w_{ij}$$
$$\text{s.t. } c_i \leqslant \sum_j b_{ij} \leqslant d_i, \ \forall i$$
$$\boldsymbol{A} \leqslant \boldsymbol{B} \leqslant \boldsymbol{X}$$
$$b_{ij} \in \{0, 1\} \tag{6-3}$$

式中,$\boldsymbol{B}$ 表示新图 $\psi$ 对应的邻接矩阵,而 $b_{ij}$ 为 $\boldsymbol{B}$ 中的元素。第一个约束条件保证节点连通度的需求;第二个约束条件表示新的拓扑是在最小生成树的基础上通过增加额外的边形成的,但是不能超出邻居矩阵的限制。就像式(6-2)一样,该问题也是一个 MINLP 问题,同样可以采用贪婪启发算法来近似地求解。

连通度保证算法的实现过程为:若当前拓扑中节点 $i$ 未满足节点连通度需求,即 $\sum_j b_{ij} < c_i$。显然,节点 $i$ 需要建立更多的链路来满足需求,与 DMST 算法的第一阶段类似,节点 $i$ 将按邻居队列的顺序逐个尝试连接它的邻居节点,直至其节点连通度需求得到满足或邻居队列为空。算法同样包括 listening 和 requesting 两个线程。对于节点 $i$,算法的伪代码如表 6-4 所示。

**表 6-4　节点连通度保证算法伪代码**

| Algorithm 4: CG Algorithm |
| --- |
| 1: 　　　　Calculate the neighbor queue; |
| 2: 　　　　Let a pointer $p$ to point the $p$th entry of $Q$, $Q^{(p)}$ |
| 3: 　　　　*Thread 1 – Listening* |
| 4: 　　　　**while** $\sum_j b_{ij} < c_i$ **do** |
| 5: 　　　　　　**if** Received a request from $j$ **then** |
| 6: 　　　　　　　　Answer and connect to $j$; |
| 7: 　　　　　　　　Update $Q$; |
| 8: 　　　　　　**end if** |
| 9: 　　　　**end while** |
| 10: 　　　Thread 2 – Requesting |
| 11: 　　　$p = 1$; |
| 12: 　　　**while** $\sum_j b_{ij} < c_i$ **do** |

| 13: | **if** $Q = \varnothing$ **then** |
|---|---|
| 14: | Break; |
| 15: | **else** |
| 16: | Send request to $Q^{(p)}$; |
| 17: | **if** Received a response from $Q^{(p)}$ **then** |
| 18: | Connect to $Q^{(p)}$; |
| 19: | Update $Q$; |
| 20: | **else** |
| 21: | $p = (p+1)\%\text{length}(Q)$; |
| 22: | **end if** |
| 23: | **end if** |
| 24: | **end while** |

### 6.5.2　算法复杂度分析

定理 6-3：提出的节点连通度保证算法，其复杂度为 $O(N^2)$。

证明：节点连通度优化算法是中心式的。对于在一个最小生成树 $A$ 中的任意节点 $i$，需要增加 $c_i - \sum_j a_{ij}$ 条边来满足其节点连通度的需求。而网络中最多存在 $N-1$ 条潜在边，因此每条边的增加需要消耗 $O(N)$ 时间。考虑到极端情况，每个节点都需要比较所有 $N-1$ 条潜在边，易推导出算法的时间复杂度为 $O(N^2)$。

## 6.6　仿真结果及分析

为了考察提出的算法在不同拓扑环境中的性能，定义 3 种典型的场景来分析不同参数（比如节点数量、节点自由度限制和节点连通度需求）对算法的影响。这 3 种典型场景包括：

（1）第一个场景如图 6-3(a)所示，考虑一个低轨道卫星网络，根据其构型规则，易判断算法结果的正确性。轨道内和轨道间的单跳星间距离变化情况如图 6-3(b)所示。

（2）第二个场景如图 6-3(c)所示，考虑一个位于同步地球轨道的空间信息网络。星群内和星群间的单跳星间距离变化情况如图 6-3(d)所示。

（3）第三个场景如图 6-3(e)所示，考虑一个多层空间信息网络系统，包括一个低轨道卫星网络、一个同步地球轨道的空间信息网络和两个位于中轨道的卫星星座。由于星间距离较多，在图 6-3(f)中描述 3 条有代表性的星间距离变化情况。

场景中的轨道参数如表 6-5 所示。由于轨道分布和轨道内的卫星节点分布都是均匀的，对算法结果没有影响，因此忽略了近地点幅角、真近点角和升交点赤经 3 个参数。

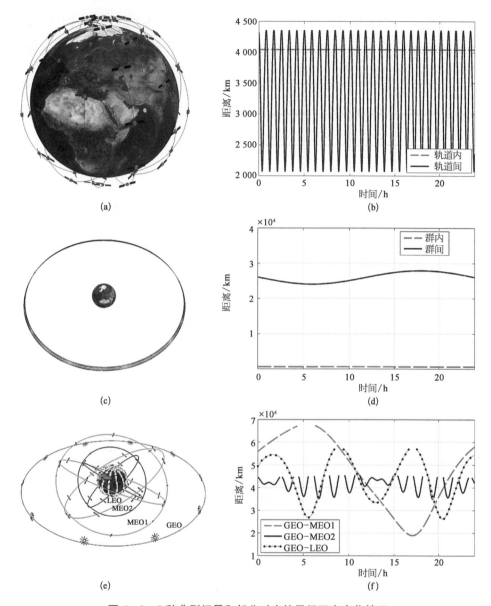

**图 6‑3　3 种典型场景和部分对应的星间距离变化情况**

（a）低轨卫星网络轨道分布示意图；（b）同轨和异轨星间距离变化情况；（c）同步轨道星群网络轨道分布示意图；
（d）星群内和星群间星间距离变化情况；（e）多层空间信息网络轨道分布示意图；（f）部分异轨星间距离变化情况

**表 6‑5　仿真环境中的卫星节点轨道参数**

| 星 座 类 型 | Iridium-like | DSS | MEO1 | MEO2 |
|---|---|---|---|---|
| 轨道数量 | 6 | 10 | 3 | 3 |
| 轨道内卫星数量 | 11 | 10 | 8 | 4 |
| 高度/km | 780 | 35 786 | 20 000 | 10 000 |
| 倾角/(°) | 87.5 | 1.2 | 30 | 45 |

上述场景均通过 STK 进行卫星星座构型的建模,通过 Matlab 进行算法的运算,其中的最优化部分采用 CVX 工具包进行求解。首先考察 DMST 和 CG 算法的正确性。假设 $c_i = d_i = 4$,$\forall i$ 和 $t_{thr} = 300$ s。图 6-4 给出了 3 种仿真场景下算法得到的最重拓扑,图(a),(c),(e)表示 3 种仿真场景中运行 DMST 算法得到的近似最优的最小生成树,图(b),(d),(f)表示对应的 CG 算法的结果。图中灰色的边表示运行 CG 算法时添加的边。从图中可以看出,通过 DMST 算法,3 个场景下均能得到生成树,而运行 CG 算法后每个节点的连通度都达到了 4。

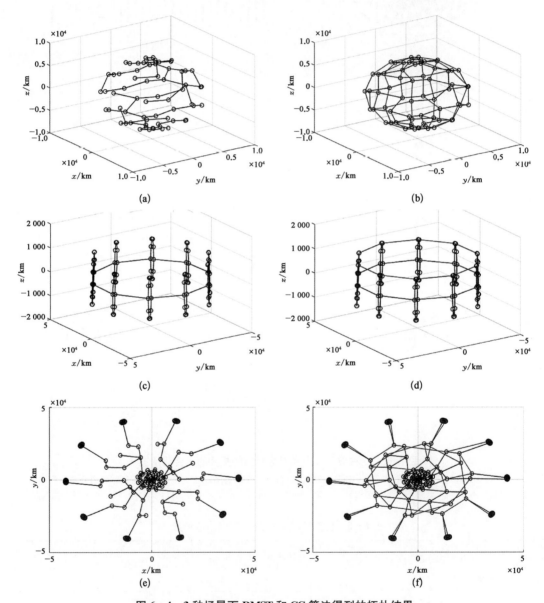

**图 6-4 3 种场景下 DMST 和 CG 算法得到的拓扑结果**

(a) 低轨卫星网络的最小生成树;(b) 低轨卫星网络连通度保证算法运行结果;
(c) 同步轨道星群网络的最小生成树;(d) 同步轨道星群网络连通度保证算法运行结果;
(e) 多层空间信息网络的最小生成树;(f) 多层空间信息网络连通度保证算法运行结果

接下来,考察提出的 DMST 算法在生成树的链路平均权重方面的性能,即算法的最优性。仍然假设每个节点的自由度为 $d_i = 4$, $\forall i$。为了比较算法性能,采用地面自由空间光通信网络中的自底向上算法(BUA)作为参考。分别采用这两种算法分析 3 种场景下 0～24 h 中最小生成树的演化情况,每个整点时的链路平均权重如图 6-5 所示。可以看出,DMST 算法的性能显著优于 BUA 算法,且性能更加稳定,在 3 种场景中,分别达到了约 7.03%,2.95%,9.47% 的平均性能提升。

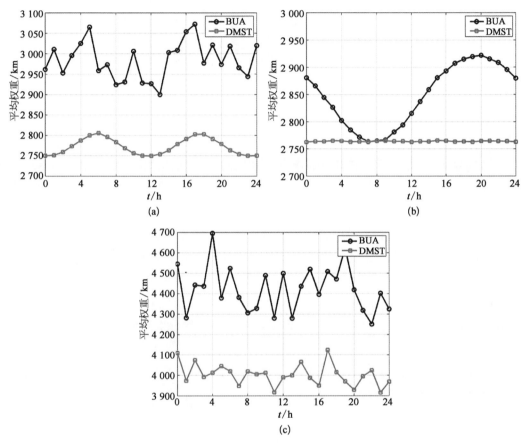

**图 6-5　不同场景中 DMST 与 BUA 算法链路平均权重性能对比**
(a) 低轨卫星网络;(b) 同步轨道星群网络;(c) 多层空间信息网络

进一步考察节点自由度对 DMST 算法链路平均权重性能的影响。图 6-6 表示节点自由度从 2～10 时 DMST 算法得到的网络拓扑的链路平均权重。图中的每个值是算法运行 24 h 之后的平均值。可以看出,除了 $d_i = 2$,即节点自由度过小时,链路平均权重较大,其他各种情况下 3 种场景均维持了稳定的链路平均权重。这说明:一方面当 $d_i = 2$ 时,最小生成树仅能表现为一个线型拓扑,几乎没有可供选择的链路来降低平均权重;另一方面,该仿真结果也表明了算法的稳定性较好,能够在自由度不高的环境中仍然构建出性能良好的最小生成树。

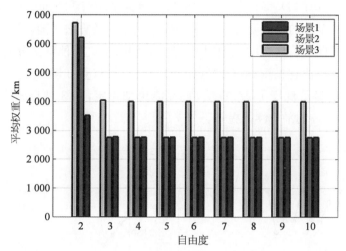

图 6‐6　DMST 算法在不同节点自由度条件下的链路平均权重性能

　　最后,考察在不同的节点连通度需求下,采用 CG 算法构建的网络拓扑中链路平均权重的变化情况。选用一种迭代随机连接算法作为参考来对比提出的算法的性能,所谓迭代随机连接(RC)指的是每次迭代时随机选择一条链路加入当前的拓扑之中,直至所有的节点连通度需求得到满足。事实上,可以看出迭代随机连接算法在节点自由度不远大于节点连通度需求时,往往无法满足节点连通度需求,即无法得到问题的可行解。在仿真中,仅考虑 RC 中的可行解来与 CG 算法比较。图 6‐7 给出了两种算法在 3 种仿真场景中的运算结果。可以看出,通过 CG 算法得到的拓扑结构具有远小于 RC 算法对应的链路平均权重。与 RC 算法相比,当分别取 $d_i=3,4,5$ 时,在第一个场景中,CG 算法分别降低了约 $9.57\%,16.27\%,$ $18.94\%$ 的链路平均权重;第二个场景中分别降低了约 $78.42\%,87.16\%,92.37\%$;而第三个场景中分别降低了约 $68.15\%,78.06\%,80.93\%$。因此,证明了 CG 算法具有稳定的拓扑构建能力和较低的链路平均权重。

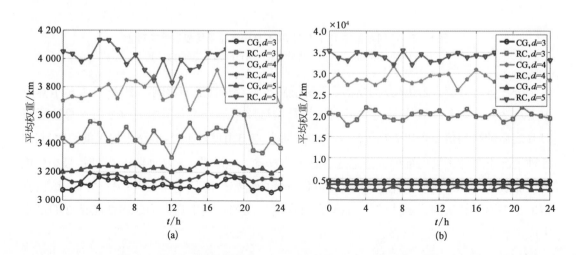

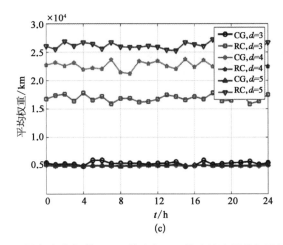

**图 6‑7　不同自由度条件下 CG 算法与 RC 算法链路平均权重性能对比**
（a）低轨卫星网络；（b）同步轨道星群网络；（c）多层空间信息网络

## 6.7　小结

　　本章从最小生成树的角度出发,研究了空间信息网络中的分布式拓扑控制问题。引入最小生成树来表示具有最小开销的网络连通方案,构建了树枝平均权重最小化模型。为了在获得精确的次优解同时大幅降低计算复杂度,首先,提出了一种分布式自底向上的最小生成树构造方法,该方法包括两个阶段:第一个阶段通过自底向上方法构建一棵生成树;第二个阶段通过图论中的边置换方法获得一棵次优的最小生成树。然后,在最小生成树的基础上,提出了满足节点连通度需求的链路平均权重最小化算法。

　　仿真结果表明:提出的分布式最小生成树算法能够在较低的计算复杂度和较少的信令交换条件下确保生成具有近似最优的最小生成树;与地面网络中的自底向上算法相比,提出的算法在不同类型的空间信息网络中能够实现 2.95% ～ 9.47% 的性能提升,且具有更为平滑的变化趋势,更适合拓扑结构高动态变化的空间信息网络场景。提出的满足节点连通度需求的链路平均权重最小化算法与随机连接算法相比,当取节点自由度分别为 3,4,5 时,在低轨道卫星网络中,提出的算法分别降低了约 9.57%,16.27%,18.94% 的链路平均权重;在同步轨道星群网络中分别降低了约 78.42%,87.16%,92.37%;而在多层空间信息网络中分别降低了约 68.15%,78.06%,80.93%。

# 第7章
# 空间信息网络多址接入技术

## 7.1 引言

空间信息网络显著不同于地面信息网络,具有网络异构、业务异质、大时空尺度和网络资源有限 4 个最突出特征。如何在满足空间信息网络突出特征条件下,使空间移动用户终端在高动态过程中能按需动态分配资源,实现自主、快速入网,异构异质用户与空间信息骨干网间的多址接入就成为空间信息网络组网亟须解决的关键科学问题。空间多址接入的特点在于网络无须根据接入点参数规划进行配置更新,且用户接入后也不会对整体网络性能造成巨大影响,以此保证业务信息的连续性、实时性和可靠性,多址接入将成为未来空间信息网络接入技术的必然发展方向。

## 7.2 多址方式分类

面向空中和地面用户,现有的卫星通信系统多址接入方式可分为以下两类。

(1)星间的多址接入方式。以美国 TDRSS 系统的按需多址接入为代表,采用了数字多波束结合相控阵天线的 S 频段多址系统(SMA)或 Ka 频段多址系统(KaMA)方法,主要满足天基测控通信和数据中继需求。该多址技术通常采用计划驱动的方式,即在任务开始之前进行卫星资源的申请和使用。这种"申请-计划-分配-执行"的预分配资源模式主要适合于任务规模、持续时间、资源占用量等事先明确的大型任务,但很难应用于实时性和带宽需求高的任务。

(2)星-地多址接入方式。以 VSAT 卫星移动通信系统为代表。VSAT 卫星移动通信系统由同步卫星、地面主站及分散的远端地面分站共同组成。VSAT 卫星移动通信系统的远端分站通过卫星中继接入地面主站,这种"分站-卫星-主站"中继方式,可减少地面网络设备的建设成本。在这种情况下,将同步卫星作为星上中继站,可以突破地面通信站之间因地面地形、距离等因素而造成的通信受限问题。然而,这种相对位置较固定的星地通信方式,不符合空间信息网络中用户航天器与接入终端存在的高动态性特点,不可直接借鉴。

## 7.3 空间信息网络特点对多址接入的影响

根据开放式互联(OSI)协议模型的划分,数据链路层承担帧同步、差错控制、物理寻址、接入控制等功能。

数据链路层的媒体介入控制层(MAC)主要负责接入控制。如何更有效地控制节点接入信道,提高共享卫星信道资源能力,一直是 MAC 层多址接入协议设计努力的方向。空间信息网络与一般的地面网络的环境场景区别较大,主要体现在拓扑高动态变化、时空尺度大、业务需求多样化和星上资源受限 4 个方面。其主要特点对多址接入的影响如图 7-1 所示。

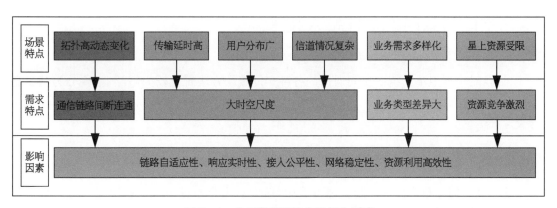

**图 7-1 空间信息网络多址接入需求**

(1) 高动态变化。空间信息网络中,接入终端通常由不同轨道、不同种类的飞行器构成。他们之间没有固定的连接关系,其网络拓扑不停地快速变化,呈现出松耦合的状态,导致通信链路间断连通。以处在静止轨道的天基骨干网的 GEO 卫星为参考点,轨道高度为 300 km 的 LEO 卫星为例,其相对运动速度可高达 3 km/s。假设信号全向传播且不考虑其他因素影响,在一个周期内,两者之间的通信持续时间也仅有 120 min。对此,考虑在网络拓扑的高动态变化而导致不稳定链路的情况下,则需要多址接入具有较强的自适应性和灵活性,在一定程度上增加了多址接入设计的复杂性。

(2) 大时空尺度。从传播延时看,GEO 卫星与 LEO 卫星间的单跳传输往返时延达 0.25 s,长时延会降低对时间敏感度高业务的服务质量。因此,星间多址接入方案必须以较低计算复杂度来实现快速响应,避免进一步增加时延,恶化网络性能;从用户位置区域看,用户分散的空间范围广,要实现对航天器用户全天候、全天时的覆盖,多址方案需要确保分散在各个轨道上的不同航天器用户具有对等接入机会,保证多址接入的公平性。针对大时空尺度下的复杂信道情况,多址方案必须具备灵活性和稳定性,保证网络可动态接入和快速重构。

（3）业务需求多样化。从服务角度看，空间信息网络业务种类包括中继业务、通信业务和测控业务；从应用角度来看，业务种类包括话音业务、数据业务、图像业务及视频业务。随着在轨航天器数量的不断增加、业务需求的日趋多样化，不同业务类型的服务质量要求迥异，对卫星信道资源需求差异巨大，这不仅需要空间信息网络根据不同业务的服务质量需求提供相应的接入策略，而且要求接入方式具有可扩展能力，大大增加了多址接入的实现难度。

（4）星上资源受限。受航天器体积、重量等因素的影响，致使星上能量资源受限。在多址接入网络中，提高资源的利用率显得尤为重要。同时，考虑到星上有限的计算处理能力在能量受限的条件下，空间信息网络的多址接入需考虑采用更加优化的接入算法来实现较高的能量使用率。因此，优化接入算法也成为多址接入设计过程中着重考虑的方面之一。

# 7.4  空间信息网络多址接入技术

目前，对小型卫星系统中星间通信的各种多址接入方法研究较为广泛，主要分为基于竞争的分布式接入控制方式、基于无冲突的集中式分配方式、混合多种协议的混合型多址接入技术 3 种类型。

## 7.4.1  基于竞争的分布式接入控制多址方式

基于竞争的分布式接入控制多址方式中，航天器用户通过接入控制协议实时获得信道接入信息，并通过相关算法进行竞争接入。包括：ALOHA 协议、基于载波侦听多址访问/冲突检测（CSMA/CA，Carrier Sense Multiple Access with Collision Avoid）方式下以及为适用于卫星的多址方式而改进的 IEEE802.11 无线局域网 MAC 协议。

1）ALOHA 协议

ALOHA 协议主要利用的是"想发既发，碰撞后随机退避重发"的简单方式实现用户多址接入。ALOHA 技术是一种简单的资源分配机制，对信道没有传播限制，不需要复杂的同步机制。最早的 ALOHA 协议是由夏威夷大学作为岛屿间通信的机制来研发的。纯 ALOHA 协议是没有碰撞回避机制的，所以使用同步模式可以在很大程度上提高 ALOHA 协议的性能。比如，通过 ALOHA 协议改进而得到的时隙 ALOHA、预约 ALOHA、分组预约多址接入 PRMA。

在纯 ALOHA 协议中，当用户需要发送信息时，可以马上就发送，然后监测是否会发生碰撞，如果发生了碰撞冲突，那么重新发送，直至发送成功。纯 ALOHA 的缺点是"碰撞"以及重发所导致系统最大吞吐率只有 0.184，系统的性能会随着负载的增加而急剧恶化。在时隙 ALOHA 中，第一步是要将网络中各个节点的时间进行同步；第二步将时间轴划分成一系列等长的时隙，记为 $T$，不论帧在什么时间产生，所有的用户只有在时隙开始的时刻才能同步接入信道内，这样就尽可能地减少了碰撞。最大的吞吐量可以达到纯 ALOHA 的两倍。时隙 ALOHA 多址协议不像 TDMA 方式以固定分配给各个用户在帧中固定的接入时隙,而是采用竞争的资源分配方式。

20 世纪 70 年代以来,有多种运用于卫星通信的 ALOHA 多址协议,包括纯 ALOHA、时隙 ALOHA、预约 ALOHA 以及扩频 ALOHA 的 SAMA 协议等。ALOHA 协议技术简单,且对信道的传播时延没有限制,因而在短报文、低速率传输卫星分组通信业务中得到了一定的应用。虽然在强突发性业务情况下,ALOHA 的信道效率较固定分配方式高,但是纯 ALOHA 协议的理论吞吐率也只有 0.184,即使增加全网同步后,改进的时隙 ALOHA 协议,其理论吞吐率也仅仅增大到了 0.368。在时隙 ALOHA 基础上又发展了一种称之为预约 ALOHA(R‐ALOHA)的协议,它改善了前两者较低的吞吐量动态范围和时延的稳定性,较前两者更实用。不过由于其申请预约需要系统资源和增加传输延时,如果数据报文与预约请求本身的数据相差不大时,将会造成资源的浪费并降低系统的实时性。所以,R‐ALOHA 不适合短数据包传输的情况。另外,还有一种结合 CDMA 扩频技术的 SAMA 协议。该协议实现了用户发送时间与数据包碰撞概率的无关性,改善了网络的吞吐量和时延性能。并且,SAMA 技术还兼具 CDMA 技术的抗干扰能力。这种多址协议在最初的 VSAT 移动卫星通信系统中得到了广泛应用。

在基于 ALOHA 竞争方式的多址协议中,数据包的碰撞概率会随着同时请求接入的卫星终端数量的增加而急剧增大,影响了系统的稳定性,极大限制了其在卫星通信系统中的应用。另一方面,随机方式对卫星的存储容量提出了苛刻要求,额外消耗了有限的星载资源。

2) IEEE802.11 改进型星间多址协议

IEEE802.11 改进型星间多址协议基于 CSMA/CA 多址原理,将碰撞后用户的再接入时间分别按照一定的退避算法进行退避延后,从而降低系统碰撞概率和拥塞程度。传统的 IEEE802.11 协议规定 4 种不同的帧间隙:SIFS,PIFS,DIFS,EIFS 来设置响应时间和侦听时长。但在卫星场景下,卫星间距离范围远远大于协议设计之初的 300 m 通信范围。因而,需要根据具体的通信距离来改变时隙大小支撑卫星场景。文献[15]通过 OPNET 结合 STK 仿真软件模拟了距离 300 km 范围内的集群式卫星结构,并得出满足稳定的吞吐量情况下的最优时隙大小,以减少端到端延时。同时,作者改变传统基于二进制的退避算法来设置退避窗口大小的方法,采用根据碰撞情况来设置不同退避窗口最大值,以适应长距离、高延时的通信情况。文献[16]提出了仅在"RTS‐CTS 握手阶段"及"帧接收成功确认 ACK 阶段"采用广播的方式通知所有节点和传输时采用指向型的自适应天线方式来提升能量的利用效率,原理如图 7‐2 所示。

常见的卫星场景包括簇群式星群、链式星群、星座式星群。研究者从端到端时延、接入时延和吞吐量 3 个方面进行了对比分析,其结果如图 7‐3 所示。不同的星群结构所产生的传输距离的变化影响接入时延和退避侦听等效果,使得不同结构之间的性能有所差异。然而,该机制端到端时延较大,平均端到端时延和平均接入时延最大分别可达 1 700 s 和 200 s,不适合实时业务。而对于最大归一化吞吐量(单位时间内成功接收数据包个数与总生成包个数之比)最大也只有 0.25,效率较低。

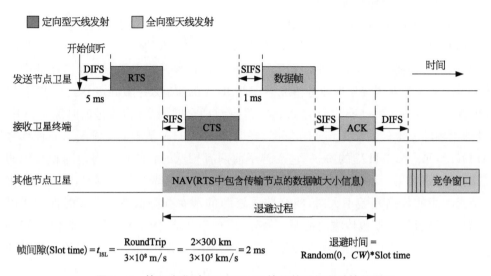

图 7-2　基于改进型 IEEE802.11 协议的星间多址协议原理

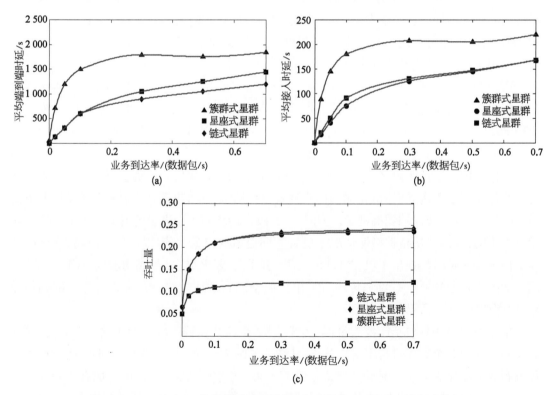

图 7-3　IEEE802.11 的平均端到端时延(a)、平均接入时延(b)和吞吐量(c)

改进型 IEEE802.11 无线局域网 MAC 协议接入控制方式简单,可以根据业务类型对数据帧设置不同接入优先级。该机制同步要求低,可应用于变化较大的拓扑网络当中。但是该协议中用于减少系统碰撞率的随机退避机制却降低了系统的时延性能。此外,复杂的星间信道情况将直接影响信道侦听的结果,增加了系统的不稳定性。

目前,改进型 IEEE802.11 无线局域网 MAC 协议接入控制方式主要支持短数据包业务传输,难以适用于大容量和实时性要求较高的业务。为降低系统计算复杂度,实现网络快速响应,降低接入延时,该协议还需结合空间信息网络的需求特点,从设计高效的冲突检测和随机退避机制、改进面向于随机接入用户的 CSMA 多址算法等技术方面做进一步的研究和扩展。

3) 载波侦听多址接入

根据不同的侦听方式,CSMA 可以分为非坚持 CSMA、坚持 CSMA 以及 P 坚持 CSMA 3 种。

在非坚持 CSMA 中,如果产生了空闲信道,就立即进行发送;如果侦听发现信道正在使用,就继续侦听,直到信道空闲再进行发送,但是如果同时有两个用户在等待使用信道进行发送,就会产生冲突。如果产生了冲突,就等待某一个时机再进行发送。这种协议方式减少了冲突发生的可能,但是会增加信道空闲的时间,信息的发送会有很大的时延,信道效率比坚持型 CSMA 低,传输时延会比坚持型 CSMA 大。

坚持型 CSMA 中,如果信道是空闲的,则立即进行发送。如果侦听到信道被占用,则持续进行侦听,直到信道空闲,然后再次发送,如果此时同时有两个或者两个以上的用户进行发送,则会产生冲突,如果产生了冲突则等待随机时间,再进行发送。

P 坚持型 CSMA 中,如果信道空闲,就以概率 $P$ 发送,以概率 $(1-P)$ 延迟一段时间 $W$ 发送。如果有冲突发生,就等待一段时间,再重新发送。

## 7.4.2 基于无冲突的集中式分配多址接入方式

在基于无冲突的集中式分配的多址方式情况下,接入控制卫星通过集中式资源调度的方式为每个航天器用户分配相应的固定资源,实现多用户的无冲突接入。包括基于 TDMA、CDMA、FDMA 的固定多址方式,研究者分别介绍了 TDMA、CDMA、FDMA 方式在卫星通信场景上的运用、相关特点与优势。

1) TDMA 多址接入方式

TDMA 方式需要在所有的收发端中进行时间上的网络同步,使每个接入用户都能在指定的时间段内发送数据。采用 TDMA 方式时,若系统的负载越小,则信道利用率越低、延迟越高,因为空闲时隙很多,并且对于大时空尺度的星间通信来说,还需要设置一定的保护间隙,以解决因距离差异产生的同步时延差。这种方式更进一步降低了信道的利用率。可以看出 TDMA 方式并不满足需高效利用资源的卫星通信。

TDMA 经过一定的发展,现主要运用于星地相对运动较小的卫星移动通信系统,如 VSAT 移动通信系统。与此发展来的扩展时分多址(ETDMA)尝试通过分配时间来克服这个问题,可适用于站点数较少且需传输语音、视频等多类业务,以可扩展的方式找到有效的时间表是不容易的。作为未来 TDMA 运用在卫星通信的主要形式之一的自适应时隙分配 TDMA 方式,根据通信量的大小调整时隙的宽度并按需使用时隙的方法在一定程度上提升了信道利用率。

以 TDMA 协议为基础发展而来的多种时分多址接入方式的灵活性和扩展性还亟待提高。如何实现网络中各终端严格同步,保证资源高效利用,是采用 TDMA 方式时亟待解决的关键问题。

2) CDMA 多址接入方式

已有研究比较了 CDMA 多址技术下 Walsh 码和 Gold 码两种伪随机码性能。对于 Gold 码,其正交性较差,多址干扰严重(MAI),增加了误码率。但其扩频序列码字长度较长,带宽使用率较高,可以抵消因自相关性而产生多径串扰(ISI)影响。从正交性来看, Walsh 码正交性强,码字较短,多径串扰影响严重。但由于实际卫星的分布范围较广,信道完全分离,一定程度上降低了不同用户间多址干扰带来的影响。因此,Walsh 码的性能较为优越。

CDMA 的主要优点在于采用码分多址时传输带宽高,抗多径衰落性能和抗干扰性能较好,具有良好的信号隐蔽性和保护性,且允许相邻波束使用相同的频率。但运行的过程中码同步时间较长且需要进行功率控制来解决远近效应,因而也限制了星间结构的多样性和卫星的数量。此外,由于受到扩频码片速率的限制,CDMA 主要应用在低速数据业务中。在星地通信时,由于环境噪声,MAI 等因素,对其捕获也较为困难。目前 CDMA 主要运用于对导航定位精度要求较高的动态拓扑飞行编队的多址接入。

3) FDMA 多址接入方式

FDMA 方式为每个用户分配了一个固定频段。为保证滤波过程中在既不损伤相应终端本该接收的信号,又能够准确地排除相邻信道干扰,通常在相邻的信道载波之间都设有一定的保护频带,保护频带一般与终端载波频率的准确度、稳定度和最大多普勒频移之差有关。FDMA 实现方式简单且成本较低,不需要像 TDMA 方式或时隙 ALOHA 方式进行全网络同步。但 FDMA 方式的带宽利用率会受到由非线性效应产生的互调噪声的影响,同时设置保护带宽会降低信道利用率。

4) SDMA 多址接入方法

空分多址接入方式是一种通过卫星的波束指向不同来区分不同客户信息的多址方式,不同的波束利用空间进行区别。SDMA 的优点是更加高效地利用了卫星的带宽,增大了系统的有效容量。缺点是其系统控制更加复杂,且存在同道干扰(CCI)问题。

以上 4 种固定多址方式实现较为简单,运行成本较低。但由于固定方式的灵活性较差,使其难以适应大量的突发业务(数据、实时图像传输、定位等,并且 QoS 需求能力多样),并且基于传统的固定分配多址接入技术会极大地降低网络的带宽利用率,浪费昂贵的卫星信道资源。基于卫星控制网络(SCN)从频谱利用率、串扰影响、实现复杂度等方面对比了 FDMA 与 CDMA 技术,从总体来看,CDMA 更适用于卫星控制网络。

5) 非正交多址接入方式

地面移动通信系统由 4G 迈向 5G 的过程中,系统将提供更多的频率,为更多的用户提供高速移动通信服务。高效的多址接入将是系统必须解决的关键技术问题。非正交多址接入(NOMA)日益受到重视。NOMA 技术不仅能提高频谱效率,也是逼近多用户信道容量界的有效手段,还可增加有限资源下的用户连接数。NOMA 技术是一个集频域、时域、功率域为一体的多址技术,可在同一子载波、同一 OFDM 符号对应的资源单元上,同时承载信号功率不同的多个用户,如图 7-4 所示。

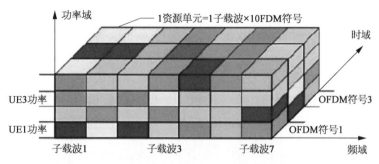

图 7-4　NOMA 的时、频、功率域示意

NOMA 的基本思想是在发送端主动引入干扰信息,在接收端通过 SIC 接收机消除干扰,实现正确解调。NOMA 技术在时域以 OFDM 符号为最小单位,符号间插入 CP 防止符号间干扰;在频域以子信道为最小单位,各子信道间采用 OFDM 技术,保持子信道间互为正交、互不干扰;每个子信道和 OFDM 符号对应的功率不再只给一个用户,而是由多个用户共享,但这种同一子信道和 OFDM 符号上的不同用户的信号功率是非正交的,因而产生共享信道的多址干扰,为了克服干扰,NOMA 在接收端采用了串行干扰消除技术进行多用户干扰检测和删除,以保证系统的正常通信。

NOMA 技术原理如图 7-5 所示,在发送端进行 IFFT 变换后端增加了用户信号功率复用模块,接收端 FFT 之前增加了串行干扰消除模块。以两个接入用户为例,NOMA 为信道

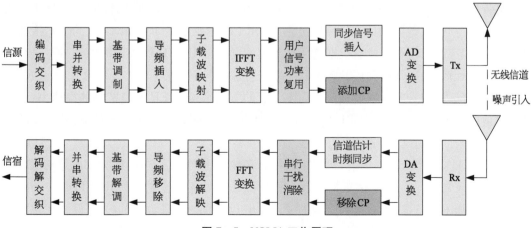

图 7-5　NOMA 工作原理

条件差的用户分配的功率比对信道条件好的用户分配的功率大。然后将两个用户的信息通过叠加编码，占用相同的时频资源进行发送。因为接收机对功率大的用户更为敏感，所以对于信道条件差、功率大的用户，可将功率小的另外一个用户信息直接当作干扰进行解调获得相应信息。而对于信道条件较好的用户，分配功率较小，此时，在接收端采用干扰消除接收机，首先对功率较大的信息进行解调译码，然后重构消除该用户的信息，之后再解调得到所需用户的信息。因此，NOMA技术研究的重点在于对用户进行合理的功率分配以及高效的接收端干扰消除方法。

空间信息网络的典型特点之一为资源受限，包括频率资源和功率资源，NOMA将功率域由单用户独占改为由多用户共享，使接入容量提高了50%，从而极大地提高了系统的资源利用率。因此，可将NOMA技术运用到空间信息网络中，实现高速移动下、高通信速率、宽带宽的多用户接入。因为NOMA技术在发射端和接收端采用的技术增加了整个系统的处理延时，其能否满足空间信息网络在大传输延时下QoS的要求，还值得继续深入研究。另一方面，SIC干扰消除技术增加了接收机的复杂性，设计星上简单高效的SCI干扰消除算法也是值得研究的方向。

### 7.4.3 混合型多址接入方式

混合型多址方式基于不同卫星结构场景，将多种经典多址协议进行结合，以弥补单一方式的缺点，实现灵活性接入和最大化资源利用率。

1）MF-TDMA方式

结合FDMA和TDMA两种方式，MF-TDMA允许用户终端共享一系列不同速率的载波，并将每个载波进行时隙划分，通过综合调度时频二维资源，达到资源的灵活分配。

如今，MF-TDMA方式已成为宽带多媒体卫星系统的主流体制，包括德国诺达的SkyWAN系统、日本的WINDS系统、美国Spaceway3系统以及加拿大的VSATPlus3系统，然而这些系统也主要是运用星地之间通信。其中MF-TDMA方式在星间通信中也有所运用。

可将星间卫星通信距离范围分为一般距离（NR）和扩展距离（ER）两种情况，NR主要支持的是10～100 km范围内的高速率业务通信，而ER主要是指100 km以上的基本指控业务，其业务速率需求较小。然后根据这两种范围情况，对MF-TDMA的时隙和带宽进行自适应分配，以节约功率开销和提升频带利用率。特殊情况下，通过改变帧结构为Dual Mode形式，并设置远端接入节点以及释放其周围节点的方式来接入ER距离范围的高速率业务。这种自适应的MF-TDMA方式可实现远端高速业务，但同时加重了系统的复杂性，多跳方式也将会带来严重时延影响。

MF-TDMA作为良好的混合型协议，结合多波束星间通信方式，成为较成熟的混合型星间多址协议之一。不过随着技术的深入发展和卫星网络日趋复杂，MF-TDMA的帧结构设计也愈加困难，这需要对其帧结构的设计找出新的解决思路。同时，为更好地优化资源分配以及服务质量，带宽动态分配，用户终端初始捕获、同步保持、功率和频率控制等问题也还需进一步的研究和讨论。

2）T - CDMA 方式

T - CDMA 结合 TDMA 和 CDMA 两种方式,在集群式卫星拓扑结构基础上,通过综合调度扩频码字和时隙二维资源,实现集群内用户之间通信与集群间主星通信的两种场景分离,满足通信需求。已有研究分析了两种不同模式下 T - CDMA 多址方式的吞吐量以及时延性,结果表明该方式较其他方式具有较高的吞吐性能和较小的时延性能。主要是两种具体方式:① TDMA 中心式。如图 7 - 6 所示,以 $M_1$ 主星、$S_7$、$S_5$、$S_{10}$、$S_{11}$ 为一个集群的类似 $M_2$,$M_3$ 为主星构成的 3 个卫星集群。该方式的帧结构如图 7 - 7 所示,TDMA 中心式为集群内每颗卫星提供良好的控制信道,根据不同业务的数据分组大小来分配可变数量的时隙(自适应 TDMA)。同一集群则采用相同的 CDMA 码字,不同集群码字不同,以达到集群间 CDMA 多址复用。不过,主星的发送需要明确群内卫星的发送时间,以避免碰撞。其中对于主星的选择,作者从优化传播功率损耗的角度考虑并使用基于卫星距离的接近中心算法来选取最优的中心卫星作为集群中的主星。然后利用主星实现集群内卫星的通信交互以及完成集群间的通信。该方法无需像无线传感器网络那样定期修改主星,从而避免对集群成员进行定期更新,可减少通信开销。可以看出,T - CDMA 协议适用于结构较为固定的集群型拓扑结构。在恶劣环境和较高动态的拓扑结构情况下,主星很可能无法持续运作,此时需要实时运行中心算法来更新主卫星,这在一定程度上增加了系统的计算。② CDMA 中心式。针对 TDMA 中心式的同步困难,主从卫星的发送会产生串扰等问题,已有研究提出了 CDMA 中心式方式,其帧结构如图 7 - 8 所示。CDMA 中心式的集群内卫星均分配相应的码字,对于主星间通信,则采用自适应的 TDMA 方式,可根据总集群内总业务量动态的调整时隙大小。以 CDMA 为中心的混合协议,其主要用于广播任务和分组大小相对固定的任务。

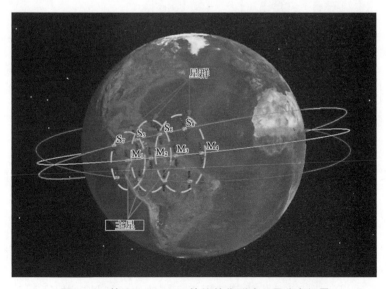

**图 7 - 6　基于 T - CDMA 协议的集群式卫星分布场景**

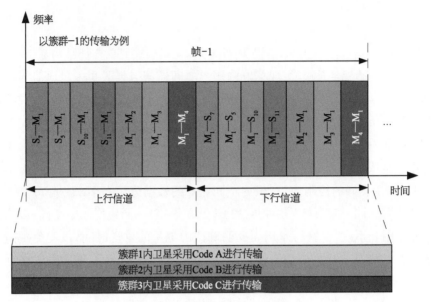

图 7-7　TDMA 中心式帧结构

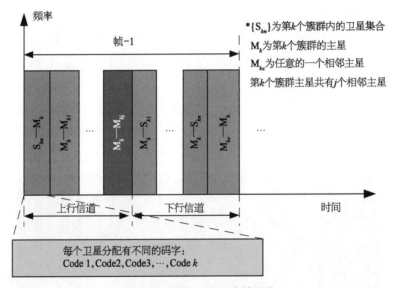

图 7-8　CDMA 中心式帧结构

　　研究结果如图 7-9 所示,在 3 颗 300 km 高度卫星为一个集群的 9 组集群模型条件下,当业务到达率为 0.5 时,CSMA/CA 协议的时延高达 1 000 s,而 T-CDMA 多址时延主要体现在传播时延上,仅为 10~20 s。另一方面,CSMA/CA 协议由于竞争碰撞等因素,其最大归一化吞吐量只有 0.18,而 T-CDMA 的吞吐量始终趋近于平稳,随着数据包数量的增加,吞吐量可接近于 1(由于存在误码和丢包等情况影响)。

　　T-CDMA 协议的上述两种模式可运用于不同的业务场景。以 TDMA 为中心的混合

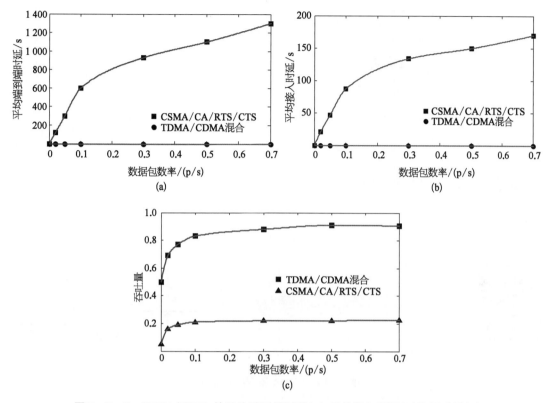

图 7‑9　T‑CDMA/CSMA 的平均端到端时延(a)、平均接入时延(b)和吞吐量(c)

协议可以用于数据包长度变化大的任务。当分组大小相对一致并且还需要向集群成员广播一些重要信息的任务(如接近操作)时,则可以使用以 CDMA 为中心的系统,不同方式的选择主要取决于任务目标和整个系统中的卫星数量,但其帧结构的设计较为复杂,需要进一步改进。

3) LDMA 方式

研究者提出了结合 CSMA 和 TDMA 的 LDMA 多址接入方式。LDMA 方式原理如图 7‑10 所示。在 LDMA 中,根据网络节点中的竞争情况可将用户终端分为两种接入模式:低争用级别(LCL)和高争用级别(HCL)。当节点在最后一个周期内从接入端接收到明确争用通知(ECN)消息时,可从 LCL 模式切换至 HCL 模式。用户节点处于 LCL 模式下时,则采用 CSMA 协议实现用户的多址接入。此外,CSMA 方式下不采用 RTS‑CTS 的握手方式传输数据包,而是根据碰撞数据包个数情况,适时发送广播 ECN 通知,进行 LCL 与 HCL 模式的切换。当节点处于 HCL 模式下时,接入端为各用户分配不同的时隙,避免碰撞。该方式基于高度为 1 400 km 的 LEO 极地轨道卫星拓扑结构模型比较了 LDMA,CSMA,TDMA 3 种方式下的时延和信道利用率。研究结果表明 LDMA 协议的信道利用率可达 0.73,相同情况下,CSMA 与 TDMA 的利用率分别只有 0.43 和 0.61。与此同时,LDMA 的时延性能较 CSMA 也有了较大改善。

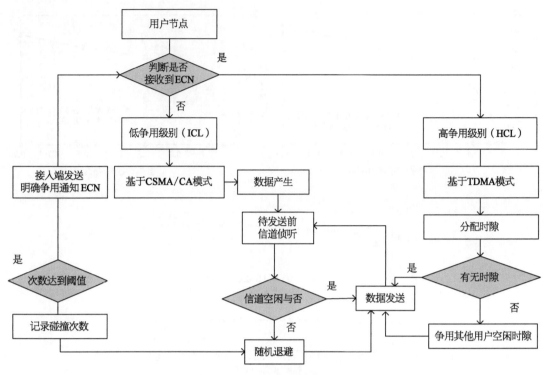

图 7‑10　LDMA 原理实现流程

　　LDMA 协议一方面弥补了在单一 TDMA 协议模式下需预知全网拓扑以及 CSMA 协议模式下低吞吐量、长时延等缺点。不过这种 LDMA 方式并没有考虑网络的扩展性能，在网络资源争用激烈的情况下，请求接入用户大大增加，切换至高争用级别 HCL 后仍采用 TDMA 方式，实现多用户的全网时钟同步的难度大大增加。

# 7.5　多址技术系统容量

　　空间信息网络中的信道和功率资源均十分有限，因此如何将有限的资源最高效地利用，一直是空间信息网络设计中的重点和难点。与信道资源利用率关系最直接相关的就是多址方式的选择。在空间信息网络中，随着用户数量增多，业务量变大，业务类型繁多的情况下，对于系统信道容量的需求也变得更大。所以，必须选择最能满足天基信息系统要求的多址方式，以此满足不断变化的网络状态和业务需求。

　　下面先对几种传统固定模式多址方式的系统容量进行分析。假定系统带宽为 $W$，信道为加性高斯白噪声（AWGN），用 FDMA，TDMA，CDMA 这 3 种多址方式获得的信息传输速率来比较这 3 种模式下的信道容量。

　　假设系统的用户数为 $K$，每个用户的功率相等，即 $p_i = p$，$1 \leqslant i \leqslant K$。在带宽为 $W$ 的

白噪声理想信道中,单个用户的容量可以表示为

$$C = W\log_2\left(1 + \frac{p}{WN_0}\right) \tag{7-1}$$

式中,$\frac{1}{2}N_0$ 是加性噪声的功率密度谱。

### 7.5.1　FDMA 多址系统容量

FDMA 多址方式将带宽平均分配,所以每一个用户所能分配得到的带宽为 $W/K$。由此可得单个用户容量为

$$C_K = \frac{W}{K}\log_2\left[1 + \frac{P}{(W/K)N_0}\right] \tag{7-2}$$

$K$ 个用户的总容量为

$$KC_K = W\log_2\left[1 + \frac{P}{(W/K)N_0}\right] \tag{7-3}$$

总容量等效于具有平均功率 $P_{av} = KP$ 的单个用户的容量。

对于一固定的带宽 $W$,随着用户数量增加,每个用户分配的信道容量减少。

$$\frac{C_K}{W} = \frac{1}{K}\log_2\left[1 + K\frac{C_K}{W}\left(\frac{\varepsilon_b}{N_0}\right)\right] \tag{7-4}$$

式中,$\varepsilon_b$ 为信号功率。每一个用户容量 $C_K$ 对信道带宽 $W$ 进行归一化,定义归一化总容量 $C_N = KC_K/W$,该容量为单位带宽上所有 $K$ 个用户的总比特率。所以,归一化总容量可表示为

$$C_n = \log_2\left(1 + C_n\frac{\varepsilon_b}{N_0}\right) \tag{7-5}$$

$$\frac{\varepsilon_b}{N_0} = \frac{2C_n - 1}{C_n} \tag{7-6}$$

式中,$C_n$ 会随着 $\frac{\varepsilon_b}{N_0}$ 的增大而线性增大,当函数值在最小值 $\ln 2$ 上增加时,$C_n$ 会随之增加。

### 7.5.2　TDMA 多址系统容量

TDMA 系统中,每个用户在 $1/K$ 时间内通过带宽为 $W$ 的信道以平均功率 $KP$ 发送信号,所以每个用户的容量为

$$C_K = \left(\frac{1}{K}\right)W\log_2\left(1 + \frac{KP}{WN_0}\right) \tag{7-7}$$

263

TDMA 与 FDMA 系统容量是一样的，但是在 TDMA 多址系统中，当 $K$ 的值很大的时候，在发送端，想要保持发送机的功率 $KP$ 是不可能的。实际系统中，TDMA 存在功率限问题，发送机功率不可能随着 $K$ 值变大而一直增加。

### 7.5.3 CDMA 多址系统容量

在码分多址系统中，每个用户都会产生带宽为 $W$ 且其平均功率为 $P$ 的伪随机信号。系统的容量取决于 $K$ 个用户间互相协同的程度。在最极端的情况下，码分多址可以看作是一种非协调的码分多址系统，在这种状态下，每个用户的接收机不知道用户方面的扩频波形，所以系统要进行多用户检测。在每个用户接收机中其他用户的信号就是一种干扰。多用户接收机是 $K$ 个单用户接收机，每个单用户的伪随机信号是高斯的，则每个单接收机上的高斯干扰为 $(K-1)P$、加性高斯噪声功率为 $WN_0$。由此可得单个用户的容量为

$$C_K = W\log_2\left[1 + \frac{P}{WN_0 + (K-1)P}\right] \tag{7-8}$$

当 $K$ 增大时，每个用户的容量会随着它的变化而减小，总容量则会增大。

在用户数量极大的情况下，可由 $\ln(1+x) \leqslant x$ 得

$$\frac{C_K}{W} \leqslant \frac{C_K}{W}\frac{\varepsilon_b/N_0}{1 + K(C_K/W)/(\varepsilon_b/N_0)}\log_2 e \tag{7-9}$$

在这种用户数量极大的情况下，总容量不会像时分多址或者是频分多址的系统容量那样随着 $K$ 值的增加而增加。

在另一方面，当 $K$ 个用户以时间同步同时发送信号时，接收机将接收所有用户的扩频信号，也即对所有接收的信号进行解调和检测。所以每个用户分配到一个速率 $R_i(1 \leqslant i \leqslant K)$ 以及包含功率为 $P$ 的一组 $2^{nR}$ 的码字的码本。在每个信号的间隔里面，每一个用户在码本中随机选择一个码字，比如 $M_i$，当系统当中所有的用户同时发送码字时，接收机的译码器会接收到：

$$Y = \sum_{i=1}^{K} M_i + Z \tag{7-10}$$

在式 (7-10) 中，$Z$ 是信道中的加性噪声向量。最佳译码器要选择个来自各个码本的码字，与之相对应的向量之和在欧氏距离上最接近于接受向量 $Y$。

对于理想信道中的 $K$ 个用户，在假设用户的功率都相等的情况下，可以获得 $K$ 维速率区域由以下 3 个方程确定：

$$R_i < W\log_2\left(1 + \frac{P}{WN_0}\right), \ (1 \leqslant i \leqslant K) \tag{7-11}$$

$$R_i + R_j < W\log_2\left(1 + \frac{2P}{WN_0}\right), \ (1 \leqslant i, j \leqslant K) \tag{7-12}$$

$$R_{\text{Sum}}^{Mu} = \sum_{i=1}^{K} R_i < W\log_2\left(1 + \frac{KP}{WN_0}\right) \tag{7-13}$$

式中，$R_{Sum}^{Mu}$ 是 $K$ 个用户在多用户检测中获得的总速率。在每个用户的速率相等的情况下，不等式(7-12)比其他 $K-1$ 个不等式的优势要大。所以可以得到结论：如果在上述的 3 个不等式给定的容量区间内选择 $K$ 个协同的同步速率，则随着码组的长度趋于无限，$K$ 个用户的差错率将趋于零。

根据以上的分析，$K$ 个用户的速率之和会随着 $K$ 的增大而趋近于无限大。所以，由于用户间的同步工作，CDMA 具有与 FDMA 和 TDMA 相类似的容量，当让 CDMA 系统的速率都等于 $R$，那么不等式(7-13)可以写为

$$R < \frac{W}{K} \log_2 \left(1 + \frac{KP}{WN_0}\right) \qquad (7-14)$$

在这种情况下，CDMA 与 FDMA 和 TDMA 的速率限制是相同的，并不会比前面的两种多址方式的速率高。但是，如果在 $K$ 个用户的速率不等的情况下，让上述 3 个不等式都可以成立，这种情况下在获得的速率区域内可能有一些速率组合可以使 CDMA 中的 $K$ 个用户的速率总和超过 FDMA 或 TDMA 的容量。

### 7.5.4　纯 ALOHA 协议的系统容量

纯 ALOHA 协议的主要原理就是只要用户有数据需要发送，就立即发送该数据。但是这样很容易产生碰撞或者超时丢弃而导致发送失败。然而，由于广播信道具反馈性，所以发送端可以在冲突检测过程中发送数据，将接收到的数据与缓冲区的数据相比，就可知道数据帧是否有差异，如果有，则表明产生了碰撞而导致数据损坏。当发送端检测到数据损坏，就会随机等待一段时间后重发该信息。图 7-11 为 3 个用户共同使用一个信道进行数据传输的 ALOHA 协议的工作过程。

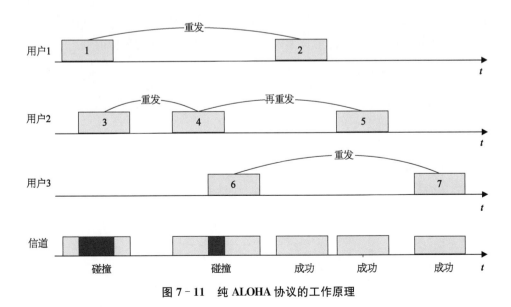

**图 7-11　纯 ALOHA 协议的工作原理**

下面对纯 ALOHA 系统的性能进行分析。

设每个数据分组长度为 $b$，由用户送入系统的总业务到达率为每秒 $\lambda_t$ 个分组，其中，成功传输的分组为每秒 $\lambda$ 个分组，传输失败的分组为每秒 $\lambda_r$ 个分组，则有

$$\lambda_t = \lambda + \lambda_r \qquad (7-15)$$

因此，可以定义一个吞吐量的公式为

$$S = b \times \lambda \qquad (7-16)$$

并将业务量定义为

$$G = b \times \lambda_t \qquad (7-17)$$

假设系统最大传输速率为 $R(\mathrm{b/s})$，则分别定义归一化吞吐量和归一化业务量为

$$S' = (b \times \lambda)/R$$
$$G' = (b \times \lambda_t)/R \qquad (7-18)$$

由于吞吐量 $S$ 不可能大于系统的最大传输速率 $R$，因此，由公式可知归一化后的吞吐量 $S'$ 不可能大于 1，即 $0 \leqslant S' \leqslant 1$。而总业务量的多少是由用户的需要而确定的，总业务量是发送成功和发生碰撞的分组的总和，因此，归一化的总业务量 $G'$ 可以大于 1。

由此可见，一个分组的最小传输时间为

$$T = b/R \qquad (7-19)$$

将式(7-19)代入式(7-18)中，可得

$$S' = \lambda \times T$$
$$G' = \lambda_t \times T \qquad (7-20)$$

如果数据分组刚开始发送的这段时间到其已经传输完成的这个阶段没有第二个数据分组同时发送数据，就表示这个数据分组成功发送，就不会产生碰撞。为了具体的分析，可以假设所有的数据分组长度相等，传输一个数据分组的时间为系统的单位时间，由图 7-12 可

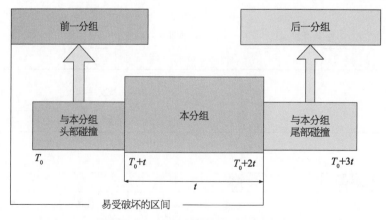

图 7-12 避免碰撞的最小时间间隔

以看出,如果在 $T_0$ 到 $T_0+t$ 的这段时间内,其他发送端在发送本分组前 $t$ 秒内有另一个发送端在发送,则会和前一分组的尾部发生碰撞;若发送端在发送本分组后 $t$ 秒内有另一发送端在发送分组,则会和后一分组的前端发生碰撞。因此,可以看到数据分组要想发送成功,就必须要求该数据分组发送前后的两个 $t$ 秒的时间间隔内,没有其他的数据分组被发送。所以,称 $[T_0,T_0+2t]$ 为易受破坏区间。

下面再进一步分析 ALOHA 协议的性能,即归一化吞吐量、归一化的业务量和平均传输延时的关系。

假设某一时刻有大量的用户向一个通信系统发送消息,而系统的时延又足够随机的话,则重传的数据分组与新到达的数据分组服从到达率为 $\lambda$ 的 Poisson 分布的到达过程。换句话说,如果在 $t$ 秒时间间隔内有 $K$ 个消息分组到达的概率可以用 Poisson 分布表示为

$$P(K)=\frac{(\lambda \times t)^{K}\mathrm{e}^{-(\lambda \times t)}}{K!},\ K \geqslant 0 \tag{7-21}$$

将式(7-21)中的到达率 $\lambda$ 用总业务量到达率 $\lambda_t$ 替代,当 $K=0$ 就表示一个 $t$ 时间间隔内没有新分组到达。

$$P(0)=\frac{(\lambda_t \times t)^{0}\mathrm{e}^{-(\lambda_t \times t)}}{0!}=\mathrm{e}^{-(\lambda_t \times t)} \tag{7-22}$$

所以在相邻的两个 $t$ 时间间隔内没有其他数据分组到达,其概率可以表示为

$$P(成功传输的概率)=P(0) \times P(0)=\mathrm{e}^{-(2\lambda_t \times t)} \tag{7-23}$$

由式(7-15)可知,总业务到达率 $\lambda_t$ 为成功传输的概率 $\lambda$ 和传输失败重传的概率 $\lambda_r$ 之和,所以成功传输的概率就是成功传输的概率 $\lambda$ 与总业务到达率 $\lambda_t$ 的比值。即

$$P(成功传输的概率)=\frac{\lambda}{\lambda_t} \tag{7-24}$$

将式(7-23)代入式(7-24)中可以得到

$$\lambda=\lambda_t\mathrm{e}^{-(2\lambda_t \times t)} \tag{7-25}$$

然后将式(7-20)代入式(7-25)中可以得到系统通过率:

$$S=G\mathrm{e}^{-2G} \tag{7-26}$$

令式(7-26)中的 $S$ 对 $G$ 求导并令其等于 0:

$$\frac{\mathrm{d}S}{\mathrm{d}G}=\frac{\mathrm{d}(G\mathrm{e}^{-2G})}{\mathrm{d}G}=\mathrm{e}^{-2G}-2G\mathrm{e}^{-2G}=0 \tag{7-27}$$

则 $G=0.5$,$S_{\max}=\dfrac{1}{2\mathrm{e}} \approx 0.184$。

至此,推导出理论上 ALOHA 系统归一化吞吐量和归一化总业务量的关系,并通过数学方法进行归纳,最后用数学求导的方法得到理论上最大归一化吞吐量的值。

纯 ALOHA 协议的吞吐量和业务量之间的理论关系式为

$$S = Ge^{-2G} \tag{7-28}$$

对上式进行求导可知,当 $G = 0.5$ 时,吞吐量最大,前面已通过计算得到最大吞吐量为 0.184。显然,在纯 ALOHA 协议的通信方式之下,在进行数据包的传输之时会有大量的碰撞,信道利用率较低。

利用 Matlab 软件进行仿真,可得到 ALOHA 协议信道吞吐量和业务量的关系,如图 7-13 和图 7-14 所示。

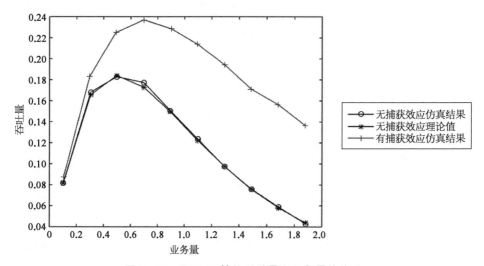

图 7-13　ALOHA 协议吞吐量和业务量的关系

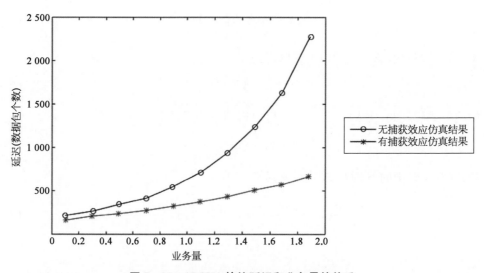

图 7-14　ALOHA 协议延迟和业务量的关系

由图 7-13 可以看出,当在通信协议中传输数据包不考虑捕获效应时,纯 ALOHA 协议仿真的最大吞吐量和理论推导的很接近,有着较好的吻合度。当考虑通信协议中的捕获效应时,可以看出此时最大吞吐量为 0.25 左右,这是因为当不存在捕获效应时,只要信道中的数据包发生碰撞,则所有的数据包就会被丢弃,然后重新发送数据包,这样导致信道的利用率较低。而存在捕获效应时,即使信道中有数据包发生碰撞,只要碰撞后的数据包的功率大于接收信号的门限功率就依然可以被正确解调。从图 7-14 可以看出,有捕获效应归一化传输延迟随着业务量的增加而呈线性增加,而无捕获效应延迟随着业务量的增加呈指数增加。

### 7.5.5 MF-TDMA 多址系统容量

在多频时分多址系统中,限制系统容量大小的因素只有两个:第一是上行链路的载波频率带宽;第二个因素是下行链路有限的功率,这使得 MF-TDMA 的容量与载波噪声、用户量等因素没有太大关系。在多频时分多址系统中,系统的容量取上行链路的最小值和下行链路容量的最小值。实际输出的功率可以根据这上下行链路的容量最小值计算,得到

$$0.5 \times P_{\text{sat}} \times m / (P_{\text{T1}} \times \alpha) \tag{7-29}$$

式中,$m$ 为每一个载波可以提供的信道数量,$\alpha(\alpha < 1)$ 为资源利用因子,$P_{\text{sat}}$ 为系统在饱和时的输出功率。$P_{\text{T1}}$ 是单个载波所需要的输出功率大小,通过下行链路的计算可以求得每一平台载波容量为

$$B_{\text{sat}} \times 1\,000 \times N_{\text{bean}} / (K \times B_{\text{T1}}) \tag{7-30}$$

式中,$B_{\text{sat}}$(MHz)的含义是系统的可利用带宽,而在 TDMA 中载波带宽为 $B_{\text{T1}}$(kHz)。所以用户链路所能分配的载波数量为 $B_{\text{sat}} \times 1\,000 / B_{\text{T1}}$。 在频率再利用的情况下每个群可使用的波束为 $K$,系统中包含 $N_{\text{bean}}$ 个波束。

### 7.5.6 NOMA 多址系统容量

同样假设信道为理想的加性高斯白噪声,用户占用的带宽均为 $W$,则对于上行信道,接收信号可表示为

$$y(t) = \sum_{i=1}^{M} x_i(t) + n(t)$$

式中,$x_i(t)$ 为用户 $U_i(i=1,2,\cdots,M)$ 经编码后的发送信号,$n(t)$ 为高斯白噪声。则高斯噪声下多信道用户的容量可表示为

$$\sum R_i \leqslant W lb \left[ 1 + \frac{\sum P_i}{N_0 W} \right]$$

以两用户为例,假设在 $T$ 时间内分别占用的传输时间为 $T_1$ 和 $T_2$,则信道容量可表示为

$$(R_1, R_2) = \left[ \frac{T_1}{T} W_1 lb \left( 1 + \frac{P_1}{N_0 W} \right), \frac{T_2}{T} W_2 lb \left( 1 + \frac{P_2}{N_0 W} \right) \right]$$

对于下行高斯广播信道,第 $i$ 个用户的接收信号为

$$y_i(t) = x(t) + n_i(t)$$

式中,$x(t)$ 为 $M$ 个信源联合编码后的信号,$n_i(t)$ 为第 $i$ 个用户的加性高斯白噪声。假设高斯信道中用户的信道质量可排序,则某一个用户可正确接收译码自己的信息,则信道质量优于该用户的信道(即小于该信道高斯噪声的信道)均可实现正确译码,系统容量可表示为

$$R_i \leqslant Wlb \left( 1 + \frac{\alpha_i P}{N_i W + \sum_{j=1}^{i-1} \alpha_j P} \right)$$

式中,$\alpha_i$ 是第 $i$ 个用户的功率比例,且有 $\sum_{i=1}^{M} \alpha_i = 1$,$P$ 为总的发射功率。

## 7.6 小结

本章对现有的多种不同类型多址接入协议进行了简单介绍,将其分为基于竞争的分布式接入控制方式、基于无冲突的集中式分配方式以及混合多种协议的混合型多址接入方式 3 种类型,其优缺点如表 7 - 1 所示。

表 7 - 1 不同的多址接入方式的策略

| 协 议 | 拓扑 | 同步 | 优 点 | 缺 点 |
|---|---|---|---|---|
| ALOHA | 分布式 | 否 | 简单方便,传播时延没有限制 | 负载数量较大时,传输碰撞概率增加,时延大 |
| IEEE802.11 DCF | 分布式 | 否 | 无需同步,可提供不同优先级业务的接入 | 进一步增加带宽延时,不适用于复杂信道环境、高负载及任务驱动紧密的通信链路 |
| TDMA | 集中式 | 是 | 带宽利用率得到相对提高 | 需全网同步,不适合大规模网络,协议的灵活性和扩充性较差 |
| CDMA | 集中式 | 是 | 时延低、吞吐量高 | 远近效应和 MAI 对性能影响大,需限制网络规模 |
| FDMA | 集中式 | 否 | 实现简单、成本低 | 非线性效应产生的互调噪声严重,信道利用率低 |
| MF - TDMA | 集中式 | 是 | 高带宽利用率、资源分配灵活,满足不同业务类型 | 不适合密集型高负载网络,存在互调噪声 |

（续表）

| 协　议 | 拓扑 | 同步 | 优　　　点 | 缺　　　点 |
|---|---|---|---|---|
| T - CDMA | 集中式 | 是 | 时延小、高吞吐量,适用于可扩展、可配置的小卫星任务 | 严格的同步需求,帧结构设计复杂,需要实时更新卫星中心接入节点 |
| LDMA | 集中式分布式 | 是 | 相比纯 CSMA 和 TDMA,LDMA 可以提高信道利用率 | 网络规模可扩展差,时隙调度困难 |

考虑到卫星竞争空间信息网络的信道资源的随机行为日趋频繁,大规模卫星自组织环境网络日渐复杂,卫星接入信道未来将存在接入关系复杂、信道资源有限、拓扑结构时变、随机碰撞情况下的不确定时延等诸多因素。综上背景情况,空间信息网络多址接入协议未来发展方向及关键技术分析展望如下:

（1）基于无冲突的集中式固定分配方式的接入实现简单、运行成本较低,但其网络扩展性较差,对网络的规模存在一定限制。此外,资源的预先分配方式会导致资源利用率降低,浪费昂贵的卫星信道资源,难以适用于大量的突发业务（数据、实时图像传输等,并且 QoS 需求能力多样）。因此,基于无冲突的集中式固定分配方式主要用于业务较为单一、场景较为固定的拓扑结构。TDMA 方式以其较低的实现成本运用在商业 VSAT 星地移动通信系统,满足地面用户通信。而 CDMA 方式以其较高的带宽和同步能力和保密性能运用在中高小编队卫星等高精度军事导航定位测量之中。固定接入方法在卫星数量较多、接入申请频繁、频谱资源不足时,会导致碰撞冲突概率增大、接入失败比率提高、资源申请周期增加,从而使得空间信息网络的服务能力和整体性能迅速下降。

随着空间信息网络的建立,一些新型应用场景和任务需求期望空间信息网络能够提供即时或长时段（连续多天且不间断）的服务,这给已有的固定分配模式带来了严峻的挑战。基于无冲突的集中式固定分配方式将会进一步根据需求进行调整,包括动态分配算法调整、资源复用方式、面向的业务类型扩展等方面,未来,基于无冲突的集中式固定分配方式将以其低廉的建设成本优势占据一定的应用市场。

（2）由于异构卫星的信道资源随机竞争和卫星网络的复杂环境的情况存在,为实现实时响应和服务,基于竞争的分布式接入控制方式以其较低的计算复杂度等优势特点,实现在大时空尺度等因素影响下快速工作,提高了网络扩展性。然而,随着接入用户数量的增加会在一定程度上加剧网络时延,不能满足业务的时效性,并且带宽利用率相对较低。同时,竞争碰撞导致的重传转发,对卫星的存储容量提出了苛刻要求,额外消耗了有限的星载资源。

目前竞争的分布式接入控制方式主要运用在星间距离较近的集群式卫星拓扑结构,支持的业务类型较为单一,业务数据包长度较短。未来,基于竞争的分布式接入控制方式可以对帧结构优化、竞争机制、接入算法多方面进行研究,实现网络性能最优。

（3）基于混合多种协议的混合型多址接入方式,将多种多址协议进行结合,弥补了不同方式下的限制和缺点。对于卫星通信的大尺度时空环境,需要根据形成的网络拓扑结构组合、业务需求类型以及设施成本等情况来决定一种或多种适合通信的接入协议来实现最佳的系统性能。

为缩短卫星资源申请和调度周期、提高卫星资源利用率、满足卫星系统需求应用的高时效性要求,基于空间信息网络的结构特点,还需研究高速相对运动条件下异构卫星动态、按需、随遇接入方法,提出面向航天器用户的动态星间多址接入方式。

未来,不同类型的业务信息在轨快速交换,保障多用户海量数据高速通信,需重点研究时变网络的信息传输理论、网络资源感知与优化配置方法、高动态时变网络资源智能协同方法、海量信息传输的分布式协作传输方法,突破空间信息网络动态接入与交换、超高速通信与互联、空间多波束动态形成与高能效传输等关键技术。

# 第8章
# 星上激光/微波混合交换技术

显著不同于地面信息网络,空间信息网络具有 3 个最突出的特征:网络结构时变、网络行为复杂和网络资源有限。因此,从链路和网络两方面的现状和特征约束下,如何实现空间异构信息在网络节点上的高效交换就成为空间信息组网的枢纽问题之一,这个问题进一步表现在 3 个方面:

(1) 空间信息网络异构信息需要深度融合的混合交换:为何融合交换?

空间信息的特点:一是业务种类较多。从服务角度来看,业务种类包括中继业务、通信业务和测控业务;从应用角度来看,业务种类包括话音业务、数据业务、图像业务及视频业务。多种业务类型仅靠单一信息传输与分发技术难以支持。二是链路种类较多。各频段微波链路、激光链路等多种链路承载的信息之间难以通过单一处理技术完成相互交互。三是信息颗粒度不均衡。大颗粒度骨干信息/接入信息、中粒度汇聚信息、小粒度灵活接入信息,多粒度信息同时传输与分发难度大。四是大时空尺度下信息分布不均匀。在时间、区域两个维度上,信息呈稀疏分布,难以充分利用空间信息资源。因此空间信息网络只有实现了深度融合的混合交换,才能充分发挥其在时间和空间上众多独有的优势,为各类用户提供高效服务。

(2) 空间信息网络异构信息深度融合的交换层面:在哪融合交换?

由前述可知,由于空间信息种类、颗粒度大小、传输链路以及分布均衡性差异巨大导致空间信息传输、处理与分发方式迥异:有些信息为提高灵活性和抗干扰性等需进行再生处理转发;有些信息因处理复杂度过高需地面处理;有些信息因时效性要求需实时转发;有些信息因传输难度大需小粒度化传输;有些信息因接入对象通信体制不同,需透明转发来屏蔽通信体制差异;有些信息因为星间链路数量有限,不同业务(如中继业务与测控业务)需复用传输、混合分发。传输、处理及分发的差异性(即行为复杂),导致空间信息网络信息交换层面的巨大差异,因此空间信息深度融合交换表现在同时有物理层(如微波射频链路级、激光链路级)、链路层、网络层以及跨层交换的需要。

(3) 空间信息网络异构信息深度融合的交换实现方式:如何融合交换?

空间信息网络异构信息行为涉及信息汇聚、融合、分发、控制与管理,信息交换的层面在物理层、链路层、网络层均有可能出现。仅靠现有电路交换(如光交换、射频交换)或分组交换等单一交换方式及其简单组合形式,都无法适用于结构时变、行为复杂、资源紧张的空间信息网络。故对于空间信息深度融合的交换方式,首先从网络角度看待,是以任务要求、网络行为作为信息交换的策动,以空间网络节点作为信息交换的平台,以光/射频/分组混合交换作为网络信息交换的执行者。而此处深度融合混合交换的内涵是:空间骨干传输与灵活接入业务的混合、空间多粒度业务的分发与疏导、空间异质业务一体化管理与控制的实施。因此,作为一种面向空间异构网络的新型交换形式,光/射频/分组混合交换在跨层信息的统一表征、混合交换机制、混合交换方法、混合交换的控制与管理等方面亟待突破。

目前我国正处于空间信息网络发展进程的关键时期,通信卫星、中继卫星、遥感卫星、高分辨率对地观测系列卫星、北斗导航系列卫星、载人航天与深空探测等各类航天器系统都呈现出全域覆盖、网络扩展和协同应用的发展趋势,需要提升空间信息的时空连续支撑能力,解决高动态调节下空间信息的全天候、全区域快速响应,大范围覆盖以及异构数据流聚合、分发问题。综上所述,在混合链路、异构网络、异质业务条件下,各个节点信息的不同交换体制的融合就成为实现空间信息网络高效组网运行亟须解决的科学问题。

星上交换能有效提高时延性能、方便用户共享带宽、利于点到多点通信、使用灵活性高,因此星上交换是卫星通信技术发展的一个新方向。弯管式转发器是最早的星上交换设备,该设备对信号不进行深入处理,只完成频率转换、信号放大等功能,故该方式也称为透明式转发。但随着话音业务、互联网数据接入业务和多媒体业务的增多,人们对信息传输的时效性、频率的使用效率和数据传输速率都提出了更高的要求。人们选择了更复杂的星上ATM/IP基带交换技术解决以上问题,从而克服了时延、频谱使用效率、大容量信息的高速交换问题。以上技术都是以微波作为信息传输的载体。

从技术特点来看,以微波链路为主的空间信息网络基本满足现有通信、导航、遥感和测控任务的需求。但从长远来看,受微波频率的限制,空间平台在处理速率、通信容量、抗干扰能力等方面存在的局限性使其难以满足未来空间信息网络向下要支持对地观测的高动态、宽带实时传输,向上要支持深空探测的超远程、大时延可靠传输的需求。从军事应用来看,随着空天信息化武器装备的高速发展,未来空天战场对天基信息支援需求将急剧增加,这对空间信息网的数据传输与分发能力必将提出更高的要求。若单纯依靠提升微波通信频段来提高传输速率,随着通信频段的提升、信道和天线波束数量的增加,必将导致空间平台有效载荷复杂性剧增。由此看来,面向未来空间信息高动态、宽带实时、可靠传输的需求,微波链路的能力局限问题将会越来越凸显。

方兴未艾的空间激光链路是另外一个选择。基于激光链路的空间光通信系统具有容量大、体积小、抗干扰能力强、保密性好等优势。多年的实践说明激光星间链路可以解决传输问题,但也带来了另一个问题:节点的交换方面依然是电交换技术,而链路是光链路,它们之间不但需要O/E/O转换,而且存在着的巨大的速率差距,导致空间信息网络链路方面的优势不能得到很好的体现,因此星上光交换技术被提上日程,星上波长交换、星上光突发交换技术等成为空间信息网络方面的研究热点。但是由于光器件和光逻辑技术发展不完善,目前光器件控制技术仍以电控为主,因此星上光交换技术还不能完全替代电交换技术。除此之外,由于电交换技术较为成熟,方便传输话音及小颗粒业务,因此星上电交换技术暂时不会完全退出,所以未来一段时间是星上混合交换技术阶段。

## 8.1　星上电交换技术

### 8.1.1　透明转发方式

透明转发方式指"弯管"式处理技术。该方式中星载转发器通常只完成信号放大和频率切换,不对信号内容进行改变,对网络协议透明,与信号形式无关,转发处理灵活简单。在透明转发模式下,上行信号经变频、功率放大,转发至下行。例如日本的 Wind 卫星就可基于透明转发方式实现 600 Mb/s 和 1.2 Gb/s 的高速数据传输。图 8-1 为 WINDS 星上转发器结构。

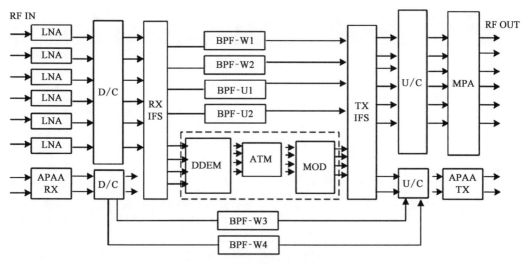

图 8-1　WINDS 转发器结构

### 8.1.2　星上 ATM 交换

异步传递模式(ATM)是一种面向连接的、异步时分复用的信息传递方式。ATM 以其良好的流量控制机制、可靠的 QoS 保证、高效的带宽利用率等突出优势被广泛应用,并从 20 世纪 90 年代起成为卫星通信领域的一个研究热点。

星上 ATM 交换参考地面 ATM 技术,使用虚通道标识符(VPI)标识地球站,为网络内的地球站分配 VPI 标识符,地球站根据 VPI 标识符为卫星配置路由表。星上 ATM 交换机的功能类似于 VP 交换机。星上 ATM 交换的工作过程如图 8-2 所示,卫星天线接收星际载波信号,经解调解码后获得 ATM 信元,送入开关矩阵交换,再根据路由信息经基带路由交换矩阵发到相应端口,最后经编码调制后发送出去。

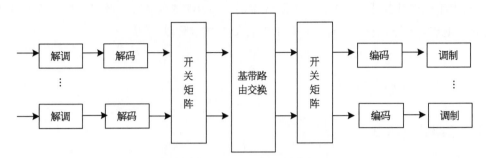

图 8‑2  星上 ATM 基本交换结构

星上 ATM 交换参考并改进了地面 ATM 技术,使之更适合卫星通信需求。目前采用星上 ATM 交换的部分卫星通信系统如表 8‑1 所示。

表 8‑1  典型宽带卫星通信系统及其交换方式

| 系统名称 | 运营时间 | 卫星 | 高度/km | 频段 | 网络结构 | 星上交换 | 接入方案 | 传输速率/(Mb/s) | 业务 |
|---|---|---|---|---|---|---|---|---|---|
| Teledesic | 2005 | 288 LEO | 1 375 | Ka 60 GHz | IP/ATM ISDN | 分组交换 | MF‑TDMA ATDMA | 标准:0.016 2 高速:155.212 44 (13.3 Gb/s) | "空中因特网"高质量话音、数据、视频 |
| Skybridge | 2001 | 80 LEO | 1 469 | Ku | IP/ATM | N/A | CDMA TDMA FDMA | 0.016～60 | 高比特率 Internet 接入、交互式多媒体业务 |
| Spaceway | 2002 | 16 GEO 20 MEO | 36 000 10 352 | Ka | IP/ATM ISDN、帧中继 | 基于 ATM | MF‑TDMA FDMA | 0.016～50 (10 Gb/s) | 高速 Internet BoD 多媒体 |
| Astrolink | 2003 | 9 GEO | 36 000 | Ka | IP/ATM ISDN | 基于 ATM | MF‑TDMA FDMA | 0.016 8～448 (6.5 Gb/s) | 高速多媒体业务 |
| Cyberstar | 2001 | 3 GFO | 36 000 | Ka | IP/ATM 帧中继 | 分组交换 | MF‑TDMA CDMA | 0.064～622 (9.6 Gb/s) | Internet 接入、VoD 宽带业务 |

### 8.1.3  星上 IP 交换

星上 IP 交换方式与星上 ATM 方式的不同在于其以不定长的 IP 分组作交换单位。星上转发控制设备根据 IP 分组携带的控制信息进行转发表的查找,然后通过电子开关把分组交换到合适的输出端口。星上 IP 的封装如图 8‑3(a)所示。星上转发控制设备根据 IP 分组携带的控制信息进行转发表的查找,进而通过电子开关交换到合适的输出端口,其交换结构如图 8‑3(b)所示。

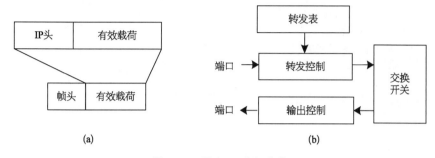

**图 8 - 3　星上 IP 分组交换**

(a) 封装方式；(b) 结构

由于 IP 网络的"尽力而为"特性，为了提供可靠服务，星上 IP 交换的研究集中在几个方面：① 可靠传输技术研究。由于卫星时刻处于高速运动状态，卫星拓扑周期性变化，必须对现有 TCP/IP 协议进行修改以保证数据的可靠传输。② 星上 IP 交换机结构设计和调度算法设计。由于航天级器件性能有限，必须通过其他手段弥补对系统性能的影响，所以高效的交换结构和调度算法是研究的一个重点。Teledesic 和 Cyberstar 是采用星上 IP 交换的典型卫星系统。

### 8.1.4　星上 MPLS 交换

多协议标签交换（MPLS）将 ATM 与 IP 相结合，采用标签交换方式，能在 ATM 层上直接承载 IP 业务。与 ATM 和 IP 技术相比，其特点是：① 扩展了路由协议。② 简化了网络管理，不论是对分组或 ATM 信元，MPLS 采用通用的方法来寻找路由、转发数据，允许使用已有的方法实现流量工程、QoS 路由等。基于以上特点，2003 年开始人们将其与卫星网络进行了综合研究，集中在几个方面：① 卫星 MPLS 组网方案设计。② 考虑 QoS 的 MPLS/IP 协议下低轨星座网路由算法研究。③ MPLS 卫星网络流量工程问题。

### 8.1.5　星上电突发交换

透明转发技术端到端时延较长，而星上 IP/ATM 等基带交换技术需要把整个数据包都进行解复用解调解码（DDD）操作才能转发数据包，但实际上只需要对分组头进行 DDD 就可完成交换，把数据部分也进行以上操作既增大了星上部件的复杂度，又浪费了星上有限的能源。所以 ESA 资助 ULISS(Ultra Fast Internet Satellite Switching)项目设计了一种新的半透明快速交换技术 RBS。该研究受到光突发交换的启发，把分组头部和数据信息分开发送，提前发送头部（控制信息），在星上只对头部进行 DDD 操作，作用是为后到的数据部分建立传输链路，数据部分只是透明地通过交换机到达目的端口，该项目的应用场景是单颗下一代宽带 Ka 频带通信卫星系统（提供点对点和点对多点通信业务），如图 8 - 4 所示。

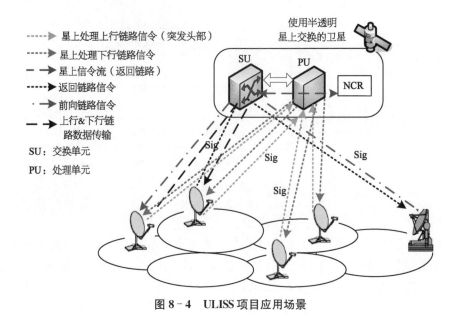

图 8 - 4 ULISS 项目应用场景

## 8.2 星上波长交换技术

光交换是指将输入的光信号在光域交换到输出端口的技术,即在交换过程中不经过任何光/电转换,可以充分发挥光通信频带宽、速率高、抗电磁干扰能力强、功耗低等优势,是交换技术发展的新方向。光交换技术能有效缓解交换系统的"电子瓶颈"问题,是实现全光卫星光网络的重要支撑技术。目前对星上光交换的研究主要集中在光路交换(包括了波长交换、波带交换、光纤交换等)和光突发交换方面。

光交换技术按照交换粒度的不同,大概可以划分为光路交换(OCS)、光突发交换(OBS)、光分组交换(OPS),其中光路交换技术较为成熟。目前应用较多的光波长交换是以波长为交换粒度/单位的光路交换。

光路交换通信前需用信令在主叫端与被叫端之间建立光连接,通信期间始终保持连接,通信结束时再用信令拆除连接。光连接可以是独占的一条光纤线路、一个或多个波长,也可以是光复用线上的一个信道,但是通信期间被某两个节点独占而不共享。光路交换具有技术成熟易于实现的优势,可满足海量数据对交换速度、容量的要求。

波长交换也称波长路由交换,是以波长作为交换粒度的光路交换,使用该交换方式的网络称为波长路由光网络,光交叉互联设备可以实现波长路由交换。

波长路由网络的主要任务是在一定的条件下为光通道分配可用的路由和波长,即波长和路由分配(RWA)问题。按照路由能否根据需要建立该问题可分为静态路由和动态路由 2 种。把波长交换技术应用到卫星光网络中,是卫星网络全光化的一种实现方式。目前,人们已经开展了对星上光波长交换的初步研究。

日本早在 1997 年就提出了采用波分复用星间链路(WDM ISL)技术建立下一代低轨卫星通信系统(NeLS)设计计划,组网结构如图 8－5 所示。NeLS 系统具备星上 ATM/IP/MPLS 交换能力。2003 年报道了激光星间链路 WDM 试验,数个卫星节点通过激光星间链路连接成一个环形拓扑,链路间采用四波道的 WDM 技术和掺铒光纤放大器(EDFA)。实验过程中同一轨道间相邻卫星通信采用波长路由技术,不同轨道间则采用传统的 ATM 技术。采用波长选择作为空间飞行器路由策略,不同波长代表不同目标卫星链路,不同波长共用一条星间链路,形成 WDM ISL。

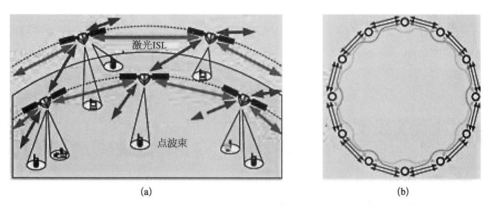

图 8－5　NeLS 组网示意(a)与轨道内 4 波长环状 WDM 传输网(b)

欧空局 LSOXC 项目以星上大规模 MEMS 设计与制造为目标,构造空间信息光交叉连接器(OXC),该方案采用微波输入/输出、交换在光域进行的方式,系统实现如图 8－6 所示。欧空局在 2006—2010 年工作总结中显示已在 Darwin Mission 和 XEUS 项目中研制了无阻塞 8×8 星上光交换机,实验证明性能良好。R. Suzuki 在 NeLS 系统的基础上,提出了基于波长路由(WR)的星上光交换波长分配和静态、动态路由选择算法。

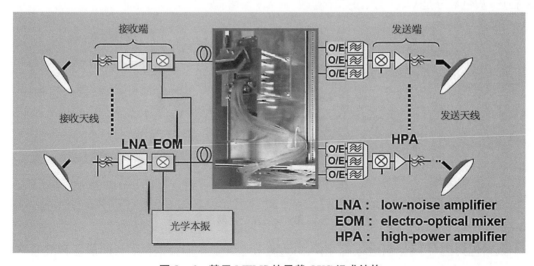

图 8－6　基于 MEMS 的星载 OXC 组成结构

中国科技大学团队提出了在星地链路中用微波链路,而在空间网络中用 WDM 光链路,在接入星处用副载波调制光信号,完成微波/光的转换,空间光网络用波长方式进行路由的设想,系统模型如图 8-7 所示。

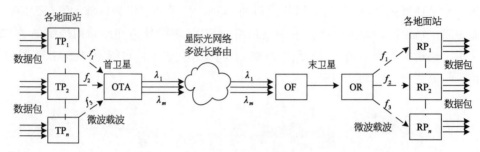

图 8-7 星上副载波光调制系统模型

## 8.3 星上光突发交换技术

### 8.3.1 基本原理

1999 年 Chunming Qiao 在光路交换和光分组交换的基础上,提出了光突发交换技术。光突发交换融合了 OCS 和 OPS 的优点,回避了它们的不足,是一种在器件要求和交换粒度之间平衡折中的方案。其交换单位称为突发数据包(BDP),长度介于波长和分组之间,由多个分组汇聚而成。OBS 对光电子器件的要求比 OPS 低,容易达到要求;系统开销比 OPS 小,能达到较高的资源利用率,可有效支持突发性强的业务。

OBS 网络由节点和 WDM 光链路组成,网络节点分为边缘节点和核心节点。边缘节点处于网络边缘,核心节点位于网络内部,WDM 链路连接各个节点。其网络结构可用图 8-8 来描述,灰色部分是 OBS 网络的范围。

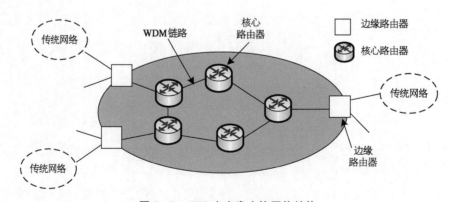

图 8-8 OBS 光突发交换网络结构

数据包到达 OBS 网络边缘后,由入口边缘节点(IN)按照数据包的目的地址和服务质量要求(QoS)信息,对数据包进行分类,同类数据包缓存到同一个队列中;然后按照某种组装算法把队列中的数据包封装成突发数据包 BDP,并产生与之一一对应的突发控制包(BCP)。组装完成后先把突发控制包 BCP 按照规定路由发送给邻近 OBS 核心节点(CN)进行资源预留。如果所需资源空闲,核心节点根据 BCP 信息为即将到达的 BDP 预留输出端口和波长,并对后到达的 BDP 进行透明交换。突发数据包到达出口边缘节点(EN)后,将被拆装为数据包,进而发送到子网或终端用户。边缘节点提供了多种类型的网络接口,可通过光突发交换骨干网连接多种形式的网络。边缘节点功能可通过分层结构表示,该分层结构如图 8-9 所示。

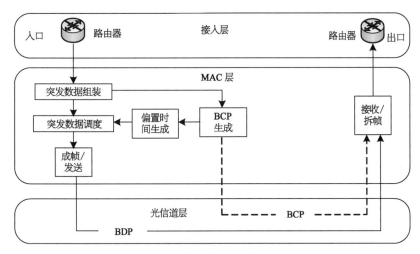

**图 8-9　光突发交换边缘节点功能结构**

BDP 发送之前通过带外信令(单独的控制信道)建立通信链路的过程称为资源预留(一般用单向资源预留)。带外信令 BCP 在核心节点需经过 O/E/O 过程(信令部分数据量少,电处理速度可以达到要求),这样把 BCP 转换到电域进行解读,完成预留操作。BDP 等待一段设定的时间(OT,称为偏置时间)之后被发送出去,沿着预留过的路径直接传输,中间节点不进行 O/E/O,只在光域透明转发,到达目的边缘节点后再用解封装功能把数据分组释放出来。数据信道直接传输 BDP 不需光电转换,降低了对光器件的要求,BDP,BCP 使用分离的信道传输,如图 8-10 所示。

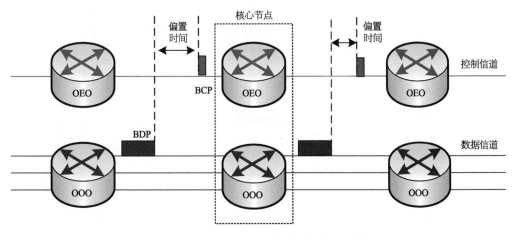

**图 8-10　BDP 与 BCP 分离信道传输示意**

OBS光网络的主要特点：① 交换粒度中等。BDP由多个分组组装而成，粒度介于单个分组和波长之间。与OPS相比，OBS具有较低的控制开销。② 相比OCS，OBS中数据信道可统计复用，能有效地利用链路带宽。③ 使用带外信令方式，中间节点只对BCP进行O/E/O转换，降低了对光器件的要求。BDP在光域直通，消除了电子瓶颈导致的带宽扩展困难问题。④ 单向资源预留可大大降低端到端时延。⑤ 可支持业务QoS要求。

OBS网络的关键技术包括光突发交换网络边缘节点组装算法、资源预留机制、数据信道调度算法等。

1) 光突发交换网络边缘节点组装算法

为了利用光信号带宽大的优点，避免光器件的不足，OBS把控制部分和数据部分分开传送。为了降低系统开销，减少控制信道的数据量，边缘节点把粒度较小的IP/ATM包汇聚成粒度较大的突发数据包，该过程称为组装，是边缘节点的主要功能。分组到达后，边缘节点按照目的地址和QoS分类（由分类器完成）并缓存到队列中，当分组缓存的时间或数据量达到设定的门限后，就由组装器生成BDP，同时生成对应的BCP，并送入调度器，再由调度器分配波长信道，然后按照调度结果先发送BCP，再发送BDP。组装过程如图8-11所示。

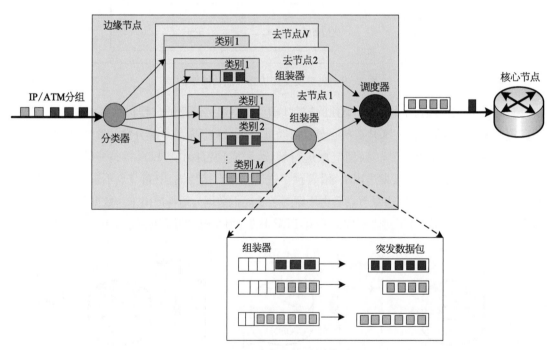

图8-11　边缘节点组装过程示意

组装算法是OBS网络研究中的热点问题，人们已经提出了4种基本组装算法：

(1) 基于固定时间门限的组装算法。在缓存中设置计时器，当组装时间结束时，产生突发包，复位计时器，开始另一个组装过程。这种方式下组装周期是固定的，突发包是变长的。

(2) 基于固定长度门限的组装算法。在缓存中设置计数器，当队列中的数据量达到设定长度时，生成突发包，计数器重置，进行下一组装过程。这种方式产生的BDP长度固定，但组装时间是可变的,对于核心节点来说突发包的到达间隔是可变的。实质上,基于固定长度门限和固定时间门限的算法本质上是相似的,因为如果按照固定到达率计算,长度门限可以反映时间周期的长度,反之亦然。

(3) 混合门限组装算法。在边缘节点同时设置长度门限和时间门限,达到任一个门限要求就可以完成数据包组装。高负载情况下只要队列中的数据量达到长度门限就可以完成组装,有利于降低系统时延,且突发数据包的长度差距不会太大,有利于系统同步;低负载情况下可在时间门限到达时生成 BDP 而不必等到长度门限到达,这样可以把组装时延控制在一定的范围内,有利于网络整体性能的提高。但是,该算法也有一定的缺点。高负载时,该算法相当于长度门限算法;低负载时,相当于时间门限算法,仍然存在 BDP 的时间同步现象(不同边缘节点产生突发包的时间非常接近时产生的现象),其缺点与固定门限下的情况相似。

(4) 自适应门限算法。根据系统负载量的变化,动态地改变组装门限值(包括时间门限和长度门限),只调整一种门限或两种门限同时调整。为了能根据负载的变化调整门限值,自适应门限算法必须增加计量器来测量各队列数据到达率。

2) 资源预留机制

完成光突发交换组装算法后,边缘节点要把突发数据包对应的突发控制包提前一个偏置时间发送出去,目的是为后续发送的突发数据包预约资源,建立传输链路,包括按照目的节点和服务质量预留所需带宽,配置光交换机,使突发数据包能直接在光域进行交换。因而资源预约成功与否,关系到突发数据包的全光域交换成功与否,影响到整个卫星光网络的性能,是光突发交换网络的一项关键技术。

按照预留方式,资源预留协议可以分为 2 类:单向预留和双向预留。① 在单向预留方式中,控制包 setup 发送出去一个偏置时间后,不等待应答消息从目的节点返回就把突发数据包发送出去。因此,在这种方式下偏置时间的大小介于突发控制包的传播时延和往返时延之间。学者们提出了很多单向资源预留协议,比如 tell and go(TAG),just-in-time(JIT),jumpstart,JIT+,just-enough-time(JET),Horizon 等。② 双向资源预留的偏置时间等于从发出突发控制包 setup 消息到接到 Ack 应答信息的时间。这种方式的优点是一旦接收到 Ack 信息就意味着从源节点到目的节点间的资源都预留好了,可以放心地传输,丢包率性能较好;但是其缺点也很明显:偏置时间较长,从而导致整个网络的建立链路时延较长,对于突发性较强或数据量较少的数据业务来说网络资源利用率较低。双向资源预留协议的例子有 tell and wait(TAW)协议和波长路由 OBS 网络协议 WR－OBS(wavelength routed OBS network)。

3) 信道调度算法

OBS 调度算法,就是网络节点根据资源预约请求,为相应的突发数据包分配合适的出口波长信道。即当 BCP 到达核心节点时,调度器应该为即将到达的 BDP 找到一个可用的交换机数据信道作为输出信道。简单快速的 OBS 调度算法,对于构建可扩展的网络至关重要。节点如果具备较小的处理时延和高的处理速度,既有助于减小端到端的业务延时,也有助于缓解节点在高负载下的拥塞处理速度,降低突发包阻塞率。其次,OBS 网络将控制信道与数据信道相分离,如果采用延迟预约,信道上就会产生空隙,因而好的 OBS 调度算法必须能有效利用这些空隙,提高带宽利用率。

学者们提出了多种调度算法如最近可用未调度(LAUC)、最迟可用未使用信道方法-空隙填充(LAUC-VF)、PWA 算法、BORA 算法、WS 算法等。

### 8.3.2　基于报文突发交换技术的星上交换方式

国防科技大学团队提出了基于报文突发交换技术(PBS)的星上交换方式,这是一种借鉴光突发交换设计的星上光电混合交换方式。把 MEO 通信卫星作为中继星/接入星,负责为 LEO 应用卫星传输数据。LEO 以微波形式接入卫星骨干网,MEO 完成微波/光的转换,其卫星骨干网由接入星、中继星和星间激光链路组成,星间采用 WDM 激光链路,以波长代表信道,其中一个信道用作信令传输,其余作为数据信道,组成的网络结构如图 8-12 所示。

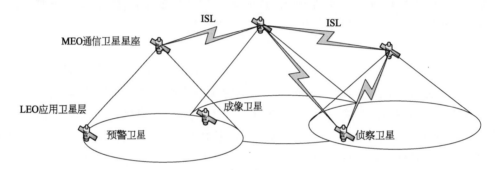

图 8-12　星上报文突发交换技术采用的 MEO/LEO 双层卫星网络体系结构

利用该方法,研究人员设计了星上 PBS 交换的网络协议栈结构,在物理层和 IP 层之间增加了汇聚与分解子层,并从两个方面对星上 PBS 进行了研究,其协议栈结构如图 8-13 所示。

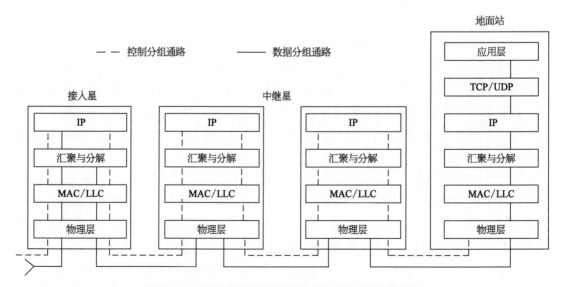

图 8-13　基于 PBS 交换的卫星网络协议栈逻辑结构

1) 突发数据分组的超前汇聚算法

超前汇聚算法借用了 MPLS 等价类 FEC 的概念：把有相同出口边缘路由器地址、QoS 要求的 IP 分组定义为转发等价类。接入星把属于同一个 FEC 的 IP 分组汇聚成突发数据分组,并产生控制分组,同时完成信号的微波调制到激光调制的转化。采用分离控制延迟转发(SCDT)方式发送数据分组和控制分组。首先发送控制分组,目的是为突发数据分组提前预订传输信道,如果带宽得到预定,光信号形式的突发数据分组不再进行光/电/光转换,直接在光域完成交换转发。

超前汇聚算法就是当一个 FEC 中第一个 IP 包到来时,就产生控制分组并发送出去。这里控制分组中包含的突发长度信息是最大突发长度,采用混合门限,并且当长度门限达到而时间门限未达到时要暂时缓存突发数据分组一段时间等待 Timer 时间到达。该汇聚算法如图 8-14 所示。

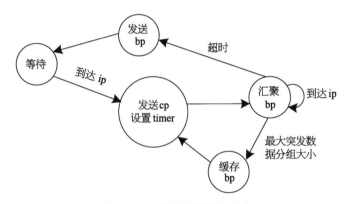

**图 8-14　超前汇聚算法状态**

2) 输出端口轮询信道分配算法

输出端口轮询信道分配算法根据突发数据分组到达时间对请求输出到同一端口的突发数据分组排序,并按照顺序为到达的分组分配信道。

### 8.3.3　基于 Round-Robin 的星上光突发交换混合门限组装算法

1) 星载光交换组装算法设计时考虑的问题

星载光交换组装算法设计时主要考虑的问题有：① 业务种类多,QoS 要求不一致。有的业务对时延敏感,有的对丢包率敏感,针对这些需求,在设计系统时需要系统地、折中地考虑交换和调度方法。② 星上资源有限,算法复杂度不能太高,否则会耗费大量能源,导致卫星寿命降低。③ 通信时间受限,对通信链路的利用率要求较高。卫星光网络的通信时间由于受到卫星间相对运动的影响不能随时建立连接,通信时间受到一定的限制;且卫星间距离遥远,通信质量受到影响,这就对通信期间光链路的利用率要求较高。④ 光纤延迟线缓存时间有限,性能有限,故星上不可能携带大量光纤延迟线。综上,组装算法设计时要考虑卫星光网络的多种局限和要求,比较之后选用混合门限方式。

下面研究组装时间，设端到端时延为 $T_{ETE}$，则其包括入口节点处理时延 $T_{ingress}$、偏置时延 $T_{off}$、中间节点处理时延 $T_{inter}$、出口节点处理时延 $T_{outgress}$ 和传播时延 $T_{prop}$。假设 $T_{th}$ 为平均组装时间，则边缘节点的 BDP 输出率为 $1/T_{th}$，假设 $k$ 为流经每个核心节点的平均数据流，核心节点的服务速率为 $\mu$，则其处理 1 个 BCP 的时间为 $1/\mu\ s$。如果流经核心节点的 $K$ 个数据流独立同分布，把输入核心节点的数据量作归一化处理，其上限为（$0 < k < 1$）。由突发数据包输出速率必须小于控制面最大处理速率，可得 $\dfrac{1}{T_{th}} \leqslant \dfrac{k\mu}{K}$。

控制平面对 BCP 采用存储转发方式，通过 M/G/1 或 M/D/1 模型可计算突发停留平均时间 $W(\lambda_c)$，其中 $\lambda_c$ 为核心节点控制平面的背景流量，则有 $T_{th} \geqslant W(\lambda_c)$。由此可得组装时间门限的下限为

$$T_{min} = \text{MAX}\left[\frac{K}{k\mu},\ W(\lambda_c)\right]$$

组装算法时间门限处于一个区间中，即

$$T_{ETE} \geqslant T_{min} \geqslant \text{MAX}\left[\frac{K}{k\mu},\ W(\lambda_c)\right] \tag{8-1}$$

同理，长度门限也处于一个区间中：

$$R \cdot \text{Erlb}(P_b,\ \lambda,\ W) \geqslant L_{th} \geqslant \frac{\eta T_{oxc} R}{1 - \eta} \tag{8-2}$$

式中，$R$ 为数据信道速率，$\text{Erlb}(.)$ 为通过爱尔兰 B 公式得到的最大突发持续时间，$L_{th}$ 为门限长度，$\lambda$ 为 Gamma 分布参数，$W$ 为系统容量，$T_{oxc}$ 为光交叉连接器两次使用间隔配置时间，$\eta$ 为数据信道负载率下限。

通过图 8-15 可以表示时间门限和长度门限可以取值的范围。只要组装时间和组装门限处于上述两公式规定的范围内就可以了。

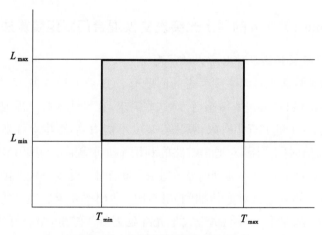

图 8-15　混合组装门限取值范围

2）星载光交换组装算法

结合卫星光网络的特点，对基于 Round - Robin 的组装算法进行改进：LEO（相当于边缘节点）把来自各个传感器的数据分别按照数据的优先级（QoS）和目的地址存储到不同的缓存中，每个缓存队列都配置一个组装器，如图 8 - 16 所示。

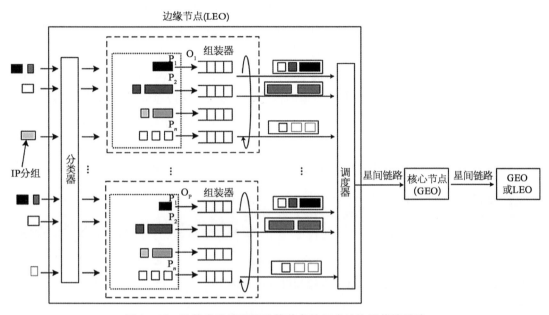

图 8 - 16 星载光交换网络边缘节点的组成结构及传输链路

组装步骤为：① 每个组装器首先填入本队列中的数据。② high priority 数据队列中的数据如果组装时间下限 $T_{min}$ 结束仍然填不满最短突发长度 $L_{min}$，则按照异步的方式进行轮询和混合组装，即当 high priority 数据在 $T_{min}$ 内填不满最短 BDP 时，才填入其他优先级数据，直到达到时间门限的最大值 $T_{max}$；在轮询期间，每个队列不相互等待，本队列只要满足组装条件，即可产生一个 BDP。③ 若 high priority 数据在时间 $T_{min}$ 内能够填满 $L_{min}$，则此突发包只传输 high priority 数据，否则 BDP 中是混合数据。④ 若在 $T_{max}$ 到达时且 low priority 数据填入后仍然不能填满 BDP，则填入空闲数据。⑤ low priority 数据队列的组装基于最大时间和最小长度门限方法，high priority 数据队列组装基于最小时间和最大长度门限；高低优先级数据混合组装时使用最大时间最大长度门限。

混合组装的前提条件是：① 只有目的地址相同的数据分组才能混装在一个 BDP 中。② 只有 high priority 分组队列的组装才能去轮询 low priority 数据队列，low priority 分组队列不能轮询 high priority 队列，low priority 队列数据量不够时只能填入空闲数据，以提供 high priority 数据所需的 QoS 性能。

突发包中各优先级数据长度由 BCP 中 length 字段标出。假设有 $N$ 个优先级，则控制包中的长度字段至少为 $N-1$ 个，这样在目的端可区分出不同的 IP 包。high priority 队列的组装器从 low priority 队列的头部取数据进行填充。可以看出，low priority 数据相当于

"搭顺路车",既减少了组装等待时间,同时也提高了星间光链路的利用率。

3) 算法理论模型

(1) 空闲比特填充率。

这里通过推导空闲比特填充概率模型讨论 FZTFR 算法。假定系统有 $N$ 个不同优先级的 BDP、$P$ 个目的地址,则需要 $NP$ 个数据队列。这些队列可认为是 $M/M/NP/L$ 排队系统,此处节点服务时间以 $M$ 表示,服从指数分布,$NP$ 表示系统中服务员的个数,即组装器的个数,$L$ 表示系统的容量,即突发包的最大长度。

假设 class1 拥有最高的 priority,而 class $N$ 拥有最低 priority。任一类别 $i$ 的突发包单独到时的指数分布率为 $\lambda_i$,它的平均传输时间为 $t_i$,因此类别 $i$ 突发包的流量密度为 $\rho_i = \lambda_i t_i / K$,$K$ 为用于传输突发数据包的波长数目。IP 数据包的服务时间服从参数为 $\mu$ 的指数分布。

假设突发组装长度门限下限为 $L_{\min}$,上限为 $L_{\max}$,组装时间的门限分别为 $T_{\min}$ 和 $T_{\max}$。则在 $T_{\min}$ 时间内到达 $k$ 个分组的概率为 $P(N=k) = \dfrac{(\lambda T_{\min})^k}{k!} \mathrm{e}^{-\lambda T_{\min}}$,$k = 0$,1,2,$\cdots$,则在 $T_{\min}$ 时间内 IP 分组队列长度 $B$ 的概率密度函数为:$f_B(x) = \sum_{k=0}^{\infty} P(N=k) f(x \mid k)$,其中 $f(x \mid k)$ 为有 $k$ 个分组时到达队列长度的条件概率。由于 IP 分组长度服从负指数分布,$k$ 个分组到达队列时队列长度为一个 $k$ 阶爱尔兰分布,则 $f(x \mid k)$ 可由下式给出

$$f(x \mid k) = \frac{\mu(\mu x)^{k-1}}{(k-1)!} \mathrm{e}^{-\mu x} \tag{8-3}$$

从而可得 $T_{\min}$ 时间内 IP 分组队列长度 $B$ 的概率密度函数为

$$f_B(x) = \sum_{k=0}^{\infty} P(N=k) f(x \mid k)$$
$$= \frac{(\lambda T_{\min})^k}{k!} \mathrm{e}^{-\lambda T_{\min}} \frac{\mu(\mu x)^{k-1}}{(k-1)!} \mathrm{e}^{-\mu x} \tag{8-4}$$

若高等级 IP 包不能在时间门限下限 $T_{\min}$ 到来时达到最短突发包长,则会从低等级队列中拿出一些数据填入,使之能达到最短突发发限长度。这些低等级数据也是在 $T_{\min}$ 时间内到达的,则在 $T_{\min}$ 时间内可能到达 $(L_{\min}-k)$ 个低等级分组的概率为

$$P(N=L_{\min}-k) = \frac{(\lambda T_{\min})^{l_{\min}-k}}{(L_{\min}-k)!} \mathrm{e}^{-\lambda T_{\min}} \tag{8-5}$$

则在时间 $T$ 内填满突发包最短包长的概率为

$$P(N=l_{\min}) = \frac{(\lambda T)^k}{k!} \mathrm{e}^{-\lambda T} \cdot \frac{(\lambda T)^{l_{\min}-k}}{(L_{\min}-k)!} \mathrm{e}^{-\lambda T} = \frac{(\lambda T)^{l_{\min}}}{(L_{\min}-k)! \ k!} \mathrm{e}^{-2\lambda T} \tag{8-6}$$

则系统的空闲填充率为

$$P_{\mathrm{pd}} = \int_0^{L_{\min}-1} f_B(x)\,\mathrm{d}x \qquad (8-7)$$

$f_B(x)$ 可以用一个 $n$ 阶一般爱尔兰分布来近似，表达式为

$$f_B(x) = \frac{\mu_1\,(\mu_1 x)^n}{n!}\mathrm{e}^{-\mu_1 x} \qquad (8-8)$$

式中，$\mu_1$ 为爱尔兰分布均值。

通过以上公式，就可以计算出突发包的空闲比特填充率。

（2）链路利用率。

在考虑保护时间的条件下，卫星光突发交换网络总的链路利用率为

$$\eta_{\mathrm{total}} = \frac{K-k}{K} \cdot \frac{T_{\mathrm{bs}}}{T_{\mathrm{bs}}+T_{\mathrm{oxc}}} \cdot \rho_{\mathrm{b}} \qquad (8-9)$$

式中，$T_{\mathrm{bs}}$ 为数据突发传输时间，$T_{\mathrm{oxc}}$ 为设备倒换时间，$\rho_{\mathrm{b}}$ 为单波长信道的业务量强度。从式(8-9)可以看出，在选取组装算法参数时，为保证较高的链路利用率，必须要求 $\dfrac{T_{\mathrm{bs}}}{T_{\mathrm{bs}}+T_{\mathrm{oxc}}}$ 足够大，即突发传输时间与倒换时间相比要足够大。因此，在考虑 QoS 情况下，时间门限和长度门限还必须满足以下条件：

$$T_{\mathrm{th}} \geqslant \frac{\eta \mu Q D T_{\mathrm{oxc}}}{\lambda(1-\eta)}, \quad L_{\mathrm{th}} \geqslant \frac{T_{\mathrm{oxc}}\mu\eta+\eta-1}{\mu(1-\eta)} \qquad (8-10)$$

式中，$Q$ 为系统的 QoS 等级数，$D$ 为目的地址数，$\lambda$ 为 IP 分组以 Possion 过程到达时的参数，$1/\mu$ 为 IP 分组长度的平均值，$\eta = \dfrac{T_{\mathrm{bs}}}{T_{\mathrm{bs}}+T_{\mathrm{oxc}}}$。此处 $T_{\mathrm{bs}} = T_{\mathrm{ass}}+T_{\mathrm{sch}}+T_{\mathrm{tri}}+T_{\mathrm{del}}$，$T_{\mathrm{ass}}$ 为边缘节点组装时间，$T_{\mathrm{sch}}$ 为调度时间，$T_{\mathrm{tri}}$ 为链路传输时间，$T_{\mathrm{del}}$ 为总的等待时延（包括组装时延，调度时延，交换时延等）。此处假定 $T_{\mathrm{oxc}}$，$T_{\mathrm{sch}}$，$T_{\mathrm{tri}}$，$T_{\mathrm{del}}$ 为固定值，则当采用 FZTFR 算法时，组装时间必须比 $T_{\min}$ 要大。在低负载率情况下尤其比使用固定门限算法的组装时间要长，所以其链路利用率有了较大的提高。

（3）突发包丢失率。

当类别 $n$ 的突发包被其他类别突发包阻塞而不是被比它优先级低的突发包阻塞时，其突发包丢失率就是最小突发包丢失率。类别 $n$ 突发包的最低丢失率可表示为

$$P_n \geqslant B(K,\rho_i) = \frac{\rho_n^k/k!}{\sum_{k=0}^{K}\rho_n^k/k!} \qquad (8-11)$$

（4）算法复杂度。

网络负荷较大时，某一队列中的数据可在最短时间内填满最短长度的突发包，不需要填充入其他队列的数据，此时算法复杂度比 Round - Robin 轮询算法还简单，所需的存储空间未增加。在最坏情况下，即某一队列的数据很少，在最短时间门限到来时仍不能填满最短突

发包长，则在 $(T_{\max} - T_{\min})$ 内轮询其他队列，插入其他队列的数据包，此时复杂度与 Round-Robin 轮询算法相当。所以 FZTFR 算法简单可行，易于实现，较为适合星上光突发交换网络。

(5) 组装时延。

为简单分析起见，此处假设只有 2 个优先级，分别为 0 和 1，0 代表高优先级，1 代表低优先级，它们的分组到达率分别为 $\lambda_0$ 和 $\lambda_1$。

(A) 完全由高优先级数据分组组成的数据突发包中第 $i$ 个分组的时延。

高优先级突发包的组装门限是 $T_{\min}$，$L_{\max}$，只要达到其中一个条件就可以产生一个 BDP。则依据部分混合组装算法时延分析可知高优先级突发包中的分组时延由 2 部分组成：达到长度门限和达到时间门限的时延的和，即时延的概率密度函数为

$$f_d(d) = \Gamma_d(L_{\min} - i, \lambda_0)\left[1 - \frac{\Gamma_{inc}[i, \lambda_0(T_{\min} - d)]}{(i-1)!}\right] +$$

$$\Gamma_{T_{\min}-d}(i, \lambda_0)\frac{\Gamma_{inc}(L_{\max} - i, \lambda_0 d)}{(L_{\max} - i - 1)!} \tag{8-12}$$

(B) 完全由低优先级数据分组组成的数据突发包中第 $i$ 个分组的时延。

低优先级数据队列的组装基于最大时间 $T_{\max}$ 和最小长度门限方法 $L_{\min}$，达到其中一个条件就可以生成突发包，则依据部分混合组装算法时延分析可知，低优先级突发包中的分组时延由 2 部分组成：达到长度门限和达到时间门限的时延的和，则时延的概率密度函数为

$$f_d(d) = \Gamma_d(L_{\max} - i, \lambda_1)\left[1 - \frac{\Gamma_{inc}[i, \lambda_1(T_{\max} - d)]}{(i-1)!}\right] + \Gamma_{T_{\max}n-d}(i, \lambda_1)\frac{\Gamma_{inc}(L_{\min} - i, \lambda_1 d)}{(L_{\min} - i - 1)!}$$

$$\tag{8-13}$$

(C) 由高优先级分组和低优先级分组共同组成的数据突发包中第 $i$ 个分组时延。

混合突发包的组装基于最大时间 $T_{\max}$ 和最大长度门限 $L_{\max}$，达到任一条件即可生成突发包。这种 BDP 由高优先级分组和其他优先级分组共同组成，计算第 $i$ 个分组的时延时分为 2 种情况：① 第 $i$ 个分组属于高优先级分组，则其时延分为 2 部分：一部分是高优先级分组基于 $T_{\min}$ 和 $L_{\min}$ 门限的组装，此时由于时间达到了 $T_{\min}$，但长度未达到 $L_{\min}$，则这部分时延的概率密度可表示为基于时间门限 $T_{\min}$ 组装算法的概率密度：

$$f_{d_1}(d_1) = \Gamma_{T_{\min}-d_1}(i-1, \lambda_0) = \frac{\lambda_0^{i-1}(T_{\min} - d_1)^{i-2}}{(i-2)!}e^{-\lambda_0(T_{\min}-d_1)} \tag{8-14}$$

高优先级队列中数据量不能达到 $L_{\min}$ 时轮询开始并组装低优先级分组，为了能达到最大长度门限或最大时间门限，假设此时队列中高优先级分组长度达到 $L$，则剩下的组装可认为是长度门限为 $L_{\max} - L$、时间门限为 $T_{\max} - T_{\min}$ 的混合门限组装。若最后是先到达时间门限 $T_{\max} - T_{\min}$，则其剩余的时延就是剩余的组装时间 $T_{\max} - T_{\min}$；若是先到达长度门限，则其

突发包中轮询得到的第 $j$ 个分组时延的概率密度可表示基于长度门限为 $L_{\max} - L_{\min}$ 的组装算法的概率密度：

$$f_{d_2}(d_2) = \Gamma_{d_2}(L_{\max} - L - j, \lambda_1) = \frac{\lambda_1^{(L_{\max}-L-i)} d_2^{(L-j-1)}}{(L_{\max} - L - j - 1)!} e^{-\lambda_1 d_2} \qquad (8-15)$$

最终平均组装时延可通过分段积分得到。② 第 $i$ 个分组属于低优先级分组，其到达率为 $\lambda_1$，则其组装过程类似于长度门限为 $L_{\max} - L$、时间门限为 $T_{\max} - T_{\min}$ 的混合门限组装，其时延的概率密度可以套用混合门限组装算法的概率密度公式，结果为

$$f_d(d) = \Gamma_d(L_{\max} - L - i, \lambda)\left[1 - \frac{\Gamma_{\mathrm{inc}}[i, \lambda_1(T_{\max} - T_{\min} - d)]}{(i-1)!}\right] +$$
$$\Gamma_{T_{\max}-T_{\min}-d}(i, \lambda_1)\frac{\Gamma_{\mathrm{inc}}(L_{\max} - L - i, \lambda_1 d)}{(L_{\max} - L - i - 1)!} \qquad (8-16)$$

**4) 仿真验证结果**

以其中任一边缘节点作为组装算法仿真对象。对 3 种不同的组装汇聚方法进行仿真。图 8-17 是不同组装算法下的空闲比特填充率比较，可以看出：FZTFR 算法相比于 PBRA 算法，填充率在高负载情况下相差不大，而在中低负载下填充率降低较多，这也证明了 FZTFR 算法对降低填充率有很明显的作用，尤其是负载为 0.35 时，其空闲填充率比超前汇聚算法降低了 4.51 倍，比 PBRA 算法降低了 4.72 倍。

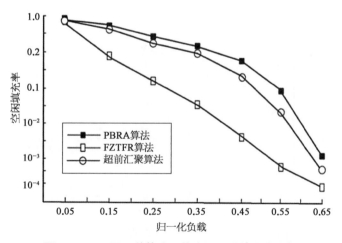

**图 8-17 不同组装算法下的空闲比特填充率比较**

图 8-18 比较了 FZTFR 算法下不同优先级数据丢包率，可得出高优先级数据的服务质量得到了有效的保证。负载较低时，高优先级突发包单个队列数据在最短时间门限内达不到最短长度门限，所以轮询插入了低优先级数据，故而此时低优先级数据的丢包率与高优先级比较接近；随着负载的增加，高、低优先级之间的丢包率差异逐渐明显。

图 8-19 比较了 FZTFR 算法与其他算法的丢包率，可以看出由于采用了先进的轮询填

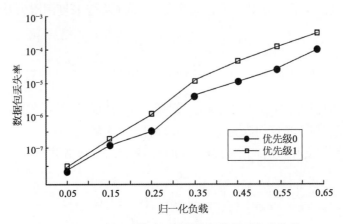

**图 8‑18　FZTFR 算法不同优先级数据丢包率比较**

充手段,低优先级的数据可以"搭乘"高优先级数据的"车",这样在分配数据信道时,可以有优先权,丢包率得到了较大的改善。负载为 0.35 时,FZTFR 算法的丢包率比超前汇聚和 PBRA 算法的丢包率低 2 个数量级,差距明显,随着负载的逐渐上升,差距逐渐缩小。超前汇聚算法由于类似于固定时间门限算法,其丢包率在低负载时与 PBRA 算法接近,但从 0.35 开始其丢包率上升很快,原因在于其突发包生成时间接近,易于造成突发发送时间重叠,引起资源竞争,所以丢包率较高。

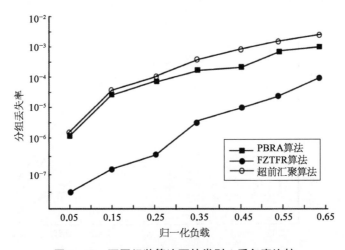

**图 8‑19　不同组装算法下的类别 1 丢包率比较**

图 8‑20 比较了 FZTFR 算法与 PBRA 算法下类别 1 突发数据的组装时延比较,可以发现在单位负载较小时 FZTFR 的性能较为突出,在负载为 0.3 时 FZTFR 组装时延比 PBRA 性能提高 18.7% 左右,与超前汇聚算法持平。原因在于 FZTFR 算法时间门限有最长、最短 2 个门限,长度门限也有 2 个门限,门限较为灵活,而 PBRA 时间门限和长度门限都只有 1 个。随着负载逐渐增大,两种算法的组装时延逐渐接近,原因为两者都是混合门限算法,在负载较大时数据量都能很快达长度门限,所以组装时延逐渐趋同。

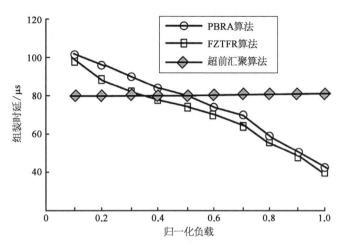

图 8‐20　不同组装算法下的类别 1 组装时延比较

综合以上分析,可以得出结论:① FZTFR 算法有效地降低了突发包的空闲比特填充率,提高了卫星光交换网络链路的利用率。② 相比 Round‐Robin、PBRA 和超前汇聚算法,使用了 FZTFR 算法后,提高了数据丢失率,而计算复杂度并没有因此增加。③ 相比 PBRA 算法,组装时延在低负载下更小,高负载下类似于 PBRA 算法,远小于超前汇聚算法。④ 相比超前汇聚算法能支持 QoS 要求。

综上,FZTFR 算法达到了卫星光网络通信的需求。不足之处是如果在低优先级的队列快达到组装门限时,而高优先级的数据包恰好缺少几个 IP 包,希望从中"拿走"几个时,存在着能不能拿走的问题,即低优先级队列中的数据在达到多长时可以被拿走,这是一个值得研究的问题,否则即使强行拿走也可能得不偿失,反而会导致低优先级数据时延加大,链路利用率反而降低。

### 8.3.4　基于突发流的卫星突发交换网络资源预留算法

1) 基于突发流的星上光突发交换资源预留机制

该算法基于建立的激光链路中继卫星网络场景。考虑到星上资源有限,卫星间相距遥远、卫星处于相对运动中、光接收功率较小、误码率较高且卫星节点数目有限、通信时间受限、星上业务单一、突发性较大,光缓存性能有限且数据连续传输的概率较大、公平性和时延等要求,卫星网络中业务的发送具有较大的突发性和连续性,因此通过借鉴"宏突发"的思想和突发簇的思想,对传统资源预留方式进行了改进。

把突发数据包区分为单个突发和突发流。单个突发就是某些路由相同、QoS 要求相同的 IP 包的数据量只能组装成一个突发包。突发流就是在某段时间内某一业务的数据量较大,能够组装成多个突发包,这些突发包的路由相同且连续发送。卫星光网络中的应用卫星主要是为了获取感兴趣区域或时间的数据,在网络核心节点数不多的情况下(3 颗 GEO 数据中继卫星即可覆盖全球大部分区域)形成突发流的概率较大。

这里通过在 BCP 中设置标识域来区分单个突发和突发流。设标识域的位数为 3 位,若标识域最高位为 1,则为单个突发;若最高位为 0,则为突发流。当核心节点收到 BCP 时,根据其携带的标识域判定突发类型。若为单个突发,则按照突发长度信息预留资源,并在波长字段写入预留好的波长号,发送完毕后释放资源,整个过程与 JET 方式完全相同;若为突发流,只确定预留资源的起始时刻,前一个突发传送结束后不释放资源,而是继续传送下一个突发,直到发送完突发流的最后一个突发后释放资源。

OBS 网络中资源的状态用呼叫参考标识符(CRI)和入口节点地址共同确定,表明该资源是否被来自某入口节点的某突发(流)所预留,同时在 BCP 中设置 CRI 和 Source Addr 字段来标示某个突发流。

BCP 的格式如图 8-21 所示。定义标识域中:"011"表示突发流中第一个数据突发;"001"表示数据突发处于中间位置;"000"表示数据突发处于宏突发的最后位置;而"1××"则为单个突发。"波长(wavelength)"字段用来对资源预留成功后的某一核心节点所使用的波长进行记录,目的在于当某些突发包(流)使用的不是本优先级所分配的波长时,在下一个核心节点可以方便变换。BCP 中加入呼叫参考标识符 CRI 表示该突发属于同一个突发流,然后再用标识域表示该突发在突发流中的位置(头、尾或中间突发)。

**图 8-21 突发控制包的格式**

基于突发流进行资源预留的一个特点是每个突发数据包都拥有自己的突发控制包,但是当前面的突发包预留成功后,后续到来的 BCP 只是进入交换控制单元检测是否是同一突发流中的 BDP,若是则直接通过,不必再重复进行预留和光交换矩阵的重置。若前面的突发包预留未成功,则按照本突发控制包中的信息预留资源,后面的突发包依次通过即可。预留成功与否需要在资源列表中有标识。释放资源时通过检测标识域确定是否是最后一个突发包,若是,则发送完成后释放资源。

突发流形成的先决条件是当前一个突发汇聚完成时能够预先知道下一个突发的长度,此处可由边缘节点设置一个流量预测器来实现对下一个突发长度的预测,其预测结果通过控制包体现出来。突发流的生成过程如图 8-22 所示。

2) 算法理论模型

(1) 吞吐量分析模型。

在以上资源预留情况下,定义吞吐量为单位时间内平均发送的突发数。这里研究核心节点的吞吐量。根据研究,假设核心节点具有部分波长转换能力($\gamma$ 为波长转换率,$0 < \gamma =$ 能变换的波长数/总波长数 $< 1$),总波长数为 $W$,数据信道波长数为 $w$ 个,则控制信道波长

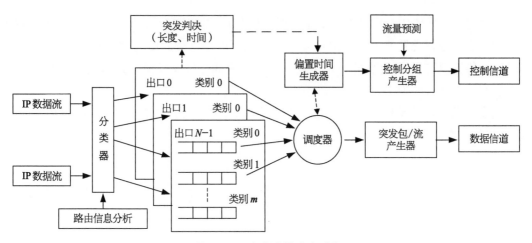

**图 8－22 突发流的产生过程**

数为$(W-w)$个。当数据突发为突发流中的第一个突发包或不属于突发流时,资源预留和调度算法需要为该突发选择数据信道中的某个波长来转发该突发,此时核心节点的资源预留过程可以看作一个$M/M/w/w$马尔科夫生灭过程。设系统中突发包的到达率为$\lambda$,服务速率为$\mu$,则该系统的状态转移图可表示为图 8－23。在这种情况下,生的概率 $b_i=P\{X_{n+1}=i+1\mid X_n=i\}=$ 到达率 * 突发请求获得空闲波长的概率$\left(\lambda\cdot\dfrac{w-k}{w}\right)$,$k$ 为正处于"忙"状态的波长数。则稳态概率为

$$\pi_k=\begin{cases}\dfrac{\dfrac{\lambda}{\mu}}{1+\dfrac{\lambda}{\mu}+\sum_{j=2}^{w}\left(\dfrac{\lambda}{\mu}\right)^j\dfrac{1}{j!}\Pi_{i=1}^{j-1}\left(\dfrac{w-i}{w}+\dfrac{i\gamma}{w}\right)},&k=1\\[4mm]\dfrac{\left(\dfrac{\lambda}{\mu}\right)^k\dfrac{1}{k!}\Pi_{i=1}^{k-1}\left(\dfrac{w-i}{w}+\dfrac{i\gamma}{w}\right)}{1+\dfrac{\lambda}{\mu}+\sum_{j=2}^{w}\left(\dfrac{\lambda}{\mu}\right)^j\dfrac{1}{j!}\Pi_{i=1}^{j-1}\left(\dfrac{w-i}{w}+\dfrac{i\gamma}{w}\right)},&k\geqslant 2\end{cases}\qquad(8-17)$$

则非突发流吞吐量为

$$\beta=\sum_{k=0}^{w}k\pi_k\qquad(8-18)$$

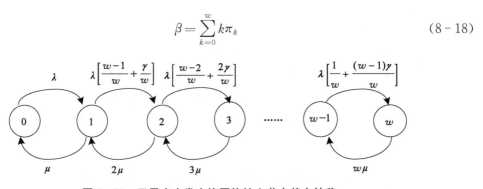

**图 8－23 卫星光突发交换网络核心节点状态转移**

若某突发包在突发流中的序号大于等于 2 时(标识域中"011"表示突发流中的第一个数据突发;"001"表示数据突发处于中间位置),该突发包不需要等待调度,直接使用资源预留过的波长进行传输就可以了,其吞吐量等于到达率乘以时间。设突发流持续时间为 $t$,则突发流持续期间产生的吞吐量为 $\lambda t$。

假设突发流在某段时间 $T$ 中所占平均比例为 $R$,则非突发流所占比例为 $1-R$,则在时间 $T$ 内产生的吞吐量 $\beta_T$ 大致可表示为

$$\beta_T = R \cdot \left\{ \frac{\dfrac{\lambda}{\mu}}{1 + \dfrac{\lambda}{\mu} + \sum_{j=2}^{w} \left(\dfrac{\lambda}{\mu}\right)^j \dfrac{1}{j!} \Pi_{i=1}^{j-1}\left(\dfrac{w-i}{w} + \dfrac{i\gamma}{w}\right)} + \lambda t \right\} + (1-R) \cdot \sum_{k=0}^{w} k\pi_k$$

(8-19)

从式(8-19)可以看出,相比一般的资源预留方法,基于突发流的资源预留方法在一定程度上提高了系统的吞吐量。

(2) 时延性能分析模型。

(A) 边缘节点平均时延。BDP 在输入边缘节点处的平均延时主要由 3 部分组成,分别是平均组装时间、调度时延、BDP 与 BCP 的平均偏置时间,即 $T_{edge} = T_a + T_q + T_{off}$,$T_{edge}$ 为突发包边缘节点的延时,$T_a$ 为突发包的组装时间,$T_q$ 为调度时间,$T_{off}$ 为突发包与控制分组的偏置时间。在 3 种时延中,偏置时延 $T_{off}$ 用于补偿控制分组在核心节点的处理时间。一般要求 $T_{off} \geqslant HT_{oxc} + \sum_{i=1}^{H} \xi_i$,其中 $H$ 为数据突发传送所经历的最大核心节点数,$T_{oxc}$ 为核心节点交换矩阵重配置时间,其值由底层硬件设备决定,是一个确定值。$\xi_i$ 为控制分组在第 $i$ 个核心节点的处理时间,包括控制分组在核心节点的信号处理和排队时间。

这里组装使用混合门限方法,即不论达到时间门限或长度门限都可以形成突发数据包,是在固定时间门限和长度门限的基础上的一种折中方法。将基于时间门限、基于长度门限和基于混合门限 3 种组装算法分别简称为 FAT 算法、FBL 算法和 FTMMB 算法。定义 DFAT,DFBL 和 DFTMMB 分别表示 3 种算法的组装时延。同时设 $N(t)$ 为 $[0, t]$ 时间内到达组装器的 IP 分组个数,$\tau_i$ 为一个数据突发包中第 $i$ 个 IP 分组的平均时延,$n$ 为一个数据突发中包含的 IP 分组个数。

FTMMB 算法可以看作是 FAT 和 FBL 算法的结合。设 $B_{th}$ 为组装长度门限,当组装 $B_{th}-1$ 个 IP 分组的时间小于 $T_a$ 时,FTMMB 与 FBL 算法等同;当组装 $B_{th}-1$ 个 IP 分组的时间大于 $T_a$ 时,FTMMB 与 FAT 算法等同。若令 $P$ 为组装 $B_{th}-1$ 个 IP 分组的时间大于 $T_a$ 的概率,$D_{FAT}^{mean}$ 为基于时间门限平均组装时延,$D_{FBL}^{mean}$ 为基于长度门限的平均组装时延,混合门限组装算法的平均组装时延为

$$D_{FTMMB}^{mean} = PD_{FAT}^{mean} + (1-P)D_{FBL}^{mean}$$
$$= D_{FAT}^{mean} \sum_{n=1}^{B_{th}-1} \frac{(\lambda T_a)^n}{n!} e^{-\lambda T_a} + D_{FBL}^{mean}\left[1 - \sum_{n=1}^{B_{th}-1} \frac{(\lambda T)^n}{n!} e^{-\lambda T_a}\right]$$

(8-20)

（B）核心节点平均时延。使用混合门限算法对 IP 数据包进行组装后输出的突发包长度分布可近似于 Poisson 过程。此处假设 $K$ 为系统总波长数，$k$ 为控制信道波长数，且边缘节点的缓存无限大。

若组装后的 BDP 是连续的突发流，则除了第一个突发包之外，从第二个突发包开始的后续 BDP 只需要标识值符合即可，所以其调度时延几乎为 0，所以在这种情况下的总的调度时延约等于第一个突发包的调度时延。若突发为单个突发包或突发流的第一个数据包，则会根据突发包的优先级首先依次选择其对应的信道，若对应信道空闲则传送。此时所需的调度时延是 LAUC 算法的调度时延，假设为 tLAUC。根据突发包调度服务时间服从指数分布的规律，这种情况下组装后的调度过程可近似认为是 M/M/K-k 系统。假设到达调度器的平均突发数为 $N$、突发平均到达率为 $\lambda$，则平均调度时延为

$$T = N/\lambda = \rho P_q / [\lambda(1-\rho)] \tag{8-21}$$

式中，$P_q$ 为 BDP 到达调度器之后，数据信道暂时没有空闲而必须等待的概率，根据 Erlang C 公式，$P_q$ 可表示为

$$P_q = \{ p_0 [(K-k)\rho]^{K-k} \} / [(1-\rho) \cdot (K-k)!] \tag{8-22}$$

则把式（8-22）代入式（8-21），可得

$$T = N/\lambda = \frac{\rho p_0 [(K-k) \cdot \rho]^{K-k}}{\lambda(1-\rho)^2 \cdot (K-k)!} \tag{8-23}$$

对于 BDP 来说，在核心节点是以"直通"的方式进行交换，在核心节点只有一个光交换过程，所以核心节点的延时 $T_{core} = T_{switch}$。

若一个突发包在网络中经过了 $H$ 个核心节点，2 个边缘节点，则平均端到端时延可表示为：$T_{ETE} = 2T_{edge} + HT_{core}$。

所以端-端时延可表示为

$$T_{ETE} = 2(T_a + T_q + T_{off}) + HT_{switch} \tag{8-24}$$

也可写为

$$T_{ETE} = 2\left\{ D_{FAT}^{mean} \sum_{n=1}^{B_{th}-1} \frac{(\lambda T_a)^n}{n!} e^{-\lambda T_a} + D_{FBL}^{mean} \left[ 1 - \sum_{n=1}^{B_{th}-1} \frac{(\lambda T)^n}{n!} e^{-\lambda T_a} \right] + \frac{\rho p_0 [(K-k)\rho]^{K-k}}{\lambda(1-\rho)^2 (K-k)!} + T_{off} \right\} + HT_{switch} \tag{8-25}$$

式中，$T_{off}$ 对某一突发包来说是固定值。

资源预留方式的变化可通过链路利用率体现出来。在考虑保护时间的条件下，星载光交换网络总的链路利用率可以表示为：$\eta_{total} = \frac{k}{K} \cdot \frac{T_{bs}}{T_{bs} + T_{oxc}} \cdot \rho_i$。其中 $T_{bs}$ 为数据突发传输时间，$T_{oxc}$ 为设备倒换时间，$\rho_i$ 为单波长信道的业务量强度，$K$ 为总的波长数，$k$ 为数据

信道数。在其他因素固定的情况下,通过使用突发流的资源预留方式,链路利用率随着设备的倒换时间 $T_{oxc}$(即光交换矩阵的重置时间)的减小而逐渐增大。

3) 仿真及分析比较

为了考察 RRBS 的性能,使用该算法进行资源预留仿真,卫星数据要从卫星 E1 传送给地面站 OGS2,并在同样条件下使用 JIT,JET,DRR 算法进行星上光交换资源预留,并和 RRBS 进行比较。RRBS 资源预留算法调用了 LAUC 调度算法。

假设突发数据 BDP 以泊松过程到达,到达率为 $\lambda$,BDP 的长度服从 $1/\mu=0.1\,\mu s$ 的指数分布,边缘节点(LEO)组装算法使用混合门限方式,边缘节点使用了基于线性预测滤波器流量预测算法。在相同的条件下使用不同的资源预留方法进行仿真,结果如图 8-24 所示。从图中可以看出,与 JIT,JET,DDR 算法比较,RRBS 时延最小,JIT 协议时延最大,这说明 RRBS 的性能相比 JIT,JET,DRR 有了较大的提高。负载为 0.5 时,RRBS 的端到端时延性能相比 JET 提高了 3.44%,比 DRR 提高了 9.38%,比 JIT 提高了 14%。原因在于 JIT 协议是显示建立和拆除的,中间节点只有收到 RELEASE 消息时,才将预留的信道资源释放,这也造成了后续数据包等待时间较长,从而导致端-端时延性能不佳的结果。JET 和 DRR 算法都属于估算建立和拆除方式,所以在时延性能上比 JIT 要好。DRR 算法为了形成宏突发在边缘节点处有一定的等待时间,而 RRBS 没有设置等待时间,所以在突发流较多的情况下它在核心节点的调度时间几乎为 0,故它的时延性能更好。

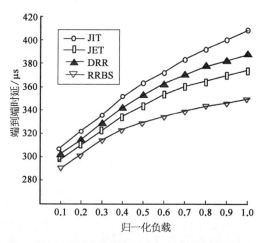

**图 8-24 不同资源预留协议下的端-端时延比较**

图 8-25 为稳态吞吐量与负载率在不同突发流比例下的关系图。从图中可以得到,不论突发流在整个负载中的比例为多少,RRBS 的吞吐量性能都较其他资源预留协议好很多,性能最差的是 JIT,其次是 JET,DRR。随着相同目的地址数据包的增多,连续突发流的比例也在增大,这样 DRR 和 RRBS 的吞吐量也随之逐渐上升,但是 RRBS 更为明显,原因在于:① 它没有为了形成突发流而设的"人为"延时,而 DRR 算法有这部分延时,吞吐量受到了一定的影响。② 突发流比例越大,在交换矩阵的配置上和调度上得到的"好处"越多,在吞吐量上得到了体现,从而也验证了前面的理论分析。

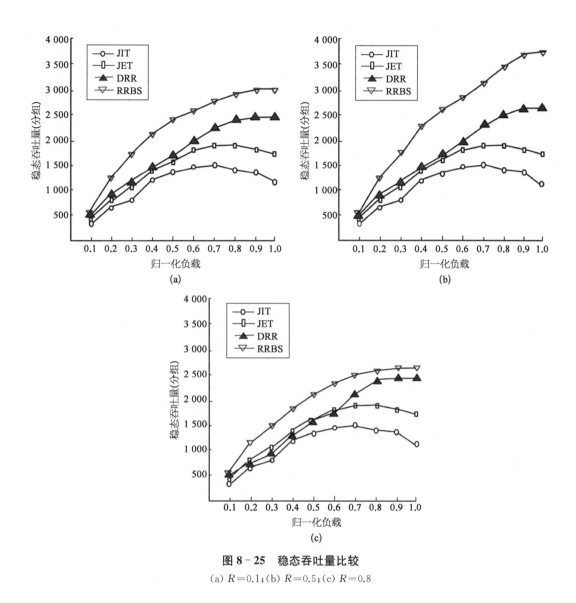

**图 8‑25　稳态吞吐量比较**

(a) $R=0.1$；(b) $R=0.5$；(c) $R=0.8$

## 8.3.5　基于突发流的星上光交换核心节点信道算法

1) 调度算法描述

把突发数据包划分为不同优先级,同时根据数据包的优先级数把数据信道划分为不同的组。高优先级的突发数据包对应高优先级数据信道,其他优先级依次对应。原则上数据包使用对应优先级的信道进行数据传输,但高优先级的数据包在对应信道忙时可以暂时占用空闲的低优先级信道,而低优先级数据只有在传送突发流时才可以占用高优先级数据信道,这种对应关系存在于每个节点中。此处定义国外上空的业务等级高于国内上空的业务等级。除了业务重要性之外,另外一个原因是国外上空的星际链路也更长,符合网络路由选择的规律。算法具体实现过程如下:

（1）当一个突发数据包到来时，核心节点根据控制包的呼叫参考标识和标识域来检测其是否是突发流中的某个包，若是，则不用选择数据信道，直接使用确定的波长传送即可。

（2）若是单个突发包或突发流的第一个数据包，则会根据突发包的优先级首先依次选择其对应的信道，若对应信道空闲则传送。

（3）若对应信道忙，就使用 LAUC-VF 算法对其他低优先级信道进行选择，若找不到空闲信道则丢弃，则后面突发流中的突发包需要重新进行资源预留，而不能按照步骤（1）直接通过。

（4）若突发数据包在某一核心节点使用的是低优先级的信道（可以从数据包的优先级与控制包波长字段的对应关系中检测获得），在下一个核心节点资源预留时也会首先选择与其优先级相对应的信道，这样可以保证低优先级的数据包不会由于高优先级数据占用了其信道而被丢弃，这时需要进行波长的转换。

如图 8-26 所示，假如某核心节点（GEO）有 4 个数据信道，1 个控制信道。数据包有 2 个优先级，则优先级为 $P_1$ 的数据包对应 $D_1 \sim D_2$ 信道，优先级为 $P_2$ 的数据包对应 $D_3 \sim D_4$ 信道。$t$ 时刻到达优先级为 $P_1$ 的突发流，首先查找 $D_1$ 信道，但此时该信道正忙，而 $D_2$ 信道由于已经有其他突发包预约，在此时刻到预约突发之间的空闲时间较小，不能完成新到突发的传输，所以使用 LAUC-VF 算法对其他数据信道进行搜索，最后选择 $D_3$ 信道传送该突发流。若 $D_3$ 信道在该突发流传输期间到来新的突发包，则使用 $D_4$ 传输或丢弃该突发。该调度算法既利用了突发流资源预留的优势，减少了光交换矩阵的重置操作，也降低了交换时延和调度时延，同时其计算复杂度得到了降低，最坏时和 LAUC-VF 相同。弱点是可能会造成低优先级数据包在业务量较大时的丢包率上升；另外，还需要在边缘节点处设置流量预测器作为光突发流的资源预留使用，但其是在 LEO 节点上设置的，并不影响核心节点（GEO）的负重和复杂度。

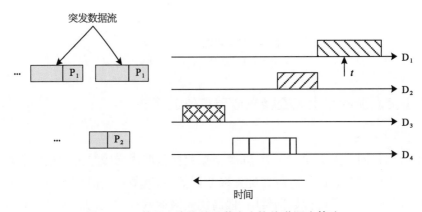

图 8-26 基于突发流的星载光交换信道调度算法

突发数据包的丢包率可以通过 Erlang B 公式得到。假设系统共有 $K$ 个波长信道，其中数据信道为 $k$ 个，则控制信道数目为 $(K-k)$ 个。假设数据信道中优先级为 $i$ 的数据包所对应的数据信道有 $m_i$ 个，对于优先级最高的单个突发数据包或突发流的第一个数据包来说，

它的排队模型为 $M/M/K$，则其丢包率为

$$p_s = \frac{\rho_i^K/K!}{\sum_{k=0}^{K}\rho_i^K/K!} \qquad\qquad (8-26)$$

式中，$\rho_i$ 为信道 $i$ 的业务强度。对于优先级较低的单个突发包来说，其丢包率为

$$p_s = \frac{\rho_i^S/S!}{\sum_{k=0}^{S}\rho_i^S/S!} \qquad\qquad (8-27)$$

式中，$S$ 为其优先级对应的数据信道的个数（$S<k$）。

对于优先级为 $i$ 的突发数据流来说，资源预留成功后其排队模型为 $M/D/K$，即在某一节点的服务时间是固定值，只是通过已配置好的光交换矩阵即可，所以是确定性分布，这样通过这一核心节点时是不存在丢包现象的，所以优先级为 $i$ 的突发流总的丢包率为式(8-26)。

当为突发流时，资源预留成功时丢包率为 0，否则，只能丢弃突发流，导致了丢包率的上升。原因在于低优先级突发流只有在高优先级信道无数据传输时才可以占用高优先级信道，所以在业务量较大时低优先级突发包的丢包率肯定大于高优先级。

当为单个突发或突发流中的第一个数据包时，若本优先级有相应的空闲信道，则其复杂度为 $O(K)$，$K$ 为其优先级对应的数据信道数目；若在本优先级内找不到合适的信道，就使用 LAUC-VF 算法搜索，此时复杂度为 $O(Km)$，其中 $K$ 为数据信道总数目，$m$ 为每个波长上的平均空隙数，此时复杂度最高。若为突发流中的中间或最后一个数据包，不需要进行信道搜索，复杂度最低，为 $O(1)$。

2）性能仿真及分析

假设突发数据 BDP 以泊松过程到达，到达率为 $\lambda$，BDP 的长度服从 $1/\mu=100\,\mu s$ 的指数分布，边缘节点(LEO)组装算法使用混合门限方式，所有突发包分为 2 个优先级，分别为 0，1，0 为高优先级，1 为低优先级。假设该卫星光网络有 5 个边缘节点，3 个核心节点，目的地址在边缘节点之间均匀分布，边缘节点和核心节点之间相距 30 000 km。边缘节点使用了基于线性预测滤波器流量预测算法。

图 8-27 为不同调度算法下、不同 QoS 下的时延性能比较，可以看出：SABB 星载调度算法相比于 LAUC，LAUC-VF 算法，时延在低负载情况下相差不大；而在中高负载下时延降低较多，性能显著提高。如当负载率为 0.5 时，SABB 相比基于延迟算法性能提高了 41%，相比 LAUC-VF 提高了 47%，相比 LAUC 提高了 65%。原因在于突发流资源预留方式减少了光交换矩阵平均重置时间，从而降低了光突发交换调度的总时延，这也证明了类波长星载调度算法对降低时延有很明显的改善作用。

图 8-28 比较了 SABB 星载调度算法与其他调度算法的丢包率，可以看出由于使用了具有优先级的突发流资源预留方法，使得在负载较高时资源被预留的概率提高，因此丢包率得到了较明显的降低，如当负载率为 0.8 时，SABB 相比基于延迟算法丢包率性能提高了 75%，相比 LAUC-VF 提高了 94%，相比 LAUC 提高了 99.3%。但是在输入业务量强度较

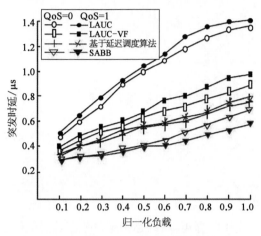

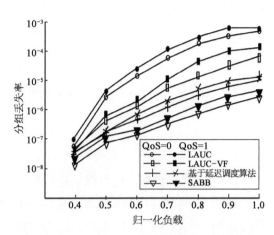

图 8‑27　不同 QoS、不同调度算法下的时延　　　图 8‑28　不同 QoS、不同调度算法下的丢包率

小时形成宏突发的概率较小,对丢失率的改善程度较为有限。不足之处是需要设置流量预测器和波长变换器来实现对下一个突发长度的预测和波长变换,增加了节点的复杂度。

# 8.4　星上混合交换技术

## 8.4.1　混合交换概述及应用情况

交换技术是通信网的一项关键技术,目的是实现通信网中任意节点数据的转发、共享。随着人们通信需求的增长,交换技术经历了电路交换、报文交换、分组交换,X.25、帧中继、ATM(异步传递模式)、光交换等发展阶段,网络形式也从电路交换网、分组交换网、X.25 网、帧中继网、ISDN、B‑ISDN 发展直到光交换网,其承载的业务包括了话音、数据、图像、视频以及多媒体等形式。这些网络依据当时业务需求建立,功能较为单一,而随着社会的发展和网络的普及,用户希望从单个网络中获得全媒体服务,但是这些业务速率不同,颗粒度不同,对服务质量的要求差异较大,如何通过一种统一的交换技术实现网络融合,就成为未来通信网络的一个技术难点。需求的推动促使学者、研究机构以及各运营商进行了多种交换方式混合实现的尝试。

1) MSTP(多业务传送节点)技术

基于时隙结构的 SDH 具有网络管理突出、实时业务监控、动态网络维护等优点,但是它不具备无级动态带宽分配能力,易造成网络效率低下,且对数据业务的突发性与速率可变性特点难以适应。而 Ethernet 具有速度快,易于组网、升级和维护,成本较低等优点,但其 QoS 和 CoS 功能较弱,无网络可靠保护机制。随着数据业务的增多,融合两者优点的 MSTP 由此而生。MSTP 能够实现技术优势互补,有效利用网络资源,保护运营商投资。综上,MSTP 是指基于 SDH 平台,能同时完成 TDM、ATM、以太网等业务的接入、处理和传送,提供统一网管的多业务技术。

但随着通信技术的迅猛发展,图像、视频等业务种类不断增多。而 MSTP 技术只是端口级的 IP 化技术,提供的多种业务仍然由不同的以太网交换机、SDH/MSTP、路由器等网元承载,这样导致了运营商的维护、运营成本较高。在此情况下多业务的发展对 MSTP 的接入及传送容量造成了巨大的压力,因此,迫切需要一个统一的平台完成全业务承载,进而降低成本,IP RAN 的出现解决了这一系列问题。

2) 无线接入网的 IP 化传送方案(IP RAN)

IP RAN 以路由器为主,采用动态 IP 技术构建承载网络。以该技术构建的网络是多种业务融合的扁平网络。相比于 MSTP,IP RAN 提升了网络容量,增加了 OAM 能力、链路承载、网络管理能力。IP RAN 基于 IP/MPLS(多协议标记交换)技术标准体系,支持 MPLS-TP(传送多协议标记交换)标准协议,可应用于承载网、骨干网和城域网等网络中。其关键技术主要包括分区域和多进程技术、网络保护技术、QoS(服务质量)技术、OAM 技术(操作、管理和维护)、时钟同步技术等。

IP RAN 网络可实现动态路由的 3 层功能,其 3 层网络结构为核心层、汇聚层和接入层,其网络分层如图 8-29 所示。

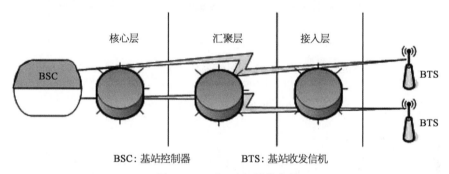

**图 8-29　IP RAN 网络分层**

图 8-29 中,由较小容量 A 类设备组成接入层,以环型、链型或双上行方式组网,将基站和末端接入,该层节点多、带宽压力小,可充分利用现有网络资源。

汇聚层由 B 类设备组成,容量较大,组网采用环型或双上行方式,将 A 类设备接入并汇集其流量,为接入层提供数据的汇集、传输、管理和分发处理。该层节点较多,有较大带宽压力,可与现有的 IP 承载网无缝融合。

核心层接入汇聚层流量,以双上行或 MESH 方式组网,相当于业务系统的网关,该层节点少,带宽压力大。

目前,基于 IP RAN 技术的产品在发达国家已经得到规模部署,在国内运营商的小规模实验网运行也取得了良好效果。

3) 分组增强型光传输网(POTN)

POTN 技术最早在 2011 年开始制定。POTN 是指具有分组交换、光通路交叉、虚容器以及光通路单元交叉等数据处理和分析能力的一种新型复合数据传送技术。该技术可以实现时分复用和分组的统一传送能力,大大降低了传送设备的繁杂性,提高了网络工作效率,且能实现多业务、大容量、长距离的信息承载能力。

（1）POTN 层网络结构。POTN 的层网络结构分为客户业务层、分组传送层、SDH 传送层（可选）、OTN 电传送层、OTN 光波长传送和物理层，如图 8 - 30 所示。

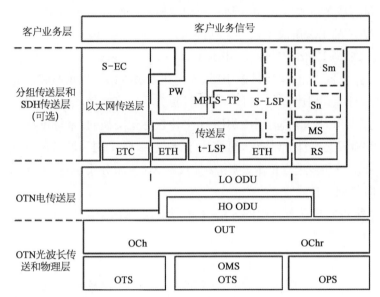

注：
S-EC：业务以太网连接　　　Sm：低阶VC-m层　　s-LSP：业务LSP　　MS：复用层
ETC：ETY的以太网编码子层　Sn：高阶VC-n层　　t-LSP：业务LSP　　RS：复用层

**图 8 - 30　POTN 的层网络结构**

（2）POTN 关键技术。

（A）统一交换技术。分组业务及 ODU 子波长业务通过切片成信元进行统一交换，可实现分组业务和 ODU 子波长业务的无阻交叉；通过统一的调度算法实现 ODUk 和 Packet 交换资源的分配；满足多种比例 ODUk 和分组业务交换容量的任意搭配，运用灵活。

（B）多层网络保护之间的协调。POTN 涉及 OTN 和 MPLS - TP/以太网的两种网络层面，而其不同层的网络保护机制相互独立，故 POTN 网络保护方案实行分层保护和分段保护的原则。对于一种类型的端到端业务，仅配置单层的网络保护机制；对于可靠性要求很高的重要业务，或者在不同层有嵌套的组网场景下实现对多故障点的保护时，可配置两层的网络保护机制。

（C）多层网络的 OAM 协调和联动机制。POTN 网络的各层均具有相对独立和完善的 OAM 功能，可根据业务的封装协议和转发路径决定采取哪种 OAM。当接入业务量不大时，可采用 MPLS - TP 的数据协议封装，这时应采用 MPLS - TP 和 OTN 的 OAM 机制。当接入业务量变大时，可采用 ODUk 的封装格式，这时应采用 OTN 的 OAM 机制。在多层 OAM 机制同时运行的情况下，可提供基于客户/服务者的层间 OAM 告警传递和告警压制功能，以提高多层网络的运维效率。

（D）多层网络统一管理和规划技术。POTN 能实现多种业务统一交换承载，其中涉及多种业务粒度,如 L0 波长、L1 的 ODUk/SDH、L2 的 MPLS－TP、LSP/PW 或 VLAN/MAC,因此如何实现统一、便捷、高效的管理 POTN 网络是一项重要技术。

(E) 封装效率优化。POTN 通过电层封装映射的优化,提升业务承载效率。在映射路径上,取消 ETH 层,减少映射,提升承载效率。如对于 64 B 的业务,POTN 比 PTN 封装承载效率提升 20%。

POTN 和 IP RAN 都可以实现混合业务的承载和交换,只是技术路线不同。两者基本相同地方在于复用能力、带宽灵活调整能力、点到点业务支持能力、时钟同步支持能力和网管能力等方面。IP RAN 在标准化、多点间业务通信能力和 IP/MPLS VPN 支持能力方面有一定优势,而 POTN 在保护能力(保护时间)方面有一定优势。两种技术的对比如表 8－2 所示。

表 8－2 POTN 和 IP RAN 技术对比

| 对 比 项 | PTN | IP RAN | 评价/说明 |
|---|---|---|---|
| 标准化 | 国际上,由 MPLS－TP、以太网、SDH 和 L3 MPLS VPN 的协议族组成;在国内,CCSA 已发布 PTN 设备标准 | 国际上,采用 IETF 已有 IP/MPLS 标准;在国内,CCSA 的设备标准已提交征求意见稿,2012 年年底发布 | PTN 国际标准尚有争议 IP RAN 利用现有成熟标准,有一定优势 |
| 分组复用能力 | 支持统计复用 | 支持统计复用 | 基本相同 |
| 业务带宽灵活调整能力 | 带宽可灵活调整 | 带宽可灵活调整 | 基本相同 |
| 点到点业务支持能力 | 支持 | 支持 | 基本相同 |
| 多点间业务通信能力 | 不支持 3 层多点间通信,2 层多点间通信能力待验证 | 支持 2 层和 3 层多点间通信 | IP RAN 有一定优势 |
| 时钟同步支持能力 | 支持时钟同步 | 支持时钟同步 | 基本相同 |
| IP/MPLS VPN 支持能力 | 现有设备不支持,技术要求和设备规范正在完善中 | 支持 | IP RAN 有一定优势 |
| 网管能力 | 具备(符合现有传输维护习惯) | 具备(符合现有 IP 地址维护习惯) | 基本相同(适合不同专业的维护人员) |
| 保护能力 | 保护时间小于 50 ms | 保护时间小于 200 ms | PTN 有一定优势 |

在数据网中,同样出现了交换技术的融合现象。首先是 GMPLS(通用多协议标签交换)。然后是由于光交换技术的发展,出现了对 2 种不同光交换方式进行混合交换的研究。

4) GMPLS

MPLS(多协议标签交换)实现了 ATM 和 IP 的技术融合,但仅针对包交换网络。随着数据流量的快速增长,光网络成为人们关注的焦点。为增加对光网络控制的支持,IETF(因特网工程任务组)在 MPLS 的基础上进行了扩展和标准化,以实现多层设备、多家厂商的协同工作,这就是通用 MPLS(GMPLS)协议。扩展之后的 GMPLS 能够完成包交换接口和非包交换接口数据平面的连接管理功能。GMPLS 是 ASON(自动交换光网络)的控制面协议,目的是实现光传送网的智能化。在其发展过程中,多个国际标准化组织制定了相关的模型,包括对等模型、重叠模型等。IETF 设计的网络模型称为对等模型(见图 8‑31),在该模型中,GMPLS 应用于从入口路由器到出口路由器的整个网络,包括中间的核心光交换网络。

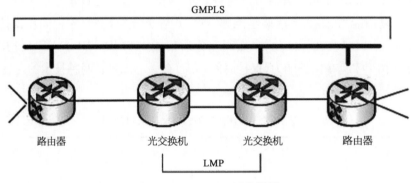

图 8‑31　GMPLS 对等模型

重叠模型由 ITU‑T,OIF,ODSI 等组织制定,定义了相关智能光交换体系结构和接口标准,如图 8‑32 所示。在该模型中,核心网络和边缘网络属于不同的管理域,可以使用不同的协议(图 8‑32 中画出的是核心网络使用 GMPLS、边缘网络使用 MPLS)。但是,重叠模型缺点在于各层之间存在部分功能重复,路由的可扩展性能不足。

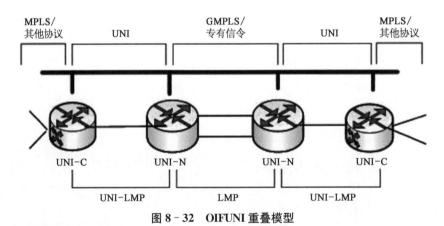

图 8‑32　OIFUNI 重叠模型

5) 混合光交换

2003 年美国纽约州立大学乔春明教授研究组首次提出了将光突发交换和光电路交换混合的方法,突发交换模块负责尽力而为的较小流量,电路交换模块负责较大流量。2005年,韩国信息通信大学 Lee 等人进一步从理论上计算了这种网络的性能。同年,澳大利亚墨尔本大学 Tucker 教授研究组针对 Lee 的模型过于复杂的问题,进一步提出了一种更具可扩展性的计算模型。2006 年,日本东京大学 Morikawa 教授实验室提出了一种混合电路与多波长光分组的混合光网络架构,设计并实现了一种光分组交换和光电路交换混合的交换节点结构原型。2013 年,Raimena Veisllari 在一个集成的实验平台上演示了光电路和光分组融合交换,并实现了 10 Gb/s 链路下超过 99% 的光路资源利用率。

国内电子科技大学王晟团队提出了一种基于环路的混合交换光网络(CHSON)。该网络结合了光电路交换(OCS)和光突发交换(OBS)两种交换技术,不仅可以有效地降低网络节点的分组转发压力,而且能够较好地承载突发性数据业务。西安电子科技大学的邱智亮团队在 Clos 交换网络的基础上提出了电路与分组的混合交换网络及调度机制。在混合交换网络中,调度机制为电路业务分配专用通路,同时利用剩余带宽为分组业务提供尽力而为的转发服务。北京邮电大学设计了一种基于业务平面对不同交换方式自适应的混合交换光网络模型,业务平面根据业务类型选择不同的交换方式,提高了光网络的自适应能力,从而提高网络的资源利用率。

2010 年至今,将混合交换应用于数据中心网络成为研究热点。多项研究表明,运用混合交换可将一个中等规模的数据中心的网络成本降低至原来的 1/2,将网络能耗降低为原来的 1/5。因此现阶段,实现低成本、低能耗、大规模可扩展网络的必经之路是研究混合交换技术、研制相关设备、建设混合交换网络。

国内 POTN 主流生产厂家有中兴、华为、烽火。2014 年 1 月,中兴通讯发布了首个 PTN 向 POTN 平滑演进解决方案。该方案在 ZXCTN 6500 产品平台上采用统一交换实现了 PTN 和 OTN 的有机融合,支持 L1/L2/L3 业务的统一高效承载和面向 SDN 的控制架构,并在 2013 年 12 月 18 日已经完成了中国移动 POTN 初步技术验证性测试。

目前,中国移动已确定将 POTN(分组传送网)技术作为移动承载网技术的唯一选择,并已在网络中大量部署了 POTN 设备。中国电信和中国联通自 2010 年开始进行了大量的 IP RAN 试点建设。国际上,AT&T,Verizon,Sprint,DT,NTT 等世界一流运营商都已采用 IP RAN 建设移动承载网。

### 8.4.2　星上混合交换需求分析及研究现状

1) 需求分析

随着空间信息网络领域的不断拓展,种类繁多、功能各异的航天器以及飞行器相继投入使用,纯粹依靠单一功能的空间节点进行组网和信息交互已经难以满足未来大数据量、高可靠性数据传输要求。各类功能节点的优势互补、有效融合是构建空间信息网的必要前提。

空间信息网络节点包含各种卫星、升空平台和有人或无人机,这些平台节点在业务性质、应用特点、工作环境、技术体制等方面均有差异,由此构建的网络具有网络异构和业务异质的典型特征。选择合适的信息传输链路是实现各异构节点间高效融合的关键,如相距数万公里的 GEO-GEO 之间信息传输,采用激光链路可以克服微波链路在功耗和体积方面的瓶颈,充分发挥卫星光通信的优势。中低轨卫星、升空平台、飞机之间或者其与 GEO 间信息交互,可以根据业务需求采用激光链路或者微波链路。在 20 km 高度以下,激光传输受大气层影响,在可靠性方面略逊色于微波链路。目前成熟的空间微波通信,不仅可以实现多波束覆盖,而且具有完备的地面站设置,可以保证通信链路的有效性和可靠性。因此,未来空间信息网络必将呈现微波和激光并存的局面。

在混合链路、异构网络、异质业务条件下,如何实现空间信息网络高效组网运行,各个节点信息的混合交换性能就成为决定整个网络效能的核心。面对空间信息网络的特点和现状,只有真正解决空间节点的信息交换问题,才能实现空间信息网络的高效运行。

在微波、激光混合的空间信息网络中,卫星既是骨干网互联节点又是接入网节点,每个卫星服务两种类型的业务——本地上/下行业务和中继业务;业务类型粒度从细粒度、中粒度到粗粒度,对应于空间的分组、射频以及光交换。因此,实现星上分组/射频/光混合交换是空间信息网络核心交换节点的必然要求。

2) 星上混合交换研究现状

(1) 美国转型卫星通信系统(TSAT)。美国转型卫星通信系统计划旨在建立一个类似互联网的天基信息网络传输结构,满足信息时代战争对互联互通、快速准确的信息传输的需求,其组网如图 8-33 所示。TSAT 卫星通信系统有 20~50 条 2.5~10 Gb/s 的激光链路、8 000 条天基网与地面通信的微波链路,高空有人机/无人机也将通过激光链路与 TSAT 链接,数据率达到 6 Gb/s。TSAT 整合了宽带和防护系统以及情报界的数据中继卫星系,将激光和微波/射频系统合二为一,构成转型通信体系的主体。TSAT 支持电路/分组并存的混合交换技术,可用于光、射频和分组多粒度业务的混合交换,以提供高效能的交换系统。TSAT 卫星上配置了支持 IPv6 的空间信息路由器。除此之外,还有 TGBE 路由器、Teleport 路由器、网络提供路由器和用户终端路由器,这些路由器之间通过激光、射频等链路互联,构成全 IP 的宽带通信网络。

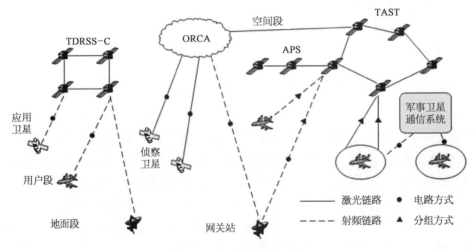

图 8-33　TAST 组网示意

(2) 欧洲面向全球通信的综合空间基础设施。欧洲卫星技术论坛组织(ISI)于 2008 年初提出了关于构建欧洲卫星通信系统构想和建议——面向全球通信的综合空间基础设施(ISICOM),系统架构如图 8-34 所示。ISICOM 支持星上 IP 交换、快速包交换、激光链路和微波链路并存,其中微波链路支持包括 W,Q/V,ku/Ka,C/S 等多射频频段共用,通过在空间节点集成通信、导航及地球观测载荷,实现卫星通信与导航、地球观测、空中交通管理系统的融合。

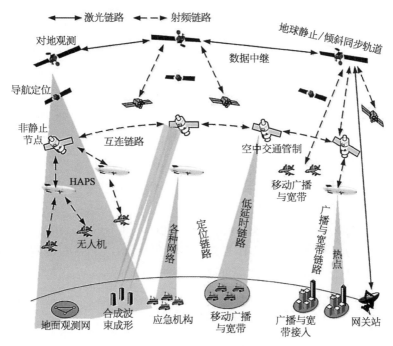

图 8－34　ISICOM 系统架构

## 8.5　星上交换所面临的难题与挑战

空间信息网络的节点高动态运动、时空行为复杂、业务类型差异大,要求空间网络可重构、能力可伸缩。也就是说,要实现空间信息网络高效交换,必须要考虑空间信息网络的 3 个最突出特征,即网络结构时变、网络行为复杂、网络资源紧张。其中,网络结构时变是指拓扑结构动态变化、网络节点及业务稀疏分布、业务类型和链路性质呈现异构属性、网络业务传输与控制需要在大时空区域内完成;网络行为复杂则表现为服务对象差异巨大,业务的汇聚、分流与协同呈现出异质属性,基于任务驱动实现功能的可伸缩和网络的可重构;网络资源紧张是由于轨道和频谱等空间资源紧张,空间链路和平台承载等能力受限。

空间信息网络的混合交换,具有典型的时空动态异质业务及异构链路特征,涉及空间激光链路、空间微波射频链路的互联互通,涉及大颗粒度骨干业务与灵活可变分组接入业务之间的汇聚、融合和分发。可以说,其内在禀赋是业务网与传输网的融合,需要从基础研究层面探索链路、业务与数据的融合交换机制。这种融合机制,在地面系统广泛应用的业务网与传输网交换技术中既不存在,亦无需求。

仅靠现有光交换、射频交换或分组交换等任何单一交换方式及其简单组合的形态，都无法适应空间信息网的网络结构时变、网络行为复杂、网络资源紧张等特性。解决办法就是实现"混合交换"，即光/射频/分组混合交换，是在时空动态异质、异构的空间信息网络中，集业务接入、汇聚、融合、分发、控制与管理为一体的信息处理转发过程。

随着网络与交换技术的不断发展，传输网与业务网的融合已涌现出大量的研究成果，尤其是 SDN 架构下的 GMPLS 机制，为实现混合交换提供了很好的源发性思路。但是，当人们把 SDN＋GLPMS 的普遍原理运用于空间信息网络光/射频/分组混合交换的特殊场景时，还面临着若干的难题和挑战，可以概括为"深度融合"。

深度融合是一种时空动态异质、异构网络中单节点多层数据汇聚、融合、分发的机制。这个机制要能够适用于异构时空动态骨干传输链路，适用于异质业务灵活接入业务的混合、多粒度业务的汇聚分发、管理与控制的实施。因此，深度融合的涵义可概括为在 OSI 分层模型的跨层混合交换中，通过提取物理层（主要是光/射频）的特征值，在数据链路层/网络层与分组形成一体化的调度、配置与管理交换。

要实现空间信息网络中多种异质、异构动态变化的空间节点高效组网，则必然需要与之相适应的光/射频/分组混合交换技术作为支撑。将 SDN＋GMPLS 机制应用于我国空间信息网络的混合交换技术，则必然需要"深度融合"的交换机制与方法作为基础。这就对空间信息网络光/射频/分组混合交换的研究提出了几点需求。

1）SDN 架构下混合交换的深度融合机制需要建立

具体表现为：

（1）多粒度数据流分发功能划分。空间信息网络是一种大时空尺度下异质、异构动态网络，可以说在网络单节点内完成光/射频/分组混合交换是将常规网络边沿节点与核心节点的功能合二为一，既完成多粒度业务的分类、汇聚功能，又完成多层数据分发功能。

（2）动态分发控制机制缺失。空间信息网络是一种动态网络，体现为网络拓扑结构呈动态变化、网络业务分布呈动态变化。在网络单节点内完成动态异构链路、动态异质业务的汇聚、分发，需要建立以 SDN 集中控制为框架的混合交换动态控制方法，以适应网络重构、基于任务驱动等实时动态变化。

（3）混合交换汇聚、分发的依据有待完善。常规网络通过 GMPLS 归一化标签实现了多层异质业务的融合，但是在面临单节点内异质业务的一体化调度、控制、统一转发流表的设置与更新以及与 SDN 控制器的配合等方面，还有待进一步完善。

（4）混合交换的可重构机制有待建立。空间信息网络面临可重构以及弹性组网的需求，混合交换的可重构能力是其中的一个关键因素。在 SDN 统一控制与管理机制下，混合交换的可重构机制还待研究。

2）跨层模型的混合交换转发流表原理需要发展

具体表现为：

（1）一体化转发流表的设置尚未建立。交换机数据的交换是依据转发流表/路由表完成的。如何通过各层提取出的归一化标签完成反映物理层（光层）标签、二层标签、三层标签、输入端口、混合交换内部端口、输出端口等信息映射关系还需进一步研究。

（2）一体化转发流表的更新与维护机制还需进一步研究。常规转发流表的更新与维护主要由 3 层(IP 层)路由来触发,即由网络层完成二层转发流表的更新与维护。由于混合交换内部存在多路径现象,依据新探索的调度方法得到的内部路径映射关系如何触发转发流表的更新与维护还需深入探讨。

（3）基于归一化标签高效查询转发流表算法还需开发。在光/射频/分组体制差异巨大的混合交换中,光/射频/分组对查询转发流表时间要求上不尽相同,如何设计一种能满足多种体制要求下的高效查表算法,是一项难度较大的挑战。

3）多粒度业务队列及资源调度方法需要探索

具体表现为:

（1）多粒度混合交换内部路径的调度方法尚待研究。光/射频/分组混合交换在数据平面涉及光交换模块、射频交换模块、分组交换模块,如何通过归一化标签实现统一调度的方法,尚属空白。

（2）依据业务流量分布特性的高效多路径调度方法还需研究。空间信息网络是一种节点稀疏分布、业务流量分布不均衡且动态变化的网络。针对这种高动态业务变化的特点,结合混合交换内部存在多路径选择的问题,必须要探索一种新型调度方法,新方法同时也是降低交换机拥塞概率的重要途径。

（3）大颗粒度数据端口与小粒度数据端口数据的汇聚与分发调度方法还需探索。混合交换过程中,大颗粒度数据端口分发到多个小粒度数据端口,或多个小粒度数据端口汇聚到一个大颗粒度数据端口的调度,是实现多粒度交换不可缺少的功能。

（4）混合交换多播调度方法还需摸索。多播是体现网络优势的一项重要功能。在多层交换结构中,多播调度方法尚属空白。

（5）混合交换虚实资源的调度方法还属欠缺。

2013 年以来,国家自然科学基金委实施了"空间信息网络基础理论与关键技术"重大研究计划。围绕空间网络体系结构、动态网络信息传输理论、空间信息表征与时空融合处理等重大基础科学理论开展研究,相继布局了一系列重点项目和培育项目,空间信息网络模型与高效组网机理研究取得了丰硕的成果。目前开始进入空间站、无人机/临近空间平台的集成演示系统设计与试验方法研究阶段。在基础理论走向空间应用的发展阶段,尽快开展深度融合的光/射频/分组混合交换机制与方法研究,推动我国空间信息网络模型与高效组网研究实现突破,既是必须的、也是急迫的。

# 第 9 章
# 混合链路中继卫星网络任务调度方法

新一轮的空间探索发展高潮,给目前传统的微波链路卫星信息中继传输系统带来了更大挑战。目前微波链路中继卫星系统的数据传输能力为百兆量级,而新型对地高分辨率遥感器的数据采集能力已达到太比特/秒量级,对于星间数据传输的需求已达吉比特/秒量级以上,中继卫星系统的数据中继能力相对不足将导致星间信息传输的滞后甚至遗弃。为进一步提升我国空间技术发展竞争力,增强卫星网络的信息交换能力和自主运行能力,亟须建立高速可靠的中继卫星系统,以满足深空探测、军事侦察和高分辨率对地观测等领域对于星间海量信息可靠传输的要求。

激光链路数据中继技术具有速率高、容量大、功耗低和体积小等特点,且与传统微波链路相比具有保密性好和抗电磁干扰能力强等优势,是针对微波链路的不足组建高速可靠数据中继网络的最佳解决方案之一。因此,各世界强国先后开展了激光链路中继卫星的发展规划,包括理论研究和工程验证计划,我国也明确了中继卫星星间激光链路的发展方向,提高中继卫星系统星间传输速率至吉比特/秒量级,满足空间海量数据信息的实时转发处理需求。利用星间激光链路技术,结合现有微波中继系统,使中继卫星、用户卫星、航天飞机、深空探测器及微波/光学地面站互通互联,共同构建高速、可靠的中继传输网络,真正实现全球覆盖和实时接入,是解决空间海量信息传输需求与传统微波链路速率和带宽受限矛盾的最佳方案。而在混合链路中继卫星系统中,随着中继链路负载越来越高,同时受到中继卫星数量及星上载荷的限制,中继卫星的接入能力十分有限。因此迫切需要解决混合系统中继卫星系统的资源调度问题,提高中继卫星星上载荷利用率,充分发挥中继卫星数据转发能力。

实现中继卫星星上资源的合理高效分配,生成可靠的资源调度方案来指导系统完成各类中继任务传输活动,对于提高星上资源利用率,提升中继卫星系统转发处理能力,实现全网络的信息高效传输与资源共享至关重要。

## 9.1 混合链路中继卫星系统资源调度原理

### 9.1.1 中继卫星网络基本组成

中继卫星系统通常包括中继卫星、用户星与地面站 3 个部分。地面站向用户星发生遥测遥控、跟踪信号,其指令通过中继卫星转发,在中继卫星与用户星之间建立通信链路,发送给用户星。用户星要发向地面的遥测数据、探测数据、语音和视频等信息,经星间链路发到中继卫星,中继卫星接收后,经交频、编码、调制等处理,转发到地面站。为实现天基综合信息网的未来发展目标,充分发挥微波与激光通信各自的优势,微波与激光混合链路中继卫星系统结构可分为:各类用户卫星网络和中继骨干网。

中继骨干网作用主要对各功能卫星网络的数据实现汇聚、处理和分发。由于其主要服务对象是用户星和地面站,而非全球地面移动用户,且用 3 颗 GEO 星即可实现全球覆盖,因此其主要建设目标是实现对用户星和地面站的最大数据传输转发和处理的能力而非地面用户的全球覆盖。

各类用户卫星网络主要包括 3 类。

第一类:轨道高度为 400～4 000 km 的低轨道卫星。这个高度区间分布着一些飞船类飞行器和大量的应用类卫星,包括通信卫星(如铱星、全球星和轨道通信系统)、气象资源卫星和军事侦察卫星等。

第二类:轨道高度约为 20 000 km 的中轨道卫星。这个高度区间分布着部分通信卫星以及大量的导航类卫星,如美国全球定位系统 GPS 和我国北斗系列导航试验卫星。

第三类:倾斜地球同步轨道卫星,轨道高度 35 786 km。这个高度区间分布着通信卫星、广播卫星和导航类卫星。部署这类卫星,卫星覆盖区域增大,可有效提高北斗导航系统性能,尤其可提高高纬度地区用户的定位精度。

大部分用户卫星网络均为低轨卫星,甚至为近地卫星。卫星之间自成系统,系统内部具备一定数据处理与分发能力,一般采用直接对地面站数据传回的方式,但随着系统不断发展,其数据量将成爆炸式增长,为满足未来高速大数据量的中继传输要求,还需要利用中继骨干网进行数据传回、处理与分发。

中继卫星系统框架如图 9-1 所示,3 颗中继卫星构成中继骨干网,其中 GEO-02 和

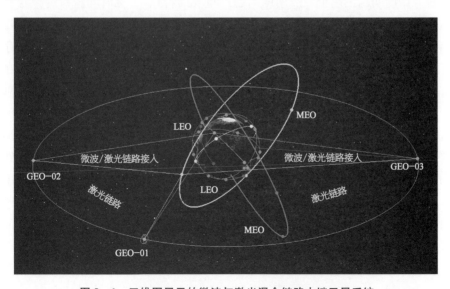

**图 9-1　三维图显示的微波与激光混合链路中继卫星系统**

GEO‑03 分别设为东星和西星，GEO‑01 为中星。中继骨干网向下对用户卫星和地面站提供多条微波与激光链路，中继星通过星间激光链路相互连接，当其中一颗中继星与地面站之间反向传输链路出现中继能力不足的情况时，则通过星间激光链路先将数据由东星和西星传至中星，再由中星向下传输至多个地面站进行数据信息的综合处理，即通过中继接力的方式完成数据回传。

在图 9‑1 的混合系统中，中继卫星可实现中低轨航天器 100% 的轨道覆盖率，并具有资源占用少、应用拓展能力强和最坏情况下接力续传次数少的优点。中继骨干网通过体积小、功耗低、传输速率极高的星载激光终端建立星间激光链路，可有效改善链路性能，以显著提高数据吞吐量，从而满足用户星的中继需求。

## 9.1.2 混合系统资源调度特点

1) 资源调度问题中活动与资源

中继卫星与用户卫星在太空环境中高速运动，两者之间相对位置随着卫星运行而实时改变，而在具有微波与激光混合链路的中继系统中，任务传输活动主要包括中继星转发地面站的跟踪测控信号以及各类用户卫星需要返回地面站的图像、话音等大容量回传任务。由于激光光束窄、对准难度大，星间链路建立过程与微波链路相比更加复杂，因此卫星之间的任务传输活动以及星间链路建立过程成为混合系统资源调度的关键问题。混合系统资源调度问题中的资源是指中继卫星上的天线终端，分为微波天线和光学天线两类，其中微波天线可为用户星提供多条单址链路和多址链路。

2) 微波与激光混合链路中继卫星资源调度问题中的主要约束条件

在微波与激光链路共存的中继卫星系统中，卫星的资源调度问题具有几个约束条件。

(1) 卫星资源的主要约束有：① 时间窗口约束。卫星之间具有的可见时间约束是中继卫星系统资源调度问题区别于一般调度问题最重要的特点，可见时间窗口约束定义为任务传输中继过程只能在数据星与用户星两者可视时进行。② 星上存储容量约束。目前星载固态存储器容量有限(国际上最大约 1 Tb，如数据传输速率为 300 Mb/s，则只能存储不到 1 h 的数据)，在进行资源调度安排时，必须考虑星上存储容量限制，否则可能出现在分配的窗口无有效数据可传的情况。③ 星上天线终端约束。由于微波中继链路的传输速率很高，一般为几百兆比特/秒，所需的终端天线尺寸大(直径可达 5 m)、功耗高，且星上资源有限，因此到目前为止，国外或我国的中继卫星系统中的用户星上只能装载一副单址终端天线设备，即一颗用户星在某一时刻只能和中继卫星的一个单址天线建立中继链路。④ 切换时间约束。中继卫星上的微波天线尺寸很大，在非数传状态下移动速度也很慢(约每秒 1°)，回归(从指向一个任务的终点位置转到下一个任务的起点位置)所需的时间不可忽略，包括初始捕获时间在内要几分钟。而激光束发散角比微波波束发散角小 3~5 个数量级，空间激光束对准难度大，因此激光链路初始捕获时间通常为数十秒甚至百秒量级。在具有混合链路的中继卫星系统资源调度中，必须要考虑天线终端转向时间和链路捕获时间(包括资源准备时间和链路建立时间)对于调度方案的影响，以实现微波与激光链路的混合调度。⑤ 终端功耗约束。光学天线尺寸小,与微波天线相比,终端功耗和重量也大大降低,非常适合星载。一般卫星光通信天线孔径小于 30 cm,功耗和质量分别在 100 W 和 30 kg 左右。在卫星通信实际应用中,进行资源调度方案的评价时除考虑任务完成效率、任务完成收益外还应将星上终端资源消耗作为评价因素之一。

(2) 任务的主要约束有:① 任务优先级约束。中继卫星服务的用户星不同,就会有不同的任务需要中继,部分用户星(如电子侦察卫星和对地观测卫星等)传输的任务具有极高的商业及军事用途,因此为此类任务设定较高的任务优先级,任务的优先级越高,其活动越需要优先安排。② 任务有效性约束。多数用户星(如载人航天器和侦察卫星等)要求在固定的轨道段将信息实时传回国内,此类用户星上的任务传输时必须满足具体传输时间的约束要求。而对实时性要求不高的用户星,也常受到任务在某一时刻之前传输才为有效数据的限制。

## 9.2 混合系统静态初始资源调度模型

### 9.2.1 数据中继业务分类

针对未来用户星的数传业务(深空探测、遥感遥测、高分辨率对地观测等采集的大容量数据)特点,为提高系统对用户的服务质量,对未来卫星数传业务分为 3 类。

(1) 从业务数据容量上分为超大容量($q > 0.1$ Tb)、大容量($10$ Gb$< q \leqslant 0.1$ Tb)、中等容量($1$ Gb$< q \leqslant 10$ Gb)、小容量($100$ Mb$< q \leqslant 1$ Gb)、微小容量($q \leqslant 100$ Mb)。

(2) 从业务数据有效时限上分为实时数据($t_v < 1$ s)、紧急数据($t_v < 120$ s)、短期数据($t_v < 2$ h)、中期数据($t_v < 12$ h)、长期数据($t_v < 24$ h)。

(3) 从业务数据重要程度上分为特别重要($8 < Pri \leqslant 10$)、很重要($6 < Pri \leqslant 8$)、较重要($4 < Pri \leqslant 6$)、重要($2 < Pri \leqslant 4$)、普通($0 < Pri \leqslant 2$)。

### 9.2.2 静态调度模型参数定义

约束满足问题(CSP)由变量集合、变量值域范围及变量取值的限制约束集合构成,CSP的求解目标就是在各个变量的值域范围内,找到一个合适的解能够满足所有变量的限制约束。在许多计算机科学以及智能算法领域中的组合优化问题都可以描述为约束满足问题进行求解优化。

微波与激光混合链路中继卫星资源调度问题受到可见时间窗口、任务优先级、终端功耗等约束,可以看作一类多目标约束满足问题。调度方案应保证未完成任务优先级尽可能小。由于中继卫星星上存储容量限制,且调度具有一定时效性要求,调度目标要求系统资源能耗尽可能小,同时保证系统任务调度完成时间尽量短。基于以上考虑,混合系统资源调度问题可用四元组 $\Theta_0 = \{J, M, TW, C\}$ 表示。其中,$J$ 为用户星上所有任务集合;$M$ 为天线资源

集合；$TW$ 为可见时间窗口集合，$TW \in [TW_1, TW_2, \cdots, TW_{|J|}]$，$|J|$ 代表任务数量，$TW_i = \bigcup\limits_{k=1}^{n_i} [stw_i^k, etw_i^k], i \in 1, 2, \cdots, |J|$，$[stw_i^k, etw_i^k]$ 为任务 $i$ 的第 $k$ 个可见时间窗口，其中 $stw_i^k$ 和 $etw_i^k$ 分别为可见时间窗口的开始和结束时间；$C$ 为约束集合，$C = C_t \bigcap C_w \bigcap C_s \bigcap C_{\text{temp}} \bigcap C_e \bigcap C_b \bigcap C_a$。

具体参数说明如下：

$[a_i, b_i]$：任务 $i$ 的有效时间范围。

$S$：用户卫星集合，$|S| = N$，$N$ 代表用户卫星数量。

$T_e$：所有任务完成调度的结束时刻。

$J_s$：用户星 $s$ 上发起的任务子集，$s \in S$。

$p_i$：任务 $i$ 的优先权值，$i \in J$。

$M$：中继卫星上天线资源集合，$M$ 代表资源数量。

$n_i$：任务 $i$ 的可见时间窗口数量，$i \in J$。

$[T_S, T_E]$：调度周期，$T_S$ 和 $T_E$ 分别为调度开始时间和结束时间。

$dt_i^m$：任务 $i$ 在天线 $m$ 上执行的传输时间，$i \in J$，$m \in M$。

$T_D$：调度持续时间，$T_D = T_E - T_S$。

$st_i$：任务 $i$ 传输开始时刻。

$E_B$：调度初始时中继卫星上存储的能量。

$Q_i$：中继星执行完任务 $i$ 后，当前星上存储容量。

$P_c^m$：天线 $m$ 的平均功耗，$m \in M$。

$C$：中继星的总存储容量。

$Switch_m$：天线 $m$ 连续执行任务所需的切换时间，$m \in M$。

$P_g$：中继卫星运行过程中获得的平均功率。

$q_i$：任务 $i$ 的数据容量。

$E_s^m$：中继卫星上的天线 $m$ 连续执行任务所需的切换能耗，$m \in M$。

$x_i^k$：任务调度标识符，如果任务 $i$ 在第 $k$ 个可见时间窗口内执行，$x_i^k = 0$；否则 $x_i^k = 1$。

$y_{ij}$：任务连续执行标识符，如果任务 $i$ 与任务 $j$ 连续执行且任务 $j$ 在任务 $i$ 后执行，则 $y_{ij} = 1$；否则 $y_{ij} = 0$。

### 9.2.3 多目标约束规划模型

基于上述调度原则及定义，建立微波与激光混合链路中继卫星系统多目标约束模型：

$$\text{Min} \quad f_1 = \sum_{s \in S} \sum_{k \in \{1, 2, \cdots, n_i\}} \sum_{i \in J_i} x_i^k p_i$$

$$\text{Min} \quad f_2 = \sum_{m \in M} \sum_{i \in J_s} (P_c^m dt_i^m + P_s^m switch_m)$$

$$\text{Min} \quad f_3 = T_e$$

$$\text{s.t.} \quad C_t = (\forall i \in J)(\sum_{k \in \{1, 2, \cdots, n_i\}} \sum_{s \in S_i} x_i^k \leqslant 1)$$

第 9 章　混合链路中继卫星网络任务调度方法

$$C_w = \wedge \left[ (x_i^k = 1) \vee (stw_i^k \leqslant st_i \leqslant etw_i^k - dt_i^m) \right], i \in J_s, k \in \{1, 2, \cdots, n_i\}$$

$$C_s = (\forall i, j \in J)(st_j = st_i + dt_i^m + switch_m), j \text{ 在 } i \text{ 后连续执行}$$

$$C_{temp} = T_S \leqslant st_i \leqslant T_E, T_S \leqslant st_i + dt_i^m \leqslant T_E$$

$$C_e = (\forall i \in J, m \in M)(\sum_{m \in M} \sum_{i \in J_s} P_c^m dt_i^m + \sum_{m \in M} E_s^m \leqslant E_B + P_g T_D)$$

$$C_b = (\forall i, j \in J)[y_{ij}(q_j + Q_i) \leqslant C]$$

$$C_a = \wedge \left[ (x_i^k = 1) \vee (a_i \leqslant st_i \leqslant b_i, a_i \leqslant st_i + dt_i^m \leqslant b_i) \right], i \in J \tag{9-1}$$

上述模型中,目标函数 $f_1$ 代表调度的目标是保证系统未完成任务优先级尽可能小,即完成尽可能多的高优先级任务;目标函数 $f_2$ 代表调度的目标是保证系统资源总能耗最小;目标函数 $f_3$ 代表调度的目标是保证系统任务调度完成时间最短。约束条件中,$C_t$ 为任务传输约束,每个任务在其可见时间窗口中仅选取一个时间窗口进行传输,每个任务只执行一次;$C_w$ 为时间窗口约束,任务传输必须在中继星与用户星的可见时间窗口内执行;$C_s$ 为切换时间约束,同一天线上任何连续执行的任务必须满足切换时间;$C_{temp}$ 表示所有的通信任务必须在给定的调度时间段 $[T_S, T_E]$ 内安排调度;$C_e$ 表示中继卫星通信活动应满足的能量约束条件;$C_b$ 为卫星存储容量约束,强制每个任务都不能使得当前已占用存储容量超过卫星存储总量;$C_a$ 为任务有效性约束,保证每个执行的任务都能在有效时间内完成。另外,中继卫星资源调度问题研究中假设中继卫星与地面站之间链路实时可用,因此数据任务传输至中继卫星上可实时下传至地面站,即满足星上存储容量约束。

## 9.3　多目标优化方法

### 9.3.1　多目标优化基本原理

1) 多目标优化问题

单目标优化问题可表示为

$$\min/\max z = f(\boldsymbol{x})$$
$$\text{s.t. } g_i(\boldsymbol{x}) \leqslant 0, i = 1, 2, \cdots, m \tag{9-2}$$

式中,$\boldsymbol{x} \in R^n$ 表示具有 $n$ 个决策变量的向量,$f(\boldsymbol{x})$ 为目标函数,$g_i(\boldsymbol{x})$ 为约束条件,由目标函数和约束条件就构成了可行解区域。"min/max"表明目标函数可以为最大化或者最小化。为方便统一,本节讨论问题都是最小化目标问题。在决策空间中,可行区域通常用 $S$ 来表示:

$$S = \{\boldsymbol{x} \in R^n \mid g_i(\boldsymbol{x}) \leqslant 0, i = 1, 2, \cdots, m, \boldsymbol{x} \geqslant 0\} \tag{9-3}$$

多目标问题通常表述为

$$\max\{z_1 = f_1(\boldsymbol{x}), z_2 = f_2(\boldsymbol{x}), \cdots, z_q = f_q(\boldsymbol{x})\}$$
$$\text{s.t. } g_i(\boldsymbol{x}) \leqslant 0, i = 1, 2, \cdots, m \tag{9-4}$$

317

多目标优化问题需要在决策空间和判据空间中用图像表示，其中决策空间中的可行区域用 $S$ 表示，判据空间中的可行区域用 $Z$ 表示：

$$Z = \{ z \in R^q \mid z_1 = f_1(\boldsymbol{x}),\ z_2 = f_2(\boldsymbol{x}),\ \cdots,\ z_q = f_q(\boldsymbol{x}),\ \boldsymbol{x} \in S \} \qquad (9-5)$$

式中，$z \in R^q$ 表示具有 $q$ 个目标函数的向量。$Z$ 表示 $S$ 中点的像的集合，因此 $S$ 限制为 $R^n$ 上的非负象限，而 $Z$ 却没有限制。

与单目标优化问题相比，多目标优化问题更加复杂。当问题具有单个目标函数时，优化目标是找寻最优解，最优解要优于其他所有的解。当问题具有多个目标函数时，如果问题中的多个目标函数彼此不矛盾，显然可以通过单目标优化方法找到唯一的最优解满足各目标函数都达到最优。而优化问题中的各目标之间往往无法通过统一标准进行比较，甚至彼此矛盾，所以在各目标函数都取最优的解不一定存在，本节所研究问题模型中的目标函数即是彼此矛盾冲突的。

2）多目标优化问题解的概念

多目标优化问题与单目标优化问题之间差异较大。单目标优化问题具有确定的唯一最优解。在具有多个目标函数的优化问题中，通常存在有一组无法进行相互比较的解，而不存在唯一最优解，因此多目标优化问题的最优解是一组折中解，称为非支配解或 Pareto 最优解。在此给出多目标优化问题中的重要概念 Pareto 支配及相应多目标优化解的概念。

定义 1.1：（Pareto 支配）称向量 $\boldsymbol{u} = (u_1,\ \cdots,\ u_k)$ 支配向量 $\boldsymbol{v} = (v_1,\ \cdots,\ v_k)$，当且仅当 $\forall i \in \{1,\ \cdots,\ k\}$，$u_i \leqslant v_i$ 且存在 $j \in \{1,\ \cdots,\ k\}$，使得 $u_i < v_i$ 成立。

由以上定义可得：

定义 1.2：（Pareto 最优解）称决策变量 $x^* \in S \subset R^n$ 为 Pareto 最优解，当且仅当不存在另一个决策变量 $x \in S$ 使得 $F(x)$ 支配 $F(x^*)$，即 $F(x) \prec F(x^*)$。

由 Pareto 最优解构成 Pareto 最优解集 $P^*$，$F(P^*) = \{F \mid x \in P^*\}$ 为多目标问题的 Pareto 前沿，如图 9-2 所示。

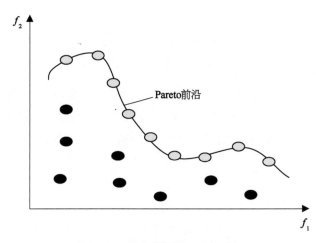

图 9-2　非支配解及 Pareto 前沿

3) 偏好结构

多目标优化问题的求解中通常存在一组无法进行相互比较的解,取这组解中符合决策者偏好的最优解为最终决策结果。偏好定义为依据决策者对目标重要性判断对非支配解的排序结果,可以是对某一目标的侧重或是所有目标的妥协。决策的过程即为根据决策者的给定偏好将非支配解进行排序操作,获得最终解也称最优妥协解。

对于解 $u$ 和 $v$,两者之间的偏好关系可以用一组关系来表示:

(1) $u$ 优于 $v$,则称对 $u$ 的偏好比 $v$ 大,记为 $u \succ v$。

(2) $v$ 优于 $u$,则称对 $v$ 的偏好比 $u$ 大,记为 $u \prec v$。

(3) $u$ 与 $v$ 相等,则称 $u$ 与 $v$ 具有同等偏好,记为 $u \sim v$。

(4) 两者之间偏好未定义,记为 $u$? $v$。

## 9.3.2　多目标问题求解方法

从求解方法的角度出发,主要存在 3 种多目标优化的求解方法:基于偏好的方法、交互式方法、产生式方法。

1) 基于偏好的方法

基于偏好的方法是指根据决策者的偏好信息,对多目标问题进行预先处理,将复杂的多目标优化问题转化为单一目标优化问题,再通过优化搜索算法进行问题求解。

基于偏好的方法可以分为排序方法和标量化方法。

(1) 排序方法是按照各个目标预先得到的优先级信息,按照目标优先级降序对所有解进行优劣比较,当本级目标相同时则进行下一级目标的比较,直到所有解优劣排序完成。基于这种排序思想的方法可得到问题偏好解,而由于无法实现目标空间全面搜索,优化过程极易陷入局部最优。

(2) 标量化方法是指通过线性或者非线性的方式将多目标优化问题转化为单一目标问题,再对单目标问题进行求解。非线性方式是以非线性形式对多目标进行转化,主要包括有效用函数法和妥协法。线性方法即权重和法,通过给每一个目标函数分配相应的权值,再将其组合为单一目标函数,权重和法首先由 Zadeh 提出。

权重和法可表示为

$$
\begin{aligned}
&\max z(x) = \sum_{k=1}^{q} w_k f_k(x) \\
&\text{s.t. } x \in S
\end{aligned}
\tag{9-6}
$$

权重可以看作决策者对于目标函数的偏好,即多目标之间的相对重要性。利用偏好方法容易求得问题的一个偏好解,而偏好信息受决策者主观影响很大,且各目标无法使用同一标准进行比较,这就严格要求决策者具有专业先验知识。另外由于这种方法通过决策者偏好人为地缩小了问题的搜索空间,可能会导致多目标优化结果的丢失。

2）交互式方法

交互式方法假设在优化开始时决策者不能给出先验偏好,仅获得决策者预先给出一个粗略的偏好信息,这个信息用于指导后续搜索,在优化的过程中决策者不断加深对优化解的学习来细化偏好,这样决策与搜索交互进行,称为交互式方法。在每次迭代搜索过程中决策者根据某种适应性修改策略来对偏好进行修改,而不是直接进行干涉。

由于整个优化过程中都有决策者的参与,交互式方法有可能得到具有高满意度的最终优化解。同时由于这种方法需要决策者全程参与,对决策者提出很高要求,其优化过程也更为复杂。交互式方法主要包括有连续代理优化技术、参考点法、参考方向法、扩展 MOGA 等方法。

3）产生式方法

产生式方法首先采用无偏好信息的优化算法搜索得到整个 Pareto 最优解集,然后决策者根据自身偏好从搜索得到的解集中进行选择。这一方法的关键是产生足够多的 Pareto 最优解,这样可以最大限度为决策者提供参考和选择信息,否则会给决策者对于问题的选择造成偏差。在实际应用中,往往准确的权重或各目标之间优先级很难获得,如果无法获得对目标函数的先验偏好信息,就只能采用产生式方法来求解问题以获得 Pareto 最优解集。

产生式方法和基于偏好的方法各有优势和不足。基于偏好的方法要求决策者能够提供准确先验偏好信息,而产生式方法要求决策者依据目标相对重要性的判读从整个 Pareto 最优解集中选择最终解。由于产生式方法在优化过程中产生了较多的 Pareto 最优解,在处理高维目标优化问题时,其选择无法直接表明,导致计算代价过大。

3 种多目标组合优化策略的使用可以用图 9-3 进行描述。

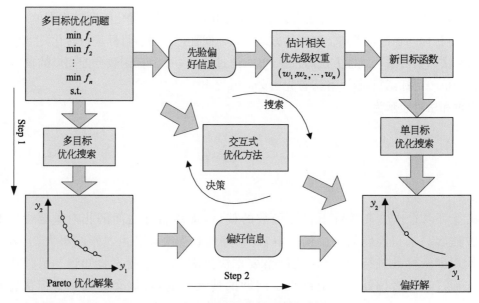

图 9-3　多目标优化求解策略示意

### 9.3.3　优化搜索算法

多目标优化问题大部分属于 NP‑hard 问题,其优化搜索的结果得到问题最优解或 Pareto 最优解集。在解决实际应用问题时,问题的时间和空间复杂度很大,通过近似算法可获得多目标问题的有效最优解。近似算法主要包括启发式算法和进化算法。

启发式算法包括局部搜索算法和贪婪算法等,是一种通过启发式策略指导算法的搜索过程,在决策者能够接收的计算代价内获得问题可行解的算法。局部搜索算法的基本思想是首先选取一个可行解,构造其邻域,在搜索过程中始终选择邻域中距离目标最近的方向进行搜索,以找到更好的可行解。基于邻域搜索思想,采用动态插入快速启发式算法,可解决微波与激光混合链路中继系统在应急条件下的多目标资源调度问题。

进化算法是模仿生物群体活动规律的一种全局优化概率搜索优化算法,采用迭代计算方式,从初始解开始通过迭代操作不断地改进当前解直到获得满意的可行解,主要包括遗传算法、进化策略、进化规划 3 类。遗传算法是进化算法中最早产生、具有广泛应用和影响的研究领域。

1975 年美国 Michigan 大学的 J. Holland 教授等人提出的遗传算法(GA)是受生物进化论的启发而形成的一种并行随机搜索方法,其基本原理是仿效生物界中的“物竞天择、适者生存”的自然选择机制。遗传算法中群体的每个个体代表问题的一个解,称为染色体,染色体的好坏用适应度来衡量,优秀个体根据适应度从父代选出,通过进行交叉、变异操作形成子代群体,通过重复遗传操作使算法收敛于最好的染色体,即得到问题的最优解。遗传算法除具有进化算法的优点,还具有自身独有的特点:遗传算法针对解的编码进行操作,可通过合理设置的适应度函数直接求解不同类型的问题,具有广泛的应用范围;通过选择、交叉、变异操作可快速收敛于全局最优解,全局优化能力强;对于目标函数及搜索空间特征无特别要求,通用性很强,适用于解决复杂的优化问题;算法各个基本操作可扩充性强、易与其他算法结合、普适性较好。

近年来人工智能和人工生命技术兴起,一些新型进化算法随之出现,如蚁群算法、粒子群算法、量子进化算法等。

由于进化算法具有良好的普适性及其广泛的应用,使其在求解复杂单目标优化问题时具有充分优势。通过将小生境思想引入到遗传算法中,提出了一种改进小生境遗传算法,用以解决微波与激光混合链路中继卫星系统资源调度问题,并通过仿真证明了算法能够有效得到优化问题的最优解。

实际科学研究和工程实际中许多优化问题具有相互冲突目标,这些问题的解方案是一个最优解集,即 Pareto 最优解集。针对这种多目标优化问题,出现了多目标优化算法。包括有向量评估遗传算法(VEGA)、多目标遗传算法(MOGA)、强度 Pareto 进化算法(SPEA)、改进强度 Pareto 进化算法(SPEA2)、非支配排序遗传算法(NSGA)等。这些算法大都基于 Pareto 优化方法,同时融入了多种概念和机制,进一步改善了算法搜索效率。

微波与激光混合链路中继卫星资源调度问题中,为充分利用卫星终端资源,在满足时间窗口约束、任务传输约束等条件下，考虑到天线功耗的限制要求算法能够在尽可能短的时间内获得终端功耗最少的结果，同时为达到较好的中继效果还要求资源在一定时间内调度尽可能多的中继任务。而基于 Pareto 思想的多目标进化算法具有良好的全局搜索能力，不需要决策者提供各目标优先级权值，能够对混合系统静态初始资源调度进行综合求解。

## 9.4 基于先验信息的静态初始调度算法

### 9.4.1 基于偏好信息的多目标优化策略

在基于微波与激光混合链路的中继卫星系统资源调度问题中优先级总和、资源消耗和时间是不同量纲的目标参数，为了得到优化的调度结果，首先对目标参数进行无量纲的标准化处理，再根据基于模糊偏好对优化目标分别确定加权系数，最后利用线性加权法，在对各个目标函数进行分析的基础上，通过多个目标函数加权运算来构造单目标函数，将多目标问题转化为单目标的优化问题。具体表达为

$$\min f = \sum_{i=1}^{k} w_i f_i \tag{9-7}$$

式中，$w_i$ 为权重，一般取 $\sum_{i=1}^{k} w_i = 1$；$f_i$ 为目标函数（其中 $i = 1, 2, \cdots, k$）；$k$ 为目标函数个数。

1）目标参量的无量纲标准化处理

无量纲标准化处理公式为

$$a_{pq} = \frac{99 \times (c_{pq} - \min_p c_{pq})}{\max_p c_{pq} - \min_p c_{pq}} + 1 \tag{9-8}$$

式中，$a_{pq}$ 代表经过无量纲标准化处理的第 $p$ 个方案的第 $q$ 个目标参量指标值，$c_{pq}$ 代表原始目标参数指标值，$\max_p c_{pq}$ 代表目标参量在 $p$ 个方案中的最大值，$\min_p c_{pq}$ 代表目标参量在 $p$ 个方案中的最小值。

2）基于偏好关系的权值确定

根据决策者对于混合系统资源调度问题中调度目标的重要性认识，可以将各个目标之间的关系归结为一系列语法规则，简化后的规则如下：

目标函数 $f_1$ 和 $f_2$ 之间，可以确定关系：

（1）$f_1$ 比 $f_2$ 重要。

（2）$f_1$ 远比 $f_2$ 重要。

（3）$f_1$ 不如 $f_2$ 重要。

（4）$f_1$ 远不如 $f_2$ 重要。

（5）$f_1$ 和 $f_2$ 同等重要。

（6）$f_1$ 和 $f_2$ 无关。

依据这组规则定义的偏好关系及其含义如表 9-1 所示：其中关系 $\approx$ 表示两者关系相等；关系 $<\!<$ 是 $<$ 的子关系；由 $x <\!< y$ 可以得到 $x < y$。

表 9-1　偏好关系及其含义

| 关　　系 | 含　　义 |
|---|---|
| $\approx$ | $f_1$ 和 $f_2$ 同等重要 |
| $<$ | $f_1$ 不如 $f_2$ 重要 |
| $<\!<$ | $f_1$ 远不如 $f_2$ 重要 |

在有限值域 $A$ 上定义矩阵 $\boldsymbol{R}$，用以表示目标函数之间的偏好关系，并得到有向带权的图 $G=(A, R)$，定义图的出边值为

$$S_{\mathrm{L}}(a, \boldsymbol{R}) \xlongequal{\text{def}} \sum_{c \in A \backslash \{a\}} \boldsymbol{R}(a, c) \tag{9-9}$$

根据上述定义，计算目标权值如下：

（1）记目标函数集合 $F=\{f_1, f_2, \cdots, f_l\}$。构造 $m$ 个等价类 $\{C_i \mid 1 \leqslant i \leqslant m\}$，$m \leqslant l$，等价类中的目标均满足同等关系 $\approx$。当 $i \neq j$ 时，$\bigcup_{i=1}^{m} C_i = F$ 且 $C_i \cap C_j = \varnothing$。从 $C_i$ 中选择元素 $c_i$ 构成集合 $C=\{c_1, c_2, \cdots, c_m\}$。

（2）采用评价函数 $v$ 确定偏好关系的值：

$$\begin{cases} \text{if } c_i <\!< c_j \text{ then } v(c_i)=\alpha, v(c_j)=\beta \\ \text{if } c_i < c_j \text{ then } v(c_i)=\gamma, v(c_j)=\delta \\ \text{if } c_i \approx c_j \text{ then } v(c_i)=v(c_j)=0.5 \end{cases} \tag{9-10}$$

式中，$\alpha, \beta, \gamma, \delta$ 在区间 $(0, 1)$ 内取值，令 $i \neq j$，规范化定义 $\alpha+\beta=\gamma+\delta=1$，且有 $\alpha < \gamma < 0.5 < \delta < \beta$。

（3）初始化 $R$ 和 $R_a$ 为 $m \times m$ 矩阵，并得到等价关系式：

$$\begin{cases} x_i <\!< x_j \Leftrightarrow R(i, j)=\alpha, R(j, i)=\beta, R_a(i, j)=0, R_a(j, i)=2 \\ x_i < x_j \Leftrightarrow R(i, j)=\gamma, R(j, i)=\delta, R_a(i, j)=0, R_a(j, i)=1 \\ x_i \approx x_j \Leftrightarrow R(i, j)=0.5, R(j, i)=0.5, R_a(i, j)=1, R_a(j, i)=1 \end{cases} \tag{9-11}$$

（4）对于所有满足 $i \leqslant m, j \leqslant m(i \neq j)$ 的情况，若存在 $R_a(i, j)+R_a(j, i)=0$，则需要判断 $c_i <\!< c_j, c_i < c_j, c_j <\!< c_i, c_j < c_i$ 是否满足，再使用式（9-11）计算 $R_a(i, j)$，$R_a(j, i)$。若不满足，则 $\boldsymbol{R}_a$ 的传递闭包可由改进的 warshall 算法计算得到，具体流程如下：

$$\text{for } k \in \{1, 2, \cdots, m\}$$
$$\text{for } j \in \{1, 2, \cdots, m\}$$
$$\text{for } i \in \{1, 2, \cdots, m\}$$
$$R_a(i, j) = \min\{2, \max\{R_a(i, j), R_a(i, k) \cdot R_a(k, j)\}\}$$

（5）由式（9-11），根据 $\boldsymbol{R}_a$ 可计算 $\boldsymbol{R}$。

$$\begin{cases} \text{if } R_a(i, j) = 1, R_a(j, i) = 1 \text{ then } R(i, j) = 0.5, R(j, i) = 0.5 \\ \text{if } R_a(i, j) = 0, R_a(j, i) = 1 \text{ then } R(i, j) = \gamma, R(j, i) = \delta \\ \text{if } R_a(i, j) = 1, R_a(j, i) = 0 \text{ then } R(i, j) = \delta, R(j, i) = \gamma \\ \text{if } R_a(i, j) = 0, R_a(j, i) = 2 \text{ then } R(i, j) = \alpha, R(j, i) = \beta \\ \text{if } R_a(i, j) = 2, R_a(j, i) = 0 \text{ then } R(i, j) = \beta, R(j, i) = \alpha \end{cases} \quad (9-12)$$

（6）对 $c_i \in C$，进行规范化权重系数计算：

$$w(c_i) = \frac{S_L(c_i, \boldsymbol{R})}{\sum_{c_j \in C} S_L(c_j, \boldsymbol{R})} \quad (9-13)$$

对 $y \in C_i$ 可以得到有 $w(y) = w(c_i)$。

本书研究调度问题有 3 个目标函数，$F = \{f_1, f_2, f_3\}$，构造等价类：$C_1 = \{f_1\}$，$C_2 = \{f_2\}$，$C_3 = \{f_3\}$。$C = \{c_1, c_2, c_3\}$，其中 $c_i \in C_i$，$1 \leqslant i \leqslant 3$。偏好关系为：$c_2 \ll c_1$，$c_3 \ll c_1$，$c_3 \ll c_2$，根据上述步骤得到目标函数是规范化权值为：$w(f_1) = 0.54$，$w(f_2) = 0.33$，$w(f_3) = 0.13$。

### 9.4.2　改进小生境遗传算法设计

卫星资源调度问题是 NP-hard 问题，同时具有特有的可见时间窗口约束，即在中继卫星系统中，当在中继星与用户星可见可连时才能进行卫星之间数据传输活动。考虑到问题的复杂程度，采取人工智能算法与启发式算法相结合的优化思路，基于模型分解的求解策略，分别建立了智能优化求解模型和时间窗口更新模型。时间窗口更新模型基于卫星调度相关启发式信息，判断当前任务能否在时间窗口内传输，利用当前任务调度和后续任务更新两个步骤，实现了可见时间窗口的动态更新并完成了任务集合的调度安排。智能优化求解模型设计了一种改进自适应小生境遗传算法（SANGA），小生境思想的引入提高了传统遗传算法的收敛速度及全局搜索能力，避免了算法收敛过程中的早熟现象，同时能极好地保持种群多样性。基于模型分解的优化调度算法流程如图 9-4 所示。

### 9.4.3　基于时间窗口更新的调度优化策略

由混合系统资源调度问题模型中可知，用户星发起任务组成任务集合，共 $|J|$ 个任务，每一个任务具有其相应的优先级权值。进行调度优化之前对任务进行预处理，首先按照优先级权值由大到小将所有任务进行排序操作，然后依据任务所选择不同的天线资源将任务分成各个子集合，最后按照同一任务集合中任务顺序依次进行调度安排。

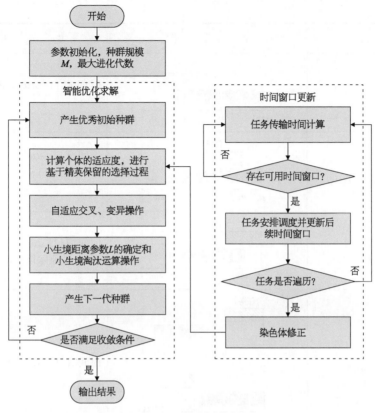

**图 9‑4　算法流程示意**

通过当前任务调度和后续任务更新两个步骤,可以实现对任务的调度安排。具体过程为:第一步对当前调度任务 $i$ 进行调度安排。首先判断任务的第 $k$ 个可见时间窗口$[stw_i^k$,$etw_i^k]$是否可以进行任务传输,若任务 $i$ 的传输时间满足 $dt_i^m \leqslant etw_i^k - stw_i^k$,则当前可见时间窗口满足任务传输条件,任务传输开始时刻 $st_i$ 确定为 $st_i = stw_i^k$,同时结束时刻 $et_i$ 确定为 $et_i = st_i + dt_i^m$。第二步后续任务时间窗口的更新操作。根据当前调度任务 $i$ 与后续任务 $j$ 可见时间窗口$[stw_j^k$,$etw_j^k]$相互之间时序关系,分为 5 种情况进行时间窗口更新操作,每次完成对当前任务调度后进行后续任务的可见时间窗口更新,再将下一个任务设为当前任务,循环进行可见时间窗口更新,完成任务的调度。表 9‑2 中分别显示了前交叉、后交叉、包含、覆盖、无关 5 种时序关系、时序图及相应的窗口更新操作。

**表 9‑2　时间窗口更新**

| 关　系 | 时　序　图 | 更　新　操　作 |
|---|---|---|
| 前交叉<br>$st_i \leqslant stw_j^k$ && $stw_j^k < et_i < etw_j^k$ | 任务 $i$<br>可见时间窗口<br>$st_i$　$stw_j^k$　$et_i$　$etw_j^k$　$t$ | 时间窗口$[stw_j^k$,$etw_j^k]$更新为$[et_i$,$etw_j^k]$ |

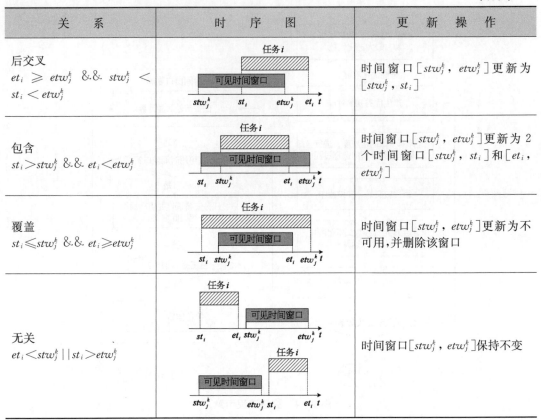

| 关　系 | 时　序　图 | 更　新　操　作 |
|---|---|---|
| 后交叉 $et_i \geqslant etw_j^k$ && $stw_j^k < st_i < etw_j^k$ | | 时间窗口 $[stw_j^k, etw_j^k]$ 更新为 $[stw_j^k, st_i]$ |
| 包含 $st_i > stw_j^k$ && $et_i < etw_j^k$ | | 时间窗口 $[stw_j^k, etw_j^k]$ 更新为 2 个时间窗口 $[stw_j^k, st_i]$ 和 $[et_i, etw_j^k]$ |
| 覆盖 $st_i \leqslant stw_j^k$ && $et_i \geqslant etw_j^k$ | | 时间窗口 $[stw_j^k, etw_j^k]$ 更新为不可用，并删除该窗口 |
| 无关 $et_i < stw_j^k \| st_i > etw_j^k$ | | 时间窗口 $[stw_j^k, etw_j^k]$ 保持不变 |

根据上述的时间窗口更新策略，对于按照天线资源种类不同而划分的任务子集，可依次进行任务调度安排，具体调度流程如图 9-5 所示。

图 9-5 显示，当前调度任务调度步骤主要进行任务传输条件判断，如果遍历任务所有可见时间窗口仍无法找到满足条件的窗口，则当前调度任务转入未调度队列 US 中。后续时间窗口更新步骤主要根据时间窗口更新策略，针对不同任务与时间窗口时序关系情况进行更新操作。

### 9.4.4　基于精英保留的自适应小生境遗传算法

智能优化求解模型中主体部分是基于精英保留策略的自适应小生境遗传算法，算法基本流程步骤为：

Step1：种群初始化。已知 $M$ 为种群规模，Max 为最大迭代次数，$P_c$ 和 $P_m$ 分别为交叉及变异概率，$k$ 为迭代次数计数器。利用小生境淘汰操作在随机产生 $2M$ 个个体中选出前 $M$ 个构成初始种群，令 $k=1$。

Step2：适应度值计算。对于种群中个体计算其相应适应度值、种群平均适应度值 $f_{avg}$ 和最小适应度值 $f_{min}$，按照适应度值降序排列个体，再进行基于精英保留的选择操作。

Step3：交叉、变异操作。根据自适应交叉、变异算子计算相应的 $P_c$ 和 $P_m$，按照适应度值降序对经过选择、变异和交叉操作之后获得的 $M$ 个个体进行排序。

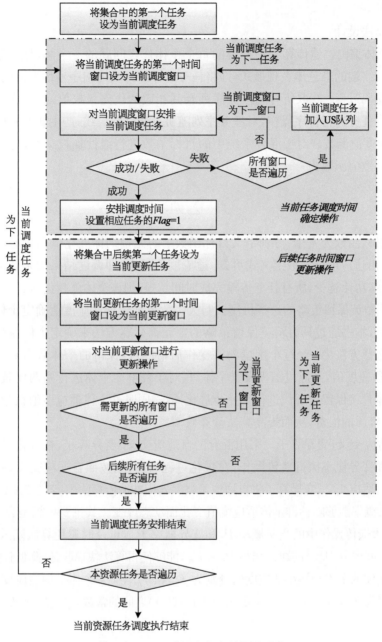

**图 9-5　同一资源上任务的调度流程**

Step4：小生境淘汰操作。对于 Step3 中获得的个体，确定小生境距离参数 $L$，通过对比个体上等位基因来判断个体的相似度，若相似度过高，即个体相似度大于平均值，则采用罚函数策略淘汰其中适应度较小的个体，同时产生与淘汰个体数同等的新个体，加入到种群进化过程中。

Step5：算法终止条件判断。判断是否达到最大迭代次数，如未达到则更新数据，令 $k = k+1$，将 Step4 中 $M$ 个个体作为新个体转入 Step2；如果达到最大迭代次数则算法结束，输出调度结果。

具体的算法设计：

（1）染色体编码。遗传算法中种群的每个个体代表问题的一个解，称为染色体。本算法中采用天线终端的染色体表现形式，即将任务选择的天线终端序号作为染色体上基因。

算法的编码过程：获取所有的任务序列及其相应的优先级权值，按照优先级权值降序的规则对所有任务进行排序操作，对任务序列随机分配终端天线，产生初始种群。

（2）适应度值函数。对于混合系统中的目标函数进行线性加权运算，定义加权和结果为算法的适应度值函数为

$$f = \sum_{i=1}^{k} f_i^s w_i \tag{9-14}$$

其中设目标函数为 $k$ 个，分别定义目标函数 $i$ 的无量纲标准化值和相应的优先级权值为 $f_i^s$ 和 $w_i$。由适应度值函数定义式可知，适应度值越小，即调度结果中未调度任务总权值越小、天线终端功耗越少，所有任务传输完成时间越短，则该个体就越优秀。

（3）基于精英保留策略的选择机制。与大多数单纯依据适应度值确定个体遗传概率的选择方法不同，本书通过具有精英保留策略的二元锦标赛方法来确定个体保留至下一代的概率。具体选择方法为：经过小生境淘汰操作后，种群内保留的个体数为 $M$ 个，分别计算 $M$ 个个体的适应度值，并通过随机设置个体对，对于种群内个体进行两两比较，其中适应度值较小的个体直接保留至子代进行下一步进化操作，同时其个体适应度值被记忆，而不再重复计算，造成资源的浪费，从而提高算法计算效率。

（4）自适应交叉、变异算子。采用混合的自适应交叉、变异算子，在进化过程初期，按照固定的交叉和变异概率执行遗传操作，在进化过程后期，则按照自适应交叉、变异算子执行遗传操作。自适应交叉、变异算子将自适应策略引入标准遗传算法中实现交叉和变异操作，因此，变异、交叉概率能够随种群个体适应度值变化而动态改变。其主要思想是当种群中个体趋于一致时，增大遗传操作中的交叉概率 $P_c$ 和变异概率 $P_m$，可及时避免算法陷入局部最优；当个体在约束空间内分别较分散时，减小 $P_c$ 和 $P_m$，能够使得算法快速收敛，降低计算量。

设种群个体的平均和最小适应度值分别为 $f_{avg}$ 和 $f_{min}$，交叉个体平均适应度值为 $f_c$，变异个体适应度值为 $f_m$，取 $k_1, k_2, k_3, k_4$ 为范围在 $(0, 1)$ 之间的常数，自适应交叉、变异算子为

$$P_c = \begin{cases} k_1 & f_c \geqslant f_{avg} \\ \dfrac{k_2(f_c - f_{min})}{f_{avg} - f_{min}} & f_c < f_{avg} \end{cases}$$

$$P_m = \begin{cases} k_3 & f_m \geqslant f_{avg} \\ \dfrac{k_4(f_m - f_{min})}{f_{avg} - f_{min}} & f_m < f_{avg} \end{cases} \tag{9-15}$$

由上式可以看出，$P_c$ 和 $P_m$ 在个体适应度值低于平均适应度值时取值较小，而在个体适应度值高于平均适应度值时取值较大，这样交叉、变异概率的动态改变不仅有利于种群中优

秀个体保留至下一代,而且增大了新个体产生的概率,能够有效避免算法陷入局部最优。

（5）小生境淘汰操作。定义小生境距离参数 $L$ 为种群内前 $N$ 个优秀个体之间的最小欧式距离,如式（9-16）所示,定义个体 $x_i$ 和 $x_j$,染色体长度为 $length$。$L$ 随着每一代个体的不同而实时动态变化,依据不同的距离参数进而获得合理分布的小生境环境。

$$L = \min \| x_i - x_j \| = \min \sqrt{\sum_{k=1}^{length} (x_{ik} - x_{jk})^2}, \quad \begin{cases} i = 1, 2, \cdots, N-1 \\ j = i+1, \cdots, N \end{cases} \quad (9-16)$$

同时为避免算法陷入局部最优,定义个体之间相似度为相同等位基因数除以染色体上总基因数,定义平均相似度为个体 $i$ 与其他个体直接相似度之和除以个体数减 1。根据小生境距离内的个体相似度,可以对较差个体实施淘汰操作,从而得到在约束空间内均匀分布的个体。

## 9.4.5　调度算法性能

以 1 颗中继卫星和 4 颗用户卫星组成的中继卫星系统作为仿真场景,中继卫星定位于东经 10°,星上设有 3 个天线终端,分别为 S 波段单址天线、Ku 波段单址天线和光学天线终端,可为用户星提供多条微波和激光链路。用户卫星的轨道参数均来自 2010 年 6 月美国 AGI 公司发布的全球卫星轨道数据库,光学天线终端性能参数依据欧洲空间局设计的 EDRS 计划进行设定,具体的终端天线参数如表 9-3 所示,用户星具体参数如表 9-4 所示,中继星和用户星轨道参数由 STK 导入,并通过 STK 中的链路仿真功能获得两者之间的可见时间窗口,仿真时间段为 00:00:00～06:00:00。

表 9-3　天线终端参数

| 天 线 类 型 | S 波 段 | Ku 波 段 | 光 学 天 线 |
| --- | --- | --- | --- |
| 速 率 | 10 Mb/s | 200 Mb/s | 1.8 Gb/s |
| 功 耗 | 500 W | 500 W | 100 W |

表 9-4　用户星基本情况

| 卫 星 | LEO 01 | LEO 02 | LEO 03 | LEO 04 |
| --- | --- | --- | --- | --- |
| 高 度 | 400 km | 600 km | 800 km | 1 000 km |
| 轨道倾角 | 35° | 45° | 55° | 65° |

算法中交叉、变异概率 $P_c$ 和 $P_m$ 分别为 0.8 和 0.2,种群规模 $M$ 为 60。

### 9.4.5.1　算法收敛特性

当任务规模为 64 时进行资源调度优化求解,为说明算法收敛特性,记录调度算法运行过程,图 9-6、图 9-7 分别给出了标准遗传算法（SGA）和改进自适应小生境遗传算法收敛曲线。

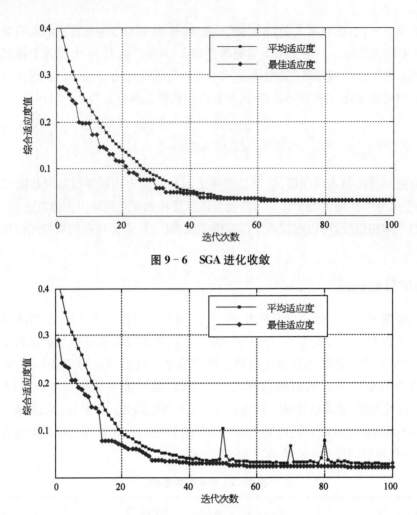

图 9-6　SGA 进化收敛

图 9-7　SANGA 进化收敛

从图 9-6 的 SGA 算法进化过程可以看出,当迭代次数为 60 代左右时,种群个体的平均适应度值与最佳适应度值曲线基本上趋于重合,这时算法已基本收敛,算法进化陷入局部最优解,即使进行遗传操作也很难有新个体产生,这导致了 SGA 算法进化过程中种群的快速收敛,因而其局部搜索能力较差。而图 9-7 中的 SANGA 优化进化过程中,在迭代次数达到 40 代时,其种群中个体适应度函数的平均值曲线与最佳值曲线逐渐趋于一致,而 40 代之后直到迭代结束,平均适应度值曲线出现了多次较大幅度的震荡,同时个体最佳适应度值曲线一直低于平均适应度值,而未出现重合现象。算法引入了小生境思想,因而在其优化过程中通过计算合适的距离参数获得了较好的小生境环境。具体操作是在小生境距离范围内的所有个体中,施加一个较强的罚函数给其中较差的个体,极大增加其适应度值,则该个体在后续遗传进化操作中具有较大的淘汰概率,这样就能够保证在小生境距离范围中仅存唯一的优秀个体,不仅维护了种群多样性,而且使得个体在约束空间中均匀分布。而在进化过程中种群的平均适应度值趋于一致时,自适应交叉、变异算子进行动态的调整,增加 $P_c$ 和

$P_m$ 能够增大新个体产生的概率,避免算法陷入局部最优解。同时在设计选择算子时引入了精英保留策略,使得遗传进化过程中的优良个体不会因为迭代过程而丢失,而总是能够得到保留并参与到下一代的种群进化中,在减小计算开销的同时有利于算法的寻优操作。

### 9.4.5.2　调度优化性能

分别以 32,64,80,100 个任务量的仿真场景进行计算,对于每个场景进行 100 次仿真优化,优化结果取均值与标准遗传算法的优化结果进行比较,比较结果如表 9 - 5 所示。

表 9 - 5　SANGA 与 SGA 优化结果对照表

| 总任务量 | SANGA | | | SGA | | |
|---|---|---|---|---|---|---|
| | 任务完成量 | 权值完成率/（%） | 迭代次数 | 任务完成量 | 权值完成率/（%） | 迭代次数 |
| 32 | 32 | 100% | 100 | 31 | 99.52% | 100 |
| 64 | 63 | 98.03% | 100 | 59 | 97.06% | 100 |
| 80 | 73 | 95.19% | 200 | 64 | 90.54% | 200 |
| 100 | 89 | 91.62% | 200 | 74 | 82.38% | 200 |

表 9 - 5 显示了 SANGA 和 SGA 两种算法在对小任务量场景进行优化时,SANGA 在任务完成量、权值完成率两方面的优化效果均优于 SGA,两者的优化结果比较接近。随着仿真场景中任务量的逐渐增大,天线资源的调度安排冲突愈加激烈,这时 SANGA 的优势就更加凸显出来,调度结果中任务完成量及权值完成率均大幅度优于 SGA 的调度结果。

选取任务量为 64 时的场景,对比了两种算法的 100 次仿真中以任务优先级权值完成百分比作为优化目标的优化结果,两组数据对比如图 9 - 8 所示,图中 SANGA 的单次优化任

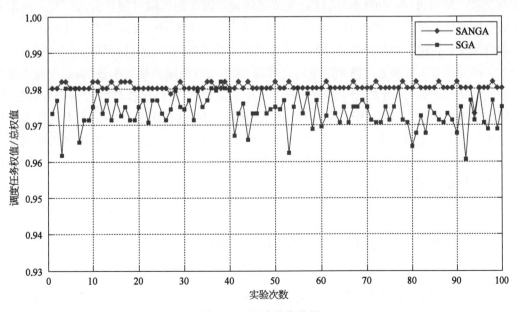

图 9 - 8　历次仿真结果

务权值完成率达 98% 以上,在任务权值完成率方面 SANGA 优化性能明显优于 SGA。

选取具有 32 个任务量的仿真场景进行多次仿真计算并选取其中一个偏好解进行分析,其调度结果如图 9-9 所示。图 9-9 是 3 个天线资源上任务调度时间甘特图,显示了任务进行传输的具体时间及传输顺序,其中不同颜色的色块代表不同的任务,色块长度代表该任务的传输时间,色块上的标签代表任务序号及相应的优先级权值。

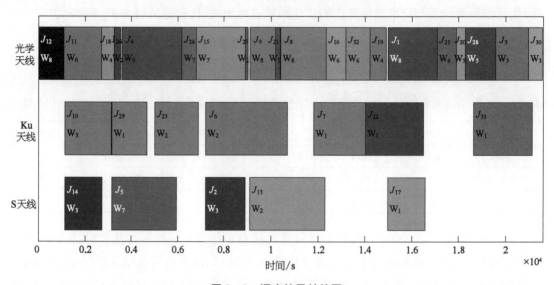

**图 9-9　调度结果甘特图**

在图中所示的调度结果中,调度周期为 21 600 s(6 h),全面调度任务传输完成时间为 21 566 s,调度任务完成率为 100%,即所有任务均能够顺利传输。激光链路传输速率高,因而与微波链路相比,相同的任务通过激光链路传输所需要的传输时间将大大缩短。由混合系统资源调度问题模型中的目标 $f_3$ 可知,对于大数据量的任务,调度方案将优先采用激光天线终端进行传输。而激光链路除具有较强的中继传输能力外,还具有低终端功耗的优势,因此大部分任务都能够通过激光链路进行传输,激光天线终端的利用率较高;而当激光链路传输能力接近饱和时,则无法满足所有的任务传输需求,这时将选择微波传输任务,但微波链路的中继传输能力有限,因此 S 和 Ku 单址天线上安排的任务量较小。考虑到任务传输必须在特定的可见时间窗口内进行,本次调度结果表明了本算法在调度效率和任务完成率方面均具有明显优势,适用于求解具有多任务多天线资源的微波与激光混合链路中继卫星系统资源调度问题。

# 9.5　多目标优化的静态资源调度方法

利用 9.4 节基于先验信息的静态资源调度算法,对静态初始条件下的综合资源调度问题进行求解。为了实现无偏好信息的静态初始调度条件下对多个调度目标同时进行优化求解,本节介绍 NSGA‐Ⅱ的多目标综合资源调度算法。

## 9.5.1　基于 Pareto 优化解的多目标搜索策略

### 9.5.1.1　多目标进化算法

在多目标优化问题中,通常存在着多个相互矛盾的目标,如何在多个目标冲突的条件下获得问题最优解,是学术研究与工程应用领域中关注的焦点。通常 MOEA 算法要求能够提供一组尽可能多的非支配解,并且这组解能够逼近问题的全局 Pareto 最优前端,且在全局最优前端上均匀分布。大多数多目标进化算法都是针对这 3 个要求的特定方法的有效组合。

MOEA 的主要模型由 Laumanns 等人提出,其流程如图 9‐10 所示,设定初始种群与初始第二种群,依据种群和第二种群中的非支配解对第二种群内的个体进行更新操作。为了提高算法的搜索效率,在每一代种群中,当第二种群中的非支配解超出规定的数值时,就对第二种群进行修剪操作。对种群中的个体赋予相应的适应度值,进行选择操作挑选个体进入下一代种群,再对种群进行交叉和变异等操作。

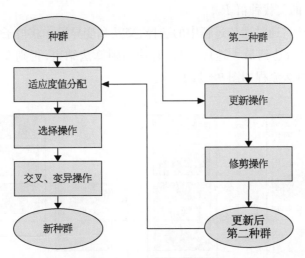

**图 9‐10　MOEA 算法框架**

### 9.5.1.2　NSGA 与 NSGA‐Ⅱ算法

NSGA 是多目标进化算法发展过程中非常重要的算法,NSGA‐Ⅱ为其改进版本,下面分别描述这两种算法。

1) 非支配排序遗传算法

基于 Goldberg 的方法,NSGA 对个体分类,形成多个层次。具体过程为:在选择操作之前,基于 Pareto 最优对个体进行排序操作,所有非支配的个体归为一类,通过将共享函数法引入算法来保持种群的多样性;然后,保留已完成分类的个体,考虑另一层非支配的个体;反复执行此操作直到将所有个体完成分类。由于最先得到的非支配个体具有最大的适应度值,因而具有最大的被复制概率。

NSGA 具有非支配最优解分布均匀,同时允许存在多个不同等效解的优点。而由于算法中 Pareto 排序操作要多次重复执行，算法计算效率较低，计算复杂度很大，并且算法未采用精英保留策略，其中的共享函数 $\sigma_{share}$ 也需要预先确定。

2) 非支配排序遗传算法Ⅱ

NSGA-Ⅱ作为传统非支配排序遗传算法的改进版本，在其进化过程中，子代种群 $Q$ 通过对父代种群 $P$ 执行交叉、变异操作得到，父代与子代组成联合种群，通过非支配排序和拥挤距离排序操作，其中的优秀个体被保留至下一代，重复进行此操作，当算法满足结束条件时停止。算法流程为：

（1）对随机产生的初始种群 $P_t$ 执行非支配排序操作，依据适应度值将种群内个体分为不同等级并赋予相应的秩；父代种群 $P_t$ 通过遗传过程中的选择、交叉和变异操作可获得子代种群 $Q_t$，令迭代计数器 $t=0$。

（2）将父代和子代种群合并得到联合种群 $R_t = P_t \bigcup Q_t$，对新种群 $R_t$ 执行非支配排序操作，获得种群的非支配前端 $F_1$，$F_2$，…

（3）对于非支配前端 $F_i$ 中个体，通过执行拥挤度比较操作，选择其中前 $N$ 个优秀个体进入下一代，形成新的父代种群 $P_{t+1}$。

（4）父代种群 $P_{t+1}$ 通过遗传过程中的选择、交叉和变异操作获得子代种群 $Q_{t+1}$。

（5）判断算法是否达到最大迭代次数，若达到则算法结束；否则令 $t=t+1$，转入步骤（2）NSGA-Ⅱ主要算法流程如图 9-11 所示。

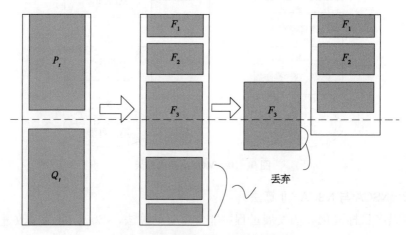

**图 9-11　NSGA-Ⅱ主要算法流程**

### 9.5.2　改进 NSGA-Ⅱ的优化算法设计

以传统 NSGA 中非支配排序和拥挤度排序思想为借鉴，同时引入基于精英保留策略的选择算子和混合交叉算子，提出了一种改进型非支配排序遗传算法（MNSGA-Ⅱ），用以解决混合系统资源调度问题，算法能够同时对于调度模型的多个目标函数进行优化寻优，并最终获得多目标优化问题的 Pareto 最优解集。MNSGA-Ⅱ具体流程如图 9-12 所示。

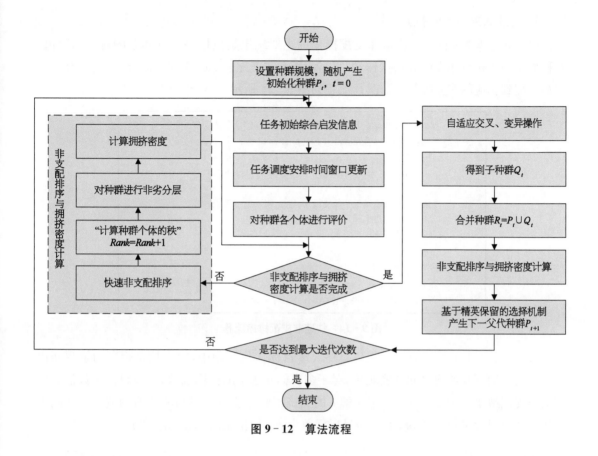

**图 9 - 12 算法流程**

**1）初始种群构造**

算法的初始种群构造过程包括算法的编码和解码操作两部分。MNSGA-Ⅱ以天线资源作为编码依据,在完成对任务的调度预处理之后,将任务所选择的天线资源序号作为种群内染色体基因。其解码过程则是依据任务相应的天线资源,将任务安排在该资源的可见时间窗口内进行传输,若所在资源无法成功传输任务,则任务转入未调度任务序列。初始种群构造流程如图 9 - 13 所示。

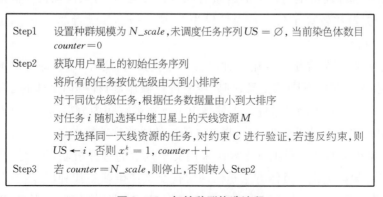

Step1 设置种群规模为 $N\_scale$,未调度任务序列 $US = \varnothing$,当前染色体数目 $counter = 0$

Step2 获取用户星上的初始任务序列

将所有的任务按优先级由大到小排序

对于同优先级任务,根据任务数据量由小到大排序

对任务 $i$ 随机选择中继卫星上的天线资源 $M$

对于选择同一天线资源的任务,对约束 $C$ 进行验证,若违反约束,则 $US \leftarrow i$,否则 $x_i^k = 1$,$counter ++$

Step3 若 $counter = N\_scale$,则停止,否则转入 Step2

**图 9 - 13 初始种群构造流程**

2) 改进 NSGA2 算子设计

(1) 快速非支配排序。快速非支配操作的主要思想是依据多目标问题的目标函数值，对种群中个体执行非支配分层操作，即将当前所有非支配解都归为同一等级，直到所有个体都被分配到相应的非支配解集。具体流程如图 9 - 14 所示。

Step1    $\forall p \in P$, $\forall q \in P$, 令 $S_p = \varnothing$, 集合 $S_p$ 包含个体 $p$ 支配的所有个体
        令 $n_p = \varnothing$, 变量 $n_p$ 表示支配 $p$ 的个体数
        若 $p$ 支配 $q$, 则 $S_p = S_p \bigcup \{q\}$, 否则令 $n_p = n_p + 1$
        $p$ 支配 $q$ 定义为：当且仅当个体 $p$ 的所有目标值都不劣于个体 $q$, 且至少有一个目标值优于个体 $q$
        如果 $n_p = 0$, 表示无个体支配 $p$, 则 $p$ 属于第一等级，
        令其秩 $p_{rank}$ 为 1, $F_1 = F_1 \bigcup \{p\}$
Step2    令 $i = 1$, 当 $F_i \neq \varnothing$ 时, 设 $Q = \varnothing$
        $\forall q \in S_p$
        令 $n_q = n_q - 1$
        若 $n_q = 0$, 则 $q_{rank} = i + 1$, 令 $Q = Q \bigcup \{q\}$, $i = i + 1$, $F_i = Q$
Step3    若 $F_i = \varnothing$, 则排序操作结束, 否则转入 Step2

**图 9 - 14    快速非支配排序流程**

(2) 基于小生境尺寸的拥挤距离排序。多目标优化问题中，定义拥挤距离为解空间内一个解与其周围其他解之间的密集度，对于多目标问题中的目标函数，以该目标函数值为依据对非支配解集 $F_i$ 中的解排序，定义解 $i$ 的拥挤距离为解 $i + 1$ 和 $i - 1$ 所围成立方体的平均边长。设目标函数个数 $m$, 第 $k$ 个目标函数为 $f_k$, 拥挤距离 $i_{distance}$ 定义为

$$i_{distance} = \begin{cases} inf & f_k^{\max} = f_k^{\min} \ || \ f_k(i) = f_k^{\max} \ || \ f_k(i) = f_k^{\min} \\ \sum_{k=1}^{m} \dfrac{f_k(i+1) - f_k(i-1)}{f_k^{\max} - f_k^{\min}} & f_k^{\max} \neq f_k^{\min} \end{cases}$$

$$(9 - 17)$$

式中，$f_k$ 为最大值或最小值时，取其 $i_{distance}$ 为无穷大。$i_{distance}$ 越大表明解 $i$ 周围的点越稀疏，在种群进化过程中应对其以较大的概率保留至下一代，这样就能够从属于同一非支配前沿等级的所有解中选择拥挤距离较大的解参与到下一代运算中，从而保持种群多样性。拥挤距离排序基于拥挤比较算子（$\succ_n$），当且仅当 "$i_{rank} > j_{rank}$" 或者 "$i_{rank} = j_{rank}$ 且 $i_{distance} > j_{distance}$" 时有 $i \succ_n j$。

(3) 混合交叉、变异算子。采用一种混合自适应交叉、变异方式，即针对不同种群内的个体分布情况，选取相应不同的交叉、变异概率进行操作，当种群内个体趋于一致时，$P_c$ 和 $P_m$ 增大，防止了算法陷入局部最优。当种群内个体在解空间内分散时，$P_c$ 和 $P_m$ 减小，使得优秀个体有更大的概率保留至下一代，提高了算法的快速收敛特性。

(4) 基于精英策略的选择机制。算法采用父子竞争的选择机制，保留进化过程中的优秀个体进入下一轮的进化。具体方法是由两父代交叉产生新一代种群，然后合并父代与子代种群，对合并种群内的个体执行非支配排序操作，并分别计算其拥挤距离，最后依据拥挤

比较算子选择优秀个体进入下一代，这样使得进化中的子代总是不劣于其父代，从而进化能够始终向着最优解发展。具体流程如图 9－15 所示。

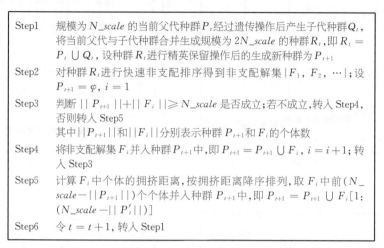

Step1　规模为 $N\_scale$ 的当前父代种群 $P_t$，经过遗传操作后产生子代种群 $Q_t$，将当前父代与子代种群合并生成规模为 $2N\_scale$ 的种群 $R_t$，即 $R_t = P_t \cup Q_t$，设种群 $R_t$ 进行精英保留操作后的生成新种群为 $P_{t+1}$

Step2　对种群 $R_t$ 进行快速非支配排序得到非支配解集 $\{F_1, F_2, \cdots\}$；设 $P_{t+1} = \varphi, i = 1$

Step3　判断 $\|P_{t+1}\| + \|F_i\| \geqslant N\_scale$ 是否成立；若不成立，转入 Step4，否则转入 Step5
其中 $\|P_{t+1}\|$ 和 $\|F_i\|$ 分别表示种群 $P_{t+1}$ 和 $F_i$ 的个体数

Step4　将非支配解集 $F_i$ 并入种群 $P_{t+1}$ 中，即 $P_{t+1} = P_{t+1} \cup F_i, i = i+1$；转入 Step3

Step5　计算 $F_i$ 中个体的拥挤距离，按拥挤距离降序排列，取 $F_i$ 中前 $(N\_scale - \|P_{t+1}\|)$ 个体并入种群 $P_{t+1}$ 中，即 $P_{t+1} = P_{t+1} \cup F_i[1:(N\_scale - \|P'_t\|)]$

Step6　令 $t = t+1$，转入 Step1

图 9－15　选择操作流程

### 9.5.3　仿真设计与性能分析

采用 9.4.3 节中继卫星系统作为仿真场景进行混合链路资源调度问题的优化求解，其中中继星定位与东经 10°上空，星上天线终端具体参数如表 9－3 所示，用户星的轨道参数如表 9－4 所示，仿真时段为 00:00:00～06:00:00，中继卫星与用户星间的可见时间窗口可由 STK 仿真得到，如表 9－6 所示。

表 9－6　用户星可见时间窗口

| 用户星 | LEO 01 (400 km) | | LEO 02 (600 km) | | LEO 03 (800 km) | | LEO 04 (1 000 km) | |
|---|---|---|---|---|---|---|---|---|
| 可见时间窗口 | 00:00:00 | 00:10:00 | 00:18:48 | 01:18:17 | 00:00:00 | 00:45:32 | 00:00:00 | 00:25:54 |
| | 00:52:36 | 01:48:55 | 02:00:12 | 03:00:32 | 01:23:17 | 02:40:37 | 00:59:40 | 02:13:57 |
| | 02:31:33 | 03:26:50 | 03:42:00 | 04:44:51 | 03:16:41 | 04:31:52 | 02:53:26 | 04:01:48 |
| | 04:09:29 | 05:04:24 | 05:25:38 | 06:00:00 | 05:10:29 | 06:00:00 | 04:42:52 | 05:50:35 |
| | 05:47:03 | 06:00:00 | | | | | | |

1）算法收敛特性

多目标进化算法可以同时对模型中多个目标函数进行优化，其优化求解的主要目标是不断逼近问题 Pareto 解的最优前沿，算法收敛情况作为评价一个算法性能的重要衡量指标，直接影响算法运行结果的优劣。以任务量为 64 时的仿真场景为例，在仿真试验中记录了每一代种群个体中目标函数的最优值，其中遗传进化过程中 $f_1$，$f_2$ 和 $f_3$ 的最优值曲线如图 9－16 中（a）～（c）所示，Pareto 解最优前沿如图 9－16 中（d）所示。

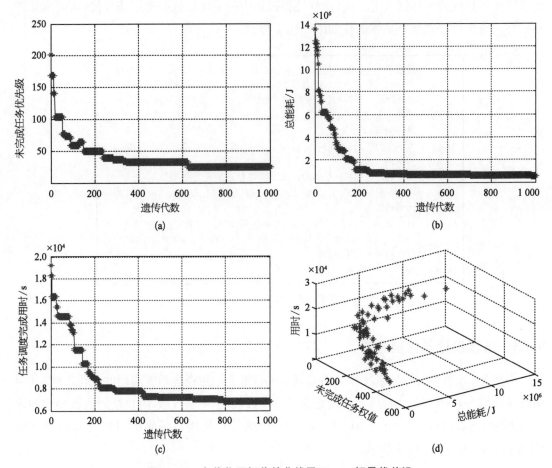

**图 9-16　各优化目标收敛曲线及 Pareto 解最优前沿**

(a) 目标函数 $f_1$ 收敛曲线；(b) 目标函数 $f_2$ 收敛曲线；(c) 目标函数 $f_3$ 收敛曲线；(d) 非支配解最优前沿

图 9-16 中最优值收敛曲线(a)～(c)中，$f_1$，$f_2$ 和 $f_3$ 在前 200 代进化时快速收敛，同时在基本收敛之后，仍能够跳出局部最优值，扩大搜索范围进一步寻找更优解，因而在进化后期存在进一步寻优过程，表明 MNSGA-Ⅱ算法能够保持种群多样性，避免算法陷入局部最优。由图 9-16 中优化结果的 Pareto 最优前沿可知，$f_1$ 未完成任务优先级与 $f_2$ 总能耗、$f_2$ 调度完成用时均成反比，最优前沿上的每一个点都是 Pareto 最优解，在不同的能耗和调度时间约束条件下，都能够满足决策者的要求，最终决策者只需根据各优化目标的相应偏重值，从 Pareto 最优解集中选择一个或者一组"足够满意"解作为资源调度问题的最终结果即可。

2) 调度优化性能

以任务量为 32,48,64,80,96,112 的仿真场景为例，图 9-17、图 9-18、图 9-19 给出了调度结果中 3 个目标函数的优化效果，在不同的任务规模条件下进行多次仿真运算，记录了最优值、最劣解并计算优化结果平均值，同时比较了本算法优化结果与多目标遗传算法(MOGA)的优化结果。

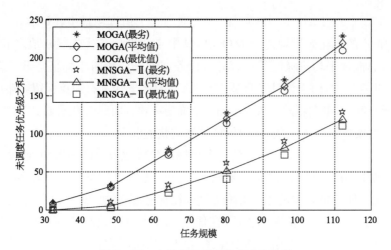

图 9-17　未调度任务优先级之和比较

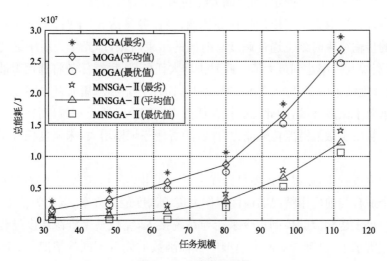

图 9-18　总能耗比较

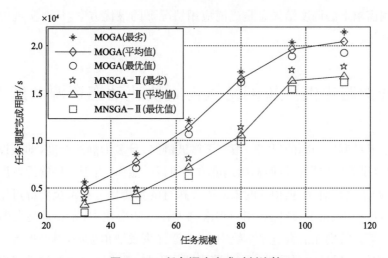

图 9-19　任务调度完成时刻比较

由图 9-17、图 9-18、图 9-19 可知，在选取的 6 个仿真场景中，MNSGA-Ⅱ对于目标函数 $f_1$，$f_2$ 和 $f_3$ 的优化效果均优于 MOGA，其中未调度任务优先级权值之和的平均值降低了 66.77%，总能耗平均值降低了 69.73%，任务调度完成用时平均值降低了 35.27%。在本 MNSGA-Ⅱ算法中，由于设计了自适应交叉、变异算子和具有精英保留策略的选择算子，扩大算法搜索空间的同时保证了 Pareto 解搜索的多样性，而每一代种群内的优秀个体总能够通过精英保留策略转入下一代，从而保证算法的快速收敛。

由图 9-17、图 9-18、图 9-19 中的 3 个目标函数优化效果曲线可知，通过 MNSGA-Ⅱ和 MOGA 求解得到的调度结果中，$f_1$ 未调度任务优先级之和随任务量增加而呈线性增长趋势；$f_2$ 总能耗在任务量较少时增长幅度较小，在任务量达到 96 及以上时大幅度增长；而 $f_3$ 任务调度完成用时的增长情况则相反，在任务量较少时持续增长，而当任务量达 96 个以上时增长趋于平缓。这是由于在中继卫星系统中可见时间窗口的约束下，相同场景内的总窗口时间已根据调度时间段确定，而终端天线利用率随着任务量的增大而接近饱和，由于算法优化过程中优先选取光学天线进行任务传输，当任务量达 80 个时，光学天线上安排的最后一个任务的传输结束时刻也逼近调度总时间的结束时刻，即光学天线中继能力已基本接近饱和，天线资源利用率达到最大值。此时再增大任务量，后续任务将选用微波天线终端进行传输，因而调度结果中 $f_1$ 与 $f_2$ 数值持续增长，而任务完成总用时基本不变。由于激光终端总能耗远远低于微波终端，因此总能耗在任务规模较小时增长平缓，而在规模较大时呈快速增长趋势。且由于微波链路传输能力有限，随着任务规模增大，未调度任务量增长幅度呈增大趋势。

在实际调度过程中，通过上述多目标优化算法获得 Pareto 最优解集后，决策者从最优解集中选择一个适合当前应用情况的最优解作为资源调度最终方案，以此为依据，调度中心向中继星和用户星发送相应的控制指令来指导系统接入，完成整个资源调度过程。针对在不同的实际应用需求下，决策者对调度模型中目标函数的侧重不同的情况，MNSGA-Ⅱ算法可以提供尽可能多的最优解集，为决策者选择适合当前实际情况的最终调度方案提供便利，保证不同应用需求下的调度结果总是当前应用情况下的最优方案，从而实现中继卫星资源的有效合理利用。

# 9.6 混合链路中继卫星网络抢占式快速动态资源调度方法

当前关于卫星调度问题的研究一般基于微波链路，且多为静态调度，即假设初始调度一旦完成，中继卫星系统将严格按照初始调度方案执行。然而，由于卫星资源调度属于预案调度（即在调度方案执行前，根据预计的未来需要执行的数传任务和系统资源可用情况进行规划），实际运行过程中，系统、环境和用户需求都处在不断变化中，尤其是突发的成像侦察任务和资源故障等。特别在混合链路系统中，由于激光束发散角极小，卫星平台的振动将影响光束对准，造成信道质量的严重恶化或链路中断。因此，激光链路较微波链路更易受环境与系统平台的影响,其初始调度方案在执行过程中的不确定性更大。为适应混合链路系统执行调度方案的不确定性和突发的数传任务,须对混合链路中继卫星系统提出动态资源算法,以提高系统的鲁棒性和资源利用率。

已有工作分析了具有单址和多址微波链路的动态调度问题,提出了基于导向局部搜索的动态调度资源调度算法,做了很多扎实的工作,为本研究提供了理论基础。然而其动态资源调度算法基于任务整传模型,不允许抢占式调度和任务续传,使中继卫星系统不能充分发挥其中继服务效能。针对此问题,本节分析了混合链路中继卫星系统的扰动因素,讨论一种允许任务中继续传的抢占式动态资源调度算法。

### 9.6.1　混合链路中继卫星网络动态资源调度模型

#### 9.6.1.1　问题描述和动态扰动因素分析

由于卫星系统的运行轨迹具有确定性,其任务通常在执行前即已预知,且列入执行计划,因此可对卫星系统资源优化调度以提高系统效能。然而,任务执行过程中,环境、资源和任务集又存在巨大的不确定性,对卫星系统的资源调度应具有一定的扰动适应能力。因此,卫星资源调度可分为两个部分——静态调度过程和动态调度过程。

(1) 静态调度过程。首先根据初始任务集和资源建立静态初始调度模型,然后采用多目标优化算法进行求解,获得资源调度问题的初始调度方案。

(2) 动态调度过程。针对调度过程中出现的多种动态扰动情况,实时改变调度模型中的资源与任务集,并根据初始调度模型中各种任务及资源约束,采用快速启发式算法得到动态改变后的最终方案。

前面针对不同调度场景提出了两种静态调度算法,这里主要分析微波与激光混合链路中继卫星系统的扰动因素,并提出相应的动态调度模型与算法。其具体流程如图 9 - 20 所示。

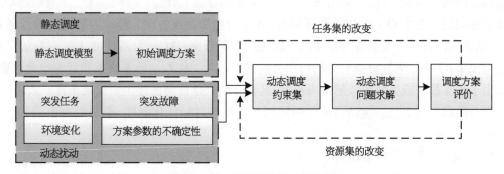

**图 9 - 20　动态调度的主要流程**

由图 9 - 20 可知,混合链路中继卫星系统的动态扰动因素主要包括以下几类:

(1) 突发任务。数据中继需求通常来源于用户星的数据采集任务,由于自然灾害、热点问题及军事侦察需求的产生均具有很大的突发性,因此混合链路中继卫星系统不可避免地存在大量突发的新任务，并且通常此类任务都具有较高的优先级和紧急的有效时限要求。

（2）资源故障。星上资源长期受到空间辐射的影响且需长期维持其工作状态，尤其中继星天线需要不断转动以对准用户星，可能出现传感器失效或卫星失控等突发故障。当星上资源出现故障或在某段时间内失效时，规划在此资源上执行的任务则需重新调度，以分配其他卫星的资源执行。由此可知，资源故障的扰动问题可转化为突发任务的问题。

（3）环境变化。虽然空间环境通常较为稳定，但也会出现一些突发的扰动因素，如太阳耀斑可能造成链路失效，敌方破坏或干扰导致资源故障等，通常此类扰动可转化为资源故障的扰动因素。

（4）方案参数的不确定性。在混合链路系统中，初始方案执行的不确定性增加。由于激光链路的建立需要进行 ATP 过程，建立时间具有一定的随机性，通常在 10 s 到百秒范围内变化，若初始方案中预留过大的接入时间，则影响系统的调度效率；若预留时间过短，又可能造成任务在规定时间内无法完成；因此接入时间的不确定性是混合链路的主要扰动因素之一。另外，由于姿态调整而导致平台振动，或外界干扰而导致信号噪声增加，可能致使激光链路信道质量严重恶化甚至中断。不论是接入时间误差，还是链路中断，均将导致任务传输不完整或在计划时间内无法完成。针对此类参数不确定性因素导致任务无法在计划时间内完成的问题，可将未完成的任务部分转化为新任务，对其进行重新调度，实现任务的续传。即当执行此任务的资源具有空闲后续时间时，算法将继续执行任务未完成部分；当资源具有空闲后续时间时，则需要算法根据初始方案中已有任务的分布进行综合调度，以实现未完成任务的续传。总之，由此类参数不确定性导致的任务不能完成的问题，也可转化为突发新任务的问题。

### 9.6.1.2 动态资源调度模型

由上节分析可知，混合链路中继卫星系统的各动态扰动因素均可转化为突发新任务的动态调度问题。因此，可用六元组 $\Theta_{new} = \{\Theta_{old}, S_{old}, J_{new}, M_{new}, TW_{new}, C_{new}\}$ 来描述动态资源调度问题。其中 $\Theta_{old}$ 为初始调度问题；$S_{old}$ 为初始调度方案；$J_{new}$ 为新增加的任务集合，包括突发的新任务和由各类扰动因素转化成的新任务；$M_{new}$ 为新任务 $J_{new}$ 对应的可用天线资源集；$TW_{new}$ 为其对应资源的可用时间窗口；$C_{new}$ 为 $J_{new}$ 任务约束和新的资源约束，包括由于卫星故障或资源失效的约束更新，其具体约束条件与前述主要约束条件一致。

混合链路中继卫星系统动态调度问题属于一类多目标优化问题，模型主要包括 3 个优化目标。

1）目标 1：最大化方案收益

动态调度的首要目标是充分发挥中继卫星系统的中继效能，以提高调度方案对用户星新任务的服务质量，因此设置模型的第一个优化目标为最大化方案收益。

$$\text{Max} \quad o(S_{old}, S_{new}) = \sum_{i \in J_{new} + J_{old}} y_i p_i - o(S_{old}) \tag{9-18}$$

式中，$S_{new}$ 为新调度方案，$o(S_{old})$ 为初始调度方案收益。$p_i$ 为任务 $J_i$ 的优先级，$y_i$ 为任务调度标识符,任务 $J_i$ 被规划,则 $y_i=1$,否则 $y_i=0$。此目标函数表明,调度方案尽可能多的规划高优先级新任务。

2)目标 2:最小化方案变化

由于初始调度方案制定后,各用户星通常会根据任务的数传情况制定进一步的数据采集或数传计划。因此,调整初始方案带来的影响不局限于被调整任务,还可能影响用户星的后续决策;另外,当任务被调整,其相应工作计划指令需重新下达,增加了系统的开销。因此,动态调度模型的另一个目标是最小化方案的变化。

由于对初始方案任务的调整存在移动任务和删除任务两种方式,不同调整方式对初始方案造成的影响程度不同,并且影响程度与被调整任务的重要程度相关。因此,设计最小化方案变化的目标函数为

$$\text{Min} \quad \delta(S_{\text{old}}, S_{\text{new}}) = \sum_{i=1}^{n_{\text{mov}}} \xi_{\text{mov}} \cdot p_i + \sum_{j=1}^{n_{\text{del}}} \xi_{\text{del}} \cdot p_j \qquad (9-19)$$

式中,$\xi_{\text{mov}}$ 和 $\xi_{\text{del}}$ 分别为任务移动和删除的处罚系数,这里分别设置为 0.5 和 1.5,$n_{\text{mov}}$ 和 $n_{\text{del}}$ 分别为移动和删除的任务数,$p_i$ 和 $p_j$ 为对应移动和删除任务的优先级。

3)目标 3:最小化总加权续传次数

当资源利用率较高时,突发的新任务可能无法在单个资源空闲时段内完成整个任务,因此,算法允许新任务分段续传;另外,对于突发的紧急任务,若只允许其在资源空闲时间执行,可能由于链路资源在新任务的有效时限内无空闲而无法完成,因此,本算法允许高优先级的新任务抢占已调度任务资源。即当旧任务执行一部分时,允许旧任务中断,优先执行突发的新任务,而旧任务搜索资源的空闲时间再续传完成。无论新任务分段续传,还是旧任务被中断续传,都降低了系统对用户的服务质量。因此,设计总加权续传次数的目标函数为

$$\text{Min} \quad c(S_{\text{new}}) = \sum_{i=1}^{n_{\text{conti\_trans}}} N_i^{\text{conti\_trans}} \cdot p_i \qquad (9-20)$$

式中,$n_{\text{conti\_trans}}$ 为续传的总任务量,$N_i^{\text{conti\_trans}}$ 和 $p_i$ 分别为被续传任务的续传次数和优先级。

## 9.6.2　抢占式快速动态调度算法

由上节内容分析可知,中继卫星的动态扰动通常具有很强的突发性,而响应过慢可能使对突发问题的处理失去意义或错失最佳处理效果。另外,很多突发任务需要实时调度,因此,对扰动的反应速度是系统稳健性的一项重要指标,动态资源调度策略的设计需要重点考虑新调度方案的快速生成。

微波与激光混合链路中继卫星系统的动态调度问题是一个动态的约束满足问题,若对问题进行全局寻优,可获得最大收益的调度方案。但全局寻优获得的调度方案与初始调度方案必然存在很大变化,另外,全局寻优也难以达到快速调度的要求,因此,动态资源调度应采用启发式的邻域搜索策略。启发式的邻域搜索策略为:以初始调度方案和新任务调度的

约束条件为启发式信息,分别以 3 个动态调度目标为调整原则,只对初始调度方案进行部分调整,从而实现新任务的调度和减少方案的变化。因此,启发式的邻域搜索属于局部搜索算法,可实现快速调度的目的。

抢占式快速动态调度算法基于启发式的邻域搜索策略,其主要思想是:在新任务的有效时限内,存在可完成该任务的空闲资源,则直接调度该新任务,从而实现最大方案收益和最小方案变化的目标;若不能单次完成整个任务,则尝试多次续传完成。但当新任务有效时限短,且优先级高时,通常难以找到可完成新任务的空闲资源,则尝试移动或删除部分冲突的旧任务,以实现新任务的间接调度。算法具体流程如图 9-21 所示。

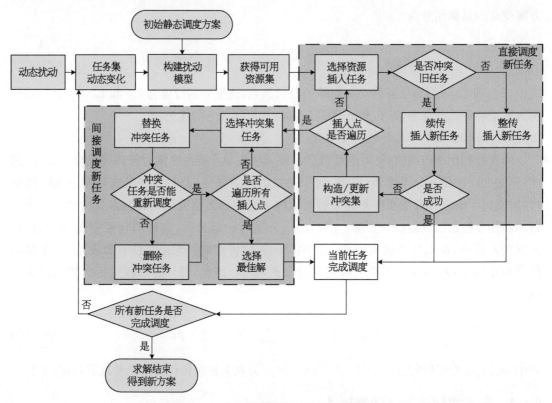

图 9-21　抢占式快速动态调度算法流程

### 9.6.2.1　直接调度操作

直接调度的基本思想是:在不改变初始调度方案的前提下,在任务有效时间范围内,利用其可用资源的空隙时间单次完成整体任务或多次续传完成任务。直接调度新任务主要包括两种插入操作,分别为"整传插入操作"和"续传插入操作"新任务。两种操作均建立在不改变初始方案的基础上,只利用可用资源在初始方案中的空隙时间完成突发新任务的调度。因此,新任务的插入位置即为初始方案中各旧任务的结束时刻。其具体操作过程如图 9-22 所示。

Step1：获得新任务集合 $J_{new}$，并将新任务按优先级从高到低排序；
新任务集合更新为 $J_{update} = \{J_1, J_2, \cdots, J_{n\_new}\}$，$n\_new$ 为新任务数

Step2：依次选择集合 $J_{update}$ 中的任务 $J_a = J_1 : J_{n\_new}$；获得任务 $J_a$ 的可用资源
集 $M_a = \{M_1, M_2, \cdots, M_{n\_m\_a}\}$，$n\_m\_a$ 为任务 $J_a$ 的可用资源数

Step3：选择其可用资源集中资源 $M_m = M_1 : M_{n\_m\_a}$；
获得任务 $J_a$ 有效时间范围内在资源 $M_m$ 上的可见时间窗口集；
$W_{a\_m} = \{W_1, W_2, \cdots, W_{n\_w\_m\_a}\}$，$n\_w\_m\_a$ 为可见时间窗口数

Step4：令插入时间点集合 $T_p = \{stw_a, et_1, et_2, \cdots, et_{n\_old}\}$，其中 $n\_old$ 为当前
时间窗口内已安排任务数，$et_i$ 为各任务的结束时刻，$stw_a$ 为当前时间窗
口的开始时刻

Step5：依次判断在各插入点是否能够完整执行新任务而不与旧任务冲突；
● 若无冲突，则新任务完成整传插入操作，新任务完成调度；
● 若冲突则转入 Step6(续传插入操作)

Step6：按所有插入点后空闲时段的长度排序，判断前 $N_{max}^{connt\_trans}$ 个空闲时段可否
分段续传完成任务 $J_a$ 且满足所有约束条件；
● 若满足约束条件，则新任务完成续传插入操作，新任务完成调度；
● 若不满足，则直接调度新任务失败；转入间接调度新任务

**图 9 - 22　直接调度操作流程**

由于资源的空隙时间开始时刻即为已调度任务的结束时刻，因此，在 Step4 中新任务允许插入的开始时刻即为其可见时间窗口的开始时刻和窗口内已安排任务的结束时刻。由于任务续传次数过多将降低用户的服务质量，且给系统带来更多的额外开销，因此，算法限定任务的最大续传次数为 $N_{conti\_trans}$（如图 9 - 22 中 Step6 所示），这里设置 $N_{conti\_trans}$ 为 3。Step6 中任务续传相关的约束条件与前述主要约束条件一致。

当新任务实现直接调度时，即可获得最大的方案收益。但由于新任务多为突发的紧急（有效时限短）、重要（优先级高）任务，通常难以"整传插入"或"续传插入"。因此在 Step6 中，当新任务不能直接调度时，则执行间接调度操作。

### 9.6.2.2　间接调度操作

间接调度新任务的主要思想是：当突发的新任务不能直接调度时（通常此类新任务优先级高，且有效时限短），可对初始方案进行适当调整（包括移动或删除冲突的旧任务），以完成对新任务的调度。间接调度操作包括两个步骤，分别为"替换冲突任务"和"重调度或删除冲突任务"。其具体操作过程如图 9 - 23 所示。

在图 9 - 23 的 Step2 中，需要对新任务与冲突任务进行优先级比较后再执行替换操作，表明调度新任务时不允许调整高优先级任务。在 Step3 中，对冲突的任务进行重调度，为避免冲突的传递和保证算法的效率，重调度的执行深度设置为 1，即只对冲突任务执行一次直接调度操作，而不继续进行间接调度操作。因此，冲突任务被替换后将执行"整传插入操作"

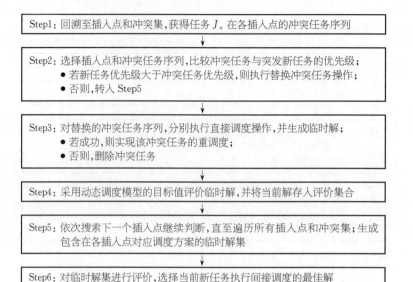

**图 9 - 23　间接调度操作流程**

或"续传插入操作",由于插入点包括新任务可见时间窗口的开始时刻,而此时可能已调度任务正在执行。因此,当出现紧急且重要的新任务时,执行间接调度操作可能使正在执行的已调度任务被迫中断,因而任务未执行部分通过选择资源的空闲时段进行续传。

在 Step3 中,冲突任务被替换后若能重新调度,则将执行"整传插入操作"或"续传插入操作",分别定义为"移动整传操作"或"移动续传操作";若不能重新调度,则被删除,定义为"删除替换操作"。在 Step4 中,新任务调度后,根据冲突任务执行的操作类型,则可采用式(9-18)~式(9-20)计算各目标值,从而对各插入点对应调度方案的临时解进行评价。

虽然对新任务执行间接调度操作可增加方案的收益,提高系统的效能;然而此操作也增加了初始方案的变化和任务的总续传次数,在另一方面又降低了用户服务质量。因此,插入的高优先级新任务越多,获得的方案收益越大,而系统付出的代价(方案变化和续传任务总续传次数)也越大,如何权衡方案收益和代价,是动态资源调度算法需要解决的另一关键问题。

### 9.6.3　基于理想解的多目标决策处理

混合系统中继卫星动态资源调度模型包含多个优化目标,目标之间相互制约,无法获得一个多目标均为最优的最佳解。为权衡目标间的关系,采用逼近理想解的排序方法(TOPSIS)获得问题的最佳解。TOPSIS 方法的基本思想是:对多目标分类成效益型指标和成本型指标,并构造正负理想解;计算每个非劣解到正负理想解的相对距离并排序,选择相对距离最大的解即为最优解。采用 TOPSIS 寻找最优解的具体过程如下:

Step1:构造动态资源调度问题的决策矩阵 $D$:

$$f_1 \quad f_2 \quad f_3$$

$$\boldsymbol{D} = \begin{bmatrix} o_1 & \delta_1 & c_1 \\ o_2 & \delta_2 & c_2 \\ \vdots & \vdots & \vdots \\ o_n & \delta_n & c_n \end{bmatrix} \begin{matrix} F_1 \\ F_2 \\ \vdots \\ F_n \end{matrix} \tag{9-21}$$

式中，$F_i(i=1, 2, \cdots, n)$ 为非劣解，代表着 $n$ 种不同的动态调度方案；$f_i(i=1, 2, 3)$ 分别为 3 个不同目标值：动态调度方案优先值收益 $o$、加权方案变化 $\delta$ 和总加权续传次数 $c$。

Step2：对决策矩阵 $\boldsymbol{D}$ 进行规范化处理后得规范化决策矩阵 $\boldsymbol{D}'$：

$$f_1' \quad f_2' \quad f_3'$$

$$\boldsymbol{D}' = \begin{bmatrix} o_1' & \delta_1' & c_1' \\ o_2' & \delta_2' & c_2' \\ \vdots & \vdots & \vdots \\ o_n' & \delta_n' & c_n' \end{bmatrix} \begin{matrix} F_1' \\ F_2' \\ \vdots \\ F_n' \end{matrix} \tag{9-22}$$

式中，$o_i' = o_i / \sqrt{\sum\limits_{j=1}^{n} o_j^2}$，$\delta_i' = \delta_i / \sqrt{\sum\limits_{j=1}^{n} \delta_j^2}$，$c_i' = c_i / \sqrt{\sum\limits_{j=1}^{n} c_j^2}$，$i=1, 2, \cdots, n$。

Step3：对规范化决策矩阵 $\boldsymbol{D}'$ 进行加权处理，得加权决策矩阵 $\boldsymbol{D}_w'$：

$$\boldsymbol{D}_w' = \begin{bmatrix} w_o o_1' & w_\delta \delta_1' & w_c c_1' \\ w_o o_2' & w_\delta \delta_2' & w_c c_2' \\ \vdots & \vdots & \vdots \\ w_o o_n' & w_\delta \delta_n' & w_c c_n' \end{bmatrix} \tag{9-23}$$

式中，$w = [w_o, w_\delta, w_c]$ 为目标权重，且 $w_o + w_\delta + w_c = 1$。这里设置 $w = [0.6, 0.3, 0.1]$。

Step4：构造正负理想解：$F^+$ 和 $F^-$。在动态资源调度问题中，效益型指标为动态调度方案优先值收益 $o$，成本型指标为加权方案变化 $\delta$ 和总加权续传次数 $c$，则

$$\begin{cases} F^+ = [w_o o_{max}', \ w_\delta \delta_{min}', \ w_c c_{min}'] \\ F^- = [w_o o_{min}', \ w_\delta \delta_{max}', \ w_c c_{max}'] \end{cases} \tag{9-24}$$

Step5：计算每个非劣解到正负理想解 $F^+$ 和 $F^-$ 的欧氏距离 $d_i^+$ 和 $d_i^-$：

$$\begin{cases} d_i^+ = \sqrt{w_o^2(o_i' - o_{max}')^2 + w_\delta^2(\delta_i' - \delta_{min}')^2 + w_c^2(c_i' - c_{min}')^2} \\ d_i^- = \sqrt{w_o^2(o_i' - o_{min}')^2 + w_\delta^2(\delta_i' - \delta_{max}')^2 + w_c^2(c_i' - c_{max}')^2} \end{cases} \tag{9-25}$$

Step6：构造每个非劣解到理想解的相对距离 $d_i^r$，并由小到大排序。

$$d_i^r = \frac{d_i^+}{d_i^-} \tag{9-26}$$

非劣解到理想解相对距离 $d_i^r$ 越小，表明此非劣解距离正理想解 $F^+$ 越近，且距离负理想

解 $F^-$ 越远,因此,最优解定义为

$$F^* = F_{\underset{i=1,\cdots,n}{\arg\min(d_i^r)}}$$  (9-27)

### 9.6.4 仿真实验与结果分析

1) 仿真场景

仿真场景采用中继卫星系统三星结构和中继星配置,即设每颗中继星分别配置 1 个激光终端和 1 个 Ka 波段单址天线用于用户星接入,其终端相关参数与表 9-3 所示参数一致。仿真时长为 6 h,将用户卫星参数导入 STK 中,进行可见性分析可得中继卫星与用户星间的可见时间窗口。选取任务数量为 64 的场景进行仿真,采用静态资源调度算法获得初始调度方案。设初始调度方案发布确定后,在任务执行前增加了 8 个新任务,相关参数如表 9-7 所示。

表 9-7 新增任务具体参数

| 任 务 | $J_{65}^*$ | $J_{66}^*$ | $J_{67}^*$ | $J_{68}^*$ | $J_{69}^*$ | $J_{70}^*$ | $J_{71}^*$ | $J_{72}^*$ |
|---|---|---|---|---|---|---|---|---|
| 优先级 | 5 | 10 | 8 | 6 | 5 | 7 | 8 | 9 |
| 发起卫星 | LEO 01 | LEO 02 | LEO 03 | LEO 04 | LEO 05 | LEO 06 | LEO 07 | LEO 08 |

2) 动态调度结果分析

采用抢占式快速动态调度算法对动态调度问题进行求解。为验证算法的有效性,分别采用完全重调度、无抢占的快速动态调度算法与本算法对比。完全重调度、无抢占的快速动态调度算法和本算法仿真获得调度甘特图如图 9-24、图 9-25 和图 9-26 所示。求解后,新增加的 8 个任务的具体调度情况如表 9-8 所示。图中彩色色块(上部分)为进行动态调度后的新方案,灰度色块(下部分)为初始调度方案,色块大小代表任务传输时间,色块上标签为任务序号。

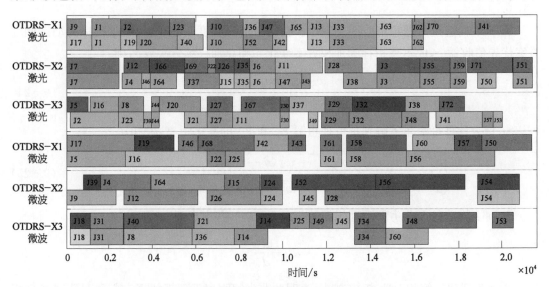

图 9-24 完全重调度方案甘特图

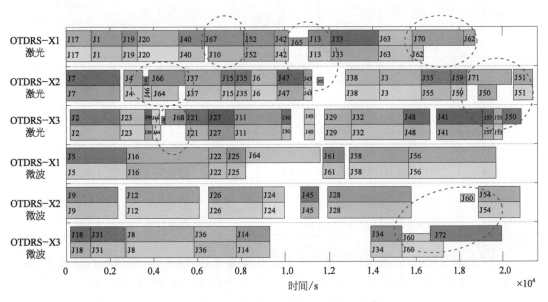

图 9-25　无抢占的快速动态调度算法甘特图

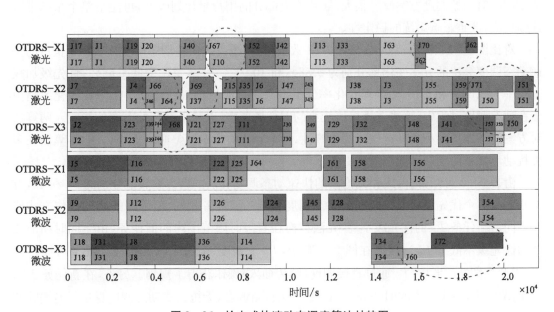

图 9-26　抢占式快速动态调度算法甘特图

表 9 - 8　新增任务调度情况

| 新增任务量（优先级） | 抢占式快速动态调度算法 | | 无抢占的快速动态调度算法 | |
|---|---|---|---|---|
| | 调度操作方式 | 影响任务（优先级） | 调度操作方式 | 影响任务（优先级） |
| $J_{65}^*(5)$ | 直接调度（续传插入） | 无 | 未调度 | 无 |
| $J_{66}^*(10)$ | 间接调度（移动续传） | $J_{46}(2)$，$J_{64}(3)$ | 删除替换 | $J_{46}(2)$，$J_{64}(3)$ |
| $J_{67}^*(8)$ | 间接调度（删除替换） | $J_{10}(1)$ | 删除替换 | $J_{10}(1)$ |
| $J_{68}^*(6)$ | 直接调度（整传插入） | 无 | 直接插入 | 无 |
| $J_{69}^*(5)$ | 未调度 | 无 | 删除替换 | $J_{37}(4)$ |
| $J_{70}^*(7)$ | 间接调度（移动整传） | $J_{62}(3)$ | 移动替换 | $J_{62}(3)$ |
| $J_{71}^*(8)$ | 间接调度（移动整传） | $J_{50}(2)$ | 移动替换 | $J_{50}(2)$ |
| $J_{72}^*(9)$ | 间接调度（移动续传） | $J_{60}(1)$ | 删除替换 | $J_{60}(1)$ |

　　定义"方案变化率"为变化任务量与初始总任务量之比,定义"优先级加权变化率"为变化任务量总权值与初始任务量总权值之比。在此次完全重调度中,72 个任务(64 个旧任务和 8 个新任务)均完成调度安排,完全重调度方案中仅有 22 个任务分配的资源和调度时间与初始调度方案相同,方案变化率为 65.63%,优先级加权变化率为 68.28%。由此可知,完全重调度对初始调度方案改变很大,导致绝大部分的用户星计划改变,可能给整个系统带来连锁反应,严重影响系统的稳定性。

　　对比图 9 - 25、图 9 - 26,结合表 9 - 8 数据可知,抢占式快速动态调度算法和无抢占的快速动态调度算法的方案变化率分别为 9.38% 和 10.94%,方案变化率低 1.56%;优先级加权变化率为 4.63% 和 6.15%,加权变化率低 1.52%。优先级加权变化率小于方案变化率是由于在动态调度过程中,算法选择权值较小的旧任务调整,以减小对初始方案的影响。两算法对方案的影响均很小且具有较强的鲁棒性,但本算法对方案调整幅度更小,表明本算法在多类扰动环境下的动态调度适应性更好。

　　由表 9 - 8 可知,抢占式和无抢占的快速动态调度算法的新方案收益分别为 52 和 45,方案收益高 7 个优先级权值。两算法动态调度影响的旧任务相同,但采用的调度操作方式略有不同。新任务 $J_{65}^*$ 的优先级不高,无法替换在有限时限范围内的旧任务(由于同时期旧任务的优先级不低于 $J_{65}^*$),因此在图 9 - 25 中,$J_{65}^*$ 未调度;但由于本算法设计任务可续传插入,因此在图 9 - 26 中,$J_{65}^*$ 通过直接调度(续传插入)操作获得了规划。另外,在新任务 $J_{66}^*$,$J_{72}^*$ 的调度中,由于冲突的旧任务 $J_{64}$,$J_{60}^*$ 无法重新调度,无抢占式动态调度算法只能删除冲突任务;而本算法可对冲突的旧任务未执行完部分再续传,从而获得旧任务的重新调度,因此获得了更小的初始方案变化和更高的动态调度收益。

　　由表 9 - 8 可知,调度新任务 $J_{69}^*$ 获得的方案收益较小,但对初始方案影响较大。由于本书采用基于理想解的多目标决策方法,经计算本算法未对 $J_{69}^*$ 进行调度规划,从而减小了动态调度对方案稳定性的影响。

　　3）多场景仿真验证

　　为验证本算法在不同任务规模场景中的有效性,分别取任务规模为32,48,64,80,96的场景对比不同算法进行仿真分析。表9-9比较了在相同初始方案和新增任务数量条件下,完全重调度、无抢占的快速动态调度算法和本算法的调度结果。

表9-9　不同场景算法调度结果对照表

| 初始任务量 | | 32 | 48 | 64 | 80 | 96 |
|---|---|---|---|---|---|---|
| 新增任务量 | | 4 | 8 | 8 | 12 | 12 |
| 完全重调度算法 | 完成总权值 | 169 | 257 | 313 | 405 | 496 |
| | 方案变化率 | 53.13% | 60.42% | 65.63% | 71.25% | 77.08% |
| | 优先级加权变化率 | 56.21% | 63.81% | 68.05% | 62.32% | 70.68% |
| | 计算用时/s | 24.814 7 | 59.632 4 | 83.278 5 | 145.486 4 | 323.953 4 |
| 无抢占的快速动态调度算法 | 完成总权值 | 169 | 256 | 304 | 391 | 478 |
| | 方案变化率 | 3.13% | 6.25% | 10.94% | 18.75% | 23.96% |
| | 优先级加权变化率 | 0.59% | 1.56% | 6.15% | 8.37% | 13.25% |
| | 计算用时/s | 0.205 4 | 0.214 7 | 0.223 8 | 0.243 2 | 0.264 5 |
| 抢占式快速动态调度算法(本算法) | 完成总权值 | 169 | 256 | 309 | 398 | 487 |
| | 方案变化率 | 3.13% | 4.17% | 9.38% | 13.75% | 17.71% |
| | 优先级加权变化率 | 0.59% | 1.17% | 4.63% | 6.65% | 7.83% |
| | 计算用时/s | 0.212 5 | 0.235 8 | 0.269 6 | 0.282 8 | 0.312 5 |

　　由表9-9可知,抢占式快速动态调度算法的调度结果具有调度收益高、方案变化少和调度速度快的优势。在不同任务规模的场景中,虽然完全重调度算法的任务总优先级权值完成量均高于其他两种算法,但完全重调度算法的方案变化率大、计算耗时多,无法适应多类扰动环境下的混合系统动态资源调度问题。

　　对比算法的调度计算时间可知,本算法的结果略高于无抢占动态调度算法,但明显低于完全重调度算法的计算时间。这是由于完全重调度需要重新全局优化,而本算法和无抢占动态调度算法均采用启发式的邻域搜索方法,因此显著降低了计算量。另外,本算法和无抢占动态调度算法的计算时间随任务规模的扩大而增加,但相对增量较小,适应于突发扰动环境下的快速动态调度。

　　计算表9-9中本算法和无抢占的快速动态调度算法调度结果可知,在不同任务规模场景中本算法的方案收益更高(平均高4.2个优先级权值),且方案变化率和优先级加权变化率更低(平均低2.98%和1.81%)。这是由于本算法采用抢占式调度,允许突发的高优先级新任务抢占旧任务资源,且对旧任务未执行部分续传,从而降低了算法对初始方案的影响且增加了调度方案的收益;另外,本算法采用基于理想解的多目标决策方法,从而控制了方案的变化率,保持了系统的鲁棒性。

## 9.7　基于多目标蚁群算法的数据续传资源调度算法

目前针对中继卫星资源调度的研究通常假设用户调度后任务数据一次中继传输完成。然而,由于高分成像等卫星采集的数据容量大,且数据中继多存在严格的时限要求,而中继卫星系统的资源有限,任务采用一次完成的无抢占、无续传资源调度方法难以满足数据中继任务的数量和时限要求。针对此问题,本章以未完成优先级加权任务量最小、续传次数最少和资源负载失衡度最小为调度原则,建立任务可续传的资源调度模型,以任务的规划顺序为优化对象,提出一种基于多目标小窗口蚁群算法的中继卫星数据续传资源调度算法。最后,以3颗中继星和包含多种任务大小的多颗用户星为仿真场景,采用对比实验,验证模型的有效性和多目标算法的性能。

### 9.7.1　混合链路数据续传约束规划模型

#### 1) 问题描述

星间链路的调度无法像地面网络一样频繁切换,一旦用户星接入某中继星天线进行数据中继传输,将较长时间占用该资源。由于中继卫星的天线资源有限,星间可见时间和数据有效时限的约束将导致大量重要的和紧急的数传任务因为冲突而无法完成。为提高中继卫星数传资源利用率和对用户的服务质量,本章建立可续传的数据续传约束规划模型,即允许任务分成多个片断在不同可见时间窗口或不同中继星链路上传输。数据续传属于多任务、多中继卫星资源、多时间窗口、多优化目标和多约束的组合优化问题,可用五元组 $\Theta 0 = \{ J, M, TW, C, F \}$ 描述。其中 $J$ 表示需中继的数传任务集(包括每个任务 $J_i$ 的优先级 $p_i$ 和数据量 $q_i$);$M$ 为天线资源集合;$TW$ 为可见时间窗口集,$TW \in [TW1, TW2, \cdots, TWN_J]$,$N_J$ 代表任务数量;$C$ 为约束集合;$F$ 为优化目标集,$F = \{ f_1, f_2, \cdots, f \mid obj \mid \}$,$\mid obj \mid$ 代表优化目标数。

#### 2) 调度目标

数据续传模型允许任务分成多个片断在不同可见时间窗口和不同中继星链路上传输,则调度的目标是在尽量少的续传次数下保证系统完成尽可能多的高优先级任务。因此模型的优化目标包括:

(1) 最小化未调度任务的总优先级权值。

$$\text{Min } f_1 = \sum_{i=1}^{N_J} p_i \cdot (1 - y_i) \tag{9-28}$$

式中,$y_i$ 为任务调度标识符,若任务 $J_i$ 被调度,则 $y_i = 1$,否则 $y_i = 0$;$f_1$ 为所有未规划任务优先级之和。

(2) 最小化优先级加权续传次数(续传次数定义为任务传输片断数减1,完整传输的续传次数为 0)。

$$\text{Min} f_2 = \sum_{i=1}^{N_J} p_i \cdot \left[ \left( \sum_{j=1}^{N_M} \sum_{k=1}^{|TW_{i,j}|} y_{i,j}^k \right) - y_i \right] \tag{9-29}$$

式中，$y_{i,j}^k$ 为任务续传标识符，若任务 $J_i$ 在资源 $M_j$ 的第 $k$ 个可见时间窗口中续传任务片断，则 $y_{i,j}^k=1$，否则 $y_{i,j}^k=0$；$N_M$ 为中继星天线资源数量，$|TW_{i,j}|$ 为任务 $J_i$ 对资源 $M_j$ 的可见时间窗口总数。

（3）最小化资源负载失衡度。

$$\text{Min} f_3 = \left[ \frac{\sum_{j=1}^{N_M} (u_j - u_a)^2}{N_M} \right]^{\frac{1}{2}} \tag{9-30}$$

式中，$u_j$ 为资源 $M_j$ 的利用率，定义为在资源的使用时间与总时间之比；$u_a$ 为所有中继星资源的平均利用率。最小化资源负载失衡，可增加系统鲁棒性，利于突发情况的处理和紧急任务的动态加入。

3) 主要约束条件

数据续传模型所受的约束条件主要包括：

（1）任务传输约束。每个任务可续传多次，但只要有一次续传，就必须将整个任务续传完成，不允许某个任务在整个方案中只续传了一部分，即每个片断传输的数据量之和应为任务的总数据量。设 $dt_{i,j}^k$ 为任务 $J_i$ 在资源 $M_j$ 的第 $k$ 个可见时间窗口续传任务片断的传输时间长度，$r_{i,j}$ 为对应的数据传输速率，则任务传输约束可表示为

$$y_i = \begin{cases} 1, & \sum_{j=1}^{N_M} \sum_{k=1}^{|TW_{i,j}|} dt_{i,j}^k \cdot r_{i,j} = q_i, \quad \sum_{j=1}^{N_M} \sum_{k=1}^{|TW_{i,j}|} y_{i,j}^k \geqslant 1 \\ 0 & \text{if} \sum_{j=1}^{N_M} \sum_{k=1}^{|TW_{i,j}|} y_{i,j}^k = 0, \qquad i=1, \cdots, N_J \end{cases} \tag{9-31}$$

（2）切换时间约束。中继星服务从一个用户星切换到另一颗用户星时，需要经过天线转动对准，建立稳定链路，还需要捕获、跟踪等过程，因此数传活动前需要给定充足的天线切换时间（设为 $T_{sj}$）。

$$et_{i,j}^k = st_{i,j}^k + dt_{i,j}^k + T_{sj}, \quad y_{i,j}^k = 1, \forall i, j, k \tag{9-32}$$

式中，$st_{i,j}^k$ 和 $et_{i,j}^k$ 分别为任务 $J_i$ 在资源 $M_j$ 的第 $k$ 个可见时间窗口续传任务片断的开始和结束时刻。

（3）时间窗口约束和任务有效性约束。保证每个执行的任务都能在其可见时间窗口内和有效时间范围内执行，则约束可表示为

$$\begin{cases} TWs_{i,j}^{k} \leqslant st_{i,j}^{k},\ et_{i,j}^{k} \leqslant TWe_{i,j}^{k}, \\ t_{si} \leqslant st_{i,j}^{k},\ et_{i,j}^{k} \leqslant t_{ei}, \end{cases} \quad y_{i,j}^{k} = 1,\ \forall\, i,\, j,\, k \qquad (9-33)$$

式中，$[TWs_{i,j}^{k},\ TWe_{i,j}^{k}]$ 为任务 $J_i$ 在资源 $M_j$ 上的第 $k$ 个可见时间窗口，$[t_{si},\ t_{ei}]$ 为任务 $J_i$ 的有效时间范围。

（4）中继星天线资源约束。假设中继星的能量能满足数传功耗需求，则在同一天线资源上的任务执行不能重叠，即任意两个任务 $J_{i1}$ 和 $J_{i2}$ 在同一资源上的执行时段没有交叉。

$$(st_{i_1,j}^{k_1} - et_{i_2,j}^{k_2})(st_{i_2,j}^{k_2} - et_{i_1,j}^{k_1}) \leqslant 0, \qquad (9-34)$$
$$y_{i_1,j}^{k_1} = y_{i_2,j}^{k_2} = 1,\ \forall\, i_1,\, i_2,\, j,\, k_1,\, k_2,\, i_1 \neq i_2$$

（5）用户星天线资源约束。假设用户星的能量能满足数传功耗需求，则用户星的一个天线资源在一个时刻只能与一个中继星天线建立链路，即用户星上的一个任务不能同时通过两个不同的中继星天线传输，同一个任务的不同片断的执行时段没有交叉。

$$(st_{i,j_1}^{k_1} - et_{i,j_2}^{k_2})(st_{i,j_2}^{k_2} - et_{i,j_1}^{k_1}) \leqslant 0, \qquad (9-35)$$
$$y_{i,j_1}^{k_1} = y_{i,j_2}^{k_2} = 1,\ \forall\, i,\, j_1,\, j_2,\, k_1,\, k_2,\, j_1 \neq j_2$$

（6）卫星存储容量约束。强制每个任务占用存储容量都不能超过卫星当前的剩余存储容量。

$$q_i - R_j(q_i/r_{i,j}) \leqslant C_j,\ y_{i,j}^{k} = 1,\ \forall\, i,\, j,\, k \qquad (9-36)$$

式中，$C_j$ 和 $R_j$ 分别为中继星资源 $M_j$ 当前的剩余存储容量和对地的数据传输速率。

（7）调度周期约束。所有需中继传输的任务必须在给定的调度周期 $[T_S,\ T_E]$ 内完成。

$$T_S \leqslant st_{i,j}^{k},\ et_{i,j}^{k} \leqslant T_E,\ y_{i,j}^{k} = 1,\ \forall\, i,\, j,\, k \qquad (9-37)$$

### 9.7.2　基于多目标蚁群算法的模型求解

1）算法编码

算法采用任务规划次序的编码方式：

$$\boldsymbol{X} = [x_1,\quad x_2,\quad \cdots,\quad x_i,\quad \cdots,\quad x_{NJ}] \qquad (9-38)$$

式中，$x_i$ 为任务 $J_i$ 规划次序。算法根据决策变量 $\boldsymbol{X}$ 和式（9-31）～式（9-37）的约束条件依次确定任务续传调度标识符 $y_{i,j}^{k}$ 和相应的执行时间，从而得到决策变量 $\boldsymbol{X}$ 的目标函数。

2）数据续传资源调度方案效果评价

给定一个决策变量数组 $\boldsymbol{X}$，即为一个调度方案。根据任务的调度次序 $x_i$ 依次确定任务的续传调度标识 $y_{i,j}^{k}$ 和执行时间，从而评价方案效果，具体步骤如下：

Step1：依据任务 $J_i$ 传输时间（$q_i/r_{i,j}$）和天线切换时间（$T_{sj}$）选择在其有效时间范围内可完整执行该任务的最早可用时间窗口执行该任务，并对此窗口的续传调度标识符 $y_{i,j}^{k}$ 置1，对任务调度标识符 $y_i$ 置1，该任务调度完成，确定其执行时间，转 Step3；若所有可用时间窗口均不能完整执行该任务,则转 Step2。

Step2:对所有在任务 $J_i$ 有效时间范围内的可用时间窗口由大到小排序,依次选择最大的前 $m$ 个可用时间窗口续传执行完任务 $J_i$,并将对应 $m$ 个可用时间窗口的续传调度标识符 $y_{b,j}^k$ 置1,对任务调度标识符 $y_i$ 置1,该任务续传调度完成,确定其续传任务片断执行时间,转 Step3;若所有可用时间窗口不能续传完成该任务,则转 Step4。

Step3:根据任务 $J_i$ 在中继星资源 $M_j$ 上占用的执行时间(包括任务完整传输和任务片断续传)与后续调度任务的可见时间窗口关系(见图 9-27),将其更新为后续调度任务的可用时间窗口。

Step4:选择下一个任务进行判断。

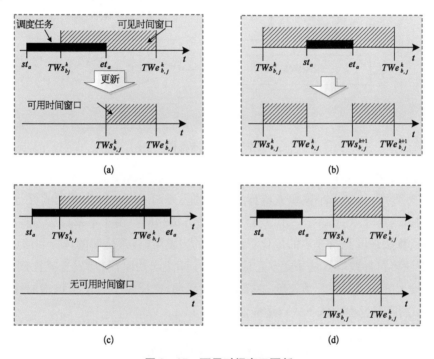

**图 9-27　可用时间窗口更新**
(a) 交叉;(b) 嵌入;(c) 包含;(d) 无关

确定所有任务的续传调度标识和执行时间后,计算目标函数 $F(X) = \{f_1, f_2, f_3\}$,即可评价此调度方案优劣。对于数据续传资源调度,断点续传次数、未完成的数传任务量和资源负载失衡度三者之间存在一定的矛盾,难以得到3个目标函数均最优的调度方案,因此,对于方案 $X_1$ 和 $X_2$,若满足 $F(X_1) \leqslant F(X_2)$,且 $\exists i \in \{1, 2, 3\}$,使 $f_i(X_1) < f_i(X_2)$,则称为 $F(X_1)$ 支配 $F(X_2)$,记为 $F(X_1) \succ F(X_2)$。对于方案 $X^*$ 和 $\forall k$,均不存在 $F(X_k) \succ F(X^*)$,则称 $X^*$ 为非劣(Pareto)解。对于数据续传资源调度问题,关键在于获得其 Pareto 解集。

### 9.7.3　多目标蚁群算法设计

为消除各类约束导致的大量任务间冲突,获得问题的 Pareto 解集,本书采用多目标蚁群算法优化任务的调度顺序。针对蚁群算法在应用过程中存在收敛慢、容易出现停滞现象、运算时间长等不足,引入自适应策略和小窗口思想改进蚁群算法,算法具体流程如图 9-28 所示。

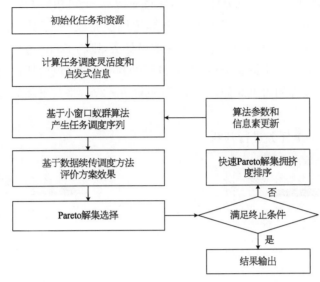

**图 9-28　算法流程**

1) 可行解构造

如图 9-28 所示,基于小窗口蚁群算法产生的任务调度序列即为问题的可行解,本算法可行解的构造与第 3 章 ASAC-DLO 算法的构造方法相同。由于本章算法为多目标蚁群算法,因此本章算法采取与第 3 章的优化算法不同的启发策略(最优解的选择和信息的更新)。

本章算法多目标蚁群算法采用自适应策略,在算法起始阶段,启发选择比例参数 $q_0$[式(3-6)]取较大值利于加快收敛速度;在算法搜索后期,选择较小的 $q_0$ 值可增加种群多样性。因此 $q_0$ 大小在搜索过程中依下式自适应调整:

$$q_0 = q_{max} - \frac{G_{current}}{G_{max}}(q_{max} - q_{min}) \qquad (9-39)$$

式中,$G_{max}$ 为最大迭代次数,$G_{current}$ 为当前代数,$q_{max}$ 和 $q_{min}$ 分别为任务 $q_0$ 的上下限。

2) Pareto 解集拥挤度排序

设置外部 Pareto 解集 $S_p$ 保存当前已找到的 Pareto 解,基于 Pareto 解集定义选择当前蚁群与解集 $S_p$ 中的 Pareto 解,并更新外部最优解集 $S_p$。为避免算法对蚁群个体朝 Pareto 解过于密集的区域引导,而偏离 Pareto 解最前沿方向,不能对集合 $S_p$ 中所有 Pareto 解路径上的信息素加强。因此设置精英 Pareto 解集 $E_p$ 用于更新路径上的信息素,精英解集 $E_p$ 为集合 $S_p$ 中拥挤度最小的前 $N_{ep}$ 个个体。

常用的拥挤度计算方法需计算集合中所有个体间的距离,计算量较大,影响算法效率。采用一种快速的拥挤度计算方法,用来评估一个解周围其他解的密集程度。先根据每个目标函数的大小对 Pareto 解集中的解排序,对于每个解 $F_i$ 计算由解 $F_{i+1}$ 和 $F_{i-1}$ 构成的立方体的平均边长作为解 $F_i$ 的拥挤距离 $D_i$，边界解（某个目标函数的最大值或最小值）的拥挤距离为无穷大。

$$D_i = \begin{cases} inf & f_o(i) = f_o^{\max} \text{ 或 } f_o^{\min} \\ \sum\limits_{o=1}^{|obj|} \dfrac{f_o(i+1) - f_o(i-1)}{f_o^{\max} - f_o^{\min}} & \text{其他} \end{cases} \tag{9-40}$$

式中，$f_o^{\max}$ 和 $f_o^{\min}$ 分别为第 $o$ 个目标的最大值和最小值，$|obj|$ 为目标函数个数，个体的拥挤度为拥挤距离的倒数。

3）信息素更新策略

蚁群选择任务调度次序后将在路径上留下信息素，以指导子代蚁群寻优。设置任务间初始信息素为 $\tau_0$，假设蚂蚁个数为 $N_a$，本算法采用全局信息素更新原则，更新规则为

$$\tau_{i,j}(t+1) = (1-\rho)\tau_{i,j}(t) + \Delta\tau_{i,j}(t),$$
$$\Delta\tau_{i,j}(t) = \sum_{k=1}^{N_a} \Delta\tau_{i,j}^k(t), \rho \in [0,1] \tag{9-41}$$

式中，$\tau_{i,j}(t+1)$ 为第 $t+1$ 代任务间信息素浓度，$\rho$ 为挥发系数，$\Delta\tau_{i,j}(t)$ 为本次循环任务 $J_i$ 与 $J_j$ 间的信息素增量，算法采用 Ant cycle 模型[122]对每一代精英个体路径上的信息素增强，即

$$\Delta\tau_{i,j}^k(t) = \frac{Q}{\prod\limits_{o=1,2,3} f_o(k)/f_o^{\max}}, \text{精英个体 } k \text{ 经过路径}(i,j) \tag{9-42}$$

式中，$Q$ 为信息素增强系数。为避免算法过早收敛，将每代任务路径上的信息素限定在 $[\tau_{\min}, \tau_{\max}]$ 区间内。

## 9.7.4　仿真实验与结果分析

仿真采用第 2 章介绍的中继卫星系统三星结构，为便于分析算法性能和展示调度结果，设 3 颗中继星分别配置 1 个 Ka 波段的微波单址天线和 1 个激光终端用于用户星接入，其终端相关参数与表 9-3 所示参数相同。仿真时长为 6 h，采用 8 颗用户星（LEO01～LEO08）共发起 64 个任务。任务的生成与本仿真的任务生成方式一致，用户星轨道高度设为 300～500 km，具体参数如表 9-10 所示。利用 STK 软件对用户星进行可见性分析，获得中继星与用户星的可见时间窗口，并导入 Matlab 进行算法仿真。

表 9-10　用户星基本参数

| 用户星（LEO） | 01 | 02 | 03 | 04 | 05 | 06 | 07 | 08 |
| --- | --- | --- | --- | --- | --- | --- | --- | --- |
| 高度/km | 300 | 330 | 360 | 390 | 420 | 450 | 470 | 500 |
| 轨道倾角 | 15° | 25° | 35° | 45° | 55° | 65° | 75° | 85° |

为验证本章算法有效性,采用本章所提的多目标蚁群算法(MACA)对中继卫星数据续传资源调度问题寻优。算法迭代 1 000 次,如表 9-11 所示。

表 9-11 参 数 设 置

| 参数 | $N_a$ | $Q$ | $\alpha$ | $\beta$ | $\gamma$ | $\rho$ | $\tau_0$ | $\tau_{min}$ | $\tau_{max}$ | $q_{min}$ | $q_{max}$ |
|------|------|-----|----------|---------|----------|--------|----------|--------------|--------------|-----------|-----------|
| 取值 | 60 | 0.1 | 0.5 | 1.5 | 2.5 | 0.1 | 0.2 | 0.01 | 1 | 0.1 | 0.9 |

1) 算法收敛特性分析

算法收敛性是进化算法性能的重要衡量指标,任务规模为 64 时的仿真实验中,分别记录了进化过程中每一代个体中,目标函数 $f_1$,$f_2$ 和 $f_3$ 的最优值,目标函数值随遗传代数的进化曲线如图 9-29~图 9-31 所示。多目标优化算法的主要特点是其致力于逼近问题的 Pareto 解最优前沿,而不是一个最优解。本书基于 MACA 得到的 Pareto 解最优前沿如图 9-32 所示。

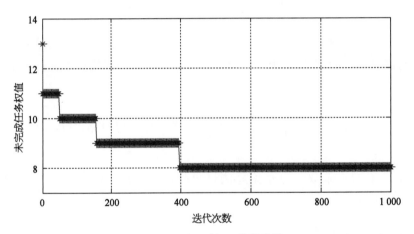

图 9-29 目标函数 $f_1$ 收敛曲线

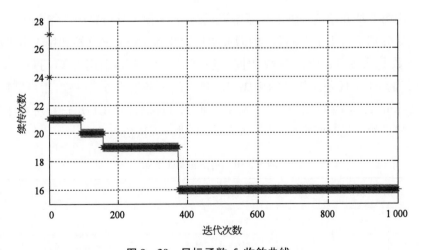

图 9-30 目标函数 $f_2$ 收敛曲线

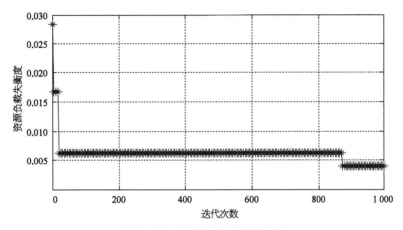

**图 9 - 31　目标函数 $f_3$ 收敛曲线**

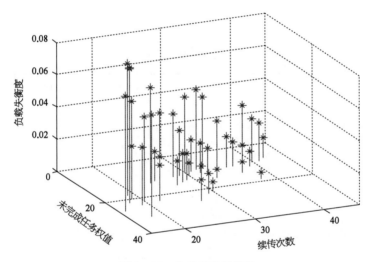

**图 9 - 32　非劣解最优前沿**

由图 9 - 29～图 9 - 31 可知,随着算法搜索的深入,3 个目标函数值都得到优化并基本收敛于最优值,表明本算法 MACA 能够同时对目标函数进行有效的优化。另外需要注意的是3 个目标函数值在进化前期快速收敛,在进化后期存在多次递进寻优过程,表明算法能够自适应调整收敛速率和种群多样性;前期的小窗口设计和较大的启发选择比例 $q_0$ 可提高算法收敛速率,后期启发选择比例 $q_0$ 减小可增加种群多样性。需要说明的是,由于数据续传调度方案设计思想是当任务不能整传时则采取分段续传方法,故续传次数不会为 0,因此目标函数 $f_2$ 不会收敛至 0。由图 9 - 32 可知,未完成任务优先级与续传次数、资源负载失衡度成反比,其最优面上的非劣解可为决策者提供在不同需求下的最佳调度方案,最终决策者可根据需要选择出一个或一组"足够满意"的解作为多目标优化问题的最终解。

2) 算法优化性能分析

为了验证算法对于资源调度问题优化性能评价的适用性和可行性,分别取任务规模为32,48,64,80,96,112 的场景,对算法进行仿真对比验证。图 9 - 33～图 9 - 35 比较了基于本

算法 MACA 和算法 NSGA - Ⅱ 的优化性能。为使算法具有可比性,各算法对相同场景重复
100 次后,分别求其最佳值、均值和最差值进行对比。

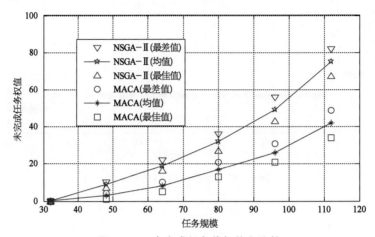

图 9‑33  未完成任务优权值和比较

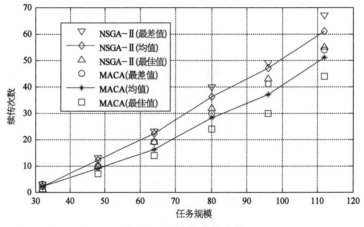

图 9‑34  续传次数比较

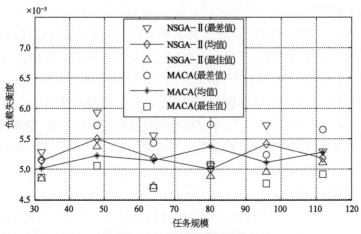

图 9‑35  资源负载失衡度

由图 9 - 33 可知, MACA 算法优化结果中未完成任务优先级之和小于 NSGA - Ⅱ算法, 平均降低了 55.6%。图 9 - 34 比较了在不同任务规模下两种算法优化结果中的续传次数, MACA 算法中的续传次数要低于 NSGA - Ⅱ算法, 平均减少了 25.1%。图 9 - 35 是两种算法优化结果的资源负载失衡度, MACA 算法与 NSGA - Ⅱ算法结果相当, 两算法的负载失衡度均在 0.01 以下。从图 9 - 33～图 9 - 35 可以看出, 两算法的未完成任务权值和续传次数均随任务规模的增大而增加, 但负载失衡度基本保持不变, 表明两算法都能对负载失衡度进行优化。由于资源调度问题的关键在于优化任务调度时的资源分配顺序, 以最大化消除约束条件带来的冲突; 而蚁群算法更适用于资源分配顺序的优化问题, 因此 MACA 算法整体上优于 NSGA - Ⅱ算法。

3) 调度模型分析

为分析数据续传调度对任务完成量的提高, 选择目标函数 $f_1$(未规划任务的总优先级权值)最小的续传调度方案分析, 并与第 3 章数据整传的资源调度算法对比。对本章场景仿真实验, 分别得到整传调度和续传调度结果如图 9 - 36 和图 9 - 37 所示。图中分别显示了具有微波与激光混合链路的 3 颗中继卫星不同天线资源上任务调度的具体时间及调度顺序,

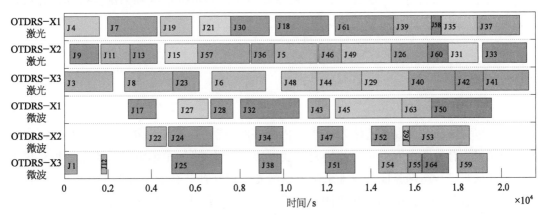

图 9 - 36　整传调度结果甘特图

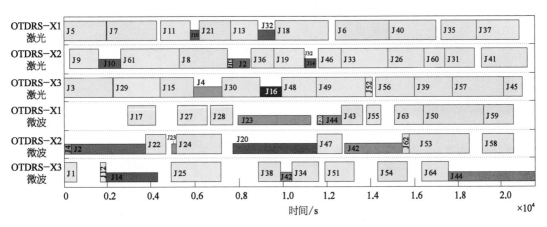

图 9 - 37　续传调度结果甘特图

不同的色块代表不同任务,色块长度代表任务传输时间长短,色块上的标签分别表示任务号,图 9 - 37 中续传任务的色块高度是完整传输任务高度的一半,相同颜色的不同位置色块代表同一任务的分段续传。

在任务整传模型调度结果(图 9 - 36)中,完成任务 58 个,完成率为 90.63%,优先级权值完成率为 95.77%。由于资源冲突,有 6 个未能调度任务:$J_2$,$J_{10}$,$J_{14}$,$J_{16}$,$J_{20}$,$J_{56}$。在续传模型调度结果(图 9 - 37)中,任务完成率为 100%,续传任务有 10 个:$J_2$,$J_4$,$J_{10}$,$J_{14}$,$J_{16}$,$J_{20}$,$J_{23}$,$J_{32}$,$J_{42}$,$J_{44}$,均续传 1 次。对比两个调度结果可知,由于资源数量和任务有效时间限制,整传模型难以满足所有任务的中继需求,而续传模型在最大化完成任务传输条件下,牺牲了部分任务的整传需求,换取了所有任务的传输需求满足,表明在中继卫星资源有限条件下,采用续传方法可最大限度满足用户卫星数据及时回传的需求。另外,在两个调度结果图中,光天线的中继数据量分别为 103.887 4 Tb 和 108.231 9 Tb,资源利用率分别为 91.20% 和 95.02%;微波天线的中继数据量分别为 16.586 7 Tb 和 24.630 7 Tb,资源利用率分别为 52.42% 和 77.85%;由此可知,由于未来成像卫星中继任务的数据容量大,微波天线难以满足其中继需求,大部分任务在激光链路上完成;并且采用数据续传方法进一步可提高两者的资源利用率。因此,未来发展星间激光链路数据中继和采用数据续传方法是提高资源利用率和对用户星数据中继服务质量的有效方案。

## 9.8　小结

目前以微波与激光混合链路为基础的中继卫星系统还处于理论分析阶段。根据国内外微波与激光混合链路中继卫星系统研究进展可知,混合链路的中继卫星系统正逐步实现工程试验并最终进行组网验证。在未来微波与激光链路互补共存的中继卫星网络中,高效合理调度星上有限载荷资源,减少链路接入冲突,是提高混合链路中继卫星系统资源利用率和服务质量的关键因素。

# 参考文献

［1］Joseph N Pelton. Satellite communications. Springer，2012.

［2］王家胜,齐鑫.为载人航天服务的中国数据中继卫星系统.中国科学(技术科学)，2014(3)：235－242.

［3］孙宝升.我国中继卫星系统在交会对接任务中的应用.飞行器测控学报,2014,33(3)：183－187.

［4］胡鹤飞,刘元安.高速空间激光通信系统在空天信息网中的应用.应用光学,2011，32(6)：1270－1290.

［5］程洪玮,陈二虎.国外激光链路中继卫星系统的发展与启示.红外与激光工程,2012，41(6)：1571－1574.

［6］宋婷婷,马晶,谭立英,等.美国月球激光通信演示验证——实验设计和后续发展.激光与光电子学进展,2014,04：24－31.

［7］张靓,郭丽红,刘向南,等.空间激光通信技术最新进展与趋势.飞行器测控学报,2013，32(4)：286－293.

［8］赵静,赵尚弘,李勇军.星间激光链路数据中继技术研究进展.红外与激光工程,2013，42(11)：3103－3110.

［9］Seel S，Kampfner H，Heine F，et al. Space to ground bidirectional optical communication link at 5. 6 Gbps and EDRS connectivity outlook. Aerospace Conference，2011 IEEE. 2011：1－7.

［10］沈荣骏.我国天地一体化航天互联网构想.中国工程科学,2006,8(10)：19－30.

［11］李德仁,沈欣,龚健雅,等.论我国空间信息网络的构建.武汉大学学报(信息科学版)，2015,40(6)：711－715.

［12］闵士权.我国天基综合信息网构想.航天器工程,2013,22(5)：1－14.

［13］吴曼青,吴巍,周彬,陆洲,等.天地一体化信息网络总体架构设想.卫星与网络，2016(3)：30－36.

［14］陆洲,秦智超,张平.天地一体化信息网络系统初步设想.国际太空,2016(7)：20－25.

［15］胡伟,刘壮,邓超."一带一路"空间信息走廊建设的思考.工业经济论坛,2015(5)：125－133.

［16］陈建光,徐鹏."欧洲数据中继系统"发展及其影响分析.航天系统与技术,2016(8)：16－18.

[17] 冯少栋,李广侠,张更新.全球宽带多媒体卫星通信系统发展现状(上).卫星与网络,
2010(6)：46－50.

[18] 冯少栋,张更新,李广侠.全球宽带多媒体卫星通信系统发展现状(下).卫星与网络,
2010(7)：74－79.

[19] 胡行毅.IP over CCSDS 解析.卫星与网络,2010(9)：34－40.

[20] 郭蕊.IP over CCSDS 空间通信网络.北京工业职业技术学院学报,2011,10(3)：31－35.

[21] 王晓波,孙甲琦.IP over CCSDS 空间组网应用浅析.飞行器测控学报,2011,30：
37－40.

[22] CCSDS. CCSDS 713.0－B－1－S Space communications protocol specification(SCPS)-
Network protocol(SCPS－NP). Washington D.C.：CCSDS Secretariat，1999.

[23] CCSDS. CCSDS 232.0－B－2TC Space Data Link protocol. Washington D.C.：CCSDS
Secretariat，2015.

[24] CCSDS. CCSDS 132.0－B－2TM Space Data Link protocol. Washington D.C.：CCSDS
Secretariat，2015.

[25] CCSDS. CCSDS 732.0－B－3AOS Space Data Link protocol. Washington D.C.：
CCSDS Secretariat，2015.

[26] CCSDS. CCSDS 211.0－B－5 Proximity－1 Space Data Link protocol-Data Link
Layer. Washington D.C.：CCSDS Secretariat，2015.

[27] CCSDS. CCSDS 702.0－B－1 IP over CCSDS Space Links. Washington D.C.：CCSDS
Secretariat，2012.

[28] CCSDS. CCSDS 211.1－B－3 PROXIMITY－1 SPACE LINK PROTOCOL －
PHYSICAL LAYER. Washington D.C.：CCSDS Secretariat，2006.

[29] CCSDS. CCSDS 130.0－G－3 OVERVIEW OF SPACE COMMUNICATIONS
PROTOCOLS. Washington D.C.：CCSDS Secretariat，2014.

[30] CCSDS. CCSDS 131.0－B－2 TM SYNCHRONIZATION AND CHANNEL
CODING. Washington D.C.：CCSDS Secretariat，2011.

[31] 闵士权.卫星通信系统工程设计与应用.北京：电子工业出版社,2015.

[32] 刘功亮,李晖.卫星通信网络技术.北京：人民邮电出版社,2015.

[33] 李晖,王萍,陈敏.卫星通信与卫星网络.西安：西安电子科技大学出版社,2018.

[34] 刘进军.全球卫星通信——低轨道通信卫星.卫星电视与宽带多媒体,2013(14)：25－
31.

[35] 陈如明.中,低轨道卫星通信.电信科学,1997(11)：43－46.

[36] 陈锋,郭道省,杨龙.国外典型 GEO 卫星移动通信系统发展概况及展望.军事通信技术,
2012.

[37] 李德仁,沈欣,龚健雅,等.论我国空间信息网络的构建.武汉大学学报,2015,40(6)：
710－715.

［38］张军.面向未来的空天地一体化网络技术.中国航空报,2009,2(3)：131－152.

［39］赵尚弘,李勇军,吴继礼.卫星光网络技术.北京：科学出版社,2010：17－18.

［40］翟政安.下一代数据中继卫星系统发展思考.飞行器测控学报,2016,35(2)：89-97.

［41］赵卫虎,赵尚弘,赵静,等.基于业务类型的微波与激光混合链路中继卫星接入控制.中国激光,2015,42(2)：253－261.

［42］Abramson N. VAST data networks. Proceeding of the IEEE, 1990, 78(7)：1267－1274.

［43］Agarwal D P, Zeng Q A. Introduction to wireless and mobile systems. USA：Thomson Learning, 2010：59－79.

［44］Zheng J, Jamalipour A. Wireless sensor networks：A networking perspective. Wireless Sensor Networks, 2009, 13(7)：569－573.

［45］Radhakrishnan R, Edmonson W W, Afghah F, et al. Survey of inter-satellite communication for small satellite systems：physical layer to network layer view. IEEE Communications Surveys & Tutorials, 2016, 18(4)：2442－2473.

［46］李云,周旋,刘期烈,等.卫星通信链路性能分析.计算机工程与应用,2015,51(12)：78－82.

［47］陈柯凡,吕娜,张伟龙.快速动态时隙分配MAC协议的帧结构优化与分析.计算机工程与应用,2015,51(15)：68－74.

［48］陶孝锋,任德锋,董超,等.卫星通信系统中的ALOHA技术.空间电子技术,2014(1)：59－62.

［49］戴翠琴,任智.基于ALOHA的无线网络随机接入协议研究.数字通信,2009,22(4)：29－34.

［50］李建新,刘增基,郭峰.基于ALOHA的宽带接入技术研究.电子学报,2000,28(10)：85－88.

［51］孙诗东,聂景楠.扩频ALOHA多址系统吞吐量和时延性能分析.电子与信息学报,2006,28(7)：1251－1254.

［52］Sidibeh K, Vladimirova T. Communication in LEO satellite formations//NASA/ESA Conference. on Adaptive Hardware and Systems, Montréal, Canada, 2008：255－262.

［53］Radhakishnan R, Edmonson W W, Zeng Q A. The performance evaluation of distributed inter-satellite communication protocols for cube satellite systems//in the 4th Design, Development and Research Conference, Capetown, South Africa, 2014：177－189.

［54］Zijian Mo, Zhonghai Wang, Xingyu Xiang, et al. A study of multiple access schemes in satellite control network//in IEIP 9th International Conference on Embedded and Ubiquitous Computing, Washington, D.C., USA, 2010：9838：9848.

[55] Sun R，Guo J，Gill E，et al. Potential and limitations of CDMA networks for combined inter-satellite communication and relative navigation. International Journal on Advances in Telecommunications，2012，5(21)：21－32.

[56] 鲁克文,艾中良,刘忠麟.分布式卫星资源高效共享平台研究.计算机工程与应用,2014, 50(5)：121－125.

[57] Sun R，et al. Characterizing network architecture for inter-satellite communication and relative navigation in precision formation flying//in SPACOMM：The Third International Conference on Advances in Satellite and Space Communications，Budapest，Hungary，2011：21－36.

[58] 董启甲,张军,张涛,等.高效 MF－TDMA 系统时隙分配策略.2009,30(9)：1718－1726.

[59] 管明祥,王瑞春,袁芳.自适应低轨卫星 MAC 协议性能分析.计算机工程与应用,2011, 47(7)：96－98.

[60] Heidari G，Truong H. Efficient. flexible，scalable inter-satellite networking//in Wireless for Space and Extreme Environments（WiSEE），IEEE International Conference，Baltimore，MD，Nov 2014：1－6.

[61] Radhakrishnan R，Edmonson W W，Afghah F，et al. Optimal multiple access protocol for inter-satellite communication in small satellite systems//in the 4S Symposium，Majorca，Spain，2014：1109－1146.

[62] 余江明,朱子行,梁俊,等.DAMA 协议在临近空间通信网中的时延分析.计算机工程与应用,2011,47(11)：78－80.

[63] Pinto F，Afghah F，Radhakrishnan R，et al. Software defined radio implementation of DS－CDMA in inter-satellite communications for small satellites//in International Conference on wireless for Space and Extreme Environments，Orlando，Florida，USA，2015：1－6.

[64] Borgatti S P，Everett M G. A graph-theoretic perspective on centrality. Social Networks (Elsevier)，2005，17(28)：466－484.

[65] Chen B，Yu L. Design and implementation of LDMA for low earth orbit satellite formation network，embedded and ubiquitous computing（EUC）//in IFIP 9th International Conference，Melbourne，Australia，2011：409－413.

[66] 姜建,李建东,刘鑫一.异构无线网络环境下的联合网络选择策略.计算机学报,2014, 37(2)：407－413.

[67] 李德仁,沈欣,龚健雅,等.论我国空间信息网络的构建.武汉大学学报,2015,40(6)：710－715.

[68] 郭永娜,王钢,郑黎明,等.5G 非正交多址接入中干扰消除技术研究.无线电通信技术,2016,42(5)：6－9.

［69］ 张长青.面向 5G 的非正交多址接入技术(NOMA)浅析.邮电设计技术,2015(11)：49 -
53.

［70］ 毕奇,梁林,杨姗,等.面向 5G 的非正交多址接入技术.电信科学,2015(5)：2015137 - 1 - 8.

［71］ 杨杰.MF - TDMA 体制下资源分配算法研究.成都：电子科技大学,2011.

［72］ 邱柳钦.改进遗传算法在 MF - TDMA 资源规划中的研究.通信技术,2013(4)：117 - 1 -
20.

［73］ 周珊,沈永言.话说卫星通信多址技术.卫星与网络,2015(11)：64 - 65.

［74］ 何翔宇,王克锋,赵洪利.卫星通信系统的多址接入协议.兵工自动化,2006(6)：57 -
65.

［75］ 程水英,张剑云.无线通信中的多址技术及其发展.今日电子,2004(12)：47 - 50.

［76］ 贾敏,高天娇,郑黎明,等.天基网络动态接入技术现状与趋势.中兴通讯技术,2016(4)：
34 - 38.

［77］ 郑碧月,赵广金,姜辉.扩展 ALOHA 随机多址通信技术.信息技术,2002(4)：10 - 13.

［78］ 柳晓静,张银华,赵阳.PRMA 协议发展及应用.无线通信技术,2002(2)：59 - 62.

［79］ 傅妍芳,李路,高祥,等.基于 TDMA 的卫星战术通信网路由协议仿真研究(英文).系统
仿真学报,2016(2)：467 - 475.

［80］ 邓晓燕,李红信,童圣洁.基于 OPNET 的随机接入协议网络性能研究.微计算机信息,
2008(33)：94 - 96.

［81］ 许楠,郝学坤,许众.MF - TDMA 卫星通信系统信道分配时间优化方法.无线电通信技
术,2012(2)：24 - 26＋80.

［82］ 沈玉.MF - TDMA 卫星通信系统网络规划技术研究.无线电通信技术,2014(4)：11 -
14＋32.

［83］ 罗阳.宽带卫星通信系统多址接入与带宽分配策略研究.重庆：重庆大学,2014.

［84］ 郭爽,曹宝,刘心迪.宽带卫星通信系统 CFDAMA - PRI 改进协议性能分析.通信技术,
2014(12)：1375 - 1379.

［85］ 傅妍芳,刘金轩.基于优先级的按需动态 TDMA 协议仿真.西安工业大学学报,
2013(9)：694 - 699.

［86］ 安姗姗.超短波电台混合多址接入技术研发.西安：西安电子科技大学,2013.

［87］ 王伟.宽带静止轨道卫星系统接入控制方法的研究.上海：复旦大学,2008.

［88］ 余年兵.低轨卫星 CDMA 传输系统的原理与实现.杭州：浙江大学,2002.

［89］ 赵辉,严晓芳,曹晨.美军天基信息系统与网络中心战.航天制造技术,2010(03)：11 -
16.

［90］ 徐江,杨凡,王视环.卫星通信多址接入方式的比较和分析.电力系统通信,2004(10)：
49 - 53.

［91］ 刘新梅.宽带卫星网络的发展现状.电子世界,2012,1：17 - 19.

［92］ 陈雅,沈自成.卫星通信中的星上交换技术.飞行器测控学报,2003,22(3)：59 - 62.

［93］李文江.大容量卫星交换体制研究.卫星与网络,2008(6):66－68.

［94］Maral G,Bousquet M. Satellite communications systems (2 Edition). John Wiley Publisher,1993.

［95］Wiedeman R A,Viterbi A J. The globalstar mobile satellite system for worldwide personal communications//International Mobile Satellite Conference (IMSC),2006:291－296.

［96］张中亚.通信卫星星上信息交换技术.航天器工程,2003,12(1):6－11.

［97］Joseph N Pelton. Satellite communications. Springer. 2012.

［98］王家胜,齐鑫.为载人航天服务的中国数据中继卫星系统.中国科学:技术科学,2014(3):235－242.

［99］孙宝升.我国中继卫星系统在交会对接任务中的应用.飞行器测控学报,2014(3):183－187.

［100］胡鹤飞,刘元安.高速空间激光通信系统在空天信息网中的应用.应用光学,2011,32(6):1270－1290.

［101］程洪玮,陈二虎.国外激光链路中继卫星系统的发展与启示.红外与激光工程,2012,41(6):1571－1574.

［102］宋婷婷,马晶,谭立英,等.美国月球激光通信演示验证——实验设计和后续发展.激光与光电子学进展,2014,51(4):24－31.

［103］张靓,郭丽红,刘向南,等.空间激光通信技术最新进展与趋势.飞行器测控学报,2013,32(4):286－293.

［104］Apple J H. An onboard baseband switch matrix for SS－TDMA.//15th International Conference on Digital Satellite Communications,1981:429－434.

［105］Fraise B P,Coulomb B Monteuuis. Skybridge LEO satellites:optimized for broadband communications in the 21st century.//IEEE Aerospace Conference,2000:18－25. Gilderson Jim,Cherkaoui Jafaar. Onboard switching for ATM Via satellite. IEEE Communications Magazine,1997,35(7):66－70.

［106］Lee J,Kang S. Satellite over satellite (SOS) network:A novel architecture for satellite network//INFOCOM 2000,19th Annual Joint Conference of IEEE Computer and Communications Societies,2000(1):315－321.

［107］许辉.宽带卫星 IP 通信网络中的可靠传输技术研究.成都:电子科技大学,2008.

［108］刘小跃.空间信息网高性能路由协议研究.西安:西安电子科技大学,2012.

［109］潘俊.IP 卫星通信系统路由技术研究.西安:西安电子科技大学,2011.

［110］薄振雨.天基信息网 LEO 层网络非对称路由算法研究.西安:西安电子科技大学,2013.

［111］Chu Pong P,Ivancic William D,Kim Heechul. On-board closed-loop congestion control for satellite based packet switching networks//NASATechnical Memorandum,

1994：1－42.

［112］仲伟明.宽带多媒体卫星星上 IP 交换技术研究.哈尔滨：哈尔滨工业大学,2013.

［113］Shen Zemin，Qiao Lufeng，Wang Menglei. FPGA design of switch module with multicast function on the satellite onboard switch//2012 National Conference on Information Technology and Computer Science，2012.

［114］Ors T，Rosenberg C. Providing IP QoS over GEO satellite systems using MPLS. International Journal of Satellite and Networking Communication，2001，19（7）：443－461.

［115］Dormer A，Berioli M，Werner M. MPLS-based satellite constellation networks. IEEE Journal on Selected Areas in Communications，2004，22(3)：438－448.

［116］翟立君.卫星 MPLS 网络关键技术研究.北京：清华大学,2010.

［117］Celine Haardt. Semi-transparent packet switching by satellite：migrating existing technologies for new opportunities//26th International Communications Satellite Systems Conference(ICSSC)，2008：1－7.

［118］纪越峰,王宏祥.光突发交换网络.北京：北京邮电大学出版社,2005.

［119］Heine F，Kampfner H，et al. Coherent inter-satellite and satellite-ground laser links//SPIE，2011，7923：792303－1.

［120］Suzuki R，Nishiyama I，Motoyoshi S，et al. Current status of NeLSProject：R&D of global multimedia mobile satellite communications//20th AIAA International Communications Satellite Systems Conference and Exhibit，2002：1－8.

［121］郭圆月,王东进,刘发林,等.宽带卫星网微波副载波光调制系统方案.上海交通大学学报,2004,38(5)：688－692.

［122］Chunming Qiao. Labeled optical burst switching for IP-over-WDM integration. IEEE Communications magazine，1999，38(9)：104－114.

［123］Xiong Y，Vandenhoute M，Cankaya H. Control architecture in optical burst switched WDM networks. IEEE J Select Areas Commun，2000，18（10）：1838－1851.

［124］Amit Kumar Garg，Kaler R S，Harbhajan Singh. Investigation of OBS assembly techniques based on various scheduling for maximizing throughput. Optik，2013，124(9)：840－844.

［125］Kyriaki Seklou，Anfeliki Sideri，Panagiotis Kokkinos. New assembly techniques and fast reservation protocols for optical burst switched networks based on traffic prediction. Optical Switching and Networking，2013，10(2)：132－148.

［126］Conor Mc Ardle，Daniele Tafani，Thomas Curran，et al. Renewal model of a buffered optical burst switch. IEEE Communications Letters，2011，15(1)：91－93.

［127］吕高峰.星上交换和半实物仿真.长沙：国防科技大学,2004.

[128] 李瑞欣.卫星光通信网络光突发交换理论与关键技术研究.西安：空军工程大学,2015.

[129] 侯睿,孙军强,丁攀峰,等.光突发交换网络中多跳公平分割丢弃方法的研究.电子与信息学报,2006,28(11)：2144－2147.

[130] Sangtae Ha, Injong Rhee. Taming the elephants: New TCP slow start. Computer Networks, 2011(55): 2092－2110.

[131] 余恒芳.IP RAN 技术分析.硅谷,2014,2：128－129.

[132] 邱萍.分组光传送网络在铁路的应用.铁路通信信号工程技术(RSCE),2016,13(4).

[133] Xin C S, Qiao C M, Ye Y H. A hybrid optical switching approach. Proceedings of Global Telecommunications Conference, San Francisco, USA, 2003: 3808－3812.

[134] Lee G M, Wydrowski B, Zukerman M, et al. Performance evaluation of an optical hybrid switching system. Proceedings of Global Telecommunications Conference, San Francisco, USA, 2003: 2508－2512.

[135] Vu H L, Zalesky A, Wong E W M, et al. Scalable performance evaluation of a hybrid optical switch. IEEE/OSA Journal of Lightwave Technology, 2005, 23(10): 2961－2973.

[136] Veisllari R, Bjornstad S, Bozorgebrahimi K. Integrated packet/circuit hybrid network field-trial, Proceedings of Optical Fiber Communication Conference and Exposition and the National Fiber Optic Engineers Conference (OFC/NFOEC), Anaheim, CA, USA, 2013.

[137] 薛媛,王晟,徐世中.构建网络的新方法：基于环路的混合交换光网络.计算机应用研究,2008,25(12)：3761－3764.

[138] 张景芳,王晟,徐世中.混合光交换网络中不确定业务下的优化路由方案.计算机应用,2011,31(1)：222－224.

[139] 张茂森,邱智亮.高雅电路与分组混合交换网络及调度机制.北京邮电大学学报,2014,37(1)：62－65.

[140] 陈秀忠,张杰,贾鹏,等.面向业务的混合交换光网络模型评估.北京邮电大学学报,2009,32(2)：20－23.

[141] Teles J, Samii M V, Doll C E. Overview of TDRSS. Advances in Space Research, 1995, 16(12): 67－76.

[142] Shaw H C, Rackley M W, Wong Y F, et al. TDRSS space ground link terminal user services subsystem replacement and upgrades. Proc. Space Ops, 2010: 1－13.

[143] Toyoshima M. Trends in satellite communications and the role of optical free-space communications. Journal of Optical Networking, 2005, 4(6): 300－311.

[144] Kang N, Wu X. The scheduling model of TT&C resources of TDRSS and ground stations based on task begin time. Journal of the Academy of Equipment Command & Technology, 2011(6): 026.

[145] Wickline J O. Teledesic's capabilities to meet future department of defense wideband communications requirements. Naval Postgraduate School Monterey Ca，1998.

[146] Berretta G，De Agostini A，Dickinson A. The European Data Relay System：Present concept and future evolution. Proceedings of the IEEE，1990，78(7)：1152－1164.

[147] Yamakawa S，Hanada T，Kohata H，et al. JAXA's efforts toward next generation space data-relay satellite using optical inter-orbit communication technology//LASE. International Society for Optics and Photonics，2010：75870P－1－6.

[148] 史西斌,李本津,王锟,等.美国三代跟踪与数据中继卫星系统的发展.飞行器测控学报,2011,30(2)：1－8.

[149] 史西斌,费立刚,寇保华,等.国外中继卫星对航天器交会对接的测控通信支持.航天器工程,2012,20(6)：79－85.

[150] 黄惠明.我国第一代中继卫星地面应用系统发展建设的思考.飞行器测控学报, 2012(5)：1－5.

[151] 王家胜,齐鑫.为载人航天服务的中国数据中继卫星系统.中国科学：技术科学, 2014(3)：235－242.

[152] 王家胜.数据中继卫星系统的研制与分析.航天器工程,2008,17(5)：7－12.

[153] 王家胜.中国数据中继卫星系统及其应用拓展.航天器工程,2013,22(1)：1－6.

[154] 程洪玮,陈二虎.国外激光链路中继卫星系统的发展与启示.红外与激光工程,2012, 41(6)：1571－1574.

[155] 赵静,赵尚弘,李勇军,等.星间激光链路数据中继技术研究进展.红外与激光工程, 2013,42(11)：3103－3110.

[156] 赵尚弘,吴继礼,李勇军,等.卫星激光通信现状与发展趋势.激光与光电子学进展, 2011,48(9)：25－39.

[157] Heine F，Kämpfner H，Lange R，et al. Laser communication applied for EDRS, the European Data Relay System. CEAS Space Journal，2011，2(1－4)：85－90.

[158] Böhmer K，Gregory M，Heine F，et al. Laser communication terminals for the European Data Relay System//Proc. Of SPIE. 2012，8246：82460D－1.

[159] Lucente M，Re E，Rossi T，et al. Future perspectives for the new European Data Relay System//Aerospace Conference，2008 IEEE，2008：1－7.

[160] Sodnik Z，Lutz H，Furch B，et al. Optical satellite communications in Europe// LASE. International Society for Optics and Photonics，2010：758705－1－9.

[161] Wittig M. Data relay for Earth，Moon and Mars missions//Satellite and Space Communications，2009. IWSSC 2009. International Workshop On. IEEE，2009： 300－304.

[162] 张靓,郭丽红,刘向南,等.空间激光通信技术最新进展与趋势.飞行器测控学报,2013, 32(4)：286－293.

[163] 王晓海.国外空间激光通信系统技术最新进展.现代电信科技,2006(3):41-45.

[164] 祖继锋,刘立人,栾竹,等.星间激光通信技术进展与趋势.激光与光电子学进展,2004,40(3):7-10.

[165] 刘瑞雄,张涛.自由空间激光通信中的 APT 技术分析.现代电子技术,2010,33(7):102-103.

[166] Gregory M, Heine F, Kämpfner H, et al. Inter-satellite and satellite-ground laser communication links based on homodyne BPSK//SPIE LASE. International Society for Optics and Photonics, 2010: 75870E-1-5.

[167] Tolker-Nielsen T, Oppenhauser G. In-orbit test result of an operational optical intersatellite link between ARTEMIS and SPOT4, SILEX//High-Power Lasers and Applications. International Society for Optics and Photonics, 2002: 1-15.

[168] Cockburn A, Quinn P, Gutwin C, et al. Air pointing: Design and evaluation of spatial target acquisition with and without visual feedback. International Journal of Human-Computer Studies, 2011, 69(6): 401-414.

[169] Löscher A. Atmospheric influence on a laser beam observed on the OICETS-ARTEMIS communication demonstration link. Atmospheric Measurement Techniques, 2010, 3(5): 1233-1239.

[170] Seel S, Kampfner H, Heine F, et al. Space to ground bidirectional optical communication link at 5.6 Gbps and EDRS connectivity outlook//Aerospace Conference, 2011 IEEE. 2011: 1-7.

[171] Smutny B, Kaempfner H, Muehlnikel G, et al. 5.6 Gbps optical intersatellite communication link//SPIE LASE: Lasers and Applications in Science and Engineering. International Society for Optics and Photonics, 2009: 719906-1-8.

[172] Sodnik Z, Furch B, Lutz H. Free-space laser communication activities in Europe: SILEX and beyond//Lasers and Electro-Optics Society, LEOS 2006. 19th Annual Meeting of the IEEE, 2006: 78-79.

[173] Wilfert O, Henniger H, Kolka Z. Optical communication in free space//16th Polish-Slovak-Czech Optical Conference on Wave and Quantum Aspects of Contemporary Optics. International Society for Optics and Photonics, 2008: 714102-1-12.

[174] Friedrichs B, Wertz P. Error-control coding and packet processing for broadband relay satellite networks with optical and microwave links//Advanced Satellite Multimedia Systems Conference (ASMS) and 12th Signal Processing for Space Communications Workshop (SPSC), 2012 6th. IEEE, 2012: 101-110.

[175] Bhasin K, Hayden J. Developing architectures and technologies for an evolvable NASA space communication infrastructure//AIAA ICSSC. 2004.

[176] Ivancic W. Architecture study of space-based satellite networks for NASA

missions//IEEE Aerospace Conference. 2003：1179 - 1187.

[177] Brandel D L, Watson W A, Weinberg A. NASA's advanced tracking and data relay satellite system for the years 2000 and beyond. Proceedings of the IEEE, 1990, 78(7)：1141 - 1151.

[178] Bondurant R S, et al. Overview of the lasercom program at Lincoln laboratory. SPIE, 1995, 2318：2 - 3.

[179] Hemmati H. Status of free-space optical communications program at JPL. Proceedings of SPIE, 2002, 4635：185 - 191.

[180] James R Lesh, Ramon De Paula. Overview of NASA R&D in optical communications. SPIE, 1995, 2381：4 - 11.

[181] Cook K L B. Current wideband MILSATCOM infrastructure and the future of bandwidth availability//Aerospace Conference, 2009 IEEE. 2009：1 - 8.

[182] 宋婷婷,马晶,谭立英,等.美国月球激光通信演示验证——实验设计和后续发展.激光与光电子学进展,2014,51(4)：24 - 31.

[183] Robinson B S, Boroson D M, Burianek D A, et al. The lunar laser communications demonstration//Space Optical Systems and Applications (ICSOS), 2011 International Conference On. IEEE, 2011：54 - 57.

[184] Israel D J, Edwards B L, Whiteman D E. Mission concepts utilizing a laser communications and DTN-based GEO relay architecture//Aerospace Conference, IEEE, 2013：1 - 6.

[185] Edwards B L, Israel D, Wilson K, et al. Overview of the laser communications relay demonstration project. Proceedings of Spaceops. 2012：11 - 15.

[186] 朱贵伟,张照炎.美国转型通信体系研究.航天器工程,2010,10(6)：102 - 108.

[187] Mckinney M M. Transformational satellite (TSAT) communications systems. Falling Short on Delivering Advanced Capabilities and Bandwidth to Ground-based Users. US Air Force, Air Command and Staff College, Air University, 2007.

[188] Hwang W H, Ang V J. Lithium-ion life expectancy verification guidelines for transformational communication satellite system (TSAT). AEROSPACE CORP EL SEGUNDO CA LAB OPERATIONS, 2005.

[189] Toyoshima M, Takayama Y, Takahashi T, et al. Ground-to-satellite laser communication experiments. Aerospace and Electronic Systems Magazine, IEEE, 2008, 23(8)：10 - 18.

[190] Toyoshima M, Yamakawa S, Yamawaki T, et al. Reconfirmation of the optical performances of the laser communications terminal onboard the OICETS satellite. Acta Astronautica, 2004, 55(3)：261 - 269.

[191] Fujiwara Y, Mokuno M, Jono T, et al. Optical inter-orbit communications

engineering test satellite (OICETS)[J]. Acta Astronautica, 2007, 61(1): 163 - 175.

[192] Hanada T, Yamakawa S, Kohata H. Study of optical inter-orbit communication technology for next generation space data-relay satellite//SPIE LASE. International Society for Optics and Photonics, 2011: 79230B - 1 - 6.

[193] Yamakawa S, Hanada T, Kohata H. R&D status of the next generation optical communication terminals in JAXA//Space Optical Systems and Applications (ICSOS), 2011 International Conference On. IEEE, 2011: 389 - 393.

[194] Murakami H, Inada K, Kasaba Y, et al. DARTS: Scientific satellite archives at ISAS/JAXA. J. Jpn. Soc. Microgravity Appl. Vol, 2007, 24(1): 111 - 113.

[195] Murakami A. Research activities on supersonic technology at JAXA//2010 Asia-Pacific International Symposium on Aerospace Technology. 2010(1): 1 - 4.

[196] 尚小桦,何继伟.日本 JAXA 2025 规划及其航天发展的新动向.中国航天,2006(3): 24 - 28.

[197] Sakanaka T, Orino K. Optical space communication: U.S. Patent 5, 680, 241. 1997 - 10 - 21.

[198] Suzuki R, Nishiyama I, Motoyoshi S, et al. Current status of Nels project: R&D of global multimedia mobile satellite communications//20th International Communications Satellite Systems Conference and Exhibit, AIAA - 2002 - 993, Montreal Canada. 2002: 12 - 15.

[199] Toyoshima M, Takayama Y. Space-based laser communication systems and future trends//CLEO: Applications and Technology. Optical Society of America, 2012: JW1C. 2.

[200] Sodnik Z, Furch B, Lutz H. Optical intersatellite communication. Selected Topics in Quantum Electronics, IEEE Journal of, 2010, 16(5): 1051 - 1057.

[201] 史西斌,程砾瑜,王文基,等.中继卫星系统组网运行问题研究.飞行器测控学报,2013, 32(1): 11 - 16.

[202] 张丽艳,丁溯泉,史西斌.中继卫星系统组网备份策略研究.飞行器测控学报,2013, 32(1): 17 - 22.

[203] 孙宝升.我国中继卫星系统在交会对接任务中的应用.飞行器测控学报,2014,33(3): 183 - 187.

[204] 刘保国,吴斌.中继卫星系统在我国航天测控中的应用.飞行器测控学报,2012,31(6): 1 - 5.

[205] 李于衡,黄惠明,郑军.中继卫星系统应用效能提升技术.中国空间科学技术,2014, 34(1): 71 - 77.

[206] 王远,姚艳军,王烁.我国天基信息网未来发展设想.信息通信,2014(1): 91 - 92.

[207] Gabrel V, Vanderpooten D. Enumeration and interactive selection of efficient paths

in a multiple criteria graph for scheduling an Earth observing satellite. European Journal of Operational Research，2002，139(3)：533 - 542.

[208] Bensana E，Verfaillie G. Lemaitre M. Earth observing satellite management. Constraints. 1999，4(3)：293 - 299.

[209] 李军,郭玉华,王钧,等.基于分层控制免疫遗传算法的多卫星联合任务规划方法.航空学报,2010,31(8)：1636 - 1645.

[210] Arbabi M. Range scheduling automation. IBM Technical Directions，1984，10(3)：57 - 62.

[211] Timothy D Gooley. Automating the satellite range scheduling process. Air Force Institute of Technology，Air University. 1993.

[212] Rojanasoonthon S，Bard J F，Reddy S D. Algorithms for parallel machine scheduling：A case study of the tracking and data relay satellite system. Journal of the Operational Research Society，2003，54(8)：806 - 821.

[213] Rojanasoonthon S. Parallel machine scheduling with time windows. Graduate School of the University of Texas at Austin，2003，32(6)：265 - 276.

[214] Gu X，Bai J，Zhang C，et al. Study on TT&C resources scheduling technique based on inter-satellite link. Acta Astronautica，2014，104(1)：26 - 32.

[215] Surender D Reddy. Scheduling of tracking and data relay satellite system (TDRSS) antennas：Scheduling with sequence dependent setup times. Presented at ORSA/TIMS Joint National Meeting，Denver，Colorado，October 1988.

[216] Surender D Reddy，William L Brown. Single processor scheduling with job priorities and arbitrary ready and due times. Working Paper，Computer Sciences Corporation，Beltsville，Maryland，October 1986.

[217] Wu G，Liu J，Ma M，et al. A two-phase scheduling method with the consideration of task clustering for Earth observing satellites. Computers & Operations Research，2013，40(7)：1884 - 1894.

[218] 陈浩,李军,景宁,等.电磁探测卫星星上自主规划模型及优化算法.航空学报,2010(5)：1045 - 1053.

[219] 方炎申,陈英武,顾中舜.中继卫星调度问题的 CSP 模型.国防科技大学学报,2005,27(2)：6 - 10.

[220] 方炎申,陈英武,王军民.中继卫星多址链路调度问题的约束规划模型及算法研究.航天返回与遥感,2006,27(4)：62 - 67.

[221] 陈英武,方炎申.中继卫星单址链路调度模型与算法研究.中国空间科学技术,2007,27(2)：52 - 58.

[222] 张彦,孙占军,李剑.中继卫星动态调度问题研究.系统仿真学报,2011,23(7)：1468 - 1468.

空间激光微波混合信息网络技术

[223] 贺川,邱涤珊,许光,等.面向对地成像观测任务的高空飞艇应急调度.航空学报,2012(11)：2082-2092.

[224] 张利宁,邱涤珊,李皓平,等.最小化全局完成时间的成像卫星任务规划算法.小型微型计算机系统,2011,32(6)：1218-1221.

[225] Marco Adinolfi, Amedeo Cestal. Heuristic scheduling of the DRS communication system. Engineering Applications of Artificial Intelligence, 1995，8(2)：147-156.

[226] Zufferey N，Amstutz P，Giaccari P. Graph colouring approaches for a satellite range scheduling problem. Journal of Scheduling，2008，11(4)：263-277.

[227] Dorigo M，Gambardella L M. Ant colony system：a cooperative learning approach to the traveling salesman problem. Evolutionary Computation, IEEE Transactions on，1997，1(1)：53-66.

[228] Shi X，Wang L，Zhou Y，et al. An ant colony optimization method for prize-collecting traveling salesman problem with time windows//Natural Computation，2008. ICNC'08. Fourth International Conference On. IEEE，2008，7：480-484.

[229] 李泓兴,豆亚杰,邓宏钟,等.基于改进蚁群算法的成像卫星调度方法.计算机应用,2011,31(6)：1656-1659.

[230] 顾中舜.中继卫星动态调度问题建模及优化技术研究.长沙：国防科学技术大学研究生院,2008.

[231] Xiaolu L，Baocun B，Yingwu C，et al. Multi satellites scheduling algorithm based on task merging mechanism. Applied Mathematics and Computation，2014，230：687-700.

[232] Li X，Kang L，Tan W. Optimized research of resource constrained project scheduling problem based on genetic algorithms//Advances in Computation and Intelligence. Springer Berlin Heidelberg，2007：177-186.

[233] Li Y，Xu M，Wang R. Scheduling observations of agile satellites with combined genetic algorithm//Natural Computation，Third International Conference On. IEEE，2007(3)：29-33.

[234] 赵静,赵卫虎,李勇军,等.基于改进小生境遗传算法的微波/光混合链路中继卫星资源调度方法.光电子.激光,2014(1)：76-81.

[235] 白保存,贺仁杰,李菊芳,等.考虑任务合成的成像卫星调度问题.航空学报,2009(11)：2165-2171.

[236] 贺仁杰,高鹏,白保存,等.成像卫星任务规划模型、算法及其应用.系统工程理论与实践,2011(3)：411-422.

[237] 李菊芳,白保存,陈英武,等.多星成像调度问题基于分解的优化算法.系统工程理论与实践,2009(8)：134-143.

[238] 伍国华,马满好,王慧林,等.基于任务聚类的多星观测调度方法.航空学报,2011,

32(7)：1275－1282.

［239］黄平.最优化理论.北京：清华大学出版社,2009.

［240］Wang P，Tan Y. A heuristic method for selecting and scheduling observations of satellites with limited agility//Intelligent Control and Automation. WCICA 2008. 7th World Congress On. IEEE，2008：5292－5297.

［241］王建江,朱晓敏,吴朝波,等.面向应急条件的多星动态调度方法.航空学报,2013(5)：1151－1164.

［242］Wang J，Zhu X，Yang L T，et al. Towards dynamic real-time scheduling for multiple Earth observation satellites. Journal of Computer and System Sciences, 2014.

［243］Li H J，Lu Y，Dong F H，et al. Communications satellite multi-satellite multi-task scheduling. Procedia Engineering，2012，29：3143－3148.

［244］赵静,赵卫虎,李勇军,等.多类扰动下微波与激光混合链路中继卫星动态调度问题研究.光电子.激光,2014(8)：1494－1501.

［245］Jun-Min W，Ju-Fang L，Yue-Jin T. Study on heuristic algorithm for dynamic scheduling problem of Earth observing satellites//Software Engineering，Artificial Intelligence，Networking，and Parallel/Distributed Computing. SNPD 2007. Eighth ACIS International Conference On. IEEE，2007，1：9－14.

［246］Biswas A，Piazzolla S，Moision B，et al. Evaluation of deep-space laser communication under different mission scenarios//SPIE LASE. International Society for Optics and Photonics，2012：82460W－1－12.

［247］Cesarone R J，Abraham D S，Shambayati S. Deep-space optical communications. International Conference on Space Optical Systems and Application，2011，8：410－423.

［248］吴从均,颜昌翔,高志良.空间激光通信发展概述.中国光学,2013,6(5)：670－680.

［249］马惠军,朱小磊.自由空间激光通信最新进展.激光与光电子学进展,2005,42(3)：7－10.

［250］王俊辉,李琨.跟踪与数据中继卫星系统星座构形的仿真初探.系统仿真学报,2004,16(5)：974－977.

［251］王家胜.我国数据中继卫星系统发展建议.航天器工程,2011,20(2)：1－8.

［252］张彦,冯书兴.基于 STK 跟踪与数据中继卫星轨道设计与仿真.计算机仿真,2007,24(4)：11－14.

［253］陈二虎,刘颖,刘璐,等.激光链路中继卫星系统网络设计及性能分析//空间光通信技术及应用学术研讨会,哈尔滨,2014,SOC03－002：1－4.

［254］李茂长.关于爱尔兰呼损公式计算表使用的几个问题.军事通信技术,2005,26(4)：41－44.

[255] 刘振霞,马志强,钱渊,等.程控数字交换技术(第二版).西安：西安电子科技大学出版社,2013：98-103.

[256] 赵馨,宋延嵩,佟首峰,等.空间激光通信捕获、对准、跟踪系统动态演示实验.中国激光,2014,41(3)：131-136.

[257] 明冬萍,骆剑承,沈占锋,等.高分辨率遥感影像信息提取与目标识别技术研究.测绘科学,2005,30(3)：18-20.

[258] 马满好,邱涤珊,王亮.天基信息系统网络拓扑结构建模方法研究.武汉大学学报,2009,34(5)：606-610.

[259] Fabrizio Marinelli, Salvatore Nocella, Fabrizio Rossi, et al. A Lagrangian heuristic for satellite range scheduling with resource constraints. Computers & Operations Research. 2011, 38 (11)：1572-1583.

[260] Meng-Gérard J, Chrétienne P, Baptiste P, et al. On maximizing the profit of a satellite launcher：Selecting and scheduling tasks with time windows and setups. Discrete Applied Mathematics, 2009, 157(17)：3656-3664.

[261] 李斗,王峰,姬冰辉,等.宽带卫星 Mesh 网多址接入信道预测分配方案研究.电子与信息学报,2008,30(4)：763-767.

[262] 孙力娟,王良俊,王汝传.改进的蚁群算法及其在 TSP 中的应用研究.通信学报,2004,25(10)：111-116.

[263] 陈理江,武小悦,李云峰.基于时间灵活度的中继卫星调度算法.航空计算技术,2006,36(4)：49-51.

[264] 武凤,于思源,马仲甜,等.星地激光通信链路瞄准角度偏差修正及在轨验证.中国激光,2014,41(06)：154-159.

[265] 王海波,徐敏强,王日新.基于蚁群优化-模拟退火的天地测控资源联合调度.宇航学报,2012,33(11)：1636-1645.

[266] 李德仁,童庆禧,李荣兴,等.高分辨率对地观测的若干前沿科学问题.中国科学：地球科学,2012,42(6)：805-813.

[267] 邱涤珊,黄维,黄小军,等.电子侦察卫星任务合成探测及混合调度.系统工程与电子技术,2011(9)：2012-2018.

[268] 邱涤珊,王建江,吴朝波,等.基于任务合成的对地观测卫星应急调度方法.系统工程与电子技术,2013(7)：1430-1437.

[269] 马满好,邱涤珊,黄维,等.中继卫星星间链路的天线资源分配策略研究.计算机仿真,2009,26(2)：101-106.

[270] 陈英武,姚锋,李菊芳,等.求解多星任务规划问题的演化学习型蚁群算法.系统工程理论与实践,2013(3)：791-801.

[271] 邢立宁,陈英武.基于混合蚁群优化的卫星地面站系统任务调度方法.自动化学报,2008(4)：414-418.

[272] Yassami H，Rafiei S M R，Griva G，et al. Multi-objective optimum design of passive filters using SPEA and NSGA-II algorithms//35th Annual Conference of IEEE Industrial Electronics. 2009：3679－3685.

[273] 经飞,王钧,李军,等.基于吱呀轮优化的多卫星数传调度问题求解方法.宇航学报，2011,32(4)：1000－1328.

[274] 靳肖闪,李军,王钧,等.考虑随机回放的卫星数传调度问题的一种求解方法.国防科技大学学报,2009,31(1)：58－63.

[275] 白保存,慈元卓,陈英武.基于动态任务合成的多星观测调度方法.系统仿真学报,2009(9)：2646－2649.

[276] 陈浩,李军,景宁,等.适应任务变化的电磁探测卫星动态调度模型及算法.信号处理,2009(11)：1659－1665.

[277] 刘洋,陈英武,谭跃进.一类多卫星动态调度问题的建模与求解方法.系统仿真学报,2005,16(12)：2696－2699.

[278] 赵静,赵卫虎,李勇军,等.微波/光混合链路数据中继卫星系统资源调度算法.中国激光,2013,40(10)：143－150.

[279] 赵卫虎,赵静,赵尚弘,等.微波与激光混合链路中继卫星动态调度快速启发式算法.中国激光,2014(9)：157－163.

# 附录
# 主要英文缩写

| 缩写 | 全 称 | 中 文 |
|---|---|---|
| ACeS | Asia Cellular Satellite | 亚洲蜂窝卫星 |
| ACK | Acknowledgement | 确认 |
| AEHF | Advanced Extremely High Frequency | 先进极高频 |
| AER | Azimuth-elevation-range | 方位高程范围 |
| ALCT | Alpha Laser Communication Terminal | Alpha 激光通信终端 |
| AlphaSat | | Alpha 星计划 |
| AOS | Advanced Orbiting System | 高级在轨系统 |
| APS | Advanced Polar System | 高级极轨系统 |
| ARQ | Automatic Re-transmission Query | 自动重传请求 |
| ASM | Automated Storage Management | 自动存储管理 |
| ATC | Auxiliary Terrestrial Component | 辅助地面组件 |
| ATM | Asynchronous Transfer Mode | 异步传输模式 |
| BDR | Backup Designated Router | 备份指定路由器 |
| B - PDU | Bitstream Protocol Data Unit | 比特流协议数据单元 |
| BPSK | Binary Phase Shift Keying | 二进制相移键控 |
| BSR | Bootstrap Router | 引导路由器 |
| CBQ | Class Based weighted fair Queue | 基于类的加权公平队列 |
| CCSDS | Consultative Committee for Space Data System | 空间数据系统咨询委员会 |
| CFDP | CCSDS File Delivery Protocol | CCSDS 文件分发协议 |
| CLCW | Communication Link Control Word | 通信链路控制字 |
| CLP | Cell Loss Priority | 信元丢失优先权 |
| CRC | Cyclic Redundancy Check | 循环冗余码校验 |
| CRL | Communication Research Laboratory | 通信综合研究所 |
| CW | Continuous Wavelength | 连续波 |
| DLCI | Data Link Control Identification | 数据链路控制标识 |
| DLR | Deutsches Zentrum für Luft-und Raumfahrt e.V | 德国宇航中心 |
| DMSP | Defence Meteorological Satellite Program | 国防气象卫星计划 |
| DNS | Domain Name Server | 域名服务器 |
| DORIS | Doppler Orbitography and Radio Positioning Integrated by Satellite | 多普勒轨道和无线电定位组合系统 |

| DR | Designated Router | 指定路由器 |
|---|---|---|
| DSCS | Defense Satellite communications system | 国防卫星通信 |
| DSP | Digital Signal Processor | 数字信号处理器 |
| DTN | Delay Tolerant Network | 时延容忍网络 |
| DUAL | Diffusing Update Algorithm | 扩散更新算法 |
| DVB – RCS | Digital Video Broadcast-Return Channel Satellite | 通过卫星的回传信道数字视频广播 |
| ECN | Explicit Congestion Notification | 显示拥塞通告 |
| EDFA | Erbium Doped Optical Amplifier | 掺铒光纤放大器 |
| EDRS | European Data Relay System | 欧洲数据中继卫星系统 |
| EHF | Extremely High Frequency | 极高频 |
| EIGRP | Extended Interior Gateway Routing Protocol | 扩展型内部网关路由协议 |
| EIRP | Equivalent Isotropic Radiated Power | 等效全向辐射功率 |
| ESA | European Space Agency | 欧洲空间局 |
| FARM | Frame Acceptance and Reporting Mechanism | 帧接受和报告机制 |
| FDMA/DAMA | Frequency Division Multiple Access/Demand Assigned Multiple Access | 频分多址/按需分配多址 |
| FOP | Frame Operation Procedure | 帧操作程序 |
| FR | Frame Relay | 帧中继 |
| FRAD | Frame Relay Access Device | 帧中继访问设备 |
| GBS | Global Broadcast System | 全球广播系统 |
| GEO | Geostationary Earth Orbit | 地球同步轨道 |
| GFC | General Flow Control | 一般流量控制 |
| GMES | Global Monitoring for Environment and security | 全球环境与和安全监视 |
| GNSS | Global Navigation Satellite System | 全球导航卫星系统 |
| GSM | Global System for Mobile Communications | 全球移动通信系统 |
| GVCID | Global Virtual Channel Identifier | 全局虚拟信道标识符 |
| HAP | High Altitude Platform | 高空平台 |
| HDLC | High-level Data Link Control | 高级数据链路控制 |
| HEC | Header Error Control | 信元头差错控制 |
| HTML | Hyper Text Markup Language | 超文本标记语言 |
| HTTP | Hyper Text Transfer Protocol | 超文本传输协议 |
| ICMP | Internet Control Message Protocol | 网间控制报文协议 |
| IETF | Internet Engineering Task Force | 因特网工程部 |
| IGSO | Inclined GeoSynchronous Orbit | 倾斜地球同步轨道 |
| IPE | IP Extend | 网络协议扩展 |
| IS – IS | Intermediate System to Intermediate System | 中间系统到中间系统 |
| ISP | Internet Service Provider | 网络服务提供商 |
| JAXA | Japan Aerospace Exploration Agency | 日本宇宙航空研究开发署 |
| LCT | Laser Communication Terminal | 激光通信终端 |
| LCTSX | Laser-Communication-Terminal-on-TerraSAR-X | 陆地合成孔径雷达 – X 计划激光通信终端 |
| LDP | Logical Data Path | 逻辑数据路径 |

| | | |
|---|---|---|
| LEO | Low Earth Orbit | 低轨道 |
| LEOSAT | Low Earth Orbit Satellite | 低轨道卫星 |
| LRR | Laser Retro-reflector | 激光后向反射器 |
| LFU | Least Frequently Used | 最近不常使用 |
| LRU | Least Recently Used | 最近最少使用 |
| LSA | Link State Advertisement | 链路状态通告 |
| MAC | Media Access Control | 媒体访问控制 |
| MAP | Multiplexing Access Point | 复用接入点 |
| MAPA | Multiplexing Access Point Addresses | 复用接入点地址 |
| MAP ID | Multiple Access Point Identifier | 复用接入点标识符 |
| MC | Master Channel | 主信道 |
| MCF | Main Channel Frame | 主信道帧 |
| MCID | Main Channel Identifier | 主信道标识符 |
| MF‐TDMA | Multi-Frequency Time Division Multiple Access | 多频时分多址 |
| MIB | Management Information Base | 管理信息数据 |
| M‐PDU | Multiplexing Protocol Data Unit | 复用协议数据单元 |
| MSI | Multispectral Imager | 多光谱成像仪 |
| MSN | Manhattan Street Network | 曼哈顿街区网络 |
| MSS | Maximum Segment Size | 最大报文段长度 |
| MUOS | Mobile User Objective System | 移动用户目标系统 |
| MWR | Microwave Radiometer | 微波辐射计 |
| NASA | National Aeronautics and Space Administration | 美国国家航空航天局 |
| NBMA | Non-Broadcast Multi-Access | 非广播多路访问 |
| NeLS | Next-generation LEO System | 下一代低轨卫星通信系统 |
| OID | Object Identifier | 对象标识 |
| OIOL | Optical Inter-orbit Links | 激光轨间链路 |
| OLCI | Ocean and Land Color Imaging | 海洋和陆地彩色成像 |
| ORCA | Optical Relay Communication Architecture | 光学中继通信系统 |
| OSI | Open System Interconnection | 开放式互联 |
| OSPF | Open Shortest Path First | 开放最短路径优先 |
| PCID | Physical Channel Identifier | 物理信道标识符 |
| PEP | Performance Enhancing Proxy | 性能增强代理 |
| PIM‐DM | Protocol Independent Multicast-dense Mode | 协议独立组播密集模式 |
| PIM‐SM | Protocol Independent Multicast-sparse Mode | 协议独立组播稀疏模式 |
| PIM‐SSM | Protocol Independent Multicast Source-specific Multicast | 协议独立组播-指定信源组播 |
| PLMN | Public Land Mobile Network | 陆上公用移动通信网 |
| POP3 | Post Office Protocol-version 3 | 邮局通信协定第三版 |
| PSTN | Public Switched Telephone Network | 公用电话交换网 |
| PTI | Payload Type Identification | 载荷类型标识 |
| RAAN | Right Ascension of the Ascending Node | 升交点赤经 |
| RF | Radio Frequency | 射频 |
| RFC | Request for Comments | 请求注解文档 |

| RP | Rendezvous Point | 汇聚点 |
|---|---|---|
| RTCP | Real-time Transport Control protocol | 实时传输控制协议 |
| RTLT | Round Trip Light Time | 往返时间 |
| RTO | Retransmission Timeout | 超时重传 |
| RTP | Real-time Transport Protocol | 实时传输协议 |
| RTT | Round Trip Time | 往返时延 |
| SACK | Selective Acknowledgement | 选择性确认 |
| SAP | Service Access Point | 服务接入点 |
| SBIRS | Space Based Infrared System | 天基红外系统 |
| SBR | Space Based Radar | 天基雷达 |
| SCID | Spacecraft Identifier | 飞行器标识符 |
| SCPS | Space Communication Protocol Standards | 空间通信协议标准 |
| SCPS | Space Communication Protocol Systems | 空间通信协议 |
| SCPS - TP | Space Communication Protocol Standards-Transport Protocol | 空间通信协议标准——传输层协议 |
| SDLS | Space data Link Security | 空间数据链安全 |
| SFO | Store and Forward Overlay | 存储转发覆盖 |
| SILEX | Semiconductor-laser Inter-satellite Link Experiment | 半导体激光星间链路试验 |
| SIP | Session Initiation Protocol | 会话发起协议 |
| SLSTR | Sea and Land Surface Temperature Radiometer | 海洋和陆地表面温度辐射计 |
| SMTP | Simple Mail Transfer Protocol | 简单邮件传输协议 |
| SNACK | Selective Negative Acknowledgement | 选择性否定确认 |
| SNMP | Simple Network Management Protocol | 简单网络管理协议 |
| SPF | Shortest Path First | 最短路径优先 |
| SARAL | Synthetic Aperture Radar Altimeter | 合成孔径雷达高度计 |
| STSS | Space Tracking and Surveillance System | 太空跟踪与监视系统 |
| SYN | Synchronize | 请求连接 |
| SYN+ACK | Synchronize+Acknowledgement | 请求连接＋请求确认 |
| TC | Telecommand | 遥控 |
| TCA | Telemetering Control Assembly | 遥测控制装置 |
| TCP - Reno | Transmission Control Protocol-Reno | TCP 使用最广泛的版本 |
| TCP - SACK | TCP Selective Acknowledgment | TCP 的选择性确认 |
| TCP - Tahoe | Transmission Control Protocol-Tahoe | TCP 的最早版本 |
| TDMA | Time Division Multiple Access | 时分多址 |
| TFVN | Transfer Frame Version Number | 传输帧版本号 |
| TM | Telemetry | 遥测 |
| TSAT | Transformational Satellite Communications System | 转型卫星通信系统 |
| TT&C | Telemetry Track and Command | 遥测、跟踪和指挥 |
| UHF | Ultra High Frequency | 超高频 |
| VCA | Virtual Channel Access | 虚拟信道接入 |
| VCA - SDU | Virtual Channel Access Service Data Unit | 虚拟信道接入服务数据单元 |
| VCF | Virtual Channel Frame | 虚拟信道帧 |
| VCID | Virtual Channel Identifier | 虚拟信道标识符 |

| VC – OCF | Virtual Channel Operation Control Field | 虚拟信道操作控制域服务 |
| VCP | Virtual Channel Port | 虚拟信道端口 |
| VHF | Very High Frequency | 甚高频 |
| VPI | Virtual Path Identifier | 虚路径标识 |
| WDM | Wavelength Division Multiplex | 波分复用 |
| WGS | Wide-band Global Satellite | 宽带全球卫星系统 |

# 索 引

Alpha 星计划　9

RIP 协议　38,39,45,47

SpaceX　17

按需分配多址接入协议　26

半长轴　135,136

处理转发　37,273,310

代数连通度　218－227,230－235,237

低轨道　1,4,17,21,136,138,211－213,
215,244,249,313

地面段　217

地球同步轨道　3,4,22,134,313

地心赤道坐标系　135

动态资源调度　340－343,346,347,351

多址接入　33,250－252,255－258,261,
270－272

范·艾伦带　136,142

光交换　273,274,278,279,283,285,287,
293,294,297－302,305,306,308,310,311

轨道参数　135,136,179,187,218,228,
244,245,329,337

轨道倾角　11,12,15,135,136,143,147,
149－155,157,160－164,166,167,170,
171,174－176,178,184－187,191,193,
205,207,209,213,329,357

国际标准化组织　25,60,306

国际海事卫星公司　9

激光/微波混合交换　273

静态资源调度　332,348

空间段　4,10,16,86,87,213

空间数据系统咨询委员会　25,34

空间通信协议　26,60,79－81,83,86

空间信息网络　1－5,17,18,20,21,23－
27,29－31,33,36－39,47,64,79,133,
218,219,221－224,228,232－234,236,
237,242,244,245,247,249－252,255,
258,262,271－274,307－311

宽带多媒体卫星　17,18,258

宽带全球卫星系统　8

美国国家航空航天局　24,25,131

欧洲航天局　9,10

欧洲数据中继卫星系统　381

偏心率　133,135,136,140,175,176,187,196

全球互联网星座　16,17

日本太空开发总署　25

升交点赤经　133,136,147,150,153,179,
187,191,207,209,244

数据链路层　5,25,26,28,32,34,82－85,
89,97,119,120,122,125,127,132,251,
310

天地一体化信息网络　6,18,22,23

天基骨干网　3,22,251

天基接入网　3,4,22

天基综合信息网　18,20,313

透明转发　6,18,37－42,273,275,277,281

拓扑控制　4,133,171,218,219,222,224,
234,249

网络层　5,25,26,34,36,82,85,86,273,
　304,310,311

网络重构　221,224,225,227,232,233,310

卫星网络拓扑　37,43,45,48,203,205,
　210,211,233

卫星星座　2,17,22,25,26,133,137,144,
　147,160,174,203,205－207,210,211,
　213,214,244,246

物理层　5,25,26,82,83,105,119,120,
　122,124,129,130,273,284,304,310

下一代低轨卫星通信系统　14,279

先进极地系统　8

先进极高频系统　8

星下点轨迹　135,143,147

一带一路　18,21,22

移动用户目标系统　8

遗传算法　321,324,326,328,329,331,
　333,334,338

蚁群算法　321,352,354－356,358,361

拥塞控制　33,41,51－53,55,58－63

用户段　4

载波侦听多址接入　255

真近地点角　135

中国国家航天局　25

转型卫星系统　8

组播路由协议　41,47

最小生成树　234,235,237,238,241－244,
　246,247,249